Mathematik in Übersichten

Herausgegeben von Elke Warmuth

Volk und Wissen Verlag

Herausgeberin:
Dr. Elke Warmuth

Autoren:
Angela Eggers (Kap. 5, 6 und 12), Dr. Andreas Filler (Kap. 9, 10 und 11), Kerstin Hagedorn (Kap. 8), StR Andreas von Karstedt (Kap. 7), Karlheinz Martin (Kap. 1, 2, 3 und Anhang), Dr. Reinhard Siegmund-Schultze (Kap. 14), Dr. Elke Warmuth (Kap. 4 und 13)

Redaktion:
Karlheinz Martin, Ursula Schwabe

Dieses Werk folgt der reformierten Rechtschreibung und Zeichensetzung.
Währungsangaben erfolgen in Euro.

Die Deutsche Bibliothek - CIP-Einheitsaufnahme

Mathematik in Übersichten / hrsg. von Elke Warmuth. - Berlin : Volk-und-Wissen-Verl., 2000
ISBN 3-06-001734-4

ISBN 3-06-001734-4

1. Auflage
5 4 3 2 1 / 04 03 02 01 00
Die letzte Zahl bedeutet das Jahr dieses Druckes.

Printed in Germany
Zeichnungen: Rita Schüler
Layout: Karl-Heinz Bergmann
Einband und Typografie: Wolfgang Lorenz
Satz: Universitätsdruckerei H. Stürtz AG, Stephan Ulsamer
Druck und Binden: Westermann Druck Zwickau GmbH

Inhalt

In diesem Buch verwendete Symbole:

↗ Hinweis auf ein anderes Schlagwort
■ Beispiel
TR Taschenrechner

Zahlen, Ziffern, Mengen

ZAHLENSYSTEME

Zahlen, Zahldarstellung im dekadischen Zahlensystem

Zahlen werden durch **Ziffern** oder durch **Zahlwörter** dargestellt.
Im dekadisches Zahlensystem, kurz: **Zehnersystem,** werden die zehn Ziffern 0, 1, 2, 3, 4, 5, 6, 7, 8 und 9 benutzt. Die Ziffern haben bei der Darstellung mehrstelliger Zahlen je nach der Stelle, an der sie stehen, unterschiedliche Werte. Daher spricht man auch vom **dekadischen Stellenwertsystem.**
Eine **Stellentafel** vermittelt einen guten Überblick. Im ersten Dreierblock von rechts aus gesehen stehen die Einer (E), die Zehner (Z) und die Hunderter (H).

■

Billion			Milliarde			Million			Tausend					
H	Z	E	H	Z	E	H	Z	E	H	Z	E	H	Z	E
10^{14}	10^{13}	10^{12}	10^{11}	10^{10}	10^{9}	10^{8}	10^{7}	10^{6}	10^{5}	10^{4}	10^{3}	10^{2}	10^{1}	10^{0}
		2	3	0	5	3	0	5	0	2	8	3	9	1

Die Zahl 2 305 305 028 391 lautet: „Zwei *Billionen* dreihundertfünf *Milliarden* dreihundertfünf *Millionen* achtundzwanzigtausenddreihunderteinundneunzig“.

Zu jeder Stelle gehört eine **Zehnerpotenz**, beispielsweise gehört zur vierten Stelle von rechts $10^3 = 1000$. Der Exponent gibt die Anzahl der Nullen an. Dementsprechend ist 10^1 eine 1 mit *einer* Null; 10^0 ist eine 1 mit *keiner* Null.

Es gilt also: $10^0 = 1$

■ Mithilfe der Zehnerpotenzen kann man schreiben:

$$105\,379 = 1 \cdot 100\,000 + 0 \cdot 10\,000 + 5 \cdot 1000 + 3 \cdot 100 + 7 \cdot 10 + 9 \cdot 1$$
$$= 1 \cdot 10^5 + 0 \cdot 10^4 + 5 \cdot 10^3 + 3 \cdot 10^2 + 7 \cdot 10^1 + 9 \cdot 10^0$$

Es gibt auch andere Zahlensysteme, zum Beispiel das Zweiersystem (↗ S. 6).
Die oben dargestellte Stellentafel kann nach links und nach rechts erweitert werden. Nach links folgt die Spalte: 10^{15} (eintausend Billionen = 1 Billiarde), nach rechts folgt mit $10^{-1} = \frac{1}{10} = 0{,}1$ die Spalte „ein Zehntel“. Auf der folgenden Seite wird die Zahl 510,32 in eine Stellentafel eingefügt.

…	10^4	10^3	10^2	10^1	10^0	10^{-1}	10^{-2}	…
…	10 000 zehntausend	1 000 tausend	100 hundert	10 zehn	1 eins	0,1 1 Zehntel	0,01 1 Hundertstel	…
			5	1	0	3	2	

↑ Komma

■ Die Zahl 510,32 liest man: „Fünfhundertzehn – Komma – drei – zwei".
Die Stellen bedeuten: 5 Hunderter, 1 Zehner, 0 Einer, 3 Zehntel, 2 Hundertstel.

Zahlen im römischen Zahlensystem

Die Römer im antiken Rom benutzten sieben Ziffern:
I = 1, V = 5, X = 10, L = 50, C = 100, D = 500, M = 1000.
Stehen diese Zeichen nebeneinander, so wird je nach der Reihenfolge addiert bzw. subtrahiert (vgl. mit den folgenden Beispielen). Man beginnt jeweils links mit dem Zeichen für die größte Zahl. Die Zeichen I, X, C dürfen bis zu dreimal hintereinander geschrieben werden. Steht ein Zeichen für eine kleinere Zahl vor einem für eine größere Zahl, so wird die kleinere Zahl von der größeren subtrahiert. Man nennt ein solches Zahlensystem ein **Additionssystem**.

I **1**	VI 5 + 1 = **6**	XI 10 + 1 = **11**	XIX 10 + (10 – 1) = 10 + 9 = **19**
II 1 + 1 = **2**	VII 5 + 1 + 1 = **7**	XII 10 + 1 + 1 = **12**	XXI 10 + 10 + 1 = **21**
III 1 + 1 + 1 = **3**	VIII 5 + 1 + 1 + 1 = **8**	XIII 10 + 1 + 1 + 1 = **13**	XL 50 – 10 = **40**
IV 5 – 1 = **4**	IX 10 – 1 = **9**	XIV 10 + (5 – 1) = **14**	LVII 50 + 5 + 1 + 1 = **57**
V **5**	X **10**	XV 10 + 5 = **15**	
MDCCLXIV 1 000 + 500 + 100 + 100 + 50 + 10 + (5 – 1) = **1764**			

Römische Zahlzeichen werden heute nur noch selten genutzt.

Zahlendarstellung im Zweiersystem (Dualsystem)

Das Zweiersystem ist ein Stellenwertsystem, bei dem die Stellen durch Zweierpotenzen gebildet werden. Dabei sind nur die Ziffern 0 und 1 erforderlich.

Sechzehner	Achter	Vierer	Zweier	Einer
$2^4 = 16$	$2^3 = 8$	$2^2 = 4$	$2^1 = 2$	$2^0 = 1$
	1	0	0	1

■ a) Die Zahl $[1001]_2$ im Zweiersystem bedeutet:
1 Achter + **0** Vierer + **0** Zweier + **1** Einer oder $\mathbf{1} \cdot 8 + \mathbf{0} \cdot 4 + \mathbf{0} \cdot 2 + \mathbf{1} \cdot 1 = \mathbf{9}$.
b) Die Zahl **14** im Zehnersystem soll im Zweiersystem dargestellt werden:
14 enthält **1** Achter (bleiben 6); 6 enthält **1** Vierer (bleiben 2);
2 enthält **1** Zweier (bleiben **0**), also $14 = [1110]_2$.

MENGEN

Mengen und ihre Darstellung

Eine Menge ist eine Zusammenfassung von tatsächlich oder in unserem Denken existierenden Dingen (Elementen) zu einem Ganzen (zu einer Gesamtheit). Von jedem Element muss feststehen, ob es zur Menge gehört oder nicht.
Mengen werden meist mit großen lateinischen Buchstaben A, B, ... bezeichnet.
Man schreibt $a \in A$, wenn das Element a zur Menge A gehört, und $b \notin A$, wenn das Element b nicht zur Menge A gehört.

■ a) M sei die Menge aller Mädchen einer Schule.
b) A sei die Menge aller durch 6 teilbaren natürlichen Zahlen unter 40.
Die Menge A in diesem Beispiel kann man auch anders beschreiben:
- durch Aufzählung der Elemente:
$A = \{0, 6, 12, 18, 24, 30, 36\}$,
- mithilfe mathematischer Zeichen:
$A = \{n \in \mathbb{N}: n \leq 40 \text{ und } 6 \mid n\}$ (↗ S. 9)
- mithilfe eines Mengendiagramms.

Das nebenstehende Bild ist ein Mengendiagramm für die Menge A.

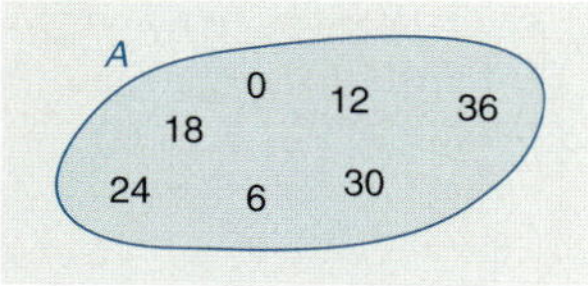

Beziehungen zwischen Mengen, Operationen mit Mengen

Eine Menge B ist **echte Teilmenge** einer Menge A, wenn alle Elemente von B auch zur Menge A gehören, aber beide Mengen nicht gleich sind.
Man schreibt $B \subset A$ und liest „B echte Teilmenge von A“. Beide Mengen sind Teilmengen einer Grundmenge X.

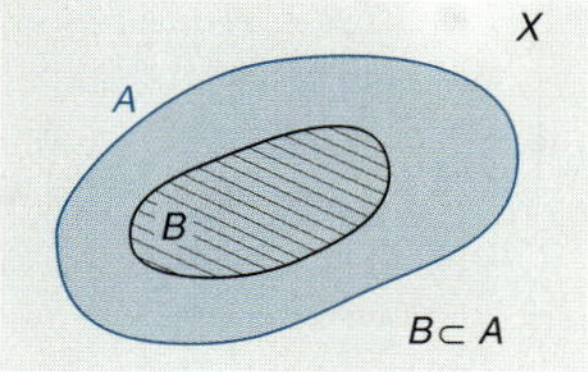

Eine Menge D ist **Teilmenge** einer Menge C, wenn $D \subset C$ oder $D = C$.
Man schreibt dafür $D \subseteq C$ und liest:
„D Teilmenge von C“.
Oft sagt man anstelle von „echte Teilmenge“ auch nur „Teilmenge“.

■ Die Menge $A = \{1, 4, 9, 16, 25, 36, 49, 64, 81, 100\}$ umfasst alle Quadratzahlen bis 100.
Die Menge $B = \{4, 16, 36, 64, 100\}$ ist die Menge aller *geraden* Quadratzahlen bis 100.
Dann ist B eine Teilmenge von A:
$B \subset A$.

Der **Durchschnitt** (auch **Schnittmenge**) zweier Mengen A und B besteht aus allen Elementen, die **sowohl** zu A **als auch** zu B gehören (im nebenstehenden Bild blau gefärbt).
Man schreibt $A \cap B$ und liest „A geschnitten B“.

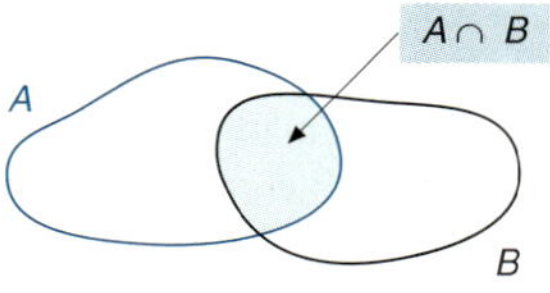

- In der Ebene werden Mengen von geometrischen Figuren betrachtet:
  Re – die Menge der Rechtecke,
  Rh – die Menge der Rhomben (Rauten),
  Qu – die Menge der Quadrate.
  Dann gilt: $\boldsymbol{Re \cap Rh = Qu}$,
  denn jedes Quadrat ist sowohl ein Rechteck als auch ein Rhombus.

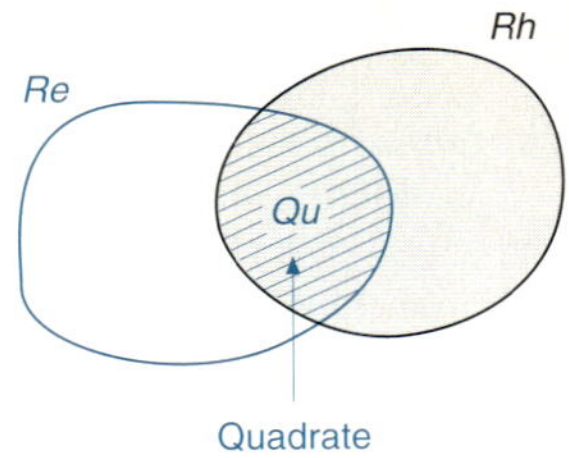

- Die Schnittmenge folgender Mengen ist gesucht:
  Re – die Menge der Rechtecke,
  Qu – die Menge der Quadrate.
  Dann gilt: $\boldsymbol{Re \cap Qu = Qu}$.
  Im Gegensatz zum vorigen Beispiel sind alle Elemente der einen Menge **(*Qu*)** auch Elemente der anderen Menge **(*Re*)**.

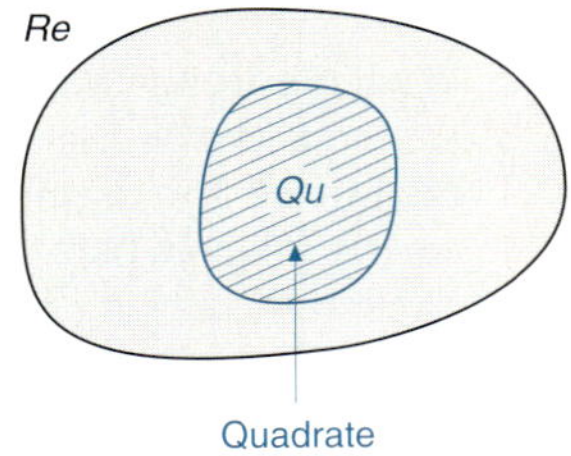

Eine Menge, die keine Elemente enthält, nennt man die **leere Menge**. Sie wird mit $\emptyset$ bezeichnet.
Mit $\overline{A}$ bezeichnet man die Menge, die alle Elemente enthält, die nicht zu A gehören.
Man nennt die Menge $\overline{A}$ **Komplementärmenge** von A.

- a) Wenn $\boldsymbol{A \cap B = \emptyset}$ gilt, gibt es keine Elemente, die sowohl zu ***A*** als auch zu ***B*** gehören.
  Das nebenstehende Bild zeigt diese Situation.
  b) Es gilt immer $\boldsymbol{A \cap \overline{A} = \emptyset}$.

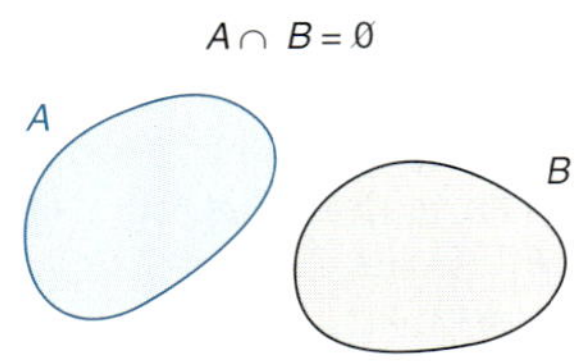

Die **Vereinigung** zweier Mengen ***A*** und ***B*** besteht aus allen Elementen, die zur Menge ***A*** oder zur Menge ***B*** oder zu beiden Mengen gehören.
Man schreibt $A \cup B$ und liest „***A*** vereinigt ***B***“.

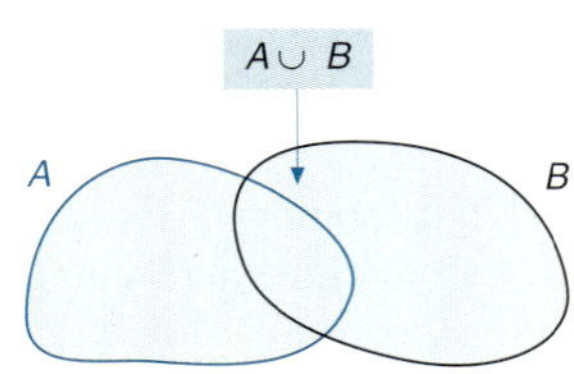

- Betrachtet wird die Menge aller natürlichen Zahlen unter 40, die durch 6 **oder** durch 9 teilbar sind.
  Diese Menge ist die Vereinigung $S \cup T$ der Menge
  $S = \{0, 6, 12, 18, 24, 30, 36\}$
  und der Menge
  $T = \{0, 9, 18, 27, 36\}$.
  Es gilt $S \cup T = \{0, 6, 9, 12, 18, 24, 27, 30, 36\}$.
  Es gilt $S \cap T = \{0, 18, 36\}$.
  ↗ Teilbarkeit natürlicher Zahlen, S. 9

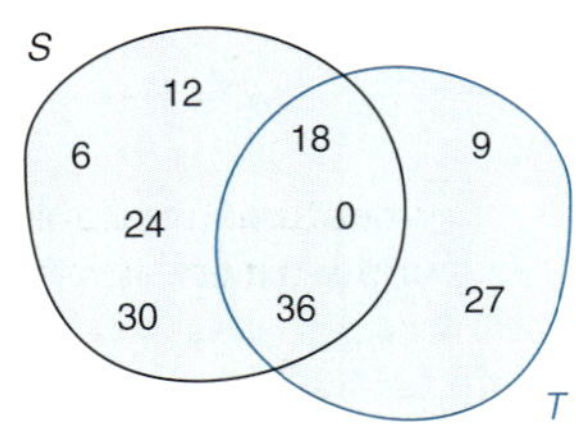

Zahlenbereiche, Größen

NATÜRLICHE ZAHLEN

Natürliche Zahlen

Die Menge $\mathbb{N} = \{0; 1; 2; ...\}$ der natürlichen Zahlen kann folgendermaßen beschrieben werden:

- Es gibt eine kleinste natürliche Zahl, die Zahl 0.
- Addiert man zu einer natürlichen Zahl 1, so erhält man eine weitere natürliche Zahl. Diese Zahl ist ihr unmittelbarer **Nachfolger.** Jede natürliche Zahl n hat genau einen unmittelbaren Nachfolger, es ist die natürliche Zahl $n + 1$.
  Es gibt **keine größte natürliche Zahl.**
- Jede natürliche Zahl n außer 0 hat genau einen unmittelbaren **Vorgänger;** es ist die Zahl $n - 1$.

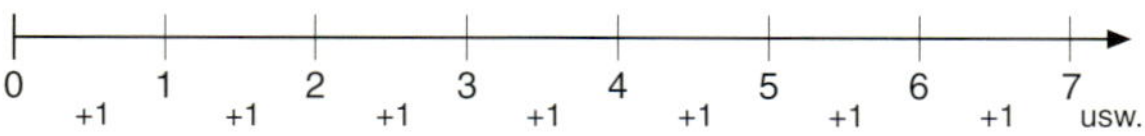

■ 1 ist der Nachfolger von 0; 2 ist der Nachfolger von 1; 5 ist der Vorgänger von 6.

Kleiner, größer, gleich

Für zwei natürliche Zahlen a und b gilt entweder $a < b$ oder $a = b$ oder $a > b$.
Man sagt: Die natürlichen Zahlen sind geordnet.
$a < b$ bedeutet: Es gibt eine natürliche Zahl x ($x \neq 0$), sodass $a + x = b$.

■ $25 < 29$, denn $25 + 4 = 29$.

Beim Vergleichen großer Zahlen prüft man zunächst die Stellenzahl beider Zahlen: Die Zahl mit mehr Stellen ist stets die größere Zahl.

■ $23\,108 > 2\,318$, denn 23 108 ist fünfstellig und 2 318 ist nur vierstellig.

Ist die Stellenzahl gleich, so vergleicht man die einzelnen Stellen beider Zahlen miteinander. Dabei beginnt man stets von links.

Teilbarkeit natürlicher Zahlen

Für a und b gilt entweder $a \mid b$ (a teilt b) oder $a \nmid b$ (a teilt nicht b).
$a \mid b$ bedeutet: Es gibt eine natürliche Zahl x, sodass $a \cdot x = b$.
In $a \mid b$ ist a Teiler von b und b Vielfaches von a.
$a \nmid b$ bedeutet: Es gibt *keine* natürliche Zahl x, sodass $a \cdot x = b$.

- $5 \mid 40$, denn $5 \cdot 8 = 40$.
  Die Zahl 5 ist **Teiler** der Zahl 40; die Zahl 40 ist **Vielfaches** der Zahl 5.

- $3 \nmid 40$, denn es gibt keine natürliche Zahl x, sodass $3 \cdot x = 40$.
  Die Zahl 3 ist *nicht* Teiler von 40 und 40 ist *nicht Vielfaches* von 3.

1 ist Teiler einer jeden natürlichen Zahl. — $1 \mid a$, denn $\mathbf{1 \cdot a = a}$.
Jede natürliche Zahl ist Teiler von 0. — $a \mid 0$, denn $\mathbf{a \cdot 0 = 0}$.
Die Zahl 0 teilt keine natürliche Zahl $a > 0$. — $0 \nmid a$, denn $\mathbf{0 \cdot x \neq a > 0}$.

Teilbarkeitsregeln

Eine Zahl ist **durch 10** teilbar, wenn sie auf 0 endet. Andere Zahlen sind nicht durch 10 teilbar. Das bedeutet: *Nur* diese auf Null endenden Zahlen sind durch 10 teilbar. So ist z. B. 160 durch 10 teilbar, 157 dagegen nicht. In diesem Fall wählt man die Ausdrucksweise „genau dann, wenn“ und sagt: „Eine Zahl ist **genau dann** durch 10 teilbar, **wenn** sie auf 0 endet.“

Weitere Teilbarkeitsregeln:

5	Eine Zahl ist genau dann **durch 5** teilbar, wenn sie auf **0** oder **5** endet.
2	Eine Zahl ist genau dann **durch 2** teilbar, wenn sie auf **0, 2, 4, 6** oder auf **8** endet. Die durch 2 teilbaren Zahlen nennt man **gerade Zahlen.**
3	Eine Zahl ist genau dann **durch 3** teilbar, wenn ihre Quersumme durch 3 teilbar ist. Unter der **Quersumme einer Zahl** versteht man die Summe der Zahlen, die von den einzelnen Ziffern dieser Zahl gebildet werden.
6	Eine Zahl ist genau dann **durch 6** teilbar, wenn sie durch 2 **und** durch 3 teilbar ist.
9	Eine Zahl ist genau dann **durch 9** teilbar, wenn ihre Quersumme durch 9 teilbar ist.
4	Eine Zahl ist genau dann **durch 4** teilbar, wenn ihre letzten beiden Ziffern eine durch 4 teilbare Zahl bilden.
8	Eine Zahl ist genau dann **durch 8** teilbar, wenn ihre letzten drei Ziffern eine durch 8 teilbare Zahl bilden.

- Die Quersumme von 5 832 ist $5 + 8 + 3 + 2 = 18$. $3 \mid 18$, also $3 \mid 5\,832$.

- Die Zahl 5 376 624 ist teilbar
  durch 2 (denn 5 376 624 endet auf 4),
  durch 4 (die letzten beiden Ziffern 24 bilden eine durch 4 teilbare Zahl),
  durch 8 (die letzten drei Ziffern 624 bilden eine durch 8 teilbare Zahl),
  durch 3 (die Quersumme 33 ist durch 3 teilbar),
  durch 6 (die Zahl 5 376 624 ist durch 2 und durch 3 teilbar).
  Die Zahl 5 376 624 ist nicht durch 5, nicht durch 10, nicht durch 9 teilbar.

2

Teilbarkeit von Summen

Um die Teilbarkeit einer **Summe $b + c$** durch eine Zahl a zu prüfen, muss nicht immer erst die Summe ausgerechnet werden. Man prüft nur jeden Summanden daraufhin, ob er durch diese Zahl teilbar ist.

> Wenn **jeder** Summand einer Summe $b + c$ durch eine Zahl a teilbar ist, dann ist die Summe $b + c$ durch diese Zahl a teilbar.
>
> Also: **Wenn $a \mid b$ und $a \mid c$, so $a \mid b + c$.**

- Ist die Summe 59 871 + 23 703 durch 3 teilbar?
  Da $3 \mid 59\,871$ und $3 \mid 23\,703$, gilt auch $3 \mid (59\,871 + 23\,703)$.
  Die Summe 59 871 + 23 703 ist durch 3 teilbar.

Der Satz über die Teilbarkeit einer Summe ist **nicht umkehrbar.** Das bedeutet:
Es gilt nicht immer: Wenn eine Summe $b + c$ durch eine natürliche Zahl a teilbar ist, so sind auch die einzelnen Summanden b und c durch a teilbar.

- Die Zahl 83 574 ist durch 3 teilbar (83 574 : 3 = 27 858).
  Bei der Zerlegung 83 574 = 83 564 + 10 sind beide Summanden nicht durch 3 teilbar.
  Dagegen sind bei der Zerlegung 83 574 = 83 562 + 12 beide Summanden durch 3 teilbar.

Teilbarkeit von Produkten

Um die Teilbarkeit eines **Produktes $b \cdot c$** durch eine Zahl a zu prüfen, muss nicht immer erst das Produkt ausgerechnet werden. Die Teilbarkeit des Produktes durch diese Zahl ist gesichert, wenn von einem Faktor bekannt ist, dass er durch die Zahl teilbar ist.

> Wenn **mindestens ein** Faktor eines Produktes $b \cdot c$ durch eine Zahl a teilbar ist, dann ist das Produkt $b \cdot c$ durch diese Zahl a teilbar.
>
> Also: **Wenn $a \mid b$ oder $a \mid c$, so $a \mid b \cdot c$.**

- Ist das Produkt 59 871 · 23 702 durch 3 teilbar?
  Da $3 \mid 59\,871$, gilt auch $3 \mid (59\,871 \cdot 23\,702)$.

Auch der Satz über die Teilbarkeit eines Produktes ist nicht umkehrbar.
Es gilt nicht immer: Wenn ein Produkt $b \cdot c$ durch eine natürliche Zahl a teilbar ist, so ist mindestens einer der Faktoren, also b oder c, durch a teilbar.

- Die Zahl 5 928 ist durch 8 teilbar (5 928 : 8 = 741).
  Bei der Zerlegung 5 928 = 24 · 247 ist ein Faktor durch 8 teilbar.
  Dagegen sind bei der Zerlegung 5 928 = 38 · 156 beide Faktoren nicht durch 8 teilbar.

Primzahlen

Es gibt Zahlen

mit **nur zwei** Teilern	■ 7 hat die Teiler 1 und 7.
mit **drei** Teilern	■ 9 hat die Teiler 1, 3 und 9.
mit **mehr als drei** Teilern	■ 36 hat die Teiler 1, 2, 3, 4, 6, 9, 12, 18 und 36.

Alle Zahlen mit nur zwei Teilern heißen Primzahlen. Man definiert:

> Eine natürliche Zahl, die größer als 1 ist und nur durch 1 und durch sich selbst teilbar ist, heißt **Primzahl.**

Die Zahl 2 ist die kleinste Primzahl. 2 ist darüber hinaus die einzige gerade Primzahl. Eine größte Primzahl gibt es nicht.

↗ Primzahltabelle, S. 225

Zerlegung in Primfaktoren

Jede natürliche Zahl, ausgenommen 0 und 1, kann in Primfaktoren zerlegt werden. Eine Primzahl kann nicht weiter zerlegt werden.

■ Die Zahl 528 ist in Primfaktoren zu zerlegen. Es gibt zwei Möglichkeiten:

a) $528 = 2 \cdot 264$
$= 2 \cdot 2 \cdot 132$
$= 2 \cdot 2 \cdot 2 \cdot 66$
$= 2 \cdot 2 \cdot 2 \cdot 2 \cdot 33$
$= 2 \cdot 2 \cdot 2 \cdot 2 \cdot 3 \cdot 11 = \mathbf{2^4 \cdot 3 \cdot 11}$

b) $528 = 16 \cdot 33$
$= 4 \cdot 4 \cdot 3 \cdot 11$
$= 2 \cdot 2 \cdot 2 \cdot 2 \cdot 3 \cdot 11$
$= \mathbf{2^4 \cdot 3 \cdot 11}$

Gemeinsame Teiler, größter gemeinsamer Teiler

Zwei oder mehr natürliche Zahlen können gemeinsame Teiler haben. Oft ist der **größte gemeinsame Teiler** (ggT) von Interesse. Zahlen, die außer 1 keine gemeinsamen Teiler haben, heißen **teilerfremd.**

■ Die natürlichen Zahlen 105 und 75 haben die folgenden Teiler:

Teiler von 105	1	3	5	7	**15**		21	35		105
Teiler von 75	1	3	5		**15**	25			75	

Der ggT ist 15.
Beim Ermitteln des ggT kann die Zerlegung in Primfaktoren hilfreich sein:

$105 = \mathbf{3} \cdot \mathbf{5} \cdot 7$
$75 = \mathbf{3} \cdot \mathbf{5} \cdot 5$
ggT: $\mathbf{3} \cdot \mathbf{5} = \mathbf{15}$

Gemeinsame Vielfache, kleinstes gemeinsames Vielfaches

Beim Bilden der Vielfachen von zwei oder mehreren natürlichen Zahlen trifft man auch auf gemeinsame Vielfache dieser beteiligten Zahlen. Oft ist das **kleinste gemeinsame Vielfache** (kgV) von Interesse, z. B. beim Addieren von Brüchen.

- Die Tabelle enthält Vielfache der natürlichen Zahlen 12 und 18. Das kgV ist 36.

Vielfache von 12	12	24	**36**	48	60	72	84		96	108	120		…
Vielfache von 18	18		**36**	54		72		90		108		126	…

Soll ein gemeinsames Vielfaches von zwei oder mehr natürlichen Zahlen angegeben werden, so führt die Multiplikation der gegebenen Zahlen mit Sicherheit zum Ziel. Man findet auf diese Weise aber nicht immer das kleinste gemeinsame Vielfache.

- a) 7 und 9 haben das gemeinsame Vielfache **63**. ($7 \cdot 9 = 63$; 63 ist auch das kgV dieser Zahlen.)
  b) 8 und 14 haben 112 als ein gemeinsames Vielfaches. Das kgV dieser beiden Zahlen ist jedoch **56**.

Beim Ermitteln des kgV von Zahlen kann das Zerlegen der Zahlen in Primfaktoren nützlich sein.

- Gesucht ist das kgV von 12, 18, 30 und 36.

$$12 = 2 \cdot 2 \cdot 3 = 2^2 \cdot 3$$
$$18 = 2 \cdot 3 \cdot 3 = 2 \cdot 3^2$$
$$30 = 2 \cdot 3 \cdot 5 = 2 \cdot 3 \cdot 5$$
$$36 = 2 \cdot 2 \cdot 3 \cdot 3 = 2^2 \cdot 3^2$$

Von jedem Primfaktor wird die höchste Potenz herausgesucht. Diese Potenzen werden miteinander multipliziert.
Das kgV von 12, 18, 30 und 36 ist
$2^2 \cdot 3^2 \cdot 5 = 180$.

Die Grundrechenoperationen mit natürlichen Zahlen

Als Grundrechenoperationen bezeichnet man die Addition, die Subtraktion, die Multiplikation und die Division.

Addition	$a + b = c$	***a, b*** Summanden ***c*** Summe
Subtraktion	$a - b = c$ $(b < a)$	***a*** Minuend ***b*** Subtrahend ***c*** Differenz
Multiplikation	$a \cdot b = c$	***a, b*** Faktoren ***c*** Produkt
Division Die Division durch Null ist nicht möglich.	$a : b = c$ $(b \neq 0)$	***a*** Dividend ***b*** Divisor ***c*** Quotient Die Division ist ausführbar, wenn $b \mid a$.

2

Es gelten die folgenden Rechenregeln:

Vertauschungsgesetz (Kommutativgesetz) **der Addition:** Vertauscht man in einer Summe die Summanden, so ändert sich das Ergebnis nicht.	$a + b = b + a$ ■ $3 + 5 = 5 + 3$
Verbindungsgesetz (Assoziativgesetz) **der Addition:** In Summen mit mehreren Summanden kann man in beliebiger Reihenfolge addieren. Das Ergebnis bleibt stets gleich.	$a + b + c = (a + b) + c$ $= a + (b + c)$ ■ $3 + 5 + 8 = \mathbf{8} + 8 = 16$ $= 3 + \mathbf{13} = 16$
Vertauschungsgesetz (Kommutativgesetz) **der Multiplikation:** Vertauscht man in einem Produkt die Faktoren, so ändert sich das Ergebnis nicht.	$a \cdot b = b \cdot a$ ■ $3 \cdot 5 = 5 \cdot 3$
Verbindungsgesetz (Assoziativgesetz) **der Multiplikation:** In Produkten mit mehreren Faktoren kann man in beliebiger Reihenfolge multiplizieren. Das Ergebnis bleibt stets gleich.	$a \cdot b \cdot c = (a \cdot b) \cdot c$ $= a \cdot (b \cdot c)$ ■ $3 \cdot 5 \cdot 8 = \mathbf{15} \cdot 8 = 120$ $= 3 \cdot \mathbf{40} = 120$
Verteilungsgesetz (Distributivgesetz) : Man kann eine Zahl mit einer Summe multiplizieren, indem man diese Zahl mit jedem Summanden multipliziert und die Produkte addiert. Dieses Gesetz kann man auch in umgekehrter Richtung anwenden. Es dient dann in vielen Fällen als Rechenhilfe.	$a \cdot (b + c) = a \cdot b + a \cdot c$ ■ $7 \cdot (9 + 3) = 7 \cdot 9 + 7 \cdot 3$ $= 63 + 21 = 84$ $a \cdot b + a \cdot c = a \cdot (b + c)$ ■ $8 \cdot 32 + 8 \cdot 18$ $= 8 \cdot (32 + 18) = 8 \cdot 50 = 400$

Beispiele für die Verfahrensweise, wenn mehrere Operationen auftreten.

■

Es sind mehrere Zahlen zu addieren bzw. zu subtrahieren: 827 + 9 150 − 786 + 312 − 1 508.	1. Schritt: 827 + 9 150 + 312 10 289	2. Schritt: 786 + 1 508 2 294	3. Schritt: 10 289 − 2 294 7 995
Es ist eine Multiplikation, dann eine Division auszuführen: 25 · 6 : 15. Es sind mehrere Divisionen auszuführen: 918 : 6 : 3. Die Operationen hintereinander ausführen.	1. Schritt: 25 · 6 = 150 1. Schritt: 918 : 6 = 153	2. Schritt: 150 : 15 =10 2. Schritt: 153 : 3 = 51	
Es ist eine Addition, dann eine Multiplikation auszuführen: 25 + 6 · 15. (Punktrechnung geht vor Strichrechnung!)	1. Schritt: 6 · 15 = 90	2. Schritt: 25 + 90 =115	
Es ist eine Division, dann eine Multiplikation auszuführen: 732 : 6 · 5. Die Operationen werden hintereinander ausgeführt.	1. Schritt: 732 : 6 = 122	2. Schritt: 122 · 5 = 610	

Falls Klammern auftreten, haben die Operationen innerhalb der Klammern Vorrang.

BRUCHZAHLEN

Gemeine Brüche und Dezimalbrüche; gebrochene Zahlen

Mithilfe von Brüchen können Teile von Ganzen angegeben werden. Es kommen hierfür zwei Darstellungsformen in Betracht.

■

	als **gemeiner Bruch**		als **Dezimalbruch**
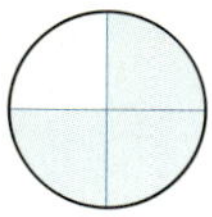	$\frac{3}{4}$ ← Zähler ← Bruchstrich ← Nenner	Der **Nenner eines Bruches** gibt an, in wie viele Teile ein Ganzes geteilt wurde. Der **Zähler eine Bruches** gibt an, wie viele solcher Teile vorhanden sind.	0,75 (7: Zehntel; 5: Hundertstel)

Zehnerbrüche sind gemeine Brüche, bei denen im Nenner 10, 100, 1000, ... steht. Jeden Zehnerbruch kann man als Dezimalbruch schreiben.

■ $\frac{1}{10} = 0{,}1$; $\frac{3}{10} = 0{,}3$; $\frac{3}{100} = 0{,}03$; $\frac{9}{1000} = 0{,}009$; $\frac{15}{1000} = 0{,}015$

Sind bei einem gemeinen Bruch Zähler und Nenner jeweils gleich, so wird durch den Bruch **ein Ganzes** ausgedrückt. Es gibt also unendlich viele Möglichkeiten, um ein Ganzes als Bruch auszudrücken.
Entsprechend können auch mehrere Ganze als Bruch geschrieben werden.

■ $\frac{4}{4} = 1$; $\frac{6}{6} = 1$; $\frac{15}{15} = 1$; ... (↗ Bild)

$\frac{2}{1} = 2$; $\frac{8}{4} = 2$; $\frac{12}{6} = 2$; $\frac{60}{15} = 4$

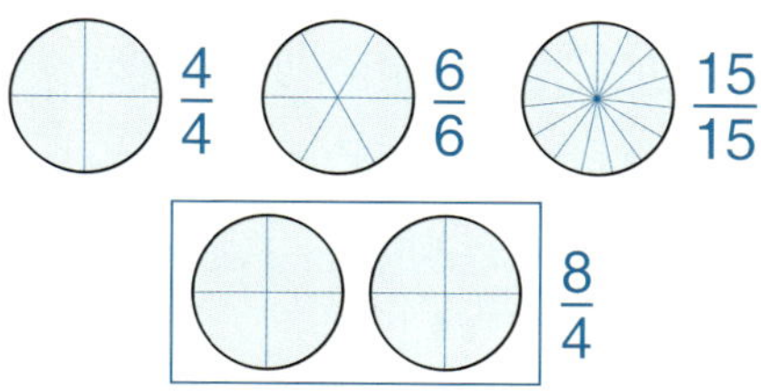

Brüche, bei denen im Zähler eine 1 steht, wie bei $\frac{1}{12}$, nennt man **Stammbrüche.**

Die Brüche $\frac{3}{4}$, $\frac{6}{8}$, $\frac{9}{12}$, 0,75 stellen alle denselben Anteil eines Ganzen dar (↗ Bild). Weitere Brüche können zur Benennung dieses Anteils gefunden werden. Diese **Brüche** bezeichnen alle dieselbe **Bruchzahl** (man sagt auch **gebrochene Zahl**).

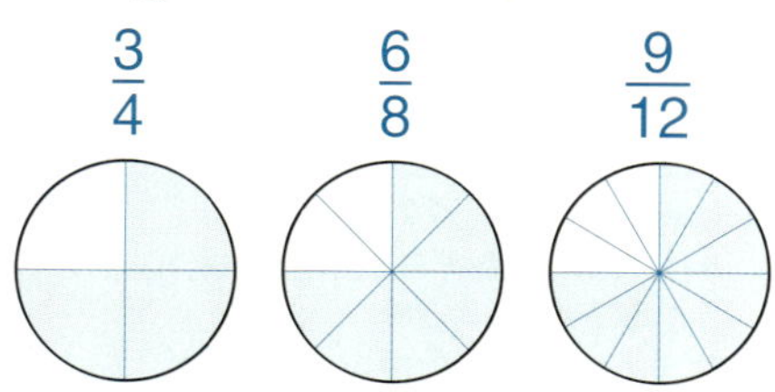

2

Brüche, bei denen der Zähler kleiner als der Nenner ist, heißen **echte Brüche.**
Echte Brüche sind kleiner als 1.
Brüche, bei denen der Zähler größer als der Nenner oder genauso groß wie der Nenner ist, heißen **unechte Brüche**.
Unechte Brüche sind größer als 1 oder gleich 1.

■ **Echte Brüche:** $\frac{3}{4}, \frac{11}{12}, \frac{0}{59}$ **Unechte Brüche:** $\frac{7}{7}, \frac{5}{4}, \frac{23}{3}$

Unechte Brüche, deren Zähler größer als der Nenner ist, werden mitunter als **gemischte Zahl** geschrieben.
Das ist immer dann möglich, wenn der unechte Bruch eine Summe aus einem oder mehreren Ganzen und einem echten Bruch darstellt.

■ **Umwandeln in eine gemischte Zahl:**

a) $\frac{5}{4} = \frac{4}{4} + \frac{1}{4} = 1\frac{1}{4}$

b) $\frac{23}{3} = 7\frac{2}{3}$

Umwandeln in einen unechten Bruch:

c) $2\frac{1}{3} = 2 + \frac{1}{3} = \frac{6}{3} + \frac{1}{3} = \frac{7}{3}$

d) $9\frac{3}{4} = \frac{39}{4}$

Erweitern und Kürzen

Man **erweitert** einen gemeinen Bruch, indem man Zähler und Nenner dieses Bruches mit derselben natürlichen Zahl (ausgenommen 0) multipliziert.

Man **kürzt** einen gemeinen Bruch, indem man Zähler und Nenner dieses Bruches durch dieselbe von Null verschiedene Zahl dividiert.

■ a) Der Bruch $\frac{3}{4}$ soll mit 5 erweitert werden. $\frac{3}{4} = \frac{3 \cdot 5}{4 \cdot 5} = \frac{15}{20}$

b) Der Bruch $\frac{45}{75}$ soll gekürzt werden.

Durch 5 kann gekürzt werden, denn 5 ist Teiler von 45 und von 75: $\frac{45}{75} = \frac{45 : 5}{75 : 5} = \frac{9}{15}$

Man kann noch durch 3 kürzen: $\frac{9}{15} = \frac{9 : 3}{15 : 3} = \frac{3}{5}$

Man hätte natürlich auch gleich durch 15 kürzen können: $\frac{45}{75} = \frac{45 : 15}{75 : 15} = \frac{3}{5}$

Beim **Erweitern eines Dezimalbruches** hängt man an den Dezimalbruch Nullen an. Das bedeutet, dass man nur mit 10, mit 100, mit 1000, …, also mit Zehnerpotenzen erweitert. Entsprechend kann man am Ende des Dezimalbruches stehende Nullen wegstreichen.
Man **kürzt den Dezimalbruch.**
So ist zum Beispiel
2,3 = 2,30 = 2,300 und 4,0900 = 4,090 = 4,09.
Bei Näherungswerten soll man nicht kürzen oder erweitern.

Brüche gleichnamig machen

Haben zwei oder mehr Brüche den gleichen Nenner, so nennt man sie **gleichnamig;** haben sie verschiedene Nenner, nennt man sie **ungleichnamig.**
Ungleichnamige Brüche können stets gleichnamig gemacht werden. Dabei wird häufig der Hauptnenner als gemeinsamer Nenner bevorzugt.
Der **Hauptnenner** ist das kgV (↗ S. 13) der beteiligten Nenner.

Gegeben	Hauptnenner	Gleichnamige Brüche
$\frac{3}{8}$ und $\frac{1}{4}$	Der Hauptnenner ist 8. Man erweitert $\frac{1}{4}$ mit 2 und erhält $\frac{2}{8}$.	Man erhält $\mathbf{\frac{3}{8}}$ **und** $\mathbf{\frac{2}{8}}$. Weiterhin $\frac{6}{16}$ und $\frac{4}{16}$ oder $\frac{9}{24}$ und $\frac{6}{24}$ und andere.
$\frac{4}{9}, \frac{5}{6}, \frac{3}{12}$	Der Haupnenner ist 36. $\frac{4}{9} = \frac{16}{36}, \quad \frac{5}{6} = \frac{30}{36}, \quad \frac{3}{12} = \frac{9}{36}$	Man erhält $\mathbf{\frac{16}{36}, \frac{30}{36}, \frac{9}{36}}$. Weiterhin $\frac{32}{72}, \frac{60}{72}, \frac{18}{72}$ oder $\frac{80}{180}, \frac{150}{180}, \frac{45}{180}$.

Vergleichen von Brüchen

Gemeine Brüche: Gleichnamige Brüche können sofort miteinander verglichen werden, ungleichnamige Brüche müssen zunächst gleichnamig gemacht werden.

■ a) Zu vergleichen sind $\frac{3}{15}, \frac{7}{15}, \frac{1}{15}, \frac{13}{15}$. Es gilt: $\frac{1}{15} < \frac{3}{15} < \frac{7}{15} < \frac{13}{15}$.

Gleichnamige Brüche vergleicht man, indem man die Zähler miteinander vergleicht. Die Brüche sind um so größer, je größer der Zähler ist.

b) Zu vergleichen sind $\frac{2}{9}, \frac{5}{6}, \frac{1}{3}, \frac{7}{12}$.

Die Brüche werden auf einen gemeinsamen Nenner gebracht:

$\frac{8}{36}, \frac{30}{36}, \frac{12}{36}, \frac{21}{36}$. Es gilt: $\frac{8}{36} < \frac{12}{36} < \frac{21}{36} < \frac{30}{36}$, also auch $\frac{2}{9} < \frac{1}{3} < \frac{7}{12} < \frac{5}{6}$.

c) Zu vergleichen sind $\frac{9}{13}, \frac{9}{19}, \frac{9}{10}, \frac{9}{15}$. Es gilt: $\frac{9}{19} < \frac{9}{15} < \frac{9}{13} < \frac{9}{10}$.

Sind die Zähler der zu vergleichenden Brüche gleich, so sind die Brüche um so kleiner je größer der Nenner ist.

Dezimalbrüche: Man vergleicht die einzelnen Stellen miteinander und zwar von links beginnend.

■ a) Zu vergleichen sind 12,897 4 und 9, 897 4. Es gilt: 12,897 4 > 9,897 4.
b) Zu vergleichen sind 0,896 4 und 0,897 4. Es gilt: 0,896 4 < 0,897 4.

2

Brüche auf dem Zahlenstrahl

Jeder **Bruch** kann einem Punkt des Zahlenstrahls zugeordnet werden.
Zwei Brüche, die durch Erweitern (bzw. durch Kürzen) auseinander hervorgehen, werden demselben Punkt zugeordnet. Diese Brüche stellen dieselbe **Bruchzahl** (dieselbe **gebrochene Zahl**) dar (↗ Bild).
Beim Zuordnen der Brüche zu Punkten des Zahlenstrahls trifft man Punkte, denen bereits natürliche Zahlen zugeordnet sind.
$\frac{14}{7}, \frac{10}{5}, \frac{24}{12}$ und andere treffen auf 2.

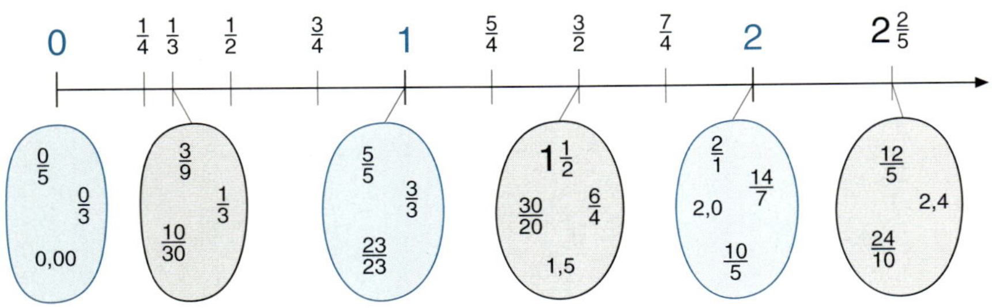

Zwischen zwei gebrochenen Zahlen liegen stets weitere gebrochene Zahlen. Eine gebrochene Zahl hat also **keinen unmittelbaren Vorgänger** und **keinen unmittelbaren Nachfolger.**

■ a) Gesucht ist ein Bruch zwischen $\frac{1}{2}$ und $\frac{5}{8}$ (↗ Bild).
Es gilt: $\frac{1}{2} = \mathbf{\frac{8}{16}}$ und $\frac{5}{8} = \mathbf{\frac{10}{16}}$;
also $\frac{1}{2} < \mathbf{\frac{9}{16}} < \frac{5}{8}$.
Auch $\frac{17}{32}, \frac{45}{80}$ und unendlich viele andere Brüche liegen zwischen $\frac{1}{2}$ und $\frac{5}{8}$.

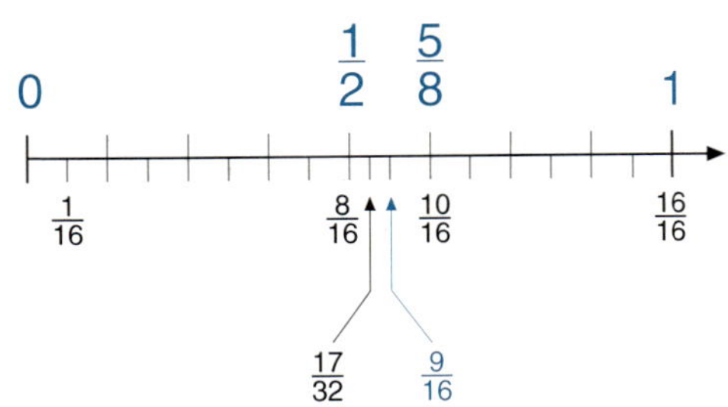

b) Gesucht ist ein Bruch zwischen 2,2 und 2,3.
Aus
2,2 = **2,20** und 2,3 = **2,30**
folgen 2,2 < **2,21** < 2,3
und 2,2 < **2,22** < 2,3
wie auch 2,2 < **2,25** < 2,3
(↗ Bild) sowie andere,
z. B. 2,201; 2,202;...

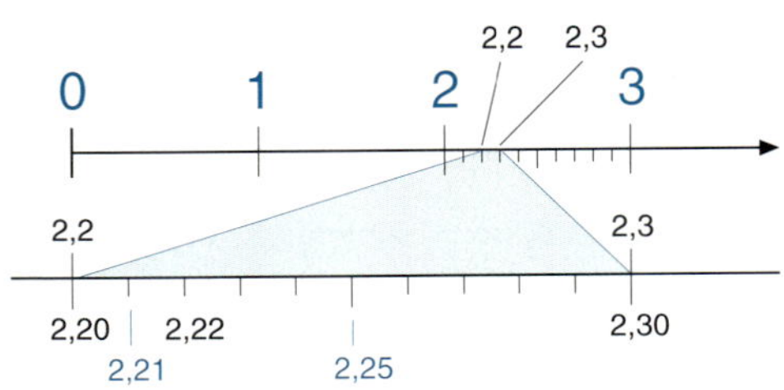

Kehrwert (Kehrbruch, Reziprokes, reziproker Bruch)

Vertauscht man in einem Bruch Zähler und Nenner miteinander, so erhält man den Kehrwert des Bruches .

■ a) Der Kehrwert von $\frac{3}{5}$ ist $\frac{5}{3}$. b) Der Kehrwert von $3 = \frac{3}{1}$ ist $\frac{1}{3}$.

Die Grundrechenoperationen mit Brüchen

Addition und Subtraktion	
Gleichnamige Brüche werden addiert, indem man die Zähler der Brüche addiert und den Nenner beibehält.	■ $\frac{3}{5} + \frac{4}{5} = \frac{3+4}{5} = \frac{7}{5} = 1\frac{2}{5}$
Gleichnamige Brüche werden subtrahiert, indem man die Zähler der Brüche subtrahiert und den Nenner beibehält. Diese Operation ist im Bereich der Bruchzahlen nur ausführbar, wenn der Subtrahend kleiner oder gleich dem Minuenden ist.	■ $\frac{7}{5} - \frac{4}{5} = \frac{7-4}{5} = \frac{3}{5}$
Gemischte Zahlen werden zuvor in unechte Brüche umgewandelt.	■ $2\frac{3}{5} - \frac{4}{5} = \frac{13}{5} - \frac{4}{5} = \frac{13-4}{5} = \frac{9}{5}$
Ungleichnamige Brüche werden addiert (bzw. subtrahiert), indem man die Brüche gleichnamig macht und dann addiert (bzw. subtrahiert).	■ $\frac{2}{3} + \frac{4}{5} = \frac{10}{15} + \frac{12}{15} = \frac{10+12}{15} = \frac{22}{15} = 1\frac{7}{15}$
Beim Addieren (bzw. Subtrahieren) von **Dezimalbrüchen** muss man die Stellung des Kommas beachten. Beim schriftlichen Addieren bzw. Subtrahieren gehören gleiche Stellenwerte untereinander.	■ 25,667 + 3,89 – 10,0551 1. Schritt: 25,667 + 3,89 = **29,557** 2. Schritt: **29,557** – 10,0551 = 19,5019 Ergebnis: 19,5019
Multiplikation	
Gemeine Brüche werden multipliziert, indem man jeweils die Zähler der Brüche und die Nenner der Brüche miteinander multipliziert. Dabei sollte man nach Möglichkeit vorher kürzen. Gemischte Zahlen werden zuvor in unechte Brüche umgewandelt.	■ $\frac{12}{25} \cdot \frac{10}{17} = \frac{12 \cdot \overset{2}{\cancel{10}}}{\underset{5}{\cancel{25}} \cdot 17} = \frac{24}{85}$ ■ $5\frac{3}{5} \cdot \frac{1}{3} = \frac{28}{5} \cdot \frac{1}{3} = \frac{28 \cdot 1}{5 \cdot 3} = \frac{28}{15}$
Beim Multiplizieren von **Dezimalbrüchen** beachtet man zunächst das Komma nicht. Im Ergebnis setzt man das Komma so, dass nach dem Komma genauso viele Stellen stehen wie beide Faktoren nach dem Komma zusammen haben.	■ 5,206 · 3,93 15 618 4 6854 15618 20,45958 Nach dem Komma stehen im 1. Faktor **3** Stellen, im 2. Faktor **2** Stellen. Im Ergebnis sind dann 5 Stellen durch das Komma abzutrennen.

Division

Gemeine Brüche werden dividiert, indem man den Dividenden mit dem Kehrwert des Divisors multipliziert.
Dabei sollte man nach Möglichkeit kürzen.
Die Division durch Null ist nicht möglich.

- $\frac{3}{5} : \frac{7}{9} = \frac{3}{5} \cdot \frac{9}{7} = \frac{3 \cdot 9}{5 \cdot 7} = \frac{27}{35}$
- $\frac{5}{9} : 3\frac{7}{12} = \frac{5}{9} : \frac{43}{12} = \frac{5 \cdot \overset{4}{\cancel{12}}}{\underset{3}{\cancel{9}} \cdot 43} = \frac{20}{129}$

Das Dividieren von **Dezimalbrüchen** geschieht in folgenden Schritten:

(1) Man sorgt dafür, dass der Divisor eine natürliche Zahl ist, indem man **beide** Dezimalbrüche entsprechend mit 10, 100, 1000, … multipliziert.

(2) Dann dividiert man wie im Falle natürlicher Zahlen, setzt jedoch im Ergebnis ein Komma, sobald man beim Dividieren die Zehntelstelle des Dividenden erreicht.

32,595 : 12,3 = ← Beide Dezimalbrüche mit 10 multiplizieren.

32**5**,95 : 12**3** =

325,95 : **123** = 2,65
246
79 **9**
73 8
6 **15**
6 15
0

Probe: 2,65 · 12,3
26 5
5 30
795
32,595

Mitunter muss man den Dividenden erweitern, damit die Divisionsschritte fortgesetzt werden können.
↗ Erweitern und Kürzen, S. 16

- 3,38 : 2,5 =
  33,8 : 25 = 1,352
  8 8
  1 3**0** ← Der Dezimalbruch 33,8 wird mit 10 erweitert.
  5**0**
  0

Nicht immer führt die Division wie beim nebenstehenden Beispiel 3,38 : 2,5 auf einen **endlichen Dezimalbruch.** Im Beispiel 27,4 : 7 geht die Division nicht auf; es ergibt sich nie der Rest 0.
↗ Periodische Dezimalbrüche, S. 20

- 27,4 : 7 = 3,914 285 7 14 285 7…

Die Ziffernfolge 14 285 7 wiederholt sich.

Zehnerbrüche und periodische Dezimalbrüche

Zehnerbrüche können als Dezimalbrüche geschrieben werden.

- $\frac{13}{100} = 0{,}13$

Viele Brüche, die keine Zehnerbrüche sind, können durch Kürzen oder Erweitern auf die Form des Zehnerbruches gebracht und dann als Dezimalbruch geschrieben werden.

- $\frac{4}{25} = \frac{16}{100} = 0{,}16$

Die Umwandlung der gemeinen Brüche in Dezimalbrüche kann aber auch mithilfe der Division erfolgen. Man betrachtet dann den Bruchstrich als Divisionszeichen und führt die schriftliche Division aus.

- $\frac{4}{25} = 4 : 25$
  4 : 25 = **0,16**
  4**0**
  15**0**
  0

Viele Brüche können nicht als Zehnerbrüche geschrieben werden.

- $\frac{1}{3}, \frac{5}{6}, \frac{7}{11}$

Gemeine Brüche, die sich nicht in Zehnerbrüche umformen lassen, können in **periodische Dezimalbrüche** umgewandelt werden. Die schriftliche Division bricht in diesem Fall nicht ab. Eine oder mehrere Ziffern wiederholen sich immer wieder in gleicher Folge. Die Periode wiederholt sich, wenn der gleiche Rest auftritt.

- a) $\frac{2}{3} = 2 : 3$

```
2 : 3 = 0,6666...
20
 20
  20
   20
    2
```

Man schreibt $\frac{2}{3} = 0,\overline{6}$ und liest:

Null-Komma-sechs-Periode 6.

b) $\frac{243}{990} = 243 : 990$

```
243 : 990 = 0,24545...
2430
 4500
  5400
   4500
    5400
     450
```

Man schreibt $\frac{243}{990} = 0,2\overline{45}$ und liest:

Null-Komma-zwei-vier-fünf-Periode 45.

Führt die **Division zweier Dezimalbrüche** auf einen periodischen Dezimalbruch, so kann man das Ergebnis auf eine vorgegebene Stellenzahl runden.

- Das Beispiel 27,4 : 7 auf Seite 20 ergab $3,9\overline{142857}$. Wenn eine Genauigkeit bis zur Tausendstelstelle gefordert ist, so rechnet man bis zur vierten Stelle nach dem Komma und rundet dann: $27,4 : 7 = 3,9142\ldots \approx 3,914$.

Bruchzahlen und natürliche Zahlen

Die Menge der natürlichen Zahlen {0, 1, 2, 3, ...} wird mit $\mathbb{N}$ bezeichnet.	Die Menge der Bruchzahlen wird mit dem Symbol $\mathbb{Q}^+$ bezeichnet.

Jede natürliche Zahl kann als Bruch dargestellt werden (↗ S. 15):

$0 = \frac{0}{3} = \frac{0}{5} = \frac{0}{125} = \ldots;$ $1 = \frac{2}{2} = \frac{5}{5} = \frac{9}{9} = 1,0 = \ldots;$ $2 = \frac{2}{1} = \frac{6}{3} = \frac{26}{13} = 2,0 = \ldots$

Natürliche Zahlen und Bruchzahlen können Punkten des Zahlenstrahls zugeordnet werden (↗ Bild Seite 18 oben).

Die Menge der natürlichen Zahlen ist eine Teilmenge (↗ S. 7) **der Menge der Bruchzahlen: $\mathbb{N} \subset \mathbb{Q}^+$.**

Natürliche Zahlen haben einen unmittelbaren **Nachfolger** und (ausgenommen die Zahl 0) einen unmittelbaren **Vorgänger.** Es gibt keine größte natürliche Zahl, aber eine kleinste natürliche Zahl, die Zahl 0.	Bruchzahlen haben **keinen** unmittelbaren **Nachfolger** und **keinen** unmittelbaren **Vorgänger.** Zwischen zwei Bruchzahlen gibt es stets weitere (unendlich viele) Bruchzahlen. Es gibt keine größte Bruchzahl, aber eine kleinste, die Zahl 0.

Jede Bruchzahl kann durch **gemeine Brüche** $\frac{p}{q}$ ($p, q \in \mathbb{N}, q \neq 0$) dargestellt werden.

Die Division $p : q$ führt entweder auf einen **endlichen** oder aber auf einen **unendlichen, periodischen Dezimalbruch** (↗ S. 22).

2

- $\frac{59}{200} = 59 : 200$ $59 : 200 = 0{,}295$

  $\frac{59}{200} = 0{,}295$

  ```
  59 : 200 = 0,295
  590
  1900
   1000
      0
  ```

  $\frac{59}{200}$ kann auch durch Erweitern auf Tausendstel umgewandelt werden: $\frac{59}{200} = \frac{59 \cdot 5}{200 \cdot 5} = \frac{295}{1000} = 0{,}295.$

- $\frac{146}{495} = 146 : 495$

  ```
  146 : 495 = 0,29494...
  1460
   4700
    2450
     4700
      245
  ```

  Ergebnis: $\frac{146}{495} = 0{,}2\overline{94}.$

Im Bereich der natürlichen Zahlen ist	Im Bereich der Bruchzahlen ist
– die **Addition** stets ausführbar, – die **Multiplikation** stets ausführbar, – die **Subtraktion** nur ausführbar, wenn der Minuend größer oder gleich dem Subtrahenden ist, – die **Division** nur ausführbar, wenn der Dividend ein Vielfaches des Divisors ist. **Die Division durch 0 ist nicht möglich.**	– die **Addition** stets ausführbar, – die **Multiplikation** stets ausführbar, – die **Subtraktion** nur ausführbar, wenn der Minuend größer oder gleich dem Subtrahenden ist, – die **Division** stets ausführbar mit einer Ausnahme: **Die Division durch 0 ist nicht möglich.**

In der Menge $\mathbb{N}$ wie auch in der Menge $\mathbb{Q}^+$ gelten die folgenden Rechengesetze. Dabei ist der Nenner stets ungleich Null.

Vertauschungsgesetz (Kommutativgesetz) **der Addition:** Vertauscht man in einer Summe die Summanden, so ändert sich das Ergebnis nicht.	$\frac{a}{b} + \frac{c}{d} = \frac{c}{d} + \frac{a}{b}$
Verbindungsgesetz (Assoziativgesetz) **der Addition:** In Summen mit mehreren Summanden kann man in beliebiger Reihenfolge addieren. Das Ergebnis bleibt stets gleich.	$\frac{a}{b} + \frac{c}{d} + \frac{e}{f} = \frac{a}{b} + \left(\frac{c}{d} + \frac{e}{f}\right) = \left(\frac{a}{b} + \frac{c}{d}\right) + \frac{e}{f}$
Vertauschungsgesetz (Kommutativgesetz) **der Multiplikation:** Vertauscht man in einem Produkt die Faktoren, so ändert sich das Ergebnis nicht.	$\frac{a}{b} \cdot \frac{c}{d} = \frac{c}{d} \cdot \frac{a}{b}$
Verbindungsgesetz (Assoziativgesetz) **der Multiplikation:** In Produkten mit mehreren Faktoren kann man in beliebiger Reihenfolge multiplizieren. Das Ergebnis bleibt stets gleich.	$\frac{a}{b} \cdot \frac{c}{d} \cdot \frac{e}{f} = \frac{a}{b} \cdot \left(\frac{c}{d} \cdot \frac{e}{f}\right) = \left(\frac{a}{b} \cdot \frac{c}{d}\right) \cdot \frac{e}{f}$
Verteilungsgesetz (Distributivgesetz): Man kann eine Zahl mit einer Summe multiplizieren, indem man diese Zahl mit jedem Summanden multipliziert und die Produkte addiert.	$\frac{a}{b} \cdot \left(\frac{c}{d} + \frac{e}{f}\right) = \frac{a}{b} \cdot \frac{c}{d} + \frac{a}{b} \cdot \frac{e}{f}$
Dieses Gesetz kann man auch in umgekehrter Richtung anwenden. Es dient dann in vielen Fällen als Rechenhilfe.	$\frac{a}{b} \cdot \frac{c}{d} + \frac{a}{b} \cdot \frac{e}{f} = \frac{a}{b} \cdot \left(\frac{c}{d} + \frac{e}{f}\right)$

Aufgaben mit mehreren Rechenoperationen

Beim Lösen von Aufgaben mit mehreren Rechenoperationen sind die Rechenoperationen der zweiten Stufe (Multiplikation und Division) vor den Rechenoperationen der ersten Stufe (Addition und Subtraktion) auszuführen.
Merkhilfe: **Punktrechnung vor Strichrechnung.**
Soll von dieser Reihenfolge abgewichen werden, so werden Klammern gesetzt.

- $2\frac{4}{5} : \frac{6}{25} - 3 = \frac{14}{5} : \frac{6}{25} - 3$

  $= \frac{14}{5} \cdot \frac{25}{6} - 3 = \frac{\overset{7}{\cancel{14}} \cdot \overset{5}{\cancel{25}}}{\underset{1}{\cancel{5}} \cdot \underset{3}{\cancel{6}}} - 3$

  $= \frac{35}{3} - \frac{3}{1} = \frac{35}{3} - \frac{9}{3} = \frac{26}{3} = 8\frac{2}{3}$

  Zuerst wird die gemischte Zahl in einen unechten Bruch verwandelt. Dann kann die Division ausgeführt werden, indem man mit dem Kehrwert des Divisors, also mit $\frac{25}{6}$, multipliziert. Erst danach führt man die Subtraktion aus.

- $\frac{3}{4} + 1\frac{2}{5} \cdot \frac{15}{16} = \frac{3}{4} + \frac{7}{5} \cdot \frac{15}{16} = \frac{3}{4} + \frac{7 \cdot \overset{3}{\cancel{15}}}{\underset{1}{\cancel{5}} \cdot 16} = \frac{3}{4} + \frac{21}{16} = \frac{12 + 21}{16} = \frac{33}{16}$

  Zuerst wird die gemischte Zahl in einen unechten Bruch umgewandelt und dann die Multiplikation ausgeführt. Danach addiert man den Summanden $\frac{3}{4}$ und das im ersten Schritt erhaltene Produkt.

  ↗ Erweitern und Kürzen, S. 16
  ↗ Brüche gleichnamig machen, S. 17

- $\left(\frac{3}{4} + 1\frac{2}{5}\right) \cdot \frac{15}{16} = \left(\frac{3}{4} + \frac{7}{5}\right) \cdot \frac{15}{16}$

  $= \frac{15 + 28}{20} \cdot \frac{15}{16} = \frac{43}{20} \cdot \frac{15}{16} = \frac{43 \cdot \overset{3}{\cancel{15}}}{\underset{4}{\cancel{20}} \cdot 16} = \frac{129}{64} = 2\frac{1}{64}$

  Es liegt ein Produkt vor, bei dem ein Faktor eine Summe ist. Man wird also zuerst die Summe berechnen. Hierzu wandelt man zunächst die gemischte Zahl in einen unechten Bruch um und ermittelt den Hauptnenner.
  Im nächsten Schritt wird die Multiplikation ausgeführt.

- $1{,}7 : \frac{5}{3} + \frac{7}{4} \cdot \frac{3}{5} = \frac{17}{10} : \frac{5}{3} + \frac{7}{4} \cdot \frac{3}{5} = \frac{17 \cdot 3}{10 \cdot 5} + \frac{7 \cdot 3}{4 \cdot 5} = \frac{51}{50} + \frac{21}{20} = \frac{102 + 105}{100} = \frac{207}{100} = 2{,}07$

  Es liegt eine Summe vor. Der erste Summand ist ein Quotient und der zweite Summand ist ein Produkt. Im ersten Schritt werden der Quotient $\left(1{,}7 : \frac{5}{3}\right)$ und das Produkt $\left(\frac{7}{4} \cdot \frac{3}{5}\right)$ berechnet. Dabei wird man den Dezimalbruch in einen gemeinen Bruch umwandeln. Im zweiten Schritt ermittelt man den Hauptnenner, erweitert die Summanden und addiert.

RATIONALE ZAHLEN, GANZE ZAHLEN, REELLE ZAHLEN

2

Negative Zahlen und positive Zahlen

Verlängert man den Zahlenstrahl (↗ Bild S. 18, oben) nach links über Null hinaus, so kann man durch eine Punktspiegelung am Nullpunkt zu jedem Punkt *P* des Zahlenstrahls einen neuen Punkt *P'* auf dieser Verlängerung finden. Dabei haben dann die Punkte *P* und *P'* jeweils den gleichen Abstand vom Nullpunkt (↗ Bild).

Durch die Verlängerung des Zahlenstrahls nach links ist eine Gerade – die **Zahlengerade** – entstanden.

Zahlen, die auf der Zahlengeraden links vom Nullpunkt liegen, heißen **negative Zahlen** und werden mit dem **Vorzeichen –** gekennzeichnet. Die Zahlen, die rechts vom Nullpunkt liegen, heißen **positive Zahlen,** sie tragen das **Vorzeichen +**.

Das Pluszeichen kann in den Fällen weggelassen werden, in denen Irrtümer ausgeschlossen sind.

↗ Punktspiegelung, S. 113

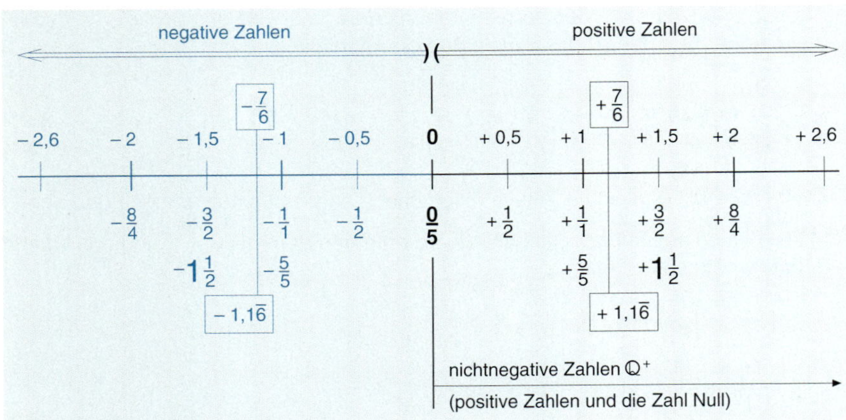

Die negativen Zahlen bilden zusammen mit den positiven Zahlen und der Zahl 0 die Menge der **rationalen Zahlen;** Symbol: $\mathbb{Q}$.

$a \in \mathbb{Q}$ bedeutet: Die Zahl *a* ist Element der Menge der rationalen Zahlen. Kurz: *a* ist eine rationale Zahl.

Die Menge der Bruchzahlen $\mathbb{Q}^+$ und damit auch die Menge der natürlichen Zahlen sind Teilmengen der Menge der rationalen Zahlen:

$\mathbb{Q}^+ \subset \mathbb{Q}$, ferner $\mathbb{N} \subset \mathbb{Q}^+$ und $\mathbb{N} \subset \mathbb{Q}$.

Von zwei rationalen Zahlen ist diejenige kleiner, die weiter links auf der Zahlengeraden liegt.

Es gibt keine kleinste und keine größte rationale Zahl.

Zueinander entgegengesetzte Zahlen

Zwei rationale Zahlen, die sich nur durch das Vorzeichen unterscheiden, heißen zueinander **entgegengesetzte Zahlen** (man spricht auch von einer rationalen Zahl und ihrer **Gegenzahl**). Die Zahl 0 ist zu sich selbst entgegengesetzt.

■ a) -3 ist die entgegengesetzte Zahl zu $+3$; $+3$ ist die entgegengesetzte Zahl zu -3.
b) $-0{,}9$ und $+0{,}9$ sind zueinander entgegengesetzte Zahlen.
c) $-(-9) = +9$ ist die entgegengesetzte Zahl zu -9.

Die zur rationalen Zahl a entgegengesetzte Zahl bezeichnet man mit $-a$. (Das Minuszeichen „–“ dient also als *Operationszeichen,* als *Vorzeichen* und zur *Kennzeichnung der entgegengesetzten Zahl.*)
a und $-a$ liegen auf der Zahlengeraden zueinander punktsymmetrisch bezüglich des Nullpunktes O.

Deshalb gilt: $-(-a) = a$

- Wenn $a \in \mathbb{Q}$ eine positive Zahl ist, so ist $-a$ eine negative Zahl.
- Wenn $a \in \mathbb{Q}$ eine negative Zahl ist, so ist $-a$ eine positive Zahl.
- Wenn $a \in \mathbb{Q}$ die Zahl 0 ist, so ist $-a$ wiederum die Zahl 0: $-0 = 0$.

Ganze Zahlen

Die natürlichen Zahlen und die zu ihnen entgegengesetzten Zahlen bilden zusammen die Menge der **ganzen Zahlen** $\mathbb{Z} = \{\ldots, -3, -2, -1, 0, 1, 2, 3, \ldots\}$.
Die Mengen $\mathbb{N}$, $\mathbb{Q}^+$ und $\mathbb{Z}$ sind Teilmengen der Menge der rationalen Zahlen.
Es gilt: $\mathbb{Z} \subset \mathbb{Q}$.

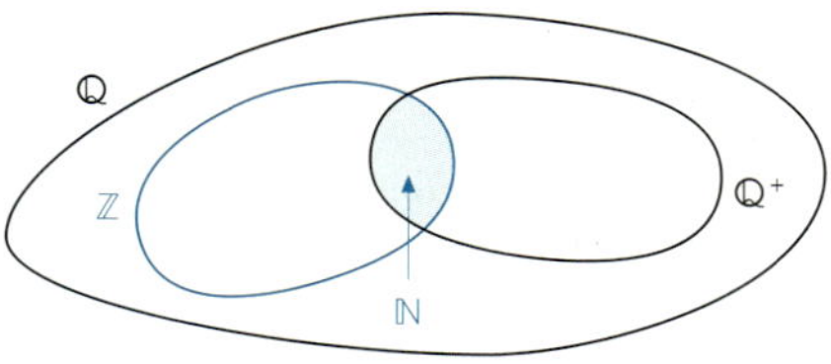

■ a) Für $a = 0{,}5$ gilt: $0{,}5 \in \mathbb{Q}$ und auch $0{,}5 \in \mathbb{Q}^+$.
b) Für $a = -3$ gilt: $-3 \in \mathbb{Q}$ und $-3 \in \mathbb{Z}$.
c) Für $a = 7$ gilt: $7 \in \mathbb{N}$, $7 \in \mathbb{Q}^+$, $7 \in \mathbb{Z}$ und $7 \in \mathbb{Q}$.

Absoluter Betrag

Durch die Zuordnung der rationalen Zahlen zu Punkten der Zahlengeraden wird für jede rationale Zahl ein Abstand zum Nullpunkt festgelegt (↗ Bild unten). Den Abstand nennt man den absoluten Betrag (kurz: **Betrag**) dieser Zahl.
Der Betrag einer Zahl a wird mit $|a|$ bezeichnet. Man liest: „Betrag von a“.
Der Betrag einer rationalen Zahl a ist stets größer oder gleich Null.

Es gilt: $|a| = \begin{cases} a, & \text{falls } a \geq 0 \\ -a, & \text{falls } a < 0 \end{cases}$

■ a) $|5{,}2| = 5{,}2$ b) $|-7| = -(-7) = 7$ c) $|0| = 0$

■

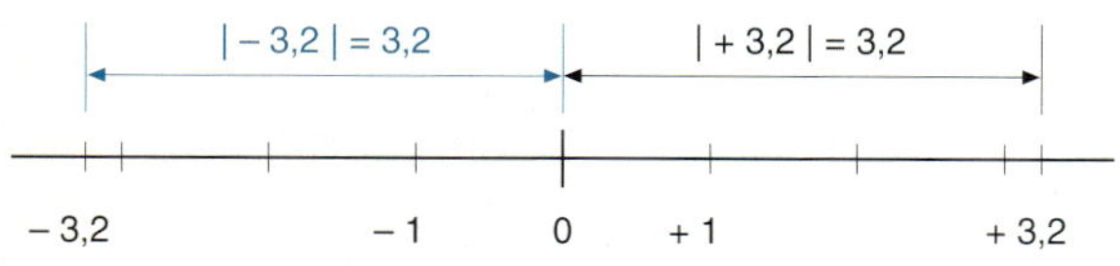

Die Grundrechenoperationen mit rationalen Zahlen

2

Addition rationaler Zahlen	
Zwei rationale Zahlen mit **gleichen Vorzeichen** werden addiert, indem man die Beträge der Zahlen addiert. Das Vorzeichen der Summe ist gleich dem gemeinsamen Vorzeichen der beiden Summanden.	■ 2,5 + 3,2 = 5,7 ■ (−2,5) + (−3,2) |−2,5| = 2,5; |−3,2| = 3,2 2,5 + 3,2 = 5,7 (−2,5) + (−3,2) = −5,7
Zwei rationale Zahlen mit **verschiedenen Vorzeichen** werden addiert, indem man die Beträge beider Zahlen bildet und den kleineren Betrag vom größeren Betrag subtrahiert. Das Vorzeichen der Summe ist gleich dem Vorzeichen der Zahl mit dem größeren Betrag. Haben beide Zahlen denselben Betrag, ist die Summe 0.	■ (−2,5) + 3,2 |−2,5| = 2,5; |+3,2| = 3,2 3,2 − 2,5 = 0,7 (−2,5) + 3,2 = 0,7 ■ 2,5 + (−3,2) |2,5| = 2,5; |−3,2| = 3,2 3,2 − 2,5 = 0,7 2,5 + (−3,2) = −0,7 ■ (−1,3) + 1,3 = 0
Subtraktion rationaler Zahlen	
Man subtrahiert eine rationale Zahl, indem man die zu ihr entgegengesetzte Zahl addiert.	■ (−2,5) − (−3,2) = (−2,5) + 3,2 = 0,7 ■ (−2,5) − 3,2 = (−2,5) + (−3,2) = −5,7
Multiplikation rationaler Zahlen	
Zwei rationale Zahlen mit **gleichen Vorzeichen** werden multipliziert, indem man die Beträge der Zahlen multipliziert. Das Vorzeichen des Produktes ist +.	■ 2,5 · 3,2 = 8 ■ (−2,5) · (−3,2) Die Multiplikation der Beträge ergibt 8. Das Vorzeichen des Produktes ist +. (−2,5) · (−3,2) = 8
Zwei rationale Zahlen mit **verschiedenen Vorzeichen** werden multipliziert, indem man die Beträge der Zahlen multipliziert. Das Vorzeichen des Produktes ist −.	■ (−2,5) · 3,2 Die Multiplikation der Beträge ergibt 8. Das Vorzeichen des Produktes ist −. (−2,5) · 3,2 = −8
Division rationaler Zahlen (Die Division durch Null ist nicht möglich.)	
Zwei rationale Zahlen mit **gleichen Vorzeichen** werden dividiert, indem man die Beträge der Zahlen dividiert. Das Vorzeichen des Quotienten ist +.	■ 2,5 : 3,2 = 0,781 25 ■ (−2,5) : (−3,2) = 0,781 25
Zwei rationale Zahlen mit **verschiedenen Vorzeichen** werden dividiert, indem man die Beträge der Zahlen dividiert. Das Vorzeichen des Produktes ist −.	■ (−2,5) : 3,2 = −0,781 25 ■ 2,5 : (−3,2) = −0,781 25

Merkhilfe für das Ermitteln der Vorzeichen:

Plus mal plus gleich plus. Plus durch plus gleich plus.
Plus mal minus gleich minus. Plus durch minus gleich minus.
Minus mal minus gleich plus. Minus durch minus gleich plus.
Minus mal plus gleich minus. Minus durch plus gleich minus.

Im Allgemeinen werden die Rechenoperationen mit rationalen Zahlen in verkürzter Schreibweise angegeben:

- Anstelle von $(-2{,}5) + (-3{,}2) = -5{,}7$ schreibt man $-2{,}5 - 3{,}2 = -5{,}7$.
  Anstelle von $(-2{,}5) - (+3{,}2) = -5{,}7$ schreibt man $-2{,}5 - 3{,}2 = -5{,}7$.
  Anstelle von $(-0{,}75) \cdot (+0{,}8) = -0{,}6$ schreibt man $(-0{,}75) \cdot 0{,}8 = -0{,}6$.

Darstellungsmöglichkeiten für rationale Zahlen

Jede rationale Zahl kann in der Form $\frac{p}{q}$ dargestellt werden, wobei p eine ganze Zahl und q eine natürliche Zahl, ausgenommen Null, ist (↗ Beispiele a, b, c).
Jede rationale Zahl kann auch als endlicher oder unendlicher periodischer Dezimalbruch geschrieben werden (↗ Beispiele d, e, f).

- a) $-\frac{2}{5} = \frac{-2}{5}$ b) $\frac{-7}{9} = -\frac{7}{9}$ c) $\frac{1}{4}$ d) $-\frac{3}{5} = -0{,}6$ e) $-\frac{5}{11} = -0{,}\overline{45}$ f) $\frac{1}{6} = 0{,}1\overline{6}$

Aufgaben mit mehreren Rechenoperationen

Beim **Lösen von Aufgaben** mit rationalen Zahlen sollte man Folgendes beachten:
- Treten rationale Zahlen in verschiedenen Darstellungsformen auf, so wandelt man alle Brüche in eine der möglichen Darstellungsformen um.
- Gemischte Zahlen werden als unechte Brüche geschrieben.
- Operationen, die in Klammern eingeschlossen sind, haben stets Vorrang. Ansonsten gilt: Punktrechnung geht vor Strichrechnung.

- a) $-\frac{5}{12} + 3{,}4 - \frac{5}{6} = -\frac{5}{12} + \frac{34}{10} - \frac{5}{6}$
  $= \frac{-25 + 204 - 50}{60} = \frac{129}{60} = \frac{43}{20} = 2\frac{3}{20}$

  Man wandelt zunächst 3,4 in einen gemeinen Bruch um.
  Der Hauptnenner der drei Brüche ist 60.
  Die einzelnen Brüche werden nun erweitert und addiert.

  b) $\left(-5{,}4 + \frac{2}{3}\right) \cdot (-3) = \left(-\frac{54}{10} + \frac{2}{3}\right) \cdot (-3)$
  $= \left(\frac{-162 + 20}{30}\right) \cdot (-3) = \left(-\frac{142}{30}\right) \cdot \left(-\frac{3}{1}\right)$
  $= \frac{142 \cdot \overset{1}{\cancel{3}}}{\underset{10}{\cancel{30}} \cdot 1} = \frac{142}{10} = 14{,}2$

  Erst wird die Operation innerhalb der Klammer ausgeführt. Hierzu bringt man alle beteiligten Brüche auf die Form gemeiner Brüche.
  Dann wird die Multiplikation ausgeführt. Dabei ergibt sich für das Produkt eine positive Zahl.

■ c) $-\frac{7}{12} - \frac{13}{15} \cdot \left(-\frac{25}{39}\right) =$

$-\frac{7}{12} - \left(-\frac{\overset{1}{\cancel{13}} \cdot \overset{5}{\cancel{25}}}{\underset{3}{\cancel{15}} \cdot \underset{3}{\cancel{39}}}\right) = -\frac{7}{12} - \left(-\frac{5}{9}\right) =$

$-\frac{7}{12} + \frac{5}{9} = \frac{-21 + 20}{36} = -\frac{1}{36} = -0{,}02\overline{7}$

Erst wird die Multiplikation, dann die Subtraktion ausgeführt. Das Vorzeichen des Produktes ist –.
Vor der Ausführung der Multiplikation kann gekürzt werden.
Die negative Zahl $-\frac{5}{9}$ wird subtrahiert, indem die entgegengesetzte Zahl addiert wird.

Reelle Zahlen, irrationale Zahlen

Alle rationalen Zahlen können Punkten auf der Zahlengeraden zugeordnet werden.
Auf der Seite 18 wurde veranschaulicht, dass zwischen zwei Bruchzahlen stets weitere Zahlen gefunden werden können. Das folgende Bild zeigt, dass auch zwischen zwei rationalen Zahlen stets weitere rationale Zahlen liegen und dass diese Zahlen auch wieder weiteren Punkten zugeordnet werden können. Dennoch gibt es unendlich viele Punkte der Zahlengeraden, denen so keine Zahl zugeordnet werden kann. Zu diesen Zahlen gehören zum Beispiel viele Wurzeln (↗ Seite 37).
Alle Punkte, denen keine rationale Zahl zugeordnet werden kann, werden durch **irrationale Zahlen** beschrieben. Irrationale Zahlen führen auf unendliche *nichtperiodische* Dezimalbrüche. Auch die Zahl π ist eine irrationale Zahl (↗ S. 138).
Beim Rechnen werden irrationale Zahlen durch rationale Zahlen mit der gewünschten Genauigkeit angenähert (↗ S. 37). So wurde im folgenden Bild für die irrationale Zahl $\sqrt{2}$ die rationale Zahl 1,41 gewählt.

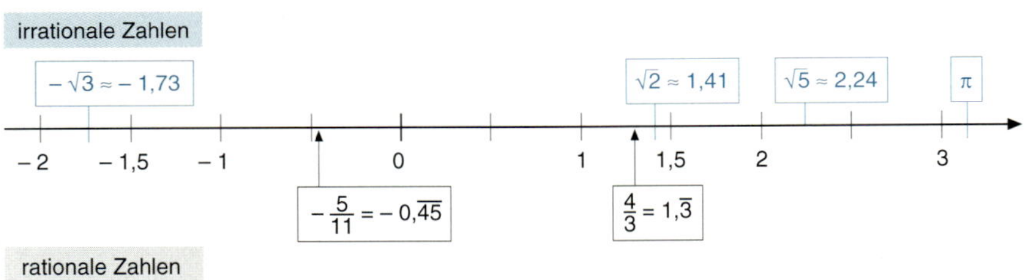

Die rationalen Zahlen bilden zusammen mit den irrationalen Zahlen den Zahlenbereich der **reellen Zahlen** (Symbol: $\mathbb{R}$). Im folgenden Bild werden die Zahlenbereiche $\mathbb{R}$, $\mathbb{Q}$, $\mathbb{Z}$, $\mathbb{Q}^+$, $\mathbb{N}$ in einem Mengendiagramm gezeigt.

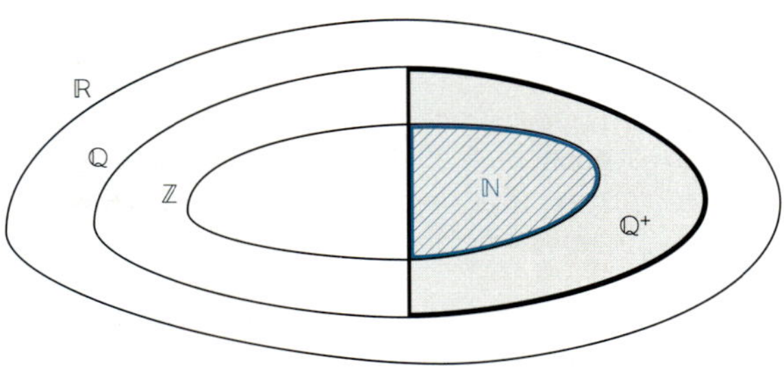

Natürliche Zahlen	$\mathbb{N}$
Ganze Zahlen	$\mathbb{Z}$
Bruchzahlen	$\mathbb{Q}^+$
Rationale Zahlen	$\mathbb{Q}$
Reelle Zahlen	$\mathbb{R}$

RECHNEN MIT GRÖSSEN

Größen, Einheiten

Eine Größenangabe besteht aus einem **Zahlenwert** und einer **Einheit.**

- In 5,43 m ist die Zahl 5,43 der **Zahlenwert der Größe,** m ist das Kurzzeichen für die **Einheit** „Meter".

Umrechnen von Größen

Zur Angabe von Größen stehen unterschiedliche Einheiten der jeweiligen Größenart zur Auswahl. So gibt es zum Beispiel für die Länge die Einheiten Meter, Dezimeter, Zentimeter, Millimeter, Mikrometer, Kilometer und weitere (↗ Umrechnungstabelle für Größen, S. 30).

Ändert man die Einheit, so ändert sich auch der Zahlenwert. Beim Umrechnen einer Größe in die nächstkleinere Einheit wird der Zahlenwert der Größe mit der Umrechnungszahl multipliziert; beim Umrechnen in die nächstgrößere Einheit wird der Zahlenwert durch die Umrechnungszahl dividiert.

- a) 23,9 ha sind in Ar umzurechnen; Umrechnungszahl: 100.
  Multiplizieren mit 100 ergibt $23{,}9 \cdot 100 = 2\,390$, also 23,9 ha = 2 390 a.

  b) 23,9 ha sind in Quadratkilometer umzurechnen; Umrechnungszahl: 100.
  Dividieren durch 100 ergibt $23{,}9 : 100 = 0{,}239$, also 23,9 ha = 0,239 km^2.

  c) $\frac{3}{8}$ l sind in Milliliter umzurechnen; Umrechnungszahl: 1 000

  $\frac{3}{8} = 0{,}375$; Multiplizieren mit 1 000 ergibt 375, also $\frac{3}{8}$ l = 375 ml.

  d) $\frac{3}{8}$ l sollen in Kubikzentimeter angegeben werden; Umrechnungszahl: 1 000

  Da 1 l = 1 dm^3, gilt: $\frac{3}{8}\,\text{l} = \frac{3}{8}\,\text{dm}^3 = 0{,}375\,\text{dm}^3$.

  Multiplizieren mit 1 000 ergibt: $0{,}375 \cdot 1000 = 375$, also

  $\frac{3}{8}\,\text{l} = 375\,\text{cm}^3$.

Manchmal treten Größen auf, bei denen zwei Einheiten verwendet werden. Soll dann die Größe mit nur einer Einheit angegeben werden, so muss eine Umrechnung erfolgen.

- a) 6 m 25 cm = 6 m + 25 cm. Da 6 m = 600 cm ist 6 m 25 cm = 625 cm.
  Es gilt auch: 6 m 25 cm = 6,25 m.
  13 m 4 cm = 13 m + 4 cm. Da 13 m = 1 300 cm ist 13 m 4 cm = 1 304 cm.
  Es gilt auch: 13 m 4 cm = 13,04 m.

  b) 1h 45 min 20 s = 1 h + 45 min + 20 s = 3 600 s + 45 · 60 s + 20 s = 6 320 s
  = 60 min + 45 min + (20 : 60) min = $105{,}\overline{3}$ min
  1h 45 min 20 s ≈ 1,75 h [45 min = (45 : 60) h]
  Für 1h 45 min 20 s kann man auch schreiben: 1 : 45 : 20 h.

Umrechnungstabelle für Größen

Größe	Einheiten	Umrechnung der Einheiten; Umrechnungszahlen
Länge	Kilometer km **Meter** m Dezimeter dm Zentimeter cm Millimeter mm	1 km = 1 000 m; 1 m = 10 dm = 100 cm = 1000 mm 1 dm = 10 cm = 100 mm 1 cm = 10 mm km –1000– m –10– dm –10– cm –10– mm; m –100– cm; m –1000– mm
Fläche	Quadrat-kilometer km^2 **Quadrat-meter** m^2 Quadrat-dezimeter dm^2 Quadrat-zentimeter cm^2 Quadrat-millimeter mm^2	1 km^2 = 100 ha = 10 000 a = 1 000 000 m^2 1 ha = 100 a = 10 000 m^2 1 m^2 = 100 dm^2 = 10 000 cm^2 1 dm^2 = 100 cm^2 = 10 000 mm^2 1 cm^2 = 100 mm^2 km^2 –100– ha –100– a –100– m^2 –100– dm^2 –100– cm^2 –100– mm^2; ha –10 000– m^2; m^2 –10 000– cm^2
Raum	**Kubik-meter** m^3 Kubik-dezimeter dm^3 Kubik-zentimeter cm^3 Kubik-millimeter mm^3	1 m^3 = 1000 dm^3 = 1 000 000 cm^3 1 dm^3 = 1000 cm^3 = 1 000 000 mm^3 1 cm^3 = 1 000 mm^3 m^3 –1000– dm^3 –1000– cm^3 –1000– mm^3; dm^3 –1 000 000– mm^3
	Hohlmaße: Hektoliter hl Liter l Deziliter dl Zentiliter cl Milliliter ml	1 hl = 100 l; 1 l = 10 dl = 100 cl; 1 cl = 10 ml; 1 l = 1 dm^3 hl –100– l –10– dl –10– cl –10– ml; l –100– cl
Masse	Tonne t **Kilo-gramm** kg Gramm g Milli-gramm mg	1 t = 1000 kg; 1 kg = 1000 g = 1 000 000 mg 1 g = 1000 mg t –1000– kg –1000– g –1000– mg; kg –1 000 000– mg
Zeit	Tag d Stunde h Minute min **Sekunde** s	1 d = 24 h; 1 h = 60 min = 3 600 s; 1 min = 60 s d –24– h –60– min –60– s; h –3 600– s

Rechnen mit Größen

Größen mit gleichen Einheiten werden addiert oder subtrahiert, indem man die Zahlenwerte addiert bzw. subtrahiert und die Einheit beibehält.
Treten Größen mit verschiedenen Einheiten auf, so muss man vor dem Rechnen alle Größen in ein und dieselbe Einheit umrechnen.
Eine Größe wird mit einer Zahl multipliziert oder durch eine Zahl dividiert, indem man den Zahlenwert der Größe mit dieser Zahl multipliziert oder dividiert und die Einheit beibehält.

■ a) 0,75 m + 3,80 m = 4,55 m
b) 17,3 kg – 12,8 kg = 4,5 kg
c) 12 kg + 350 g = 12 kg + 0,350 kg = 12,350 kg
d) 15,12 € · 3 = 45,36 €
e) Zu vergleichen sind 203 cm^2 und 20,3 dm^2.
Da 203 cm^2 = 2,03 dm^2 und 2,03 dm^2 < 20,3 dm^2, gilt 203 cm^2 < 20,3 dm^2.
f) Der Rauminhalt eines Quaders mit den Kantenlängen a = 1,75 m; b = 0,85 m; c = 74 cm ist zu berechnen.
Für den Quader gilt: $V = a \cdot b \cdot c$.
Man rechnet also:
V = 1,75 m · 0,85 m · 74 cm
und weiter
V = 1,75 m · 0,85 m · 0,74 m = 1,100 75 m^3.
Man rundet auf einen sinnvollen Näherungswert und erhält V = 1,10 m^3.
↗ Rechnen mit Näherungswerten, S. 34
↗ Rauminhalt von Quadern, S. 172
g) Zu berechnen ist 2 h + 55 min – 6 s.
Man erhält 2 h + 55 min – 6 s = 7200 s + 3300 s – 6 s = 10 494 s
oder 120 min + 55 min = 175 min; 175 min – 6 s = 174 min 54 s.
Falls das Ergebnis in Minuten angegeben werden soll, rechnet man:
10 494 s : 60 = 174,9 min,
falls das Ergebnis in Stunden angegeben werden soll, erhält man
10 494 s : 3 600 = 2,915 h.

RECHNEN MIT NÄHERUNGSWERTEN

Näherungswerte

Beim Runden und beim Überschlagen erhält man stets Näherungswerte. Auch beim Schätzen von Längen, Massen, Zeiten und anderen Größen gelangt man zu Näherungswerten. Beim Schätzen von Zählergebnissen trifft man nur selten das exakte Ergebnis, also auch hierbei ist ein Näherungswert zu erwarten.

■ a) $\pi \approx 3{,}14$
b) Der Koffer wiegt etwa 13 kg.
c) Die Stadt hat ca. 20 000 Einwohner.
d) An der Wanderung haben etwa 25 Jugendliche teilgenommen.

Auch beim Messen erhält man stets Näherungswerte. Das heißt: Man kann beim Messen trotz guter Messinstrumente keine exakten Größen ermitteln.

■ a) Die Strecke für den Silvesterlauf wurde vermessen; sie ist 10 km lang.
b) Das Neugeborene wiegt 3 300 g. (Eigentlich heißt es: Seine Masse beträgt 3 300 g.)
c) Der Gasverbrauch betrug 3 465,2 m^3.

Näherungswerte erhält man auch beim Rechnen:
- Gehen in eine Rechnung Näherungswerte ein, so ist auch das Ergebnis im Allgemeinen wieder ein Näherungswert.
- Beim Annähern irrationaler Zahlen oder periodischer Dezimalbrüche durch endliche Dezimalbrüche geht man zu rationalen Näherungswerten über.
  ↗ Reelle Zahlen, irrationale Zahlen, S. 28

■ a) Die Längen der Seiten eines Rechtecks wurden mit 2,37 m und 1,13 m gemessen. Zur Ermittlung des Flächeninhalts rechnet man
$A = 2{,}37 \cdot 1{,}13\ m^2$.
Da die Zahlenwerte für Länge und Breite Näherungswerte sind, ist auch das Produkt ein Näherungswert und muss sinnvoll gerundet werden:
$A = 2{,}68\ m^2$.
↗ Rechnen mit Näherungswerten, S. 34

b) Das Produkt $2{,}5 \cdot \frac{2}{3}$ ist zu berechnen.

Man kann 2,5 in einen gemeinen Bruch umwandeln: $\frac{25}{10} \cdot \frac{2}{3} = \frac{5}{3}$.

Will man stattdessen lieber den Bruch $\frac{2}{3}$ in einen Dezimalbruch verwandeln, muss man einen Näherungswert 0,67 oder 0,667 oder 0,666 7 usw. wählen. Mit welchem Näherungswert man rechnet, hängt von der gewünschten Genauigkeit des Ergebnisses ab.
Ein Taschenrechner liefert das Ergebnis mit 9 Dezimalen:
$2{,}5 \cdot \frac{2}{3} = 1{,}666\,666\,667$.

Runden, Rundungsregeln

Die Stelle in der Dezimaldarstellung einer Zahl, auf die gerundet werden soll, sei die *Rundungsstelle*.

Beim Runden werden alle Ziffern rechts neben der Rundungsstelle durch Nullen ersetzt.
Der Stellenwert an der Rundungsstelle bleibt beim Abrunden unverändert, er wird beim Aufrunden um 1 erhöht.
Es wird abgerundet, wenn rechts von der Rundungsstelle eine der Ziffern 0, 1, 2, 3 oder 4 folgt.
Es wird aufgerundet, wenn rechts von der Rundungsstelle eine der Ziffern 5, 6, 7, 8 oder 9 folgt.

Wenn die Rundungsstelle zum Beispiel die Hunderterstelle ist, dann sagt man, es wird *auf volle Hunderter* gerundet.
Wenn die Rundungsstelle die Tausendstelstelle ist, dann sagt man, es wird *auf volle Tausendstel* gerundet. Man sagt in diesem Fall auch, es wird *auf drei Stellen nach dem Komma* gerundet.

2

- a) Die Zahl 13 571 ist auf volle Hunderter zu runden.

  Rundungsstelle
  $13\,571 \approx 13\,600$
  Es folgt eine 7, also aufrunden.

  b) Die Zahl 89,778 ist auf volle Zehntel zu runden:
  $89{,}778 \approx 89{,}8$.
  c) Die Zahl 89,708 ist auf eine Stelle nach dem Komma zu runden:
  $89{,}708 \approx 89{,}7$.

Schreibweisen für Näherungswerte

Das Zeichen ≈ zeigt an, dass es sich um einen Näherungswert handelt. Man schreibt deshalb beim Runden zum Beispiel $277\,308 \approx 277\,000$.
Wird aus dem Zusammenhang klar, dass es sich um Näherungswerte handelt, verwendet man anstelle von ≈ im Allgemeinen das Gleichheitszeichen =. Man tut das, weil sonst in vielen Fällen das Rundungszeichen ≈ stehen müsste.

So schreibt man z. B. $\frac{2}{3} = 0{,}67$ oder $\frac{2}{3} = 0{,}6667$.

Näherungswert, Fehler und Fehlerschranke

Der (absolute) Fehler f eines Näherungswertes x ist die Differenz zwischen Näherungswert und wahrem Wert w, also $f = x - w$.
Da man den wahren Wert w normalerweise nicht kennt, versucht man, **Fehlerschranken** anzugeben. Je kleiner die Fehlerschranke ist, desto genauer ist der Näherungswert x.

- Als Länge einer Strecke wurde mit dem Zollstock 85,8 cm gemessen. Da ein Zollstock eine Millimetereinteilung besitzt, geht man davon aus, dass der Fehler nicht größer als ein halber Millimeter, also nicht größer als 0,05 cm ist. Die Fehlerschranke beträgt 0,05 cm.
  Für den wahren Wert der Länge l gilt dann $(85{,}8 - 0{,}05)\text{ cm} \le l \le (85{,}8 + 0{,}05)\text{ cm}$ bzw. $85{,}75\text{ cm} \le l \le 85{,}85\text{ cm}$.
  Man schreibt auch: $l = (85{,}8 \pm 0{,}05)\text{ cm}$.

Wenn keine Fehlerschranke angegeben ist, wird oft vereinbart:
Die **Fehlerschranke** ist gleich der Hälfte des Stellenwertes der letzten angegebenen Ziffer des Näherungswertes.

- Wenn 6,273 als Näherungswert angegeben wird, dann gilt nach dieser Vereinbarung für den wahren Wert w:
  $6{,}2725 \le w \le 6{,}2735$.

2

Geltende Ziffern

Bei einem Dezimalbruch heißen die von links her erste von Null verschiedene Ziffer und alle nach rechts folgenden Ziffern (das können auch Nullen sein) geltende Ziffern.
Ist der Näherungswert eine ganze Zahl, so stellt man ihn mit abgetrennten Zehnerpotenzen (↗ S. 35) dar. Die Anzahl der Dezimalstellen des ersten Faktors bei dieser Darstellung bringt die Genauigkeit des Näherungswertes zum Ausdruck. Die Anzahl der geltenden Ziffern des ersten Faktors ergibt die Anzahl der geltenden Ziffern der ganzen Zahl.

■

Zahl	4,2	3,400	0,005 2	$3{,}20 \cdot 10^2 = 320$	$3{,}2 \cdot 10^2 = 320$	$3 \cdot 10^2 = 300$
geltende Ziffern	2	4	2	3	2	1

Rechnen mit Näherungswerten

Rechnet man mit Näherungswerten, so ist das *End*ergebnis sinnvoll zu runden. Für praktische Bedürfnisse haben sich die folgenden Faustregeln bewährt.

Faustregeln für das Rechnen mit Näherungswerten:
1. Das Ergebnis einer Addition oder Subtraktion wird auf so viele Dezimalstellen gerundet, wie der Eingangswert mit der geringsten Anzahl von *Dezimalstellen* besitzt.
2. Das Ergebnis einer Multiplikation oder Division wird auf so viele geltende Ziffern gerundet, wie der Eingangswert mit der geringsten Anzahl von *geltenden Ziffern* besitzt.

■ a) In einem Wanderheft findet man für zwei Teilstrecken 15,2 km und 6,65 km als Entfernungsangaben. Es ist 15,2 + 6,65 = 21,85.
Der Eingangswert 15,2 hat die geringste Anzahl von Dezimalstellen. Als Gesamtstreckenlänge wird nach der 1. Faustregel 21,9 km angegeben. Berücksichtigt man den konkreten Sachverhalt, dann ist auch 22 km eine sinnvolle Rundung.

b) Ein Grundstück wurde mit 121,70 m Länge und 45,25 m Breite vermessen. Es ist $121{,}70 \cdot 45{,}25 = 5\,506{,}925$.
Die geringste Anzahl von geltenden Ziffern bei den Faktoren ist 4. Nach der 2. Faustregel wird die Fläche mit 5 507 m^2 angegeben.

Durch Rechnen mit den jeweils größten und kleinsten Eingangswerten kann man besser sehen, wie sich Fehler in den Eingangswerten auf das Ergebnis auswirken können.

■ a) Gilt für die Summanden $15{,}15 \le a \le 15{,}25$ und $6{,}645 \le b \le 6{,}655$, so gilt für die Summe $21{,}795 \le a + b \le 21{,}905$.

b) Gilt für die Faktoren $121{,}695 \le a \le 121{,}705$ und $45{,}245 \le b \le 45{,}255$, so gilt für das Produkt $5\,506{,}090\,275 \le a \cdot b \le 5\,507{,}759\,775$.

Potenzen; Wurzeln

POTENZEN; RECHNEN MIT POTENZEN

Potenzen mit ganzzahligen Exponenten

Ein Produkt aus gleichen Faktoren wie $5 \cdot 5 \cdot 5 \cdot 5$ kann man kürzer als **Potenz** schreiben: 5^4.
Dabei gibt der Exponent 4 an, dass der Faktor 5 viermal vorhanden ist.
Der Exponent ist hierbei eine **natürliche Zahl** größer 1.

■ a) $5 \cdot 5 \cdot 5 = 5^3$ b) $2{,}3^2 = 2{,}3 \cdot 2{,}3$

c) $\frac{5}{4} \cdot \frac{5}{4} \cdot \frac{5}{4} \cdot \frac{5}{4} = \left(\frac{5}{4}\right)^4$ d) $\left(-\frac{3}{7}\right)^3 = \left(-\frac{3}{7}\right) \cdot \left(-\frac{3}{7}\right) \cdot \left(-\frac{3}{7}\right)$

e) $(-b) \cdot (-b) = (-b)^2$ f) $x^3 = x \cdot x \cdot x$

Exponent oder Hochzahl

$$a^n = \underbrace{a \cdot a \cdot a \cdot \ldots \cdot a}_{n\text{-mal}}$$

Basis oder Grundzahl

Um den Wert b einer Potenz $a^n = b$ ($n \in \mathbb{N}$, $n \geq 2$) zu ermitteln, berechnet man das entsprechende Produkt. Dabei kann der Taschenrechner nützlich sein.

■ a) $5^4 = 5 \cdot 5 \cdot 5 \cdot 5 = 625$ b) $(-3{,}5)^3 = (-3{,}5) \cdot (-3{,}5) \cdot (-3{,}5) = -42{,}875$

TR 5 [x^y] 4 [=] [625.] **TR** 3,5 [+/–] [x^y] 3 [=] [–42.875]

Der Potenzbegriff wird durch die folgenden Festlegungen erweitert. Damit sind Potenzen auch für negative ganzzahlige Exponenten erklärt.
Zu beachten ist aber, dass die Potenz 0^0 nicht definiert ist.

$\mathbf{a^1 = a}$ $\mathbf{a^0 = 1}$, wobei $a \neq 0$ $\mathbf{a^{-n} = \frac{1}{a^n}}$, wobei $a \neq 0$ und $n \in \mathbb{N}$

■ a) $5^0 = 1$ b) $5^{-3} = \frac{1}{5^3} = \frac{1}{5 \cdot 5 \cdot 5} = \frac{1}{125} = 0{,}008$ c) $\left(\frac{2}{3}\right)^{-4} = \frac{1}{\left(\frac{2}{3}\right)^4} = \frac{1}{\frac{16}{81}} = \frac{81}{16}$

Zahlen mit großer Stellenanzahl können in der **Schreibweise mit abgetrennten Zehnerpotenzen** dargestellt werden. Ein Taschenrechner zeigt für 24^8 anstelle von 110 075 314 176 die Zahl **1,100 753 142 ¹¹** (die Taschenrechnerangabe für $1{,}100\,753\,142 \cdot 10^{11}$), weil mehr Stellen nicht zur Verfügung stehen. Man kann auch noch weiter runden und schreibt z. B. $1{,}100\,75 \cdot 10^{11}$.

Soll eine Zahl in der Schreibweise mit abgetrennten Zehnerpotenzen dargestellt werden, so zerlegt man sie in ein Produkt. Dabei ist der erste Faktor eine Zahl zwischen 1 und 10 und der zweite Faktor eine Zehnerpotenz.

3

■ a) $2\,560\,000 = 2{,}56 \cdot 1\,000\,000 = 2{,}56 \cdot 10^6$
b) $62\,979\,665 \approx 6{,}298 \cdot 10^7$
c) $0{,}000\,025\,6 = 2{,}56 \cdot \frac{1}{100\,000} = 2{,}56 \cdot 10^{-5}$
d) $8{,}45 \cdot 10^{-8} = 0{,}000\,000\,084\,5$
e) Masse des Mondes: $7{,}35 \cdot 10^{19}$ t, das sind 73 500 000 000 000 000 000 t.

Potenzgesetze

Für alle reellen Zahlen a und b mit Ausnahme von $a = 0$ und $b = 0$ und alle ganzzahligen Exponenten m und n gilt:

$$a^m \cdot a^n = a^{m+n} \qquad a^m \cdot b^m = (a \cdot b)^m \qquad (a^m)^n = a^{m \cdot n}$$

$$\frac{a^m}{a^n} = a^{m-n} \qquad \frac{a^m}{b^m} = \left(\frac{a}{b}\right)^m$$

Beim Berechnen der Werte folgender Terme wendet man die Potenzgesetze an und nutzt danach den Taschenrechner.
↗ Term, S. 40

■ a) $3{,}5^3 \cdot 3{,}5^2 = 3{,}5^{3+2} = 3{,}5^5 = 525{,}219$ (gerundet auf drei Dezimalen)
b) $3{,}5^3 \cdot 2{,}7^3 = (3{,}5 \cdot 2{,}7)^3 = 9{,}45^3 = 843{,}909$ (gerundet auf drei Dezimalen)
In diesem Produkt sind die Exponenten beider Potenzen gleich. Deshalb konnte das Potenzgesetz $a^m \cdot b^m = (a \cdot b)^m$ angewendet werden. Beim Nutzen des Taschenrechners muss man die Klammer beachten. Also entweder erst das Produkt berechnen, die Gleichheitstaste [=] drücken und dann mit der Potenztaste [x^y] fortfahren oder die Klammertasten des Rechners benutzen.

TR 3,5 [x] 2,7 [=] [9.45] [x^y] 3 [=] [843.908 625] oder

TR [(] 3,5 [x] 2,7 [)] [9.45] [x^y] 3 [=] [843.908 625]

c) $\frac{3^7}{8^7} = \left(\frac{3}{8}\right)^7 = 0{,}375^7 = 0{,}001\,042\,843$ (Klammer beachten!)

d) $3^{-5} \cdot (5^4)^3 = 3^{-5} \cdot 5^{4 \cdot 3} = 3^{-5} \cdot 5^{12} = \frac{5^{12}}{3^5} = 1\,004\,693{,}93$
Auf den Quotienten kann kein Potenzgesetz angewendet werden. Weder die Basen noch die Exponenten der Potenzen stimmen überein.

e) Zu vergleichen sind 2^{3^2} und $(2^3)^2$.
Da $2^{3^2} = 2^9$ und $(2^3)^2 = 2^{3 \cdot 2} = 2^6$ gilt: $2^{3^2} > (2^3)^2$.

Die Potenzgesetze werden zur Vereinfachung von Termen angewendet, bei denen Potenzen mit Variablen auftreten.

■ a) $x^3 \cdot x^5 = x^{3+5} = x^8$ b) $(x^3)^5 = x^{3 \cdot 5} = x^{15}$ c) $x^3 \cdot y^3 = (x \cdot y)^3$

3

WURZELN; RECHNEN MIT WURZELN

Wurzelziehen

Gesucht wird eine positive Zahl x, die mit sich selbst multipliziert 36 ergibt.
Man schreibt: $\sqrt{36}$ und findet $\sqrt{36} = 6$, denn $6 \cdot 6 = 6^2 = 36$.
Man nennt diese Operation **Wurzelziehen** oder **Radizieren** und sagt „6 ist die Quadratwurzel aus 36“. Allgemein gilt:

> Es sei a eine positive Zahl. Dann ist $\sqrt{a}$ diejenige **positive** Zahl x, für die gilt $x^2 = a$.
> Man nennt x die **Quadratwurzel von *a***.

Stets gilt: $\boldsymbol{\sqrt{a^2} = |a|}$.

■ So ist
a) $\sqrt{5^2} = |5| = 5$ und $\sqrt{(-5)^2} = |-5| = 5$, ferner
b) $\sqrt{(x-1)^2} = |x-1|$.

Gesucht wird eine positive Zahl x, für die gilt: $x \cdot x \cdot x = x^3 = 125$.

Man schreibt $\sqrt[3]{125}$ und findet $\sqrt[3]{125} = 5$, denn $5 \cdot 5 \cdot 5 = 125$. Die Zahl 5 ist die **dritte Wurzel** aus 125. Allgemein gilt:

> Es sei a eine positive Zahl und n eine natürliche Zahl mit $n \geq 1$.
> Die ***n*-te Wurzel aus *a*** ist diejenige positive Zahl x, für die gilt: $x^n = a$. Man schreibt: $x = \sqrt[n]{a}$.
>
> $x = \sqrt[n]{a}$ — Wurzelexponent: n; Radikand: a

Somit gilt: $\boldsymbol{\left(\sqrt[n]{a}\right)^n = a}$ und auch $\boldsymbol{\sqrt[n]{a^n} = a}$ für positive a.

Man setzt fest: $\boldsymbol{\sqrt[n]{0} = 0}$. Anstelle von $\sqrt[2]{a}$ schreibt man kurz: $\boldsymbol{\sqrt{a}}$.
Da Wurzeln überwiegend periodische oder unendliche nichtperiodische Dezimalbrüche sind, werden sie durch endliche Brüche angenähert. Der **Taschenrechner** gibt diese Wurzeln gerundet an, meistens rundet man dann weiter.

■ a) $\sqrt{81} = 9$ b) $\sqrt[3]{81} = 4{,}327$ **TR** 81 [SHIFT] [x^y] ($x^{1/y}$) 3 [=] [4.326 748 711]

c) $\sqrt[4]{81} = 3$ d) $\sqrt{0} = 0$ e) $\sqrt[3]{675{,}55} = 8{,}774$

Mithilfe des Satzes des Pythagoras kann man auf geometrische Art Näherungen für Punkte auf der Zahlengeraden finden, denen Wurzeln zuzuordnen sind.

■ In einem rechtwinkligen Dreieck *ABC* mit Katheten der Länge $a = 2$ cm und $b = 1$ cm gilt:
$(2\text{ cm})^2 + (1\text{ cm})^2 = c^2$
$4\text{ cm}^2 + 1\text{ cm}^2 = c^2$

Daraus folgt wegen $c^2 = 5\text{ cm}^2$:
$c = \sqrt{5}$ cm.
↗ Satz des Pythagoras, S. 149

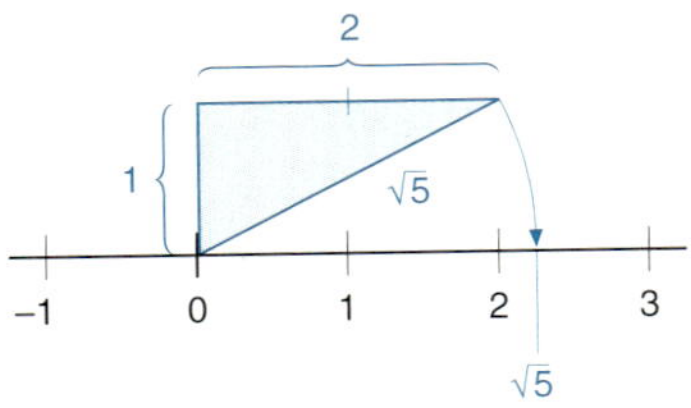

Potenzen mit rationalen Exponenten

Mithilfe von Wurzeln und Potenzen mit ganzzahligen Exponenten werden Potenzen mit rationalen Exponenten erklärt. Man legt fest:

$$\boldsymbol{a^{\frac{1}{n}} = \sqrt[n]{a}}$$

mit $a \in \mathbb{R}$; $a \geq 0$ und $n \in \mathbb{N}$; $n > 0$.

$$\boldsymbol{a^{\frac{m}{n}} = \sqrt[n]{a^m}}$$

mit $a \in \mathbb{R}$; $a > 0$ und $m, n \in \mathbb{Z}$; $n > 0$.

■ a) $25^{\frac{1}{4}} = \sqrt[4]{25} \approx 2{,}23607$ **TR**   b) $4^{\frac{3}{2}} = \sqrt{4^3} = 8$ c) $4{,}5^{\frac{3}{4}} = \sqrt[4]{4{,}5^3} \approx 3{,}08965$ **TR**

Die auf Seite 36 formulierten Potenzgesetze für ganzzahlige Exponenten gelten auch für rationale Exponenten, falls die Basen positive Zahlen sind.

■ Nach dem Potenzgesetz $a^m : a^n = a^{m-n}$ folgt: $3^{\frac{5}{8}} : 3^{\frac{1}{4}} = 3^{\frac{5}{8} - \frac{1}{4}} = 3^{\frac{5}{8} - \frac{2}{8}} = 3^{\frac{3}{8}}$.

Wurzelgesetze nennt man folgende Potenzgesetze in Wurzelschreibweise.
Für alle $a, b > 0$ sowie alle natürliche Zahlen m, n mit $m \neq 0, n \neq 0$ gilt:

$$\sqrt[n]{a} \cdot \sqrt[n]{b} = \sqrt[n]{a \cdot b} \qquad \frac{\sqrt[n]{a}}{\sqrt[n]{b}} = \sqrt[n]{\frac{a}{b}} \qquad \sqrt[n]{\sqrt[m]{a}} = \sqrt[m]{\sqrt[n]{a}} = \sqrt[n \cdot m]{a} \qquad \left(\sqrt[n]{a}\right)^m = \sqrt[n]{a^m}$$

■ Folgende Ausdrücke mit Wurzeln sind zu vereinfachen:

a) $\sqrt{24} \cdot \sqrt{6} = \sqrt{24 \cdot 6} = \sqrt{144} = 12$ b) $\left(\sqrt[3]{8}\right)^2 = \sqrt[3]{8^2} = \sqrt[3]{64} = 4$

c) $\sqrt{75} = \sqrt{3 \cdot 25} = \sqrt{3} \cdot \sqrt{25} = 5 \cdot \sqrt{3}$

d) $\sqrt{\frac{5}{12}} = \frac{\sqrt{5}}{\sqrt{12}} = \frac{\sqrt{5} \cdot \sqrt{12}}{\sqrt{12} \cdot \sqrt{12}} = \frac{\sqrt{60}}{\sqrt{144}} = \frac{\sqrt{4} \cdot \sqrt{15}}{12} = \frac{2 \cdot \sqrt{15}}{12} = \frac{1}{6} \cdot \sqrt{15}$

Den Vorgang im Beispiel d) nennt man **Rationalmachen des Nenners.**

Gleichungen und Ungleichungen

4

VARIABLEN UND TERME

Variablen, Variablengrundbereich

Eine **Variable** (Veränderliche) ist ein Zeichen, das für eine Zahl, eine Größe, eine Funktion, einen Winkel usw. steht. Die Menge aller Werte, die eine Variable annehmen kann, bildet den **Variablengrundbereich.**

■ a) Die Variable L bezeichnet die (unbekannte) Anzahl der Linkshänder unter den 40 000 Einwohnern einer Stadt. Es gilt $0 \leq L \leq 40\,000$.
Der Variablengrundbereich ist die Menge $\{1, 2, ..., 40\,000\}$.

b) Jemand will eine Strecke von 240 km mit dem Auto fahren. Seine Durchschnittsgeschwindigkeit wird mit v bezeichnet. Für verschiedene angenommene Werte der Variablen v erhält er verschiedene Fahrzeiten t:

v	$60\,\frac{\text{km}}{\text{h}}$	$80\,\frac{\text{km}}{\text{h}}$	$120\,\frac{\text{km}}{\text{h}}$
t	4 h	3 h	2 h

Der Fahrer wird beurteilen, welche Werte für v sinnvoll sind, welches also der Variablengrundbereich ist, z. B. $30\,\frac{\text{km}}{\text{h}} \leq v \leq 130\,\frac{\text{km}}{\text{h}}$.

c) Die Funktionsbeschreibung $f(x) = \sqrt{x}$, $x \geq 0$, besagt unter anderem, dass für die Variable x beliebige nichtnegative Zahlen eingesetzt werden können. Der Variablengrundbereich ist die Menge $\mathbb{R}^+$.
↗ Wurzelfunktionen, S. 98

Zur Bezeichnung von Variablen werden meist Buchstaben des lateinischen und griechischen Alphabets verwendet. In einigen Fachgebieten werden Formelzeichen vereinbart, z. B. in der Physik v für die Geschwindigkeit, in der Geometrie die Zeichen $\alpha, \beta, \gamma, \ldots$ für Winkel.

■ Robert und Daniel sind jetzt zusammen 53 Jahre alt. Vor 4 Jahren war Robert gerade 8-mal so alt wie Daniel. Wie alt ist jeder?
Die Variable r bezeichne das Alter von Robert, die Variable d das von Daniel. Der Aufgabentext wird in zwei Gleichungen mit den Variablen r und d übersetzt:
$r + d = 53$ und $r - 4 = 8 \cdot (d - 4)$.
Als Lösung erhält man $d = 9$; $r = 44$.
↗ Systeme von zwei linearen Gleichungen mit zwei Variablen, S. 54

Oft ist aus dem Zusammenhang klar, welcher Variablengrundbereich gemeint ist. Er wird dann nicht ausdrücklich genannt.

Terme

Terme sind Rechenausdrücke, die aus Zahlen, Variablen, Operationszeichen (z. B. +, −, ·, :), Vorzeichen, Bruchstrichen, Potenzen, Klammern, Betragszeichen, Funktionssymbolen (z. B. $\sqrt{\ }$, sin, ...) gebildet werden. Es dürfen keine Relationszeichen (=, ≠, <, ≤, ...) vorkommen.

4

- Terme sind 27; $7 \cdot x$; $3 \cdot a - \frac{5}{12}b$; $\sqrt{(x-2)^3}$; $(a \cdot b \cdot c) : (b \cdot c \cdot d)$; $\left|\frac{2}{x+y} - 7\right|$; $(a+b)^2$; $2 \cdot \sin(x + \pi)$.
  Keine Terme sind: $13 > 10$; $x^2 = 2$; $5a \neq 25b - 0{,}3$; $y = mx + n$;
  $x_{1,2} = -\frac{p}{2} \pm \sqrt{\left(\frac{p}{2}\right)^2 - q}$.

Bei der Multiplikation wird häufig der Multiplikationspunkt zwischen Zahlen und Variablen, zwischen Variablen und Variablen und vor Klammern weggelassen.
Das gilt im Allgemeinen nicht beim Eingeben von Termen in den Taschenrechner oder in den Computer.

- $4x$ statt $4 \cdot x$
  $8xy^2$ statt $8 \cdot x \cdot y^2$
  $7(r-s)$ statt $7 \cdot (r-s)$

Termwert

Setzt man in einem Term für jede Variable einen Wert aus dem jeweiligen Variablengrundbereich ein, so nimmt der Term einen bestimmten Wert an.

- Setzt man im Term $\frac{x}{y} + \frac{y}{x} - \frac{1}{2}$ für x die Zahl 4 und für y die Zahl −2 ein, so nimmt der Term den Wert −3 an.

Termstruktur

Koeffizienten: Die Zahlen vor Variablen oder Termen mit Variablen werden Koeffizienten genannt.
Der Koeffizient 1 wird weggelassen.

- Im Term $x^2 - 6xy + 0{,}5y^2 - 20x + 44y + 12$ treten die Koeffizienten 1, −6, 0,5, −20 und 44 auf. Auch die 12 wird manchmal Koeffizient genannt.

Summenterm (Additiver Term): Addiert oder subtrahiert man mehrere Terme, so entsteht ein Summenterm.

- Summenterme sind: $x + y$; $x - y$; $a^2 + 2ab + 3b^2$.
  Die Differenz $x - y$ kann als $x + (-y)$ geschrieben werden. Deshalb bezeichnet man auch $x - y$ als Summenterm.
  Weitere Summenterme sind: $2(x - y) + 7xy$; $\frac{uv}{w^2} - 4u^3w + 0{,}77vw^2$.

Produktterm (Multiplikativer Term): Multipliziert man mehrere Terme, so entsteht ein Produktterm.

- Produktterme sind: $3a \cdot 4b$; $3{,}1x \cdot (-1{,}8xy)$; $(a + b)(a - b)$; $(u + v)(u^2 - 6v)$; $xy \cdot \frac{3x-4}{x^2 - x + y^2}$.

  Im letzten Term kann der Quotient auch als Produkt geschrieben werden:

  $xy \cdot \frac{3x-4}{x^2 - x + y^2} = xy \cdot (3x - 4) \cdot \frac{1}{x^2 - x + y^2}$.

Die Summanden eines Summentermes können wiederum Produktterme sein, die Faktoren eines Produkttermes können Summenterme sein.

Bruchterme: Brüche, bei denen zumindest im Nenner Variablen auftreten, heißen Bruchterme. Der Termwert des Nenners eines Bruchterms muss stets von 0 verschieden sein.

Alle Zahlen des Variablengrundbereichs, für die der Nenner ungleich 0 ist, bilden den **Definitionsbereich** des Bruchterms.

- a) Bruchterme sind: $\frac{1}{x}$; $\frac{uvw^2}{rst}$; $\frac{a^2}{2a - 3b}$; $\frac{0{,}5x^2 - 5xy + 11y^2}{2x + 1}$.

  b) Ist der Variablengrundbereich für x die Menge der rationalen Zahlen $\mathbb{Q}$, so hat der Bruchterm $\frac{1}{x-2}$ den Definitionsbereich $D = \{x \mid x \in \mathbb{Q};\, x \neq 2\}$.

Umformen von Termen

Zusammenfassen von gleichartigen Summanden: Kommen in einem Summenterm gleichartige Summanden vor, so kann man sie zusammenfassen, indem man ihre Koeffizienten addiert oder subtrahiert.

Bemerkung: Bei der Addition von Termen gilt das Kommutativgesetz.

- a) $a + a + a = 3a$
  b) $9x + 12x - 3{,}5x = 17{,}5x$
  c) $ab + 2{,}7ab + 8{,}1ab = 11{,}8ab$
  d) $x^2 + 3x - 5 - 4x^2 = -3x^2 + 3x - 5$
  e) $2{,}3v - 3u + 4{,}1v - 7u = 6{,}4v - 10u$

Klammern auflösen beim Addieren und Subtrahieren von Summentermen:

Beim Addieren eines Summentermes kann man die Klammern weglassen. Die Summanden werden einzeln addiert.	$a + (b + c) = a + b + c$ $a + (b - c) = a + b + (-c) = a + b - c$ $a + (-b + c) = a + (-b) + c = a - b + c$ $a + (-b - c) = a + (-b) + (-c) = a - b - c$
Beim **Subtrahieren eines Summentermes** kann man die Klammern weglassen, muss aber dann die Summanden einzeln subtrahieren.	$a - (b + c) = a - b - c$ $a - (b - c) = a - b - (-c) = a - b + c$ $a - (-b + c) = a - (-b) - c = a + b - c$ $a - (-b - c) = a - (-b) - (-c) = a + b + c$

↗ Die Grundrechenoperationen mit rationalen Zahlen, S. 26

■ a) $6x + (8x + 2y) = 6x + 8x + 2y = 14x + 2y$
b) $-v + (-8 + 2v) = -v - 8 + 2v = v - 8$
c) $6{,}3a + (-7{,}2a - 2{,}7b) = 6{,}3a - 7{,}2a - 2{,}7b = -0{,}9a - 2{,}7b$
d) $(x^2 + 3x - 4) + (-2x^2 - 5x + 8) = x^2 + 3x - 4 - 2x^2 - 5x + 8 = -x^2 - 2x + 4$
e) $6x - (8x + 2y) = 6x - 8x - 2y = -2x - 2y$
f) $-v - (-8 + 2v) = -v + 8 - 2v = -3v + 8$
g) $6{,}3a - (-7{,}2a - 2{,}7b) = 6{,}3a + 7{,}2a + 2{,}7b = 13{,}5a + 2{,}7b$
h) $(x^2 + 3x - 4) - (-2x^2 - 5x + 8) = x^2 + 3x - 4 + 2x^2 + 5x - 8 = 3x^2 + 8x - 12$

4

Produkte aus Zahlen und Variablen: Man multipliziert die Koeffizienten und die Variablen getrennt und schreibt das Produkt der Koeffizienten vor das Produkt der Variablen.

■ a) $5a \cdot 2b = 10ab$ b) $-7c \cdot 4c \cdot 3a = -84ac^2$
c) $8a \cdot (-3b) \cdot \frac{1}{6}x = -\frac{8 \cdot 3}{6}abx = -4abx$

Ausmultiplizieren und Ausklammern:

Ausmultiplizieren $a(b + c) = ab + ac$ $a(b - c) = ab - ac$ $(a + b)c = ac + bc$ $(a - b)c = ac - bc$	■ $(-3a)(a^2 - 4b) = -3a^3 + 12ab$ ■ $3xy(a^2 + 2xy - 6x^2)$ $= 3a^2xy + 6x^2y^2 - 18x^3y$
Ausklammern $ab + ac = a(b + c)$ $ab - ac = a(b - c)$	■ $8m^2 + 2mn = 2m(4m + n)$ ■ $1{,}5xu - 4{,}5zu = 1{,}5u(x - 3z)$

Multiplizieren von Summentermen:

Jeder Summand des einen Summentermes wird mit jedem Summanden des anderen Summenterms multipliziert. Die entstehenden Produktterme werden addiert. $(a + b)(c + d) = ac + ad + bc + bd$	■ $(r - 1)(s + 1) = rs + r - s - 1$ ■ $(5x + 2y)(4u - 3v)$ $= 20ux - 15vx + 8uy - 6vy$ ■ $(x - y)(x + y) = x^2 + xy - xy + y^2$ $= x^2 - y^2$

■ Im folgenden Beispiel wird zunächst ausmultipliziert; dann $\frac{1}{6}$ ausgeklammert.

$$\left(\frac{1}{2} + \frac{5}{2}y\right)\left(\frac{1}{3}x - \frac{2}{3}\right) = \frac{1}{6}x - \frac{2}{6} + \frac{5}{6}xy - \frac{10}{6}y$$
$$= \frac{1}{6}(x - 2 + 5xy - 10y)$$

Rechnen mit Bruchtermen: Es gelten die Regeln der Bruchrechnung.

- a) $\frac{1}{x} + \frac{2}{y} = \frac{y + 2x}{xy}$

  b) $\frac{3x}{4rs} - \frac{4r}{3xs} = \frac{9x^2 - 16r^2}{12rsx}$

  c) $\frac{a}{b} \cdot \frac{c}{d} = \frac{ac}{bd}$

  d) $\frac{2x^2}{-3y^2} \cdot \frac{6y}{7x} = \frac{2x^2 \cdot 6y}{-3y^2 \cdot 7x} = \frac{2x \cdot 2}{-y \cdot 7} = -\frac{4x}{7y}$

  e) $\frac{a}{b} : \frac{c}{d} = \frac{a}{b} \cdot \frac{d}{c} = \frac{ad}{bc}$

  f) $\frac{24ab}{-75c} : \frac{4a}{25c} = \frac{24ab}{-75c} \cdot \frac{25c}{4a} = \frac{24ab \cdot 25c}{-75c \cdot 4a} = \frac{6b \cdot 1}{-3 \cdot 1} = -2b$

4

Binomische Formeln

$(a+b)^2 = (a+b)(a+b) = a^2 + 2ab + b^2$ $(a-b)^2 = (a-b)(a-b) = a^2 - 2ab + b^2$ $(a+b)(a-b) = a^2 - b^2$ **Beachte:** $(-a-b)^2 = (a+b)^2$ $(-a+b)^2 = (b-a)^2 = (a-b)^2$	■ a) $(4+3x)^2 = 16 + 24x + 9x^2$ b) $(-3a - 1{,}7b)^2 = (3a + 1{,}7b)^2$ $= 9a^2 + 10{,}2ab + 2{,}89b^2$ c) $(2x - 5y)^2 = 4x^2 - 20xy + 25y^2$ d) $(-4z + 2t)^2 = 16z^2 - 16tz + 4t^2$ e) $(a-4)(a+4) = a^2 - 16$ f) $(b-3)(3+b) = (b-3)(b+3) = b^2 - 9$

- Weitere Beispiele zur Anwendung binomischer Formeln:

  a) $\left(\frac{1}{3}r + \frac{1}{5}s\right)^2 = \frac{1}{9}r^2 + \frac{2}{15}rs + \frac{1}{25}s^2$

  b) $\left(\frac{p}{2} + \frac{q}{3}\right)\left(\frac{p}{2} - \frac{q}{3}\right) = \frac{p^2}{4} - \frac{q^2}{9}$

  In den Beispielen c) und d) werden binomische Formeln genutzt, um die Brüche kürzen zu können.

  c) $\frac{u^2 - 2uv + v^2}{u - v} = \frac{(u-v)^2}{u-v} = u - v$

  d) $\frac{6ab + 10ac}{9b^2 + 30bc + 25c^2} = \frac{2a(3b + 5c)}{(3b + 5c)^2} = \frac{2a}{3b + 5c}$

GLEICHUNGEN UND UNGLEICHUNGEN

Wahre und falsche Aussagen

In der Mathematik betrachtet man Aussagen, die mit Worten und mathematischen Zeichen gebildet werden und die entweder wahr oder falsch sind.

Dass eine Aussage wahr ist, muss man beweisen oder begründen. Wichtige wahre Aussagen heißen Sätze. Um nachzuweisen, dass eine Aussage falsch ist, reicht es, ein Gegenbeispiel für die Aussage anzugeben.

■ Aussagen sind:

225 ist eine Quadratzahl.	wahr
Alle Rechtecke sind Parallelogramme.	wahr
Es gibt eine Zahl *a*, für die $a^2 < 0$ gilt.	falsch
5% von 200 € sind 15,00 €.	falsch

4

■ „$2x + 5 < 10$" ist keine Aussage, denn solange für *x* keine Zahl eingesetzt wird, ist die Ungleichung (↗ S. 45) weder wahr noch falsch. Ersetzt man *x* durch die Zahl 2, so entsteht die *wahre* Aussage „$2 \cdot 2 + 5 < 10$". Ersetzt man dagegen *x* durch die Zahl 3, so entsteht die falsche Aussage „$2 \cdot 3 + 5 < 10$".

Gleichungen

Gleichungen bestehen aus zwei Termen (↗ S. 40), die durch ein Gleichheitszeichen verbunden sind. Gleichungen ohne Variablen sind stets Aussagen.

■ a) $12^2 = 144$ (wahre Aussage)
b) $\sqrt{24} + 1 = 5$ (falsche Aussage)
c) $7\ \text{m} \cdot 14\ \text{m} = 98\ \text{m}^2$ (wahr)
d) $\cos \pi = -1$ (wahr)
e) Gleichungen mit Variablen: $2a - 3 = 4$; $3u - 6v = 12$; $3x^2 - 0{,}5x - 16 = 0$.

Setzt man in einer Gleichung für die Variablen Zahlen oder Größen ein, so entsteht eine wahre oder eine falsche Aussage.

■ Setzt man in der Gleichung $2a - 3 = 4$ für *a* die Zahl 3 ein, so entsteht eine falsche Aussage; nur die Zahl 3,5 für *a* eingesetzt ergibt eine wahre Aussage.

Bruchgleichungen

Gleichungen, in denen ein Bruchterm auftritt, heißen Bruchgleichungen.
↗ Bruchterm, S. 41

■ Bruchgleichungen sind: $\frac{2}{3} = \frac{0{,}5}{x}$; $\frac{5}{a} = \frac{1}{a-1}$; $\frac{u}{3u^2 - 2} = \frac{1}{u}$.

Größengleichungen

In einer Gleichung können Variablen auch für Größen stehen. Eine Gleichung, die auch die Einheiten berücksichtigt, nennt man **Größengleichung.**
↗ Größen, Einheiten S. 29

■ Größengleichungen sind: $500\ \text{cm} = 2(a + 100\ \text{cm})$; $\gamma = 180° - (\alpha + \beta)$;
$A = \frac{1}{2}gh$ mit *A*-Dreiecksfläche, *g*-Seitenlänge, *h*-Länge der zugehörigen Höhe (↗ S. 131);
$x \cdot 2{,}20\ € = 77{,}00\ €$;
$s = v \cdot t$ mit *s*-Weg, *v*-Geschwindigkeit, *t*-Zeit (gleichförmige Bewegung).

Man kann Größengleichungen in Zahlengleichungen umwandeln, indem man nur die Zahlenwerte der Größen verwendet. Dabei muss man darauf achten, dass auf beiden Seiten der Gleichung dieselben Einheiten stehen.

■ Daniel fährt mit einer Durchschnittsgeschwindigkeit von 28 $\frac{\text{km}}{\text{h}}$ mit dem Fahrrad zur Schule. Er benötigt 12 Minuten für die Strecke. Wie weit ist die Schule entfernt?
Da die Zeit in Minuten angegeben wurde, ist es vorteilhaft, die Geschwindigkeit v in $\frac{\text{km}}{\text{min}}$ umzurechnen. Man setzt im Nenner für 1 h = 60 min und erhält :

$$v = 28\,\frac{\text{km}}{\text{h}} = \frac{28\text{ km}}{60\text{ min}} = \frac{7\text{ km}}{15\text{ min}}.$$

Mithilfe der Größengleichung für die gleichförmige Bewegung $s = v \cdot t$ berechnet man den Weg

$$s = \frac{7\text{ km}}{15\text{ min}} \cdot 12\text{ min} = \frac{7\text{ km}}{15} \cdot 12 = 5{,}6\text{ km}.$$

Ergebnis: Die Schule ist 5,6 km entfernt.

Ungleichungen

Ungleichungen bestehen aus zwei Termen, die durch eines der Zeichen $<, >, \leq, \geq$ oder $\neq$ verbunden sind.
Ungleichungen ohne Variablen sind stets Aussagen.

■ a) $-12 < 5$ (wahre Aussage)
b) $11 \cdot 17 \neq 7 \cdot 23$ (wahre Aussage)
c) $12^2 > 150$ (falsche Aussage)
d) Ungleichungen mit Variablen:
$n \geq 2$; $(a + b)^2 \geq 36$; $|x - 5| < 10$; $-x^2 + 73x - 3{,}8 \leq 0$;
$\alpha + \beta < 180°$; $x \neq 0$; $-67{,}5x < 13{,}8$; $\frac{3}{x-2} \geq \frac{2}{7}$.

Setzt man in einer Ungleichung für die Variablen Zahlen oder Größen ein, so entsteht eine **wahre** oder eine **falsche Aussage.**

■ Setzt man in der Ungleichung $|x - 5| < 10$ für x die Zahl -20 ein, so entsteht eine falsche Aussage; beim Einsetzen von 3 dagegen eine wahre Aussage.

Lösung einer Gleichung (Ungleichung)

Gegeben sei eine Gleichung (Ungleichung) mit einer Variablen x und dem Variablengrundbereich D.
Eine Zahl aus D heißt **Lösung** der Gleichung (Ungleichung), wenn durch Einsetzen dieser Zahl für x eine wahre Aussage entsteht. Man sagt dann, diese Zahl **erfüllt** die Gleichung (Ungleichung). Eine Gleichung (Ungleichung) **in *D*** zu **lösen** heißt, ***alle*** Zahlen **aus *D*** zu finden, die die Gleichung (Ungleichung) erfüllen. Die Variable x nennt man auch **Lösungsvariable.**
Alle Lösungen einer Gleichung (Ungleichung) bilden die **Lösungsmenge *L*.**

Gibt es keine Zahl, die eine gegebene Gleichung (Ungleichung) erfüllt, so schreibt man $L = \emptyset$ (↗ Leere Menge, S. 8).
Oft wird kein Variablengrundbereich ausdrücklich genannt. Man nimmt dann die Menge $\mathbb{R}$ der reellen Zahlen als Variablengrundbereich an.

■ a) Die Gleichung $3x + 2 = -7$ hat in $\mathbb{R}$ die Lösung $x = -3$. Weitere Lösungen gibt es nicht, also ist $L = \{-3\}$.
Ist dagegen der Variablengrundbereich die Menge der natürlichen Zahlen $\mathbb{N}$, so ist die Gleichung nicht lösbar, also $L = \emptyset$.
b) Alle reellen Zahlen erfüllen die Gleichung $3x + 2 = 5 - (3 - 3x)$, also $L = \mathbb{R}$.
c) Die Gleichung $x^2 - 4 = 0$ hat in $\mathbb{R}$ die Lösungsmenge $L = \{-2; 2\}$.
↗ Lineare Gleichungen, S. 50, ↗ Quadratische Gleichungen, S. 60

4

■ a) Die Ungleichung $2x + 5 < 6$ hat in $\mathbb{N}$ die einzige Lösung $x = 0$, also $L = \{0\}$.
Ist der Variablengrundbereich $\mathbb{R}$, so erfüllen alle x mit $x < 0{,}5$ die Ungleichung $2x + 5 < 6$. Es ist dann $L = \{x \mid x \in \mathbb{R} \text{ und } x < 0{,}5\}$.
↗ Rechnerisches Lösen linearer Ungleichungen, S. 52; ↗ Intervalle, S. 220
b) Die Ungleichung $x^2 \leq -2$, $x \in \mathbb{R}$ ist nicht lösbar: $L = \emptyset$.

Eine Gleichung (Ungleichung) kann
keine Lösung, **genau eine** Lösung, **mehrere** Lösungen oder **unendlich viele** Lösungen haben.
Die Lösungen von Gleichungen (Ungleichungen) mit zwei Variablen sind geordnete Zahlenpaare.

■ Die Zahlenpaare $(2 \mid 1)$ und $(4 \mid -0{,}5)$ erfüllen die Gleichung $3x + 4y - 10 = 0$.
Es gibt noch unendlich viele weitere Lösungen dieser Gleichung. Die Lösungsmenge ist $L = \{(x; y) \mid x \in \mathbb{R}, y = -0{,}75x + 2{,}5\}$.
↗ Zahlenpaar, S. 221; ↗ Lineare Gleichungen mit zwei Variablen, S. 53

Äquivalente Gleichungen (Ungleichungen)

Zwei Gleichungen (Ungleichungen) mit demselben Variablengrundbereich heißen (zueinander) **äquivalent** (gleichwertig), wenn sie dieselbe Lösungsmenge besitzen.

■ a) Die Gleichungen $2x + 5 = 13$, $x \in \mathbb{R}$, und $2x = 8$, $x \in \mathbb{R}$, haben dieselbe Lösungsmenge $L = \{4\}$ und sind somit äquivalent.
b) Die Gleichungen $x^2 = 4$ und $x = 2$ sind in $\mathbb{R}$ nicht äquivalent, denn die erste Gleichung hat die Lösungsmenge $L = \{-2; 2\}$, während die zweite Gleichung nur von der Zahl 2 erfüllt wird.

Äquivalentes Umformen von Gleichungen (Ungleichungen)

Umformungen, die eine Gleichung in eine äquivalente überführen, heißen äquivalente Umformungen. Durch äquivalentes Umformen versucht man, eine gegebene Gleichung (Ungleichung) schrittweise zu vereinfachen. Die einfachere Gleichung hat dieselbe Lösungsmenge wie die Ausgangsgleichung. Deshalb ist das äquivalente Umformen eine Methode zum Lösen von Gleichungen (Ungleichungen).

Äquivalente Umformungen für Gleichungen		
Kurzform	Beschreibung der Regel	Beispiele
Seiten vertauschen	Die Seiten der Gleichung dürfen vertauscht werden.	■ $5 = 3x - 2$ ist äquivalent zu $3x - 2 = 5$
Termumformungen auf einer Seite	Auf jeder Seite der Gleichung dürfen Termumformungen wie Ausmultiplizieren, Kürzen, Erweitern, Zusammenfassen, Ausklammern durchgeführt werden.	■ $2(x-3) + 2 = -3(x+1) - 7$ ist äquivalent zu $2x - 6 + 2 = -3x - 3 - 7$. Diese Gleichung ist äquivalent zu $2x - 4 = -3x - 10$.
Addition oder Subtraktion desselben Terms auf beiden Seiten	Auf beiden Seiten der Gleichung darf derselbe Term addiert oder subtrahiert werden.	■ $2x - 4 = -3x - 10 \quad \vert +4$ $2x = -3x - 6 \quad \vert +3x$ $5x = -6$
Multiplikation beider Seiten mit demselben Term, Division beider Seiten durch denselben Term, wobei in beiden Fällen der Termwert ungleich Null sein muss.	Beide Seiten der Gleichung dürfen mit einem Term multipliziert werden, dessen Termwert von Null verschieden ist. Beide Seiten der Gleichung dürfen durch einen Term dividiert werden, dessen Termwert von Null verschieden ist.	■ a) $5x = -6 \quad \vert :5$ $x = -1{,}2$ b) Für $x \neq 0$: $2x^2 = 4x \quad \vert :x$ $2x = 4$ c) Für $x \neq 3$ und $x \neq 0$: $\frac{1}{x-3} = \frac{2}{x} \quad \vert \cdot (x-3)x$ $\frac{(x-3)x}{x-3} = \frac{2(x-3)x}{x}$ Kürzen: $x = 2(x-3)$

■ Zu lösen ist die Gleichung $3(-4x + 5) - 6x + 2 = -2(x - 4) + 8$.
1. Schritt: Klammern auflösen $-12x + 15 - 6x + 2 = -2x + 8 + 8$
2. Schritt: Zusammenfassen $-18x + 17 = -2x + 16$
3. Schritt: Auf beiden Seiten 17 subtrahieren $-18x = -2x - 1$
4. Schritt: Auf beiden Seiten $2x$ addieren $-16x = -1$
5. Schritt: Beide Seiten durch –16 dividieren $x = \frac{1}{16}$

Alle auftretenden Gleichungen haben dieselbe Lösungsmenge $L = \left\{\frac{1}{16}\right\}$.
↗ Rechnerisches Lösen von linearen Gleichungen, S. 51

Hinweis: Multiplizieren mit Null, Quadrieren und Wurzelziehen sind (im Allgemeinen) keine äquivalenten Umformungen.

■ a) $\sqrt{x+2} = -3$ mit $L = \emptyset$ ist nicht äquivalent zu $\left(\sqrt{x+2}\right)^2 = 9$ mit $L = \{7\}$ (↗ S. 37).

b) $(x-1)^2 = 16$ mit $L = \{-3; 5\}$ ist nicht äquivalent zu $x - 1 = 4$ mit $L = \{5\}$, sondern zu $|x - 1| = 4$ mit $L = \{-3; 5\}$.

Die Lösungsmenge einer Gleichung kann sich verändern, wenn man mit Termen multipliziert, die den Wert null haben können. Dasselbe gilt bei der Division durch solche Terme.

■ Die Ausgangsgleichung lautet $(x-3)\cdot(x-7)=x(x-3)$.
Für $x=3$ sind beide Seiten der Ausgangsgleichung 0, also ist 3 eine Lösung der Gleichung. Nach Division beider Seiten durch $x-3$ erhält man die Gleichung $x-7=x$.
Diese Gleichung hat keine Lösung.
Die Gleichungen $(x-3)\cdot(x-7)=x(x-3)$ und $x-7=x$
sind also nicht äquivalent. Die Division durch $x-3$ ist nur für $x-3\neq 0$, also für $x\neq 3$ eine äquivalente Umformung.

4

Äquivalente Umformungen für Ungleichungen		
Kurzform	Beschreibung der Regel	Beispiele
Seiten vertauschen mit Umkehren des Relationszeichens	Die Seiten einer Ungleichung dürfen vertauscht werden, wenn das Relationszeichen umgekehrt wird: Aus $<$ wird $>$, aus $>$ wird $<$, aus $\leq$ wird $\geq$, aus $\geq$ wird $\leq$.	■ a) $5<3x-2$ ist äquivalent zu $3x-2>5$ b) $-1\geq x-2$ ist äquivalent zu $x-2\leq -1$.
Termumformungen auf einer Seite	Auf jeder Seite einer Ungleichung für sich dürfen Termumformungen wie Ausmultiplizieren, Kürzen, Erweitern, Zusammenfassen, Ausklammern durchgeführt werden.	■ $2(x-3)+2\geq -3(x+1)-7$ ist äquivalent zu $2x-6+2\geq -3x-3-7$. Diese Gleichung ist äquivalent zu $2x-4\geq -3x-10$.
Addition oder Subtraktion desselben Terms auf beiden Seiten	Auf beiden Seiten einer Ungleichung darf derselbe Term addiert oder subtrahiert werden.	■ $2x-4\geq -3x-10 \quad \vert +4$ $2x\geq -3x-6 \quad \vert +3x$ $5x\geq -6$
Multiplikation beider Seiten mit derselben positiven Zahl oder Division durch dieselbe positive Zahl	Beide Seiten einer Ungleichung dürfen mit einer positiven Zahl multipliziert oder durch eine positive Zahl dividiert werden.	■ a) $0{,}1x>12 \quad \vert \cdot 10$ $x>120$ b) $5x\leq 24 \quad \vert :5$ $x\leq 4{,}8$
Multiplikation beider Seiten mit derselben negativen Zahl oder Division beider Seiten durch dieselbe negative Zahl mit Umkehrung des Relationszeichens	Beide Seiten einer Ungleichung dürfen mit einer negativen Zahl multipliziert oder durch eine negative Zahl dividiert werden, wenn das Relationszeichen umgekehrt wird. Aus $<$ wird $>$, aus $>$ wird $<$, aus $\leq$ wird $\geq$, aus $\geq$ wird $\leq$.	■ a) $-x>4 \quad \vert \cdot(-1)$ $x<-4$ b) $-\frac{1}{5}x<3 \quad \vert \cdot(-5)$ $x>-15$ c) $-3x\leq 24 \quad \vert :(-3)$ $x\geq -8$

- Zu lösen ist die Ungleichung $-2(x+5) < -3x - 3 + 6(x - 1{,}5)$.
  1. Schritt: Klammern auflösen $-2x - 10 < -3x - 3 + 6x - 9$
  2. Schritt: Zusammenfassen $-2x - 10 < 3x - 12$
  3. Schritt: Auf beiden Seiten 10 addieren $-2x < 3x - 2$
  4. Schritt: Auf beiden Seiten $3x$ subtrahieren $-5x < -2$
  5. Schritt: Beide Seiten durch −5 dividieren $x > \frac{2}{5}$

  Alle auftretenden Ungleichungen haben dieselbe Lösungsmenge $L = (0{,}4;\ +\infty)$.
  ↗ Rechnerisches Lösen von linearen Ungleichungen, S. 52

Probe bei Gleichungen und Ungleichungen

Zur Kontrolle einer Lösung setzt man die gefundenen Werte für die Variablen in die Ausgangsgleichung (bzw. in die Ausgangsungleichung) ein und prüft, ob sich eine wahre Aussage ergibt. Die Probe bei Sachaufgaben wird am Sachverhalt der jeweiligen Aufgabenstellung durchgeführt.

- Die Lösung 4,5 der Gleichung $2x - 4(7 - 2x) = 2(3x - 5)$ soll durch eine Probe kontrolliert werden. Man setzt in die Gleichung für die Variable x den Wert 4,5 ein und formt auf beiden Seiten getrennt um.

  $2 \cdot 4{,}5 - 4 \cdot (7 - 2 \cdot 4{,}5) = 2 \cdot (3 \cdot 4{,}5 - 5)$
  $9 - 4 \cdot (7 - 9) = 2 \cdot (13{,}5 - 5)$
  $9 + 8 = 2 \cdot 8{,}5$ (wahre Aussage)

- Die Aufgabe lautete: Michael bekommt 5 € mehr Taschengeld als seine jüngere Schwester Susi. Zusammen bekommen sie 37 €. Wie viel Euro bekommt Michael, wie viel Euro die jüngere Schwester Susi?
  Als Lösung erhielt jemand für die Höhe des Taschengeldes x (in €) von Michael: $x = 21$. Die Probe wird am Sachverhalt durchgeführt:
  Michael bekommt 21 €, Susi bekommt (21 – 5) € = 16 €, zusammen bekommen sie (16 + 21) € = 37 €.

Umstellen von Formeln

Formeln aus der Mathematik, der Physik und anderen Wissenschaften sind Gleichungen mit meist mehreren Variablen. Durch äquivalentes Umformen ist zu erreichen, dass auf der linken Seite nur eine gewünschte Variable steht. Man spricht vom Umstellen nach einer gesuchten Größe.

- a) Im Geschwindigkeits-Zeit-Gesetz soll nach der Zeit t umgestellt werden.

  $v = \frac{s}{t} \quad | \cdot t$
  $v \cdot t = s \quad | : v$
  $t = \frac{s}{v}$

  b) In der Zinsformel soll nach dem Zinssatz p umgestellt werden.

  $Z = K \cdot \frac{p}{100} \quad | \cdot 100$
  $100 \cdot Z = K \cdot p \quad | : K$
  $100 \cdot \frac{Z}{K} = p \quad$ | *Seiten vertauschen*
  $p = 100 \cdot \frac{Z}{K}$

Verhältnisgleichungen

Besteht zwischen Größen ein proportionaler Zusammenhang (↗ S. 73), so kann man aus drei gegebenen Größen die zugehörige vierte Größe berechnen. Man stellt eine Verhältnisgleichung

$\frac{a}{b} = \frac{c}{d}$ oder $a : b = c : d$ ($a, b, c, d \neq 0$)

auf und formt sie äquivalent um. Dazu äquivalente Gleichungen sind z. B.

$a \cdot d = b \cdot c$ und $\frac{b}{a} = \frac{d}{c}$ ferner

$a = \frac{b \cdot c}{d}$, $b = \frac{a \cdot d}{c}$, $c = \frac{a \cdot d}{b}$, $d = \frac{b \cdot c}{a}$.

↗ Äquivalentes Umformen von Gleichungen (Ungleichungen), S. 46

■ Ein besonderes Verhältnis ist der „Goldene Schnitt“. Er spielt als künstlerisches Prinzip in der Malerei, der Architektur und in anderen Bereichen eine große Rolle. Eine Strecke $\overline{AB}$ wird durch einen Punkt G im **goldenen Schnitt** geteilt, wenn sich die längere Teilstrecke $\overline{AG}$ zur kürzeren Teilstrecke $\overline{GB}$ genauso verhält wie die Gesamtstrecke $\overline{AB}$ zur längeren Teilstrecke.
Es gilt die Verhältnisgleichung $\overline{AG} : \overline{GB} = \overline{AB} : \overline{AG}$.

■ Bei einem gewissen Zinssatz bringen 300 € im Jahr 13,50 € Zinsen. Wie viel Zinsen bringen bei demselben Zinssatz 1000 €?
Der Zahlenwert des gesuchten Zinsbetrages sei x. Die zugehörige Verhältnisgleichung lautet

$\frac{x}{1000} = \frac{13{,}50}{300}$ oder, äquivalent umgeformt, $x = \frac{13{,}50 \cdot 1000}{300}$, also $x = 45$.

Ergebnis: 1000 € bringen 45 € Zinsen.

LINEARE GLEICHUNGEN UND UNGLEICHUNGEN

Lineare Gleichungen mit einer Variablen

Gleichungen, in denen die Variable x nur in der ersten Potenz $x^1 = x$ auftritt, heißen **lineare Gleichungen.** Die Variable x darf nicht im Nenner stehen.

■ Lineare Gleichungen sind $5x - 3 = 0$, $12 + 3x = 9$, $12{,}4x = 2{,}8$.
Dagegen ist $3x^2 = 7$ keine lineare Gleichung, da die Variable in der zweiten Potenz auftritt.

Als **allgemeine Form** einer linearen Gleichung mit einer Variablen x bezeichnet man die nebenstehende Gleichung.
Jede lineare Gleichung kann man durch äquivalentes Umformen in die allgemeine Form bringen.

Koeffizient der Lösungsvariablen

$ax + b = 0 \quad (a \neq 0)$

absolutes Glied der Gleichung

Einzige Lösung: $x = -\frac{b}{a}$

Rechnerisches Lösen von linearen Gleichungen mit einer Variablen
Durch äquivalentes Umformen wird nach der Variablen x aufgelöst.

■ a)
$$\begin{aligned} 6x - 7 &= 17 && \mid +7 \\ 6x &= 24 && \mid :6 \\ x &= 4 \end{aligned}$$

Probe:
$$\begin{aligned} 6 \cdot 4 - 7 &= 17 \\ 24 - 7 &= 17 \\ 17 &= 17 \text{ (wahre Aussage)} \end{aligned}$$
$L = \{4\}$.

b)
$$\begin{aligned} -\frac{x}{5} + 8 &= 13 && \mid -8 \\ -\frac{x}{5} &= 5 && \mid \cdot(-5) \\ x &= -25 \end{aligned}$$

Probe:
$$\begin{aligned} -\frac{-25}{5} + 8 &= 13 \\ 5 + 8 &= 13 \\ 13 &= 13 \text{ (wahre Aussage)} \end{aligned}$$
$L = \{-25\}$.

c)
$$\begin{aligned} 3x + 5 &= -2x + 7 && \mid +2x \\ 5x + 5 &= 7 && \mid -5 \\ 5x &= 2 && \mid :5 \\ x &= 0{,}4 \end{aligned}$$

Probe:
$$\begin{aligned} 3 \cdot 0{,}4 + 5 &= -2 \cdot 0{,}4 + 7 \\ 1{,}2 + 5 &= -0{,}8 + 7 \\ 6{,}2 &= 6{,}2 \text{ (wahre Aussage)} \end{aligned}$$
$L = \{0{,}4\}$.

Manche Gleichungen, die nicht linear sind, lassen sich durch äquivalentes Umformen auf eine lineare Gleichung zurückführen.

■ In der folgenden Gleichung fällt durch äquivalentes Umformen x^2 weg.
$$\begin{aligned} x(x-5) &= (x-4)(x+1) && \mid \text{Ausmultiplizieren} \\ x^2 - 5x &= x^2 - 4x + x - 4 && \mid \text{Zusammenfassen} \\ x^2 - 5x &= x^2 - 3x - 4 && \mid -x^2 \\ -5x &= -3x - 4 && \mid +3x \\ -2x &= -4 && \mid :(-2) \\ x &= 2 \end{aligned}$$

Probe:
$$\begin{aligned} 2(2-5) &= (2-4)(2+1) \\ 2 \cdot (-3) &= (-2) \cdot 3 \\ -6 &= -6 \text{ (wahr)} \end{aligned}$$
$L = \{2\}$.

Manchmal können auch Bruchgleichungen auf lineare Gleichungen führen, bei denen dann aber der Variablengrundbereich eingeschränkt ist.

■ $\frac{3}{4x-5} = \frac{2}{x+7}$ $(x \neq 1{,}25;\ x \neq -7)$

Durch Multiplikation mit dem Hauptnenner $(4x-5)(x+7)$ können die Brüche beseitigt werden. Diese Multiplikation ist eine äquivalente Umformung, weil 1,25 und −7 nicht zum Definitionsbereich gehören und folglich der Hauptnenner nicht null werden kann. Die Multiplikation liefert die äquivalente Gleichung.

$$\begin{aligned} \frac{3(4x-5)(x+7)}{4x-5} &= \frac{2(4x-5)(x+7)}{x+7} && \mid \text{Kürzen} \\ 3(x+7) &= 2(4x-5) && \mid \text{Ausmultiplizieren} \\ 3x + 21 &= 8x - 10 && \mid +10 \\ 3x + 31 &= 8x && \mid -3x \\ 31 &= 5x && \mid \text{Seiten tauschen} \\ 5x &= 31 && \mid :5 \\ x &= 6{,}2 \end{aligned}$$

6,2 gehört zum Variablengrundbereich, also $L = \{6{,}2\}$.

Probe:

Linke Seite:
$$\frac{3}{4 \cdot 6{,}2 - 5} = \frac{3}{19{,}8} = \frac{5}{33}$$
Rechte Seite:
$$\frac{2}{6{,}2 + 7} = \frac{2}{13{,}2} = \frac{5}{33}$$

Wenn als Koeffizient oder absolutes Glied (↗ S. 50) in einer linearen Gleichung außer der Lösungsvariablen noch weitere Variablen auftreten, so nennt man diese Variablen **Parameter** und man spricht von einer **Parametergleichung.** Die Lösung kann dann von den Parametern abhängen.

■ In der folgenden Gleichung ist x die Lösungsvariable und b ein Parameter.

$$\begin{aligned} -x + 6b &= 2x + 9 \quad &&| -2x \\ -3x + 6b &= 9 &&| -6b \\ -3x &= 9 - 6b &&| :(-3) \\ x &= -3 + 2b \end{aligned}$$

Probe:
$$\begin{aligned} -(-3 + 2b) + 6b &= 2(-3 + 2b) + 9 \\ 3 - 2b + 6b &= -6 + 4b + 9 \\ 3 + 4b &= 3 + 4b \text{ (wahr für alle } b\text{)} \end{aligned}$$

$L = \{-3 + 2b\}$

Grafisches Lösen von linearen Gleichungen mit einer Variablen

Die linke Seite der linearen Gleichung $ax + b = 0$ $(a \neq 0)$ beschreibt eine lineare Funktion f mit $f(x) = ax + b$. Die Nullstelle (↗ S. 84) dieser Funktion ist die Lösung der Gleichung $ax + b = 0$ $(a \neq 0)$.

Zur grafischen Lösung zeichnet man den Graphen der Funktion f und liest am Schnittpunkt mit der x-Achse die Nullstelle aus der Zeichnung ab.

↗ Lineare Funktionen, S. 85

Wegen der Zeichenungenauigkeit bekommt man auf diese Weise im Allgemeinen nur eine Näherungslösung. Das erkennt man bei der Probe.

■ $3x + 5 = 0$

Die zugehörige Funktionsgleichung ist
$y = f(x) = 3x + 5$.
Als Nullstelle wird abgelesen: $x = -1{,}7$.

Probe:
$$\begin{aligned} 3 \cdot (-1{,}7) + 5 &= 0 \\ -5{,}1 + 5 &= 0 \\ -0{,}1 &= 0 \text{ (falsche Aussage)} \end{aligned}$$

Bei rechnerischer Lösung erhält man $x = -\frac{5}{3}$.

Ein Näherungswert für $-\frac{5}{3}$ ist $-1{,}7$.

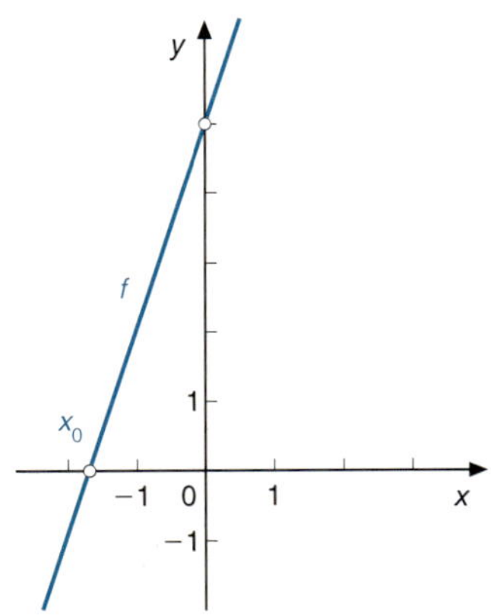

Rechnerisches Lösen von linearen Ungleichungen mit einer Variablen

Durch äquivalentes Umformen wird nach der Lösungsvariablen aufgelöst. Die Lösungsmenge kann ein Intervall, ganz ℝ oder die leere Menge sein.

↗ Intervall, Anhang S. 220

■ a)
$$\begin{aligned} 3x - 2 &< x + 5 \quad &&| -x \\ 2x - 2 &< 5 &&| +2 \\ 2x &< 7 &&| :2 \\ x &< 3{,}5 \end{aligned}$$

$L = \{x \mid x \in \mathbb{R};\, x < 3{,}5\} = (-\infty; 3{,}5)$

b) $4(6-x) \leq 3(x-13)$ | Klammern auflösen
$24 - 4x \leq 3x - 39$ | $-3x$
$24 - 7x \leq -39$ | -24
$-7x \leq -63$ | $:(-7)$
$x \geq 9$

$L = \{x \mid x \in \mathbb{R};\ x \geq 9\} = [9; \infty)$

c) $\frac{3}{18}x + \frac{1}{9} > 0$ | $-\frac{1}{9}$
$\frac{3}{18}x > -\frac{1}{9}$ | $:\frac{3}{18}$
$x > -\frac{1}{9} \cdot \frac{18}{3}$
$x > -\frac{2}{3}$.

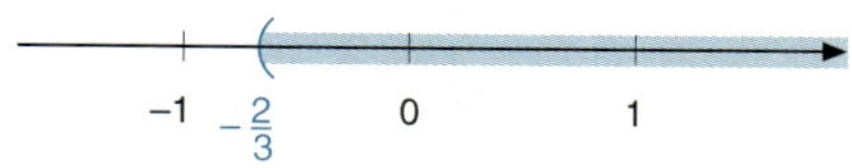

$L = \left\{x \mid x \in \mathbb{R};\ x > -\frac{2}{3}\right\} = (-\frac{2}{3}; \infty)$

d) $2(x+8) - 5x \geq 4 - 3x$ | Klammer auflösen
$2x + 16 - 5x \geq 4 - 3x$ | Zusammenfassen
$-3x + 16 \geq 4 - 3x$ | $+3x$
$16 \geq 4$
Die letzte Ungleichung ist eine wahre Aussage. Also erfüllen alle $x \in \mathbb{R}$ die Ausgangsungleichung: $L = \mathbb{R}$.

e) $5(x-12) > 12(x-1) - 7x$ | Klammern auflösen
$5x - 60 > 12x - 12 - 7x$ | Zusammenfassen
$5x - 60 > 5x - 12$ | $-5x$
$-60 > -12$
Die letzte Ungleichung ist eine falsche Aussage. Also gibt es kein $x \in \mathbb{R}$, das die Ausgangsungleichung erfüllt: $L = \emptyset$.

Lineare Gleichungen mit zwei Variablen

Die nebenstehende Gleichung bezeichnet man als **allgemeine Form** einer linearen Gleichung mit zwei Variablen x und y.
Wesentlich ist, dass die Variablen x und y nur in der ersten Potenz $x^1 = x$ und $y^1 = y$ und nicht im Nenner vorkommen.

Koeffizienten der Lösungsvariablen x und y

$$ax + by + c = 0 \quad (a \neq 0,\ b \neq 0)$$

absolutes Glied der Gleichung

Jede lineare Gleichung mit zwei Variablen kann durch äquivalente Umformungen in die allgemeine Form gebracht werden.
↗ Äquivalentes Umformen von Gleichungen, S. 46
Die Lösungen einer linearen Gleichung mit zwei Variablen sind geordnete Zahlenpaare $(x \mid y)$. Es gibt unendlich viele dieser Zahlenpaare. Sie werden durch den Graphen einer linearen Funktion dargestellt.

- Gesucht wird die Lösungsmenge der Gleichung $3x + 4y - 7 = 0$.
  Äquivalentes Umformen ergibt:
  $y = -\frac{3}{4}x + \frac{7}{4}$.
  Einige Lösungspaare sind $(1 \mid 1)$, $(2 \mid 0{,}25)$, $(0 \mid 1{,}75)$.
  Die Lösungsmenge ist:
  $L = \left\{(x \mid y) \mid x \in \mathbb{R}, y = -\frac{3}{4}x + \frac{7}{4}\right\}$.

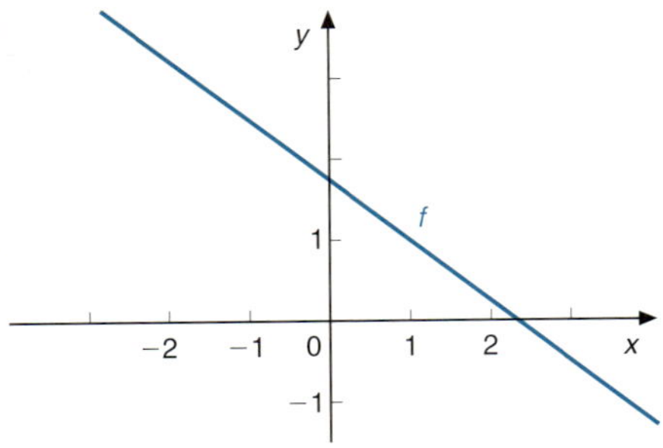

Systeme von zwei linearen Gleichungen mit zwei Variablen

Betrachtet man *gleichzeitig* zwei lineare Gleichungen mit den Variablen x und y, so bilden diese beiden Gleichungen ein **lineares Gleichungssystem.** Die Gleichungen gibt man oft in folgender Form an:

(1) $a_1x + b_1y = c_1$ Dabei heißen a_1, a_2, b_1, b_2 **Koeffizienten** des Systems,
(2) $a_2x + b_2y = c_2$ c_1, c_2 **Absolutglieder** des Systems.

Die **Lösungsmenge** L des Systems besteht aus allen Paaren $(x \mid y)$ reeller Zahlen, die sowohl die Gleichung (1) als auch die Gleichung (2) erfüllen. Eine Lösung $(x \mid y)$ des Gleichungssystems gehört also sowohl zur Lösungsmenge L_1 der Gleichung (1) als auch zur Lösungsmenge L_2 der Gleichung (2).
Ein lineares Gleichungssystem kann
keine Lösung, *genau eine* Lösung oder *unendlich viele* Lösungen haben.

Gleichungssystem	(1) $2x + y = 3$ (2) $2x + y = 5$	(1) $x - 2y = -4$ (2) $-x + 6y = 16$	(1) $x + 2y = 5$ (2) $3x + 6y = 15$
Anzahl der Lösungen	keine Lösung $L = \emptyset$	genau eine Lösung: $x = 2$; $y = 3$, also $L = \{(2 \mid 3)\}$	unendlich viele Lösungen
Bemerkungen	Die Gleichungen des Systems widersprechen einander.		Die Gleichungen des Systems sind äquivalent.

Rechnerisches Lösen von linearen Gleichungssystemen

Drei Verfahren stehen zur Auswahl: das **Einsetzungsverfahren,** das **Gleichsetzungsverfahren** und das **Additionsverfahren.** Bei allen drei Verfahren wird im ersten Schritt zunächst eine Variable beseitigt (eliminiert) und eine lineare Gleichung mit der zweiten Variablen gelöst. Dabei werden die Regeln zum äquivalenten Umformen (↗ S. 46) angewendet. Die Verfahren sind gleichwertig, dennoch erweist sich oft eines der Verfahren als günstiger.
Eine Probe ist in jedem Fall durchzuführen, auch wenn sie in manchen der folgenden Beispiele nicht abgedruckt wurde.

Das Einsetzungsverfahren

Bei diesem Verfahren wird nach einer der Lösungsvariablen aufgelöst. Dann wird der erhaltene Term für diese Variable in die andere Gleichung eingesetzt.

■ **(1)** $x - y = 5$
(2) $5x + y = 9$

Bei diesem Beispiel bietet sich an, in der Gleichung **(1)** nach der Variablen x oder nach y aufzulösen.

Entscheidet man sich für x, so erhält man die Gleichung
(1') $x = y + 5$
und setzt den Term $y + 5$ für x in die Gleichung **(2)** ein. Dann formt man diese äquivalent um.

(2') $5(y+5) + y = 9$ | Klammern auflösen
$5y + 25 + y = 9$ | Zusammenfassen
$6y + 25 = 9$ | −25
$6y = -16$ | :6
$y = -\frac{8}{3}$

In **(1')** wird jetzt für y der Wert $-\frac{8}{3}$ eingesetzt: $x = -\frac{8}{3} + 5 = \frac{7}{3}$.

Probe: **(1)** $\frac{7}{3} - \left(-\frac{8}{3}\right) = 5$
$\frac{7}{3} + \frac{8}{3} = 5$
$\frac{15}{3} = 5$ (wahr)

(2) $5 \cdot \frac{7}{3} + \left(-\frac{8}{3}\right) = 9$
$\frac{35}{3} - \frac{8}{3} = 9$
$\frac{27}{3} = 9$ (wahr)

Das Gleichungssystem hat die einzige Lösung $\left(\frac{7}{3} \middle| -\frac{8}{3}\right)$, also $L = \left\{\left(\frac{7}{3} \middle| -\frac{8}{3}\right)\right\}$.

■ **(1)** $x + 2y = 1$
(2) $y = 0{,}75 - 0{,}5x$

Die Gleichung **(2)** ist bereits nach y aufgelöst. Hier bietet sich das Einsetzungsverfahren besonders an.

Man setzt den Term $0{,}75 - 0{,}5x$ für y in die Gleichung **(1)** ein und formt diese äquivalent um.

(1') $x + 2 \cdot (0{,}75 - 0{,}5x) = 1$ | Klammern auflösen
$x + 1{,}5 - x = 1$ | Zusammenfassen
$1{,}5 = 1$ (falsche Aussage)

Die erhaltene falsche Aussage zeigt an, dass das Gleichungssystem keine Lösung besitzt. Die Gleichungen **(1)** und **(2)** widersprechen einander. $L = \emptyset$.

■ **(1)** $0{,}5x = 0{,}25y + 0{,}375$
(2) $-8x + 4y = -6$

Die Gleichung **(1)** wird nach x aufgelöst (Division durch 0,5):

(1') $x = \frac{0{,}25y}{0{,}5} + \frac{0{,}375}{0{,}5}$
$x = 0{,}5y + 0{,}75.$

(↗ Fortsetzung S. 56)

Man setzt nun den Term $0{,}5\,y + 0{,}75$ für x in die Gleichung **(2)** ein und formt äquivalent um:

(2') $-8 \cdot (0{,}5\,y + 0{,}75) + 4y = -6$	| Klammern auflösen
$-4y - 6 + 4y = -6$	| Zusammenfassen
$-6 = -6$	(wahre Aussage)

Die erhaltene wahre Aussage zeigt an, dass jedes Paar $(x \mid y)$, das die erste Gleichung erfüllt, auch eine Lösung der zweiten Gleichung ist.

Die Lösungsmenge der ersten Gleichung ist die Menge aller Paare $(x \mid y)$ mit $x = 0{,}5y + 0{,}75$.

↗ Lineare Gleichungen mit zwei Variablen, S. 53

4

Da die zweite Gleichung für diese Paare immer eine wahre Aussage liefert, ist das auch die Lösungsmenge des linearen Gleichungssystems.

Also: $L = \{(x \mid y) \mid y \in \mathbb{R}, x = 0{,}5y + 0{,}75\}$.

Das Gleichsetzungsverfahren

Bei diesem Verfahren wird jede Gleichung nach derselben Lösungsvariablen aufgelöst. Dann werden die Terme gleichgesetzt .

■ **(1)** $y = 4x + 5$
(2) $y = -2x - 1$

Bei diesem Beispiel sind bereits beide Gleichungen nach y aufgelöst.

Man setzt die beiden Terme für y, also $4x + 5$ und $-2x - 1$, einander gleich:

$$\begin{aligned} 4x + 5 &= -2x - 1 && \mid +2x \\ 6x + 5 &= -1 && \mid -5 \\ 6x &= -6 && \mid :6 \\ x &= -1 \end{aligned}$$

In Gleichung **(1)** wird für x der Wert -1 eingesetzt und man erhält $y = 4 \cdot (-1) + 5$, also $y = 1$. Die Lösungsmenge ist $L = \{(-1 \mid 1)\}$.

Ebenso hätte man den Wert für x auch in die Gleichung **(2)** einsetzen können: $y = -2 \cdot (-1) - 1$, also $y = 1$.

■ **(1)** $\frac{1}{6}x - \frac{1}{3}y = 6$
(2) $x + y = 2$

Die Gleichungen werden nach einer Variablen, z. B. nach x, aufgelöst. Dann kann man die Terme gleichsetzen.

$$\frac{1}{6}x = \frac{1}{3}y + 6 \qquad \mid : \frac{1}{6}$$

(1') $x = 2y + 36$ und **(2')** $x = 2 - y$

$$\begin{aligned} 2y + 36 &= 2 - y && \mid +y \\ 3y + 36 &= 2 && \mid -36 \\ 3y &= -34 && \mid :3 \\ y &= -\frac{34}{3} \end{aligned}$$

In **(2')** wird für y der Wert $-\frac{34}{3}$ eingesetzt: $x = 2 - \left(-\frac{34}{3}\right)$.

Man erhält $x = \frac{40}{3}$, also $L = \left\{\left(\frac{40}{3} \middle| -\frac{34}{3}\right)\right\}$.

Das Additionsverfahren

Das Additionsverfahren zielt darauf ab, dass beim Addieren der beiden Gleichungen eine Variable zunächst wegfällt. Das ist der Fall, wenn die Koeffizienten einer Lösungsvariablen in beiden Gleichungen dem Betrage nach gleich, jedoch mit unterschiedlichen Vorzeichen auftreten. Hierzu muss im Allgemeinen eine der Gleichungen zielgerichtet äquivalent umgeformt werden. Manchmal wird man sich entschließen, beide Gleichungen äquivalent umzuformen.

■ **(1)** $5x - y = 5$
(2) $2x + 3y = 8$

In diesem Beispiel bietet es sich an, die Gleichung **(1)** mit 3 zu multiplizieren, damit der Koeffizient von y gleich -3 ist.

Man erhält dann:
(1') $15x - 3y = 15$
(2') $2x + 3y = 8$

Nun werden beide Gleichungen addiert, dabei heben sich die Terme mit y auf:
$17x = 23$, also $x = \frac{23}{17}$.
In Gleichung **(1)** wird für x der Wert $\frac{23}{17}$ eingesetzt und der Wert für y ermittelt.

$$5 \cdot \frac{23}{17} - y = 5 \qquad | -5 \cdot \frac{23}{17}$$

$$-y = 5 - 5 \cdot \frac{23}{17} \qquad | \text{ Zusammenfassen}$$

$$-y = -\frac{30}{17} \qquad | \cdot (-1)$$

$$y = \frac{30}{17}$$

Die einzige Lösung ist $\left(\frac{23}{17} \middle| \frac{30}{17}\right)$.
Ebenso hätte man den Wert für x auch in die Gleichung **(2)** einsetzen können:
$2 \cdot \frac{23}{17} + 3y = 8$.
Äquivalentes Umformen liefert wieder $y = \frac{30}{17}$.

■ **(1)** $5x + 4y = -4{,}5$
(2) $2x + 3y = 8$

In diesem Beispiel werden *beide Gleichungen* mit einem Faktor multipliziert, damit beim Addieren eine Variable verschwindet. Entschließt man sich, x zu beseitigen, multipliziert man die Gleichung **(1)** mit 2 und die Gleichung **(2)** mit -5.

Man erhält dann:

(1') $10x + 8y = -9$
(2') $-10x - 15y = -40$

Nach Addition der beiden Gleichungen folgt $-7y = -49$, also $y = 7$.
Setzt man dann 7 für y in die Gleichung **(2)** ein und formt äquivalent um, so erhält man $x = -6{,}5$. Die einzige Lösung des Gleichungssystems ist $(-6{,}5 \mid 7)$.

■ **(1)** $0{,}5x - 0{,}25y = 0{,}375$
(2) $-8x + 4y = -6$

Wenn man die Gleichung **(1)** mit 16 multipliziert, dann ist der Koeffizient von x gleich 8. Diese äquivalente Umformung ermöglicht es, dass im nächsten Schritt die Lösungsvariable x eliminiert werden kann.

(1') $8x - 4y = 6$
(2') $-8x + 4y = -6.$

Nun wird aber sichtbar, dass die Gleichungen voneinander abhängig sind. Multipliziert man nämlich **(1')** mit -1, so erhält man **(2')**.

Die Addition von **(1')** und **(2')** liefert die wahre Aussage $0 = 0$. Dies zeigt an, dass das Gleichungssystem unendlich viele Lösungen besitzt. Diese Lösungen erhält man durch Lösen einer der beiden Gleichungen, z. B. der Gleichung **(2)**. Die Lösungsmenge ist $L = \{(x \mid y) \mid x \in \mathbb{R};\ y = -1{,}5 + 2x\}$.

↗ Lineare Gleichungen mit zwei Variablen, S. 53

4

Lösen eines linearen Gleichungssystems mit einem Parameter *c*

Auch wenn in den Gleichungen des Systems neben den Lösungsvariablen weitere Variablen, sogenannte Parameter, auftreten (↗ Parametergleichung, S. 52), wendet man eines der rechnerischen Lösungsverfahren an. Die Lösung wird in der Regel von dem Parameter c abhängen.

■ **(1)** $x + 2y = 12$
(2) $2x - y = c$

Entscheidet man sich für das Einsetzungsverfahren, so löst man z. B. die Gleichung **(1)** nach x auf:

(1') $x = 12 - 2y.$

Für x wird in der Gleichung **(2)** der Term $12 - 2y$ eingesetzt:

(2')
$$
\begin{aligned}
2 \cdot (12 - 2y) - y &= c && \mid \text{Ausmultiplizieren} \\
24 - 4y - y &= c && \mid \text{Zusammenfassen} \\
24 - 5y &= c && \mid -24 \\
-5y &= c - 24 && \mid :(-5) \\
y &= \frac{c - 24}{-5} \\
&= \frac{24 - c}{5} = \frac{24}{5} - \frac{c}{5} \\
y &= 4{,}8 - 0{,}2c
\end{aligned}
$$

Wenn man in **(1')** für y den Term $4{,}8 - 0{,}2c$ einsetzt, so erhält man:

$x = 12 - 2 \cdot (4{,}8 - 0{,}2c)$
$x = 12 - 9{,}6 + 0{,}4c$
$x = 2{,}4 + 0{,}4c$

Probe:

(1)
$$
\begin{aligned}
2{,}4 + 0{,}4c + 2 \cdot (4{,}8 - 0{,}2c) &= 12 \\
2{,}4 + 0{,}4c + 9{,}6 - 0{,}4c &= 12 \\
12 &= 12
\end{aligned}
$$
(wahr)

(2)
$$
\begin{aligned}
2 \cdot (2{,}4 + 0{,}4c) - (4{,}8 - 0{,}2c) &= c \\
4{,}8 + 0{,}8c - 4{,}8 + 0{,}2c &= c \\
c &= c
\end{aligned}
$$
(wahr für alle Werte von c)

Also $L_c = \{(2{,}4 + 0{,}4c \mid 4{,}8 - 0{,}2c)\}$. Die Lösung hängt von c ab.

Grafisches Lösen von linearen Gleichungssystemen

Beim grafischen Lösen eines Gleichungssystems geht man wie folgt vor:
Die beiden Gleichungen werden jeweils nach der Variablen y aufgelöst, sodass Gleichungen der Form $y = mx + n$ entstehen. Die beiden Gleichungen beschreiben zwei lineare Funktionen. Deren Funktionsgraphen sind Geraden. Die Lösungen einer Gleichung werden durch die Punkte auf der jeweiligen Geraden dargestellt.
↗ Lineare Gleichungen mit zwei Variablen, S. 53
Alle Punkte, die zu *beiden* Geraden gehören, bilden die Lösungsmenge des linearen Gleichungssystems. *Falls* sich die beiden Geraden schneiden, so hat das Gleichungssystem *genau eine* Lösung, die man als Koordinaten des Schnittpunktes *näherungsweise* findet.

■ a) (1) $2x - 4y = -8$
(2) $-0{,}5x + 3y = 8$
Die Gleichungen des Systems werden nach y aufgelöst.

(1') $y = 0{,}5x + 2$
(2') $y = \frac{1}{6}x + \frac{8}{3}$
Man liest ab: $x \approx 2$, $y \approx 3$.

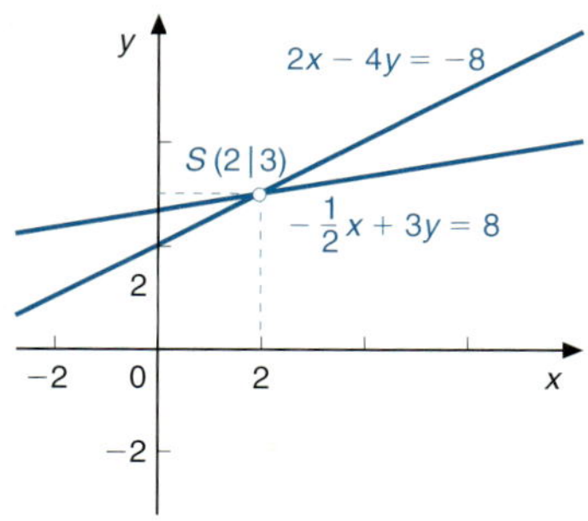

b) (1) $3x + 4y = 3$
(2) $3x + 4y = 8$
Die Gleichungen des Systems widersprechen einander.

(1') $y = -0{,}75x + 0{,}75$
(2') $y = -0{,}75x + 2$
Die Geraden sind parallel. $L = \emptyset$

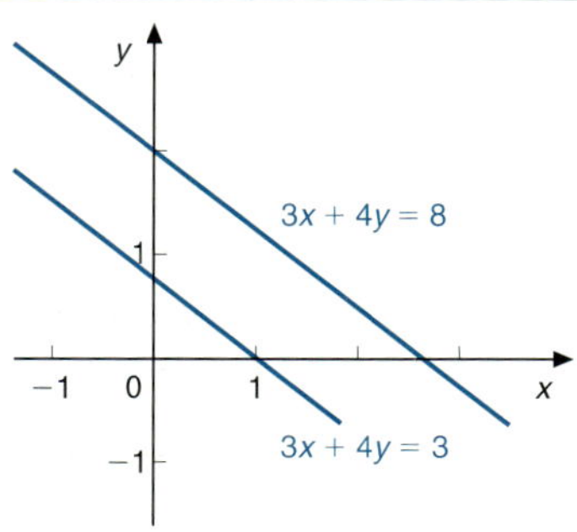

c) (1) $x + y = 2$
(2) $4x + 4y = 8$

(1') $y = -x + 2$
(2') $y = -x + 2$
Die Geraden sind identisch.
$L = \{(x \mid y) \mid x \in \mathbb{R};\, y = -x + 2\}$.

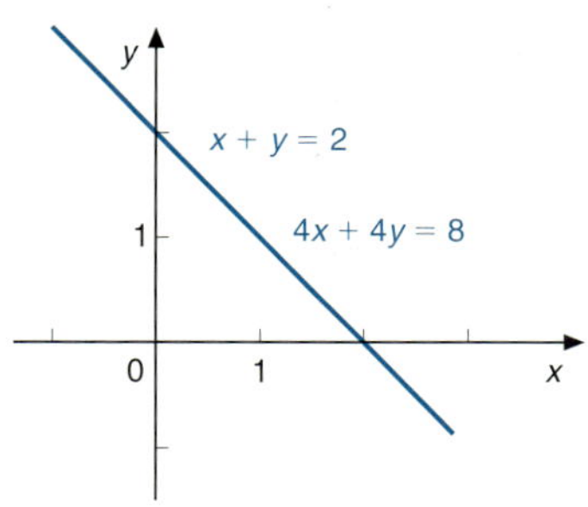

QUADRATISCHE GLEICHUNGEN MIT EINER VARIABLEN

Die allgemeine Form einer quadratischen Gleichung

Gleichungen, in denen die Variable x in der zweiten Potenz (im Quadrat) x^2, aber in keiner höheren Potenz vorkommt, heißen **quadratische Gleichungen.**

Die Variable x darf nicht im Nenner stehen.

Die nebenstehende Gleichung bezeichnet man als **allgemeine Form** einer quadratischen Gleichung mit einer Variablen x und den Koeffizienten a, b und c.

$$ax^2 + bx + c = 0 \quad (a \neq 0)$$

- c: absolute Glied
- bx: lineares Glied
- ax^2: quadratisches Glied

Die Bedingung $a \neq 0$ sichert, dass das quadratische Glied wirklich vorkommt.

Das lineare und das absolute Glied dürfen fehlen.

Jede quadratische Gleichung kann man durch äquivalentes Umformen in die allgemeine Form einer quadratischen Gleichung bringen.

■ a) $3x^2 - 6x + 5 = 0$ ist eine quadratische Gleichung mit dem quadratischen Glied $3x^2$, dem linearen Glied $-6x$ und dem absoluten Glied 5.

b) $x^2 = 3$ ist äquivalent zu $x^2 - 3 = 0$. Das lineare Glied fehlt hier.

c) $(x - 2)(x + 4) = x^2 - 2$ ist keine quadratische Gleichung, denn beim Umformen verschwindet x^2.
Es entsteht die lineare Gleichung $2x - 6 = 0$.

Quadratische Gleichungen vom Typ $(x + d)^2 = e$

Es sind drei Fälle möglich:

1. Fall : $e < 0$	Die Gleichung hat keine Lösung, denn das Quadrat einer Zahl ist niemals negativ. ■ $(x + 7)^2 = -3$. Es gibt kein $x \in \mathbb{R}$, das diese Gleichung erfüllt.
2. Fall : $e = 0$	Das Quadrat $(x + d)^2$ ist nur dann gleich null, wenn $x + d$ gleich null ist. Die Gleichung hat die einzige Lösung $x = -d$. ■ $(x + 7)^2 = 0$ hat die einzige Lösung $x = -7$.
3. Fall : $e > 0$	Die Gleichung $(x + 3)^2 = 5$ ist äquivalent zu zwei Gleichungen: (1) $x + 3 = \sqrt{5}$ oder (2) $x + 3 = -\sqrt{5}$. Subtrahiert man auf beiden Seiten jeweils 3, erhält man die beiden Lösungen $x_1 = \sqrt{5} - 3$ und $x_2 = -\sqrt{5} - 3$. Probe für x_1: $(\sqrt{5} - 3 + 3)^2 = 5$ $(\sqrt{5})^2 = 5$ $5 = 5$ (wahr) Probe für x_2: $(-\sqrt{5} - 3 + 3)^2 = 5$ $(-\sqrt{5})^2 = 5$ $5 = 5$ (wahr)

Zusammenfassung für den Typ $(x + d)^2 = e$:

Fall	$e < 0$	$e = 0$	$e > 0$
Gleichung	$(x + d)^2 = e$	$(x + d)^2 = 0$	$(x + d)^2 = e$
Lösungsmenge	$L = \emptyset$	$L = \{-d\}$	$L = \{-\sqrt{e} - d; \sqrt{e} - d\}$

Die Normalform einer quadratischen Gleichung

Dividiert man die allgemeine Form $ax^2 + bx + c = 0$ durch den Koeffizienten $a \neq 0$, so folgt $x^2 + \frac{b}{a}x + \frac{c}{a} = 0$. Bezeichnet man nun $\frac{b}{a}$ mit p und $\frac{c}{a}$ mit q, so erhält man die Normalform.

Normalform der quadratischen Gleichung: $\mathbf{x^2 + px + q = 0}$

■

	a)	b)	c)
allgemeine Form	$1{,}4x^2 - 7x + 21 = 0 \quad \vert :1{,}4$	$3x^2 + 2x - \frac{1}{6} = 0 \quad \vert :3$	$\frac{x^2}{5} - \frac{3}{4}x - 1 = 0 \quad \vert :\frac{1}{5}$
Normalform	$x^2 - 5x + 15 = 0$	$x^2 + \frac{2}{3}x - \frac{1}{18} = 0$	$x^2 - \frac{15}{4}x - 5 = 0$
	$p = -5; q = 15$	$p = \frac{2}{3}; q = -\frac{1}{18}$	$p = -\frac{15}{4}; q = -5$

Achtung: Ersetzt man im Beispiel b) die Brüche durch Näherungswerte, so entsteht eine nicht äquivalente Gleichung.

Spezialfälle der Normalform und ihre Lösung

$p = 0, q = 0$	$x^2 = 0$	Die Gleichung $x^2 = 0$ hat die einzige Lösung $x = 0$.
$p = 0, q > 0$	$x^2 + q = 0$	Die Gleichung $x^2 + q = 0$ $(q > 0)$ ist äqivalent zu $x^2 = -q$; sie hat keine Lösung, weil $-q < 0$ gilt und das Quadrat einer Zahl nicht negativ sein kann.
$p = 0, q < 0$	$x^2 + q = 0$	Die Gleichung $x^2 + q = 0$ $(q < 0)$ ist äqivalent zu $x^2 = -q$. Wegen $-q > 0$ kann man die Wurzel ziehen. Man erhält $x = \pm\sqrt{-q}$. Probe: $(\pm\sqrt{-q})^2 = -q$. Die Lösungen sind $x_1 = -\sqrt{-q}$ und $x_2 = \sqrt{-q}$.
$p \neq 0, q = 0$	$x^2 + px = 0$	Die Gleichung $x^2 + px = 0$ ist äqivalent zu $x(x + p) = 0$. Ein Produkt ist gleich 0, wenn mindestens ein Faktor gleich 0 ist. Dies ergibt die Lösungen $x_1 = 0$ und $x_2 = -p$.

Alle genannten Spezialfälle der Normalform $x^2 + px + q = 0$ können auch mit der p-q-Formel (↗ S. 63) behandelt werden. Es ist aber sinnvoll, die einfache Gestalt auszunutzen, um die Lösung zu finden.

■ a) $p = 0, q = -3$: $x^2 - 3 = 0 \quad | +3$

$x^2 = 3$

Bemerke: $-q = 3 > 0$

Die Lösungen sind $x_1 = -\sqrt{3}$ und $x_2 = \sqrt{3}$.

b) $x^2 + 0{,}5x = 0 \quad |$ Ausklammern

$x(x + 0{,}5) = 0$

Die Lösungen sind $x_1 = 0$ und $x_2 = -0{,}5$.

4

Zusammenfassung für den Typ $x^2 + px + q = 0$:

Fall	$p = 0$; $q = 0$	$p = 0$; $q > 0$	$p = 0$; $q < 0$	$p \neq 0$; $q = 0$
Gleichung	$x^2 = 0$	$x^2 + q = 0$	$x^2 + q = 0$	$x^2 + px = 0$
Lösungsmenge	$L = \{0\}$	$L = \emptyset$	$L = \{-\sqrt{-q}; \sqrt{-q}\}$	$L = \{0; -p\}$

Quadratische Ergänzung

Der Term $x^2 + 2 \cdot \frac{p}{2}x + \left(\frac{p}{2}\right)^2$ ist ein **vollständiges Quadrat,** denn er ist gleich $\left(x + \frac{p}{2}\right)^2$ (↗ Binomische Formeln, S. 43).

Der Term $x^2 + px$ in der Normalform $x^2 + px + q = 0$ kann zu einem vollständigen Quadrat ergänzt werden, indem man auf beiden Seiten der Gleichung $x^2 + px + q = 0$ den Term $\left(\frac{p}{2}\right)^2$ addiert:

$$x^2 + px + \left(\frac{p}{2}\right)^2 + q = \left(\frac{p}{2}\right)^2.$$

Der Term $\left(\frac{p}{2}\right)^2$ heißt die **quadratische Ergänzung** zu $x^2 + px$. Die letzte Gleichung ist äquivalent zu

$$\left(x + \frac{p}{2}\right)^2 + q = \left(\frac{p}{2}\right)^2 \qquad | -q$$

$$\left(x + \frac{p}{2}\right)^2 = \left(\frac{p}{2}\right)^2 - q.$$

Mithilfe der quadratischen Ergänzung wurde die quadratische Gleichung $x^2 + px + q = 0$ auf die Gestalt $(x + d)^2 = e$ (↗ S. 60) gebracht.

■ $x^2 + 6x + 7 = 0$

$x^2 + 2 \cdot 3x + 7 = 0 \qquad | +9$ (9 ist die quadratische Ergänzung zu $x^2 + 2 \cdot 3x$)

$x^2 + 2 \cdot 3x + 9 + 7 = 9 \qquad |$ Zusammenfassen mit binomischer Formel

$(x + 3)^2 + 7 = 9 \qquad | -7$

$(x + 3)^2 = 2$

Die Lösungen sind $x_1 = -\sqrt{2} - 3$ und $x_2 = \sqrt{2} - 3$.

↗ Zusammenfassung für den Typ $(x + d)^2 = e$, S. 61

Die *p*-*q*-Formel (die Lösungsformel)

Durch die quadratische Ergänzung geht die Normalform $x^2 + px + q = 0$ über in die Gleichung $\left(x + \frac{p}{2}\right)^2 = \left(\frac{p}{2}\right)^2 - q$. Der Term $\left(\frac{p}{2}\right)^2 - q$ heißt **Diskriminante** der quadratischen Gleichung und wird mit D bezeichnet. Die Anzahl der Lösungen der quadratischen Gleichung hängt von D ab.

↗ Quadratische Ergänzung, S. 62

Für die Diskriminante gilt:	Anzahl der Lösungen	Lösungsmenge
$D < 0$	keine Lösung	$L = \emptyset$
$D = 0$	genau eine Lösung	$L = \left\{-\frac{p}{2}\right\}$
$D > 0$	zwei Lösungen	$L = \left\{-\frac{p}{2} - \sqrt{D}; -\frac{p}{2} + \sqrt{D}\right\}$

Für die Lösungen x_1 und x_2 einer quadratischen Gleichung in *Normalform* gilt die folgende **Formel:**

***p*-*q*-Lösungsformel: Falls $D \geq 0$, gilt $x_{1,2} = -\frac{p}{2} \pm \sqrt{\left(\frac{p}{2}\right)^2 - q}$.**

Falls $D = 0$ ist, fallen x_1 und x_2 zusammen und es gilt: $\mathbf{x_1 = x_2 = -\frac{p}{2}}$.

■ a) Allgemeine Form: $2x^2 + 5x + 7 = 0 \quad | :2$

Normalform: $x^2 + 2{,}5x + 3{,}5 = 0$

p-*q*-Formel: $x_{1,2} = -1{,}25 \pm \sqrt{1{,}25^2 - 3{,}5}$

$D = 1{,}25^2 - 3{,}5 = -1{,}9375 < 0$, also $L = \emptyset$.

b) Allgemeine Form: $\frac{2}{5}x^2 - \frac{2}{3}x - \frac{4}{15} = 0 \quad | :\frac{2}{5}$

Normalform: $x^2 - \frac{5}{3}x - \frac{2}{3} = 0$

p-*q*-Formel: $x_{1,2} = \frac{5}{6} \pm \sqrt{\frac{25}{36} + \frac{2}{3}} = \frac{5}{6} \pm \sqrt{\frac{49}{36}} = \frac{5}{6} \pm \frac{7}{6}$

$x_1 = \frac{12}{6} = 2;\quad x_2 = -\frac{2}{6} = -\frac{1}{3}$

Probe für x_1: $\frac{2}{5} \cdot 2^2 - \frac{2}{3} \cdot 2 - \frac{4}{15} = \frac{8}{5} - \frac{4}{3} - \frac{4}{15} = \frac{24 - 20 - 4}{15} = 0$ (wahr)

für x_2: $\frac{2}{5} \cdot \left(-\frac{1}{3}\right)^2 - \frac{2}{3} \cdot \left(-\frac{1}{3}\right) - \frac{4}{15} = \frac{2}{45} + \frac{2}{9} - \frac{4}{15} = \frac{2 + 10 - 12}{45} = 0$ (wahr)

Also $L = \left\{-\frac{1}{3}; 2\right\}$.

4

- Allgemeine Form: $-x^2 + 4{,}2x - 4{,}41 = 0 \quad | \cdot (-1)$
  Normalform: $x^2 - 4{,}2x + 4{,}41 = 0$
  p-q-Formel: $x_{1,2} = 2{,}1 \pm \sqrt{2{,}1^2 - 4{,}41}$
  $= 2{,}1 \pm 0$
  $x_1 = x_2 = 2{,}1$
  Die quadratische Gleichung hat nur diese eine Lösung.
  Probe: $-2{,}1^2 + 4{,}2 \cdot 2{,}1 - 4{,}41 = 0$
  $-4{,}41 + 8{,}82 - 4{,}41 = 0$
  $-8{,}82 + 8{,}82 = 0$ (wahr)
  Daraus folgt: $L = \{2{,}1\}$.

Grafisches Lösen von quadratischen Gleichungen

Die linke Seite der quadratischen Gleichung $x^2 + px + q = 0$ beschreibt eine quadratische Funktion f mit $y = f(x) = x^2 + px + q$. Die Nullstellen dieser Funktion sind gerade die Lösungen der quadratischen Gleichung.
Zur grafischen Lösung einer quadratischen Gleichung zeichnet man den Graphen der Funktion f und liest die Nullstellen als x-Koordinate der Schnittpunkte mit der x-Achse ab.
Wegen der Zeichenungenauigkeit bekommt man auf diese Weise nur Näherungslösungen. Das erkennt man bei der Probe.

- $x^2 - 6x + 7 = 0$
  $f(x) = x^2 - 6x + 7$
  Man überführt f mittels quadratischer Ergänzung (↗ S. 62) in die Scheitelpunktform (↗ S. 92)
  $f(x) = (x - 3)^2 - 2$
  und zeichnet den Graphen von f mit der Schablone der Normalparabel.
  Als Nullstellen liest man als Näherungswerte ab: $x_1 = 1{,}6$; $x_2 = 4{,}4$.

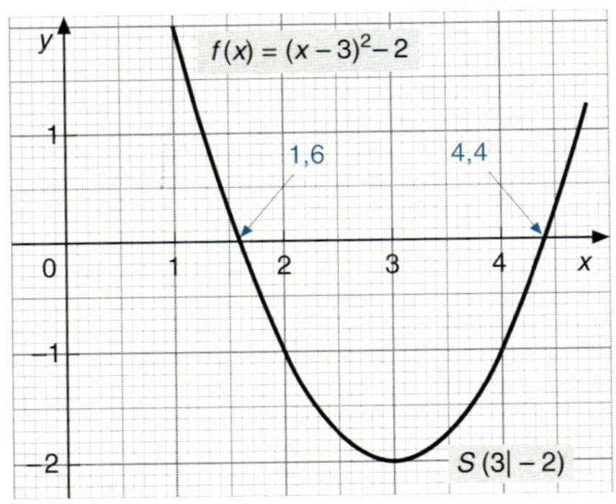

Der Scheitelpunkt der Parabel von f hat die y–Koordinate $q - \left(\frac{p}{2}\right)^2 = -D$.
↗ Nullstellen quadratischer Funktionen, S. 93

Aus der Lage des Scheitelpunktes kann man die Anzahl der Lösungen der Gleichung ablesen.

Diskriminante		Lage des Scheitelpunktes	Anzahl der Lösungen
$D > 0$	$-D < 0$	unterhalb der x-Achse	2
$D = 0$	$-D = 0$	auf der x-Achse	1
$D < 0$	$-D > 0$	oberhalb der x-Achse	0

Prozent- und Zinsrechnung

PROZENTRECHNUNG

Grundwert, Prozentwert, Prozentsatz

Auf den Begriff Prozent trifft man im täglichen Leben oft, wenn ein Vergleich verschiedener Angaben vorgenommen wird. Man sagt z. B., dass etwa 16% der Bevölkerung Kinder bzw. dass etwa 14% der Bevölkerung Rentner sind.
Dabei wird einmal die Anzahl der Kinder mit der Anzahl aller Einwohner verglichen. Das andere Mal die Anzahl der Rentner mit der Zahl der Einwohner.

- Die Bezugsgröße (in diesem Beispiel die Gesamtbevölkerung) wird in der Prozentrechnung **Grundwert (*G*)** genannt.
- Die zu vergleichenden Größen (im Beispiel die Anzahl der Kinder bzw. der Rentner) heißen **Prozentwerte (*W*).**
- Jedem Prozentwert ist ein **Prozentsatz (*p*)** (im Beispiel 16% bzw. 14%) zugeordnet.

Der Grundwert wird gleich 100% gesetzt. 1% des Grundwertes ist nur eine andere Schreibweise für $\frac{1}{100}$ des Grundwertes.

Ein Prozent einer Zahl ist der 100ste Teil dieser Zahl. Für ein Prozent schreibt man: 1%.	1% von G ist $\frac{1}{100}$ von G, p% von G sind $p \cdot \frac{1}{100}$ von G.

■ a) $\frac{25}{100}$ einer Zahl bedeuten dasselbe wie 25% dieser Zahl.
b) 10% einer Zahl bedeuten dasselbe wie $\frac{10}{100} = \frac{1}{10}$ der Zahl.
c) $\frac{4}{5} = \frac{80}{100}$ einer Zahl bedeuten dasselbe wie 80% der Zahl.
d) 130% einer Zahl bedeuten dasselbe wie $\frac{130}{100} = \frac{13}{10}$ der Zahl.

Prozentangaben werden häufig als Flächenteile veranschaulicht.

■ 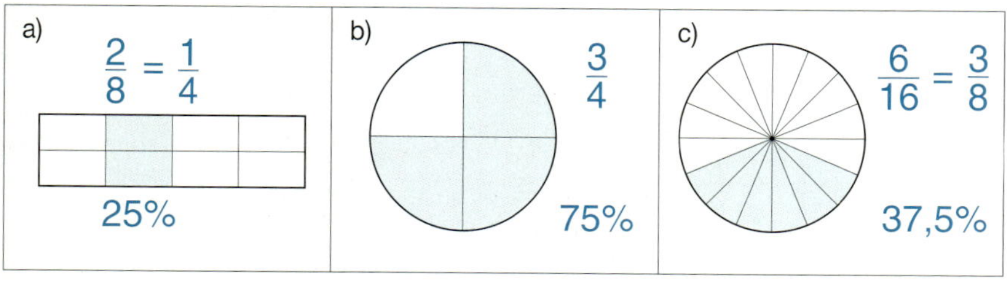

5

Bequeme Prozentsätze

Prozentsätze, die auf übersichtliche Brüche führen, nennt man auch „bequeme Prozentsätze“. Diese Prozentsätze helfen beim Schätzen und Überschlagen.

Prozentsatz	50%	25%	10%	75%	$33\frac{1}{3}$%	12,5%	200%	1000%
Bruch	$\frac{1}{2}$	$\frac{1}{4}$	$\frac{1}{10}$	$\frac{3}{4}$	$\frac{1}{3}$	$\frac{1}{8}$	2	10

■ a) Zu berechnen sind 75% von 300,00 €. Da 75% von *G* drei Viertel von *G* sind, rechnet man: $\frac{3}{4} \cdot 300{,}00\ € = 225{,}00\ €$.

b) Zu berechnen sind 200% von 45 kg. Da 200% von *G* das Doppelte von *G* ist, rechnet man: $2 \cdot 45\ \text{kg} = 90\ \text{kg}$.

Erkennen von Grundwert, Prozentwert und Prozentsatz

Merkhilfe:

Grundwert *G*	Prozentwert *W*	Prozentsatz *p*
Er ist immer das Ganze. Zu ihm gehören 100%.	Er ist oft ein Teil des Grundwertes, manchmal auch mehr.	Man erkennt ihn am Prozentzeichen: *p*%. Er ist dem Prozentwert zugeordnet.

- **Ist der Prozentsatz kleiner als 100%, dann ist der Prozentwert kleiner als der Grundwert.**
- **Ist der Prozentsatz größer als 100%, dann ist der Prozentwert größer als der Grundwert.**

■ a) Familie Kant hat ein Einkommen von 2 100,00 € im Monat. Sie muss monatlich 425,00 € Miete bezahlen. Das sind 20,2% ihres Einkommens.
Grundwert: $G = 2\,100{,}00\ €$; *Prozentwert:* $W = 425{,}00\ €$; *Prozentsatz:* $p = 20{,}2$.

b) Der diesjährige Jahresumsatz einer Firma betrug 280 500 €. Das waren 110% des Vorjahresumsatzes von 255 000 €.
Grundwert: $G = 255\,000\ €$; *Prozentwert:* $W = 280\,500\ €$; *Prozentsatz:* $p = 110$.

Berechnen von Prozentwerten, Grundwerten und Prozentsätzen

Der Prozentrechnung liegt eine Verhältnisgleichung zugrunde (↗ S. 50). Durch Umstellen erhält man die Gleichungen zur Berechnung der einzelnen Größen:

Verhältnisgleichung	Berechnung des Grundwertes	Berechnung des Prozentsatzes	Berechnung des Prozentwertes
$\frac{W}{p} = \frac{G}{100}$	$G = \frac{W \cdot 100}{p}$	$p = \frac{W \cdot 100}{G}$	$W = \frac{G \cdot p}{100}$

5

Sachaufgaben zur Prozentrechnung

Lösungshinweise:
- Aufgabe gründlich lesen und durchdenken
- Überlegen: Was ist der Grundwert? Ist er gegeben? Muss er berechnet werden?
- Gleiche Überlegungen für den Prozentwert und den Prozentsatz anstellen
- Gleichung auswählen und gesuchte Größe mit ihrer Hilfe berechnen
- Ergebnis überprüfen. Ist es sinnvoll? Sollte gerundet werden?
- Antwort formulieren

■ a) *Aufgabe:*
Rindfleisch verliert beim Kochen etwa 12% seiner Masse. Wie viel Masse verliert ein Stück Fleisch von 1200 g durch das Kochen?
Überlegen:
Der Grundwert ist gegeben:
Masse vor dem Kochen $G = 1200\text{g}$
Der Prozentsatz ist gegeben: $p = 12$
Der **Prozentwert** ist gesucht:
Masseverlust durch das Kochen $W = ?$
Das Rechenergebnis von 144 g wird sinnvollerweise auf 140 g gerundet.
Ergebnis: Das Fleisch verliert beim Kochen 140 g Masse.

Berechnung des Prozentwertes:

$$W = \frac{G \cdot p}{100}$$

$$W = \frac{1200\text{ g} \cdot 12}{100}$$

$$W = 144\text{ g}$$

b) *Aufgabe:*
Von 900 stimmberechtigten Bürgern eines Wahlbezirks gingen nur 640 zur Wahl. Wie hoch war die Wahlbeteiligung?
Überlegen:
Der Grundwert ist gegeben:
Anzahl der stimmberechtigten Bürger $G = 900$
Der Prozentwert ist gegeben:
Anzahl der Wähler $W = 640$
Der **Prozentsatz** ist gesucht: $p = ?$
Ergebnis: Die Wahlbeteiligung betrug 71,1%.

Berechnung des Prozentsatzes:

$$p = \frac{W \cdot 100}{G}$$

$$p = \frac{640 \cdot 100}{900}$$

$$p = 71{,}1$$

c) *Aufgabe:*
Die Krankenversicherung erstattet einer Frau 45% der Kosten. Sie erhält 312,25 €.
Wie hoch waren die Behandlungskosten?
Überlegen:
Der Prozentsatz ist gegeben: $p = 45$
Der Prozentwert ist gegeben:
erstattete Kosten $W = 312{,}25\text{ €}$
Der **Grundwert** ist gesucht:
Behandlungskosten $G = ?$
Ergebnis: Die Behandlungskosten betrugen 693,89 €.

Berechnung des Grundwertes:

$$G = \frac{W \cdot 100}{p}$$

$$G = \frac{312{,}25\text{ €} \cdot 100}{45}$$

$$G = 693{,}89\text{ €}$$

Prozentrechnung mit dem Dreisatz

Grundwerte, Prozentwerte und Prozentsätze können auch mithilfe des Dreisatzes berechnet werden, da Proportionalität besteht (↗ S. 75).

Berechnung des Prozentwertes	
Was wollen wir wissen?	*Wie viel Euro sind 15% von 1700 €?*
1. Was wissen wir? 2. Schluss auf die Einheit 3. Schluss auf das Vielfache	100% von 1700 € sind 1700 €. 1% von 1700 € sind 1700 € : 100 = 17 €. 15% von 1700 € sind 17 · 15 € = 255 €.

5

Berechnung des Grundwertes	
Was wollen wir wissen?	*Von welchem Grundwert sind 15% gleich 650 €?*
1. Was wissen wir? 2. Schluss auf die Einheit 3. Schluss auf das Vielfache	15% des Grundwertes sind 650 €. 1% des Grundwertes sind 650 € : 15 ≈ 43,33 €. 100% des Grundwertes sind (650 € : 15) · 100 ≈ 4333 €.

Berechnung des Prozentsatzes	
Was wollen wir wissen?	*Wie viel Prozent sind 340 g von 4800 g?*
1. Was wissen wir? 2. Schluss auf die Einheit 3. Schluss auf das Vielfache	4800 g sind 100%. 1 g ist 100%: 4800 ≈ 0,02%. 340 g sind (100% : 4800) · 340 ≈ 7,1%.

Zur Beachtung: Man behält beim Rechnen die Zwischenergebnisse im Taschenrechner und rundet erst das Endergebnis sinnvoll (↗ Runden, S. 32).

„Um" und „Auf" in der Prozentrechnung

Besondere Sorgfalt ist bei folgenden Formulierungen angebracht:
„Erhöhung **um**"; „Steigerung **auf**"; „Verminderung **um**"; „Senkung **auf**".
Eine Steigerung **um** 6% ist dasselbe wie eine Steigerung **auf** 106%.
Eine Verminderung **um** 12% ist dasselbe wie eine Senkung **auf** 88%.

■ Der Umsatz einer Firma konnte in einem Jahr um 6% auf 475000 € gesteigert werden. Wie groß war der Umsatz vor einem Jahr?
Der Umsatz vor einem Jahr ist der Grundwert, der unbekannt ist. Der Prozentwert ist W = 475000 €. Der Prozentsatz beträgt nicht 6%, sondern 100% + 6% = 106%.
Als Grundwert ergibt sich damit

$G = \frac{W \cdot 100}{p}$, also: $G = \frac{475000 \cdot 100}{106}$ € = 448113,21 €.

Ergebnis: Der Umsatz im vorhergehenden Jahr betrug 448113,21 €.

Diagramme in der Prozentrechnung

Zur Veranschaulichung von Sachverhalten mit mehreren Prozentsätzen oder mehreren Prozentwerten nutzt man verschiedene Diagramme.
Bevorzugt werden **Balkendiagramme,** wenn eine zeitliche Entwicklung grafisch darzustellen ist, und **Kreisdiagramme, Streifendiagramme** oder **Balkendiagramme,** wenn eine Verteilung grafisch darzustellen ist.

Streifendiagramme: In einem Streifendiagramm entspricht jedem Prozentsatz eine bestimmte Streifenlänge.

- Die Zahl der Besucher der Leipziger Messe nahm in den Jahren von 1992 bis 1995 um ca. 13,9% zu. Die Zahl der Aussteller stieg im gleichen Zeitraum um ca. 20,5%. Die nebenstehende Grafik veranschaulicht diese Entwicklung. Wählt man für 100% eine Balkenhöhe von 2,0 cm, so entsprechen 113,9% einer Höhe von 2,0 · 1,139 cm ≈ 2,3 cm.

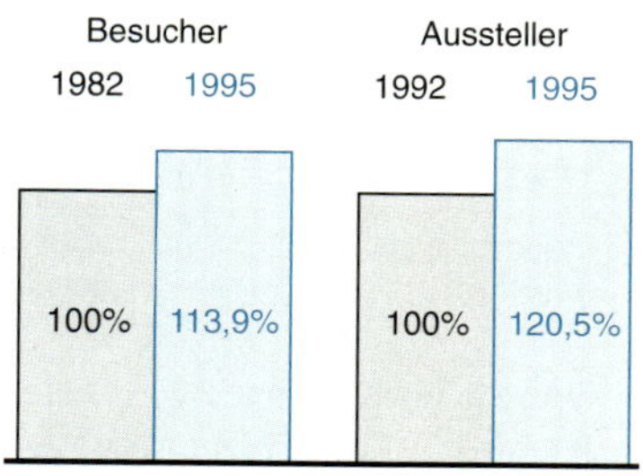

Kreisdiagramme: In einem Kreisdiagramm entspricht jedem Prozentsatz eine bestimmte Winkelgröße:
- 100% entsprechen dem Vollwinkel (360°),
- 1% entspricht damit einem Winkel von 360° : 100 = 3,6°.

- Die privaten Haushalte in Deutschland verbrauchten 1992 anteilmäßig an Energie für:

Heizung	49%
Auto	35%
Warmwasser	8%
Hausgeräte	7%
Licht	1%

Den Prozentsätzen entsprechen folgende Winkel:

49%	$49 \cdot 3{,}6° = 176{,}4° \approx 176°$
35%	$35 \cdot 3{,}6° = 126°$
8%	$8 \cdot 3{,}6° = 28{,}8° \approx 29°$
7%	$7 \cdot 3{,}6° = 25{,}2° \approx 25°$

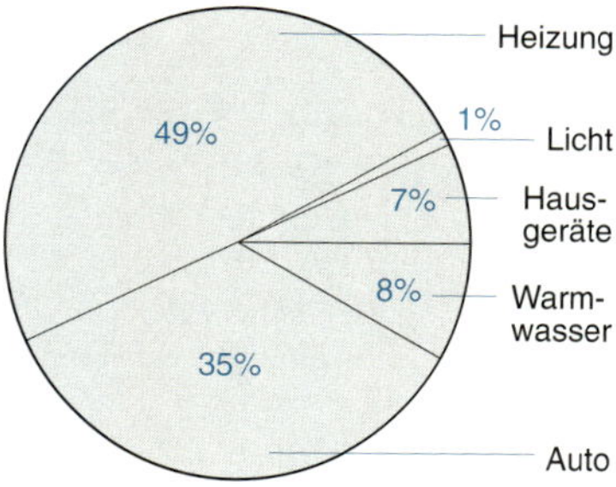

Die Verteilung der Anteile für den Energieverbrauch im vorigen Beispiel kann auch in einem Streifendiagramm veranschaulicht werden. Wählt man für 1% eine Strecke von 1 mm, so ergibt sich das folgende Streifendiagramm:

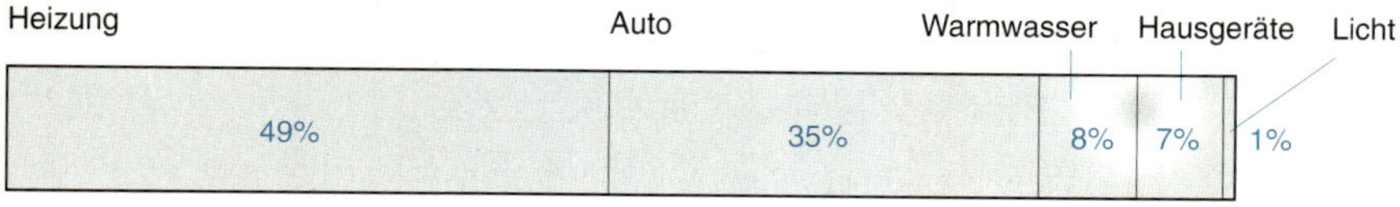

Anwendungen der Prozentrechnung

Brutto und Netto: Brutto als Vorsilbe bedeutet soviel wie „ohne Abzug". Netto dagegen bedeutet „mit oder nach Abzug". Man spricht u. a. von Brutto- und Nettogewicht und von Brutto- und Nettolohn.

Bruttolohn	
Nettolohn	Abzüge

Bruttogewicht	
Nettogewicht	Tara

- Ein Angestellter erhält 1780,00 € Bruttogehalt. Davon werden 39% für Steuern und Versicherungen einbehalten. Wie viel Euro bekommt er als Nettolohn (d. h. nach Verrechnung dieser Abzüge) ausgezahlt?

$$W = \frac{1780{,}00\ € \cdot 39}{100} = 694{,}20\ €$$

Das heißt: 694,20 € sind die erwähnten Abzüge; der Nettolohn beträgt:
1780,00 € – 694,20 € = 1085,80 €.

Rabatt und Skonto: Aus besonderen Anlässen dürfen Firmen einen Preisnachlass **(Rabatt)** geben. Die sofortige Barzahlung einer größeren Rechnung ist für den Verkäufer oft ein solcher Grund, sodass der Kunde einen Preisnachlass, den man in diesem Fall **Skonto** nennt, erwarten kann.

- Ein Kunde erhält in einem Baumarkt die folgende Rechnung:

Baumarkt „Selbst ist der Mann" — Datum: 25. September …
Hauptstraße 6–10, 33333 Holzhausen

100	Betonsteine	à 5,75 €	575,00 €
4	Sack Zement	à 3,20 €	12,80 €
10	Lfd. m Latten	à 0,65 €	6,50 €
			594,30 €
	10% Selbstabholerrabatt		./. 59,43 €
	2% Skonto bei Barzahlung		./. 11,88 €
Zahlbetrag			522,99 €

Steigung und Gefälle: Unter einer Steigung versteht man den Quotienten aus Höhenunterschied und waagerechter Entfernung (↗ Bild).

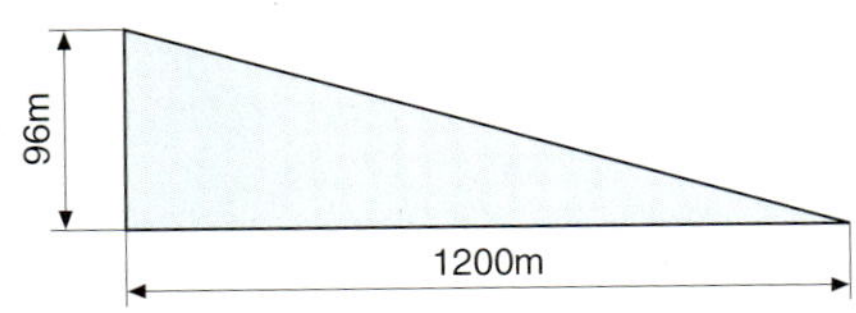

- Eine Straße im Gebirge weist auf einer waagerechten Entfernung von 1200 m einen Höhenunterschied von 96 m auf. Das entspricht einem Gefälle von 8%, denn $\frac{96\text{ m}}{1200\text{ m}} = 0{,}08 = 8\%$.

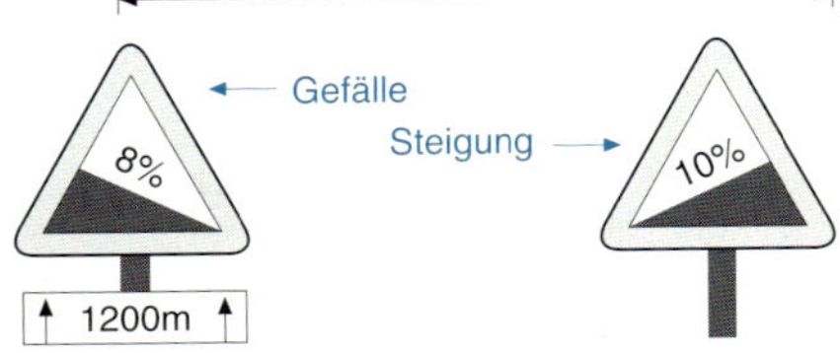

ZINSRECHNUNG

Kapital, Zinsen, Zinssatz

Wer Geld verleiht, bekommt **Zinsen.** Wer Geld leiht, muss Zinsen bezahlen.
Zinsen sind ein Prozentwert des Kapitals, der von der Höhe des Zinssatzes abhängt.
Die Berechnung von Zinsen ist ein Anwendungsgebiet der Prozentrechnung.
Folgende Bezeichnungen und Abkürzungen werden verwendet:

Prozentrechnung	Zinsrechnung
Prozentsatz p Grundwert G Prozentwert W	Zinssatz p Kapital oder Guthaben K Jahreszinsen Z

Bei der Berechnung der Zinsen spielt die Zeit eine Rolle. Der Zinssatz p bezieht sich immer auf ein volles Jahr, bei der Bank gerechnet mit 360 Tagen. Bei den Banken fügt man deshalb bei der Angabe des Prozentsatzes die Buchstaben p. a. an und meint dabei „per annum", die lateinische Bezeichnung für „pro Jahr". Die 3% p. a. bedeuten also: 3% pro Jahr.
Die Zinsen eines Geldbetrages für ein volles Jahr sind der Prozentwert. Der Geldbetrag, man sagt auch Kapital oder Guthaben, entspricht dem Grundwert in der Prozentrechnung. Auch der Zinsrechnung liegt also eine Verhältnisgleichung zugrunde, die bis auf die Bezeichnungen identisch mit der Verhältnisgleichung der Prozentrechnung ist. Durch Umstellen der Verhältnisgleichung erhält man die Gleichungen zur Berechnung einzelner Größen:

Verhältnisgleichung	Berechnung des Kapitals	Berechnung des Zinssatzes	Berechnung des Jahreszinses
$\frac{\mathbf{Z}}{\mathbf{p}} = \frac{\mathbf{K}}{\mathbf{100}}$	$K = \frac{Z \cdot 100}{p}$	$p = \frac{Z \cdot 100}{K}$	$Z = \frac{K \cdot p}{100}$

↗ Berechnen von Prozentwerten, Grundwerten und Prozentsätzen, S. 66

■ a) *Aufgabe*
Familie Mustermann hat 6 280,00 € auf ihrem Sparkonto. Die Einlagen werden mit 2,5% verzinst. Wie viel Euro werden der Familie nach einem Jahr als Zinsen gutgeschrieben?
Überlegen:
Das Kapital ist gegeben: $K = 6\,280$ €
Der Zinssatz ist gegeben: $p = 2{,}5$
Die **Jahreszinsen** sind gesucht: $Z = ?$
Ergebnis: Die Familie erhält auf ihrem Konto für ein Jahr 157,00 € an Zinsen.

Berechnung der Zinsen für 1 Jahr Laufzeit:

$$Z = \frac{K \cdot p}{100}$$

$$Z = \frac{6\,280{,}00\text{ €} \cdot 2{,}5}{100}$$

$$Z = 157\text{ €}$$

- b) Für ein Guthaben von 345 000 € erhielt eine Firma nach einem Jahr 24 150 € Zinsen. Wie hoch war der Zinssatz?
  Gegeben: $K = 345\,000$ €
  $Z = 24\,150$ €
  Gesucht: $p = ?$
  Ergebnis: Der Zinssatz betrug 7%.

$$p = \frac{Z \cdot 100}{K}$$
$$p = \frac{24\,150\text{ €} \cdot 100}{345\,000}$$
$$p = 7$$

Zinsen für mehrere Jahre und für Teile des Jahres

In der Zinsrechnung trifft man folgende Festlegungen:
1 Jahr hat 12 Monate, 1 Jahr hat 360 Tage, 1 Monat hat 30 Tage. Dann gilt:

Zinsen für *t* Jahre	Zinsen für *t* Monate	Zinsen für *t* Tage
$\boldsymbol{Z = \frac{K \cdot p}{100} \cdot t}$	$\boldsymbol{Z = \frac{K \cdot p}{100} \cdot \frac{t}{12}}$	$\boldsymbol{Z = \frac{K \cdot p}{100} \cdot \frac{t}{360}}$

- a) Ein Guthaben von 4200,00 € wird bei einem Zinssatz von 2,6% p. a. für 120 Tage verzinst. Wie viel Euro Zinsen fallen in dieser Zeit an?
  Gesucht: Zinsen für 120 Tage
  Ergebnis: Die Zinsen betragen 36,40 €.

$$Z = \frac{K \cdot p}{100} \cdot \frac{t}{360}$$
$$Z = \frac{4\,200{,}00\text{ €} \cdot 2{,}6}{100} \cdot \frac{120}{360}$$
$$Z = 36{,}40\text{ €}$$

  b) Für ein Guthaben von 600,00 € erhält jemand nach 4 Monaten 8,00 € Zinsen. Wie hoch war der Zinssatz?
  Gesucht ist der Zinssatz p bei Monatszinsen. Deshalb wird die Gleichung für Monatszinsen nach p umgestellt.
  Ergebnis: Der Zinssatz betrug 4%.

$$Z = \frac{K \cdot p}{100} \cdot \frac{t}{12}$$
$$p = \frac{Z \cdot 100 \cdot 12}{K \cdot t}$$
$$p = \frac{8{,}00\text{ €} \cdot 100 \cdot 12}{600{,}00\text{ €} \cdot 4} = 4$$

Zinseszins

Werden die Zinsen nicht jährlich abgehoben, so muss man auch die Verzinsung der Zinsen der Vorjahre berücksichtigen. Für einen Betrag K mit einer Laufzeit von n Jahren gilt für den Endstand K_n (einschließlich Zinsen):

$$\boldsymbol{K_n = K \cdot \left(1 + \frac{p}{100}\right)^n}$$

- Ein Guthaben von 1250,00 € wird mit 4% verzinst. Wie hoch ist das Guthaben nach 8 Jahren?
  Ergebnis: Das Guthaben beträgt nach 8 Jahren 1710,71 €.

$$K_8 = K \cdot \left(1 + \frac{p}{100}\right)^8$$
$$K_8 = 1250\text{ €} \cdot 1{,}04^8 = 1710{,}71\text{ €}$$

Proportionale Zuordnungen

Zueinander proportionale Größen

■ Beispiele für zueinander proportionale Größen

a) Das nebenstehende Bild zeigt fünf gleichartige Messzylinder. Alle fünf Gefäße haben denselben Durchmesser. In diesem Fall ist das **Verhältnis** (der Quotient) von Wasservolumen zur Füllhöhe immer gleich.
Man sagt, dass das Wasservolumen und die Füllhöhe **direkt proportional** sind.

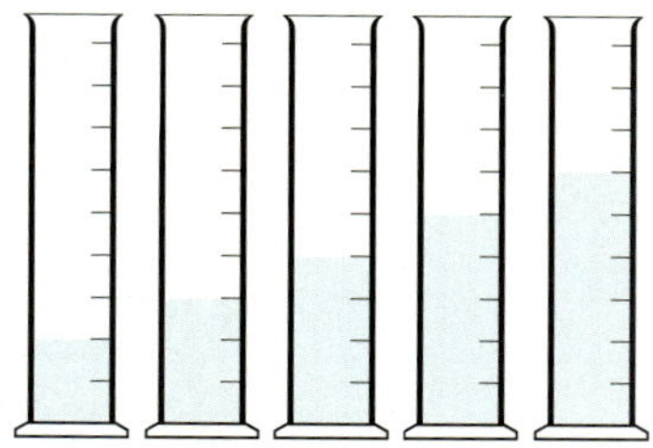

b) Fährt ein Auto auf einer festgelegten Wegstrecke, dann gilt: Je größer die Geschwindigkeit des Autos ist, desto weniger Zeit braucht es. Man sagt, dass die Geschwindigkeit und die Zeit **indirekt proportional** sind.

Bei einer Proportionalität liegt immer eine **eindeutige Zuordnung** zwischen Zahlen oder Größen vor.

DIREKTE PROPORTIONALITÄT

Direkt proportionale Zuordnungen

Eine direkt proportionale Zuordnung erkennt man daran, dass aus einer Verdopplung (Verdreifachung…) bzw. Halbierung (Drittelung…) der einen Zahl oder Größe die Verdopplung (Verdreifachung…) bzw. Halbierung (Drittelung…) der zugeordneten Zahl oder Größe folgt.

■ Bei einer Fahrt mit einem Fahrrad bewegt man sich bei jeder Umdrehung der Räder um eine Strecke vorwärts, die gleich dem Radumfang ist. In der folgenden Betrachtung wird zur Vereinfachung diese Strecke mit 2,00 m angenommen.
Bei einer Umdrehung des Vorderrades legt man also 2,00 m zurück.
Bei zwei Umdrehungen des Vorderrades sind es dann 4,00 m.
Bei 1 000 Umdrehungen wären es 2 000 m, also 2 km, und bei 10 000 Umdrehungen wäre man 20 km weit gefahren.

Man erkennt: Die zurückgelegte Strecke ist eindeutig der Anzahl der Umdrehungen des Vorderrades zugeordnet.

Es gilt: Je mehr Umdrehungen das Vorderrad macht, desto weiter fährt man.

Man kann die zugeordneten Größen in einer Tabelle zusammenfassen:
Die Verhältnisse (Quotienten) der zugeordneten Größen sind immer gleich.

x (Anzahl der Umdrehungen)	1	2	10	1 000	10 000
y (zurückgelegte Strecke in m)	2	4	20	2 000	20 000
Quotient $y : x$	2	2	2	2	2

Eine Zuordnung heißt **direkt proportional,** wenn der Quotient aus dem zugeordneten Wert y und dem vorgegebenen Wert x, $x \neq 0$, immer gleich groß ist.
Diese Eigenschaft nennt man **Quotientengleichheit.**

Der Quotient $\frac{y}{x}$ heißt auch **Proportionalitätsfaktor *m***, also $m = \frac{y}{x}$. Multipliziert man die Gleichung mit x, $x \neq 0$, so entsteht die Gleichung $y = mx$ (↗ S. 86).

6

Für eine direkt proportionale Zuordnung gilt immer: $\boldsymbol{y = mx}$.

- a) Die Benzinmenge beim Tanken ist direkt proportional zum Preis.
  Kosten z. B. 10 l Benzin 7,50 €, so kosten 20 l Benzin 15,00 €, 30 l kosten 22,50 € und für 40 l muss man 30,00 € bezahlen. Der Proportionalitätsfaktor entspricht hier dem Preis für 1 l Benzin, also $0{,}75\ \frac{€}{l}$.

  b)

x	3	6	15	30	24
y	7	14	35	70	56

  Der Proportionalitätsfaktor dieser Zuordnung ist gleich dem Quotienten aller Wertepaare $\frac{y}{x}$, also $\frac{7}{3}$.

  c) Die Masse m eines homogenen Körpers ist direkt proportional zu seinem Volumen V. Man schreibt: $m \sim V$. Der Proportionalitätsfaktor ist die Dichte ϱ des Körpers: $m = \varrho \cdot V$.

  d) Der Flächeninhalt A eines Quadrates ist **nicht** direkt proportional zu seiner Seitenlänge x. Es gilt zwar: Je größer x, desto größer A, aber es **gilt nicht** $A = mx$ für ein konstantes m.

Grafische Darstellung direkter Proportionalitäten

Werden direkte Proportionalitäten in einem kartesischen Koordinatensystem dargestellt, liegen alle Punkte auf einer Geraden, die durch den Koordinatenursprung geht. Die x-Werte werden auf der waagerechten und die y-Werte auf der senkrechten Achse eingetragen.

- Von einer proportionalen Zuordnung $y = mx$ ist das Zahlenpaar $(5 \mid 4)$ bekannt.
  Zu berechnen sind die fehlenden y-Werte der Paare $(1 \mid y_1)$ und $(2 \mid y_2)$.
  Mithilfe des gegebenen Zahlenpaares $(5 \mid 4)$ ermittelt man zunächst den Proportionalitätsfaktor m. Es gilt: $m = \frac{y}{x} = \frac{4}{5}$.

In dem Beispiel auf S. 74 unten ergeben sich also die y-Werte aus $y = \frac{4}{5}x$.

Für $x_1 = 1$ erhält man $y_1 = \frac{4}{5} \cdot 1 = \frac{4}{5}$,

für $x_2 = 2$ erhält man $y_2 = \frac{4}{5} \cdot 2 = \frac{8}{5}$.

x	5	1	2	4	10
y	4	$\frac{4}{5}$	$\frac{8}{5}$	$\frac{16}{5}$	8

Das nebenstehende Bild zeigt den Graphen der Zuordnung.

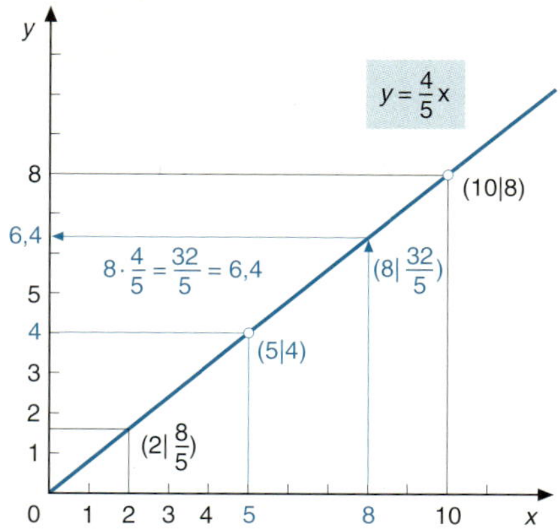

■ Das Bild rechts macht deutlich, dass die Masse m eines homogenen Körpers proportional zu seinem Volumen V ist. Aus den Graphen liest man näherungsweise ab, welche Masse jeweils 5 cm³ Aluminium bzw. Kupfer haben. Aus den abgelesenen Wertepaaren kann der Proportionalitätsfaktor berechnet werden. Man erhält für Kupfer $\frac{44{,}8}{5{,}0} \approx 9{,}0$.

Die Dichte von Kupfer beträgt also rund $9{,}0\ \frac{\text{g}}{\text{cm}^3}$.

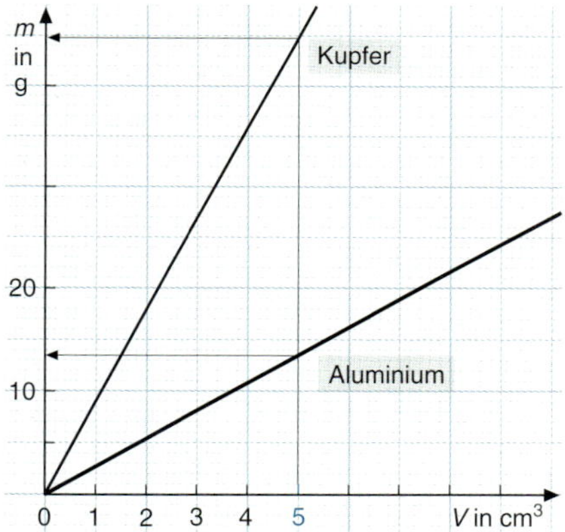

Sachaufgaben mit direkten Proportionalitäten

Sachaufgaben mit direkten Proportionen erkennt man an Formulierungen, wie:
Je mehr von der einen Sache, **desto mehr** von der anderen Sache
oder
Je weniger von der einen Sache, **desto weniger** von der anderen Sache.
Um solche Sachaufgaben zu lösen, braucht man mindestens ein vollständiges Zahlenpaar. Weitere Zahlenpaare kann man dann mithilfe des Proportionalitätsfaktors, mit einer Verhältnisgleichung oder mit dem Dreisatz errechnen.

Dreisatz bei direkten Proportionalitäten

Schritte beim Arbeiten mit diesem Rechenverfahren:

(1) Man sucht aus dem Text das bekannte Zahlenpaar.
(2) Man berechnet den Proportionalitätsfaktor.
(3) Man berechnet das gesuchte Vielfache.

■ *Aufgabe:* 6,5 kg Farbe reichen aus, um 50 m² Wand zu streichen. Wie viel Kilogramm Farbe benötigt man für 35 m²? (Der Dreisatz ist anzuwenden.)
Überlegen: Es handelt sich um eine direkte Proportionalität, denn wenn dreimal (oder 1/4 oder…) so viel Wandfläche gestrichen werden soll, braucht man auch dreimal (oder 1/4 oder…) so viel Farbe.

1. Was wissen wir?	50 m² erfordern 6,5 kg
2. Schluss auf die Einheit *m* ist der Proportionalitätsfaktor.	: 50 ↓ 1 m² erfordert $m = \frac{6{,}5\text{ kg}}{50\text{ m}^2}$ ↓ : 50
3. Schluss auf das Vielfache	· 35 ↓ 35 m² erfordern $\frac{6{,}5\text{ kg}}{50\text{ m}^2} \cdot 35\text{ m}^2 \approx 4{,}6\text{ kg}$ ↓ · 35
Ergebnis: Für 35 m² Wandfläche werden 4,6 kg Farbe benötigt. Man wird 5 kg Farbe kaufen.	

6

Wenn die Aufgabenstellung umgekehrt ist, kehrt sich auch beim Dreisatz die Zuordnung um.

■ *Aufgabe:* 6,5 kg Farbe reichen für 50 m² Wandfläche. Wie weit reichen dann 4,5 kg?

1. Was wissen wir?	6,5 kg	50 m²
2. Schluss auf die Einheit *m* ist der Proportionalitätsfaktor.	: 6,5 ↓ 1 kg	$m = \frac{50\text{ m}^2}{6{,}5\text{ kg}}$ ↓ : 6,5
3. Schluss auf das Vielfache	· 4,5 ↓ 4,5 kg	$\frac{50\text{ m}^2}{6{,}5\text{ kg}} \cdot 4{,}5\text{ kg} = 34{,}6\text{ m}^2$ ↓ · 4,5
Ergebnis: Mit 4,5 kg Farbe werden etwa 34 m² Wandfläche gestrichen. Man wird mit 30 m² rechnen.		

Verhältnisgleichungen bei direkten Proportionalitäten

Bei direkten Proportionalitäten sind alle Zahlenpaare quotientengleich. Man kann für zwei beliebige Zahlenpaare $(x_1 \mid y_1)$ und $(x_2 \mid y_2)$ daher stets eine Verhältnisgleichung aufstellen:

$\frac{y_1}{x_1} = \frac{y_2}{x_2}$ oder auch $\frac{x_1}{y_1} = \frac{x_2}{y_2}$ für $x_1, x_2 \neq 0$ bzw. $y_1, y_2 \neq 0$.

Ist ein Zahlenpaar bekannt, kann mithilfe der Verhältnisgleichung zu einer dritten Zahl die zugeordnete Zahl ermittelt werden.

■ Die Benzinmenge *x* und der dafür zu zahlende Betrag *y* sind direkt proportional.
Für 10 l Benzin sind 7,90 € zu bezahlen.
Wie viel kosten 55 l?

Verhältnisgleichung: $\frac{x_1}{y_1} = \frac{x_2}{y_2}$

Es gilt dann: $\frac{10}{7{,}90} = \frac{55}{y}$.

Äquivalent Umformen: $y = \frac{7{,}90 \cdot 55}{10}$

Ausrechnen: $y = 43{,}45$

Ergebnis: 55 l Benzin kosten 43,45 €.
↗ Verhältnisgleichungen, S. 50

UMGEKEHRTE (INDIREKTE) PROPORTIONALITÄT (ANTIPROPORTIONALITÄT)

Indirekt proportionale Zuordnungen

Eine indirekt proportionale Zuordnung erkennt man daran, dass dem Doppelten (Dreifachen...) der einen Größe die Hälfte (ein Drittel...) der zugeordneten Größe entspricht.

■ Es soll ein Stück Pappe mit einem Flächeninhalt von 48 cm^2 vorgelegt werden. Für die Abmessungen des Stücks Pappe gibt es mehrere Möglichkeiten:

- Ist die erste Seite 12 cm lang, muss die zweite 4 cm lang sein.
- Ist die erste Seite 24 cm lang, kann die zweite nur 2 cm lang sein.

Man erkennt: *Einer vorgegebenen Rechteckseite ist eindeutig eine zweite Rechteckseite zugeordnet.*

Es gilt: *Wenn die eine Rechteckseite größer wird, dann wird die andere kleiner.*

Man kann die zugeordneten Größen in einer Tabelle zusammenfassen. Es wurden hier weitere Längenpaare berücksichtigt.

Die Produkte der einander zugeordneten Größen sind immer gleich.

x (Länge in cm)	12	24	1	4	8	10
y (Länge in cm)	4	2	48	12	6	4,8
$x \cdot y$ (Flächeninhalt in cm^2)	48	48	48	48	48	48

Eine Zuordnung heißt **indirekt proportional,** wenn das Produkt aus dem vorgegebenen Wert x und dem zugeordneten Wert y immer gleich groß ist:

$\boldsymbol{x \cdot y = m =}$ **konstant.**

Diese Eigenschaft nennt man auch **Produktgleichheit.** Man spricht bei einer indirekten Proportionalität auch von einer umgekehrten Proportionalität.

Für eine indirekt proportionale Zuordnung gilt: $\boldsymbol{y = m \cdot \frac{1}{x}}$ bzw. $\boldsymbol{y = \frac{m}{x}}$.

■ a) Ein Fahrzeug bewegt sich gleichförmig und legt eine feste Strecke s zurück. Die Zuordnung der Geschwindigkeit zur benötigten Zeit ist indirekt proportional, denn je kürzer die benötigte Zeit t, desto größer die Geschwindigkeit v; das Produkt aus v und t ist immer gleich: $v \cdot t = s =$ konstant.

Es gilt: $v = \frac{s}{t} = s \cdot \frac{1}{t}$. Der Proportionalitätsfaktor ist s.

b) Um eine Straße zu reparieren brauchen 20 Arbeiter 30 Tage, 30 Arbeiter 20 Tage und 5 Arbeiter 120 Tage. (*Zu beachten ist hier:* Unrentabel wird die Arbeit, wenn zu viele Arbeiter, z. B. 100, eingesetzt werden, weil sie sich dann gegenseitig behindern.) Das Produkt aus der Anzahl der Arbeiter und der Anzahl der benötigten Tage ist konstant und zwar gleich 600. Die Anzahl der benötigten Tage ist umgekehrt proportional zur Zahl der Arbeiter.

Grafische Darstellung indirekter Proportionalitäten

Werden indirekte Proportionalitäten in einem kartesischen Koordinatensystem dargestellt, so ergibt sich eine gekrümmte Linie. Eine solche Kurve heißt **Hyperbel.** Sie ist der Nachweis dafür, dass eine indirekte Proportionalität vorliegt.

■ Im nebenstehenden Bild wurden die Zahlenpaare aus dem ersten Beispiel auf der Seite 77 (Papprechteck) in ein Koordinatensystem eingetragen. Die Eckpunkte aller möglichen Rechtecke liegen auf der Kurve. Drei von ihnen sind gesondert eingezeichnet.

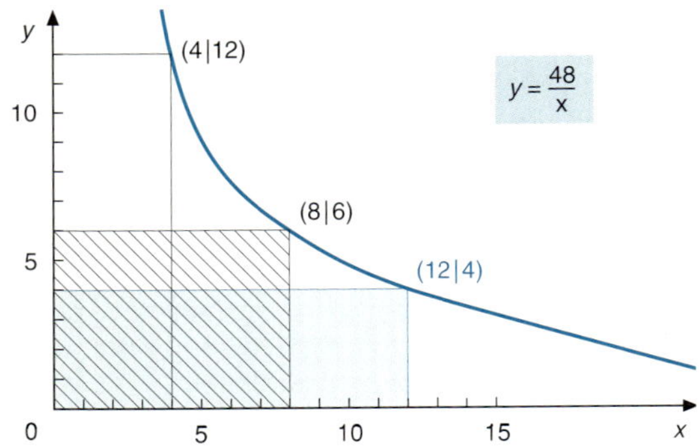

Sachaufgaben mit indirekten Proportionalitäten

Aufgaben mit indirekten Proportionalitäten erkennt man an Formulierungen wie:
Je mehr von der einen Sache, **desto weniger** von der anderen Sache oder
Je weniger von der einen Sache, **desto mehr** von der anderen Sache.
Um solche Sachaufgaben zu lösen, braucht man mindestens ein vollständiges Zahlenpaar. Weitere Zahlenpaare kann man dann mithilfe des Proportionalitätsfaktors, mit einer Verhältnisgleichung oder mit dem Dreisatz errechnen.

Dreisatz bei indirekten Proportionalitäten

Schritte beim Arbeiten bei diesem Rechenverfahren:

(1) Man sucht aus dem Text das bekannte Zahlenpaar.
(2) Man berechnet den Proportionalitätsfaktor.
(3) Man berechnet das gesuchte Vielfache.

■ *Aufgabe:* 10 Arbeiter brauchen für dir Reparatur eines Gebäudes 15 Tage. Wie lange würden 12 Arbeiter dafür brauchen? (Der Dreisatz ist anzuwenden.)
Überlegen: Es handelt sich um eine indirekte Proportionalität, denn wenn doppelt so viel Arbeiter arbeiten würden, dann brauchten sie auch nur die Hälfte der Zeit.

1. Was wissen wir?	10 Arbeiter arbeiten 15 Tage
2. Berechnung des Produktes, *m* ist der Proportionalitätsfaktor.	: 10 ↓ · 10 ↓ 1 Arbeiter arbeitet *m* = 150 Tage
3. Berechnung des Vielfachen	· 12 ↓ : 12 ↓ 12 Arbeiter arbeiten $\frac{150 \text{ Tage}}{12}$ = 12,5 Tage
Ergebnis: Für die Reparatur benötigen die 12 Arbeiter 12,5 Tage.	

Funktionen

GRUNDBEGRIFFE

Zuordnungen

Für die Mathematik haben Zuordnungen eine große Bedeutung. Von ihnen spricht man, wenn einem Element einer Menge *A* ein (oder mehrere) Elemente einer Menge *B* zugeordnet werden.

- Den natürlichen Zahlen 2, 3, 4, …, 9 sollen jeweils ihre Teiler (außer 1) zugeordnet werden. Diese Zuordnung kann z. B. in Form einer Tabelle beschrieben werden.

Natürliche Zahl	2	3	4	5	6	7	8	9
Teiler	2	3	2,4	5	2, 3, 6	7	2, 4, 8	3,9

7

Auch mithilfe eines Diagramms kann die Zuordnung dargestellt werden. Hierfür trägt man auf der waagerechten Achse die natürlichen Zahlen und auf der senkrechten Achse ihre Teiler auf (↗ Bild).

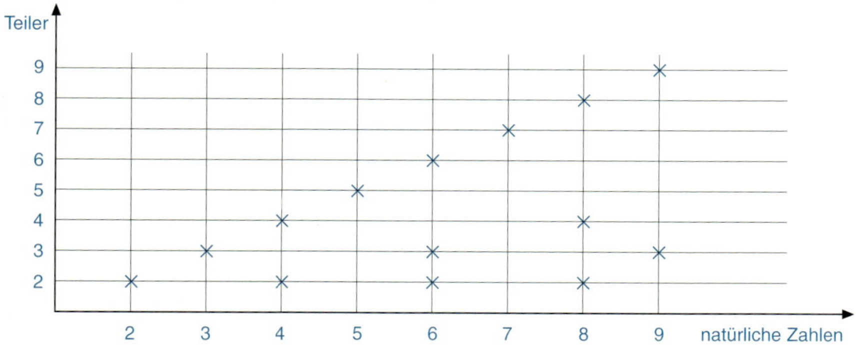

- Ein Kilogramm Äpfel kostet 1,50 €. Eine Waage für Obst und Gemüse im Supermarkt ordnet nun jeder Warenmenge von Äpfeln den Gesamtpreis zu. Dazu diese Tabelle:

Äpfel in Kilogramm	0,5	1,0	1,5	2,0	2,5	…
Preis in Euro	0,75	1,50	2,25	3,00	3,75	…

Der Vorteil einer Waage, die gleich den Gesamtpreis angibt, liegt auf der Hand.

Funktionsbegriff

Viele der in der Mathematik, den anderen Wissenschaften und im täglichen Leben vorkommenden Zuordnungen haben spezielle Eigenschaften. Zwei dieser Eigenschaften zeichnen die so genannten **Funktionen** aus.

Zuordnungen, die *jedem* Element einer Menge *D genau ein* Element einer Menge *W* zuordnen, heißen **Funktionen.**

Die Menge *D* (manchmal auch D_f) heißt **Definitionsbereich** und ihre Elemente heißen **Argumente.**
Die Menge *W* heißt **Wertebereich** der Funktion und ihre Elemente heißen **Funktionswerte.** Die Funktionswerte sind den Argumenten zugeordnet.
Funktionen lassen sich ähnlich wie Zuordnungen auf verschiedene Arten beschreiben. Zur Verdeutlichung der beiden kennzeichnenden Eigenschaften eignen sich (im Falle endlicher Mengen) am besten Pfeildiagramme.

7

- Die folgenden Bilder zeigen drei verschiedene Zuordnungen. Jedes Mal besteht die Menge *D* aus den Zahlen 2, 4, 6, 8 und 10, also *D* = {2, 4, 6, 8, 10} und die Menge *W* aus den Zahlen 1, 2 , 3 , 4 und 5 also *W* = {1, 2, 3, 4, 5}.
  a) Im linken Bild ist die Zuordnung eine Funktion, da jedem Element aus *D* genau ein Element aus *W* zugeordnet ist.
  b) Im mittleren Bild ist die Zuordnung keine Funktion, da nicht jedem Element aus *D* ein Element aus *W* zugeordnet ist.
  c) Die Zuordnung im rechten Bild ist keine Funktion, da zwar jedes Element aus *D* erfasst wird, aber einem Element aus *D* zwei Elemente aus *W* zugeordnet sind.

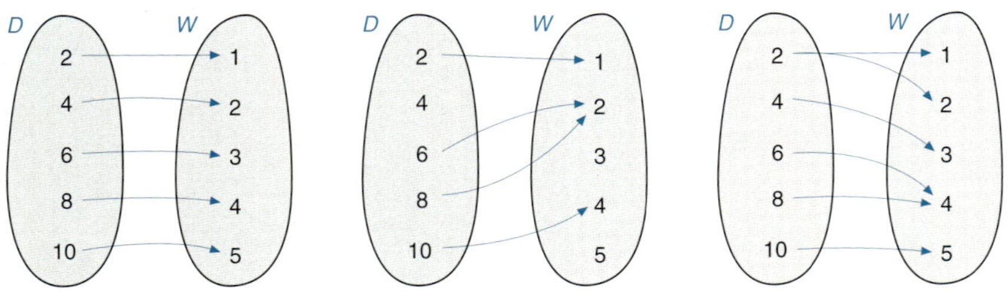

- 30 Schüler haben eine Klassenarbeit geschrieben. Die Anzahl der Schüler, die eine bestimmte Note erhielten, geht aus dem Zensurenspiegel hervor:

Note	1	2	3	4	5	6
Anzahl	3	6	8	7	5	1

Diese Zuordnung ist eine Funktion, da jeder Note genau eine Anzahl von geschriebenen Klassenarbeiten zugewiesen wird. Der Definitionsbereich ist
D = {1, 2, 3, 4, 5, 6} und der Wertebereich *W* = {1, 3, 5, 6, 7, 8}.

- Ein Kind hatte bei der Geburt eine Größe von 54 cm. Jeweils an den Geburtstagen des Kindes wird die Größe in Zentimeter gemessen. Die Zuordnung, die dem Alter des Kindes seine Größe zuordnet, ist eine Funktion, da jedem Alter genau eine Größe zugewiesen wird. Eine Wertetabelle könnte z. B. folgendes Aussehen haben, wobei der Definitionsbereich $D = \{0, 1, 2, 4, 6, 8, 10\}$ und der Wertebereich $W = \{54, 76, 87, 102, 116, 129, 144\}$ ist.

Alter in Jahren	0	1	2	4	6	8	10
Größe in cm	54	76	87	102	116	129	144

- Am 1.1.1999 ist der Euro als Zahlungsmittel in einigen europäischen Staaten im bargeldlosen Zahlungsverkehr eingeführt worden. Ein Euro hat demnach einen Wert von 1,95583 DM. Eine Wertetabelle gibt einen schnellen Überblick zum Umrechnen. Die Beträge wurden auf Cent (dem 100. Teil eines Euros) gerundet. Die Zuordnung, die jedem Betrag in DM den entsprechenden Betrag in € zuweist, ist eine Funktion.

Betrag in DM	1	2	5	10	20	50	100
Betrag in €	0,51	1,02	2,56	5,11	10,23	25,56	51,13

Darstellung von Funktionen

Funktionen können wie andere Zuordnungen auf verschiedene Arten dargestellt werden. Die folgende Tabelle gibt einen Überblick über die verschiedenen Möglichkeiten.

Darstellung der Funktion	Beispiel
Wortvorschrift	Jeder natürlichen Zahl wird das Doppelte ihres Quadrates zugeordnet.
Funktionsgleichung	$f(x) = 2 \cdot x^2$, oft kurz: $y = 2 \cdot x^2$
Wertetabelle	**x** | 0 | 1 | 2 | 3 | 4 | 5 | … **y** | 0 | 2 | 8 | 18 | 32 | 50 | …
Funktionsgraph; Pfeildiagramm	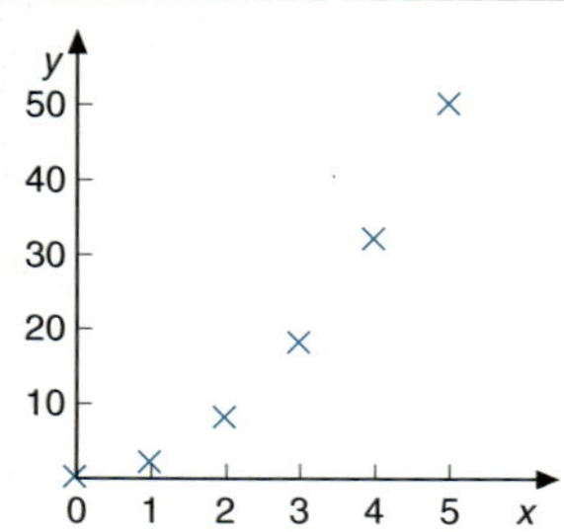 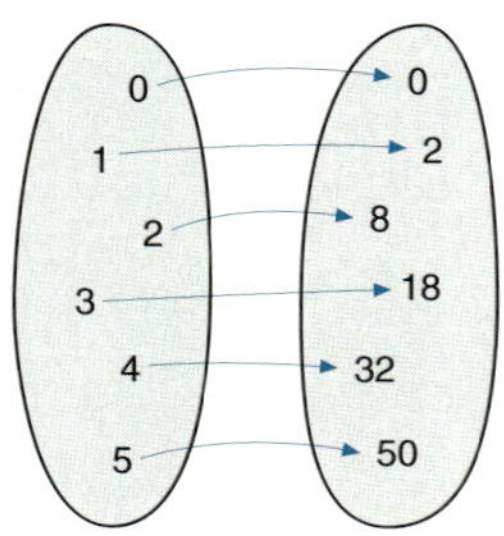

- Einer natürlichen Zahl wird jeweils ihre Quadratzahl zugeordnet.

  Diese Zuordnung kann durch die Funktionsgleichung $f(x) = x^2$ beschrieben werden. Dabei steht x für eine beliebige natürliche Zahl.
  In einem Koordinatensystem kann diese Zuordnung durch einen Funktionsgraphen dargestellt werden (↗ Bild). Der Graph der Funktion besteht in diesem Fall aus der Menge aller Punkte $(x \mid y)$ mit $y = x^2$.
  Da der Definitionsbereich D der Funktion aus der Menge der natürlichen Zahlen besteht, dürfen in diesem Fall die Punkte nicht verbunden werden.
  Da jedem x-Wert genau ein y-Wert zugeordnet wird, erkennt man einen Funktionsgraphen an der Eigenschaft, dass jede Parallele zur y-Achse den Graphen höchstens einmal schneidet.

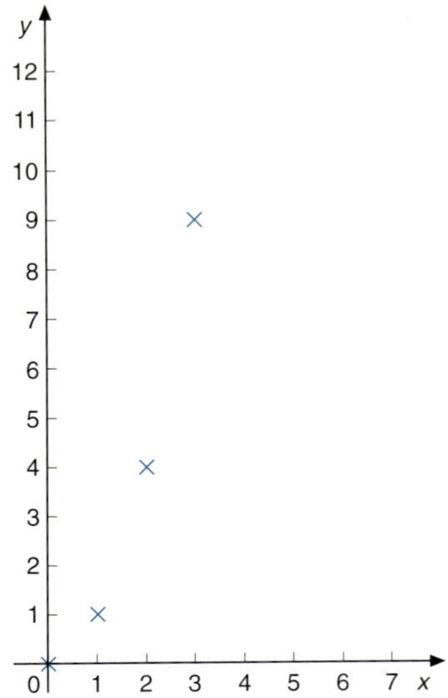

Eigenschaften von Funktionen

Monotonie: Das Wachsen bzw. Fallen von Funktionswerten bei steigenden x-Werten beschreibt man in der Mathematik mit dem Begriff der Monotonie einer Funktion. Besonders anschaulich wird das Monotonieverhalten am Graphen einer Funktion.

Eine Funktion f heißt in einem Intervall **monoton wachsend,** falls für alle x_1, x_2 aus diesem Intervall gilt: Wenn $x_1 < x_2$, so $f(x_1) \leq f(x_2)$. ↗ Intervalle, S. 220	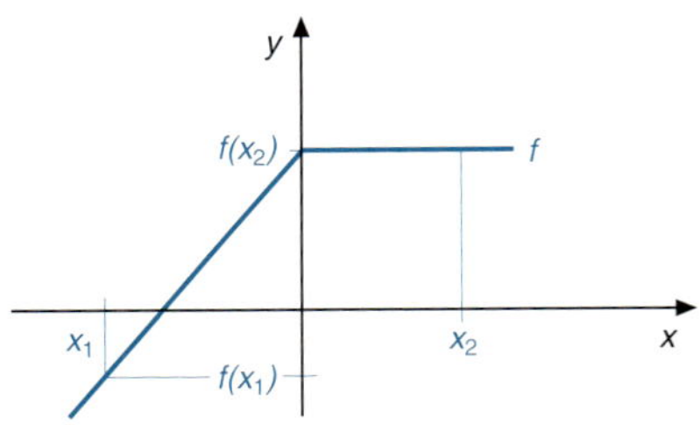
Eine Funktion f heißt in einem Intervall **streng monoton wachsend,** falls für alle x_1, x_2 aus diesem Intervall gilt: Wenn $x_1 < x_2$, so $f(x_1) < f(x_2)$.	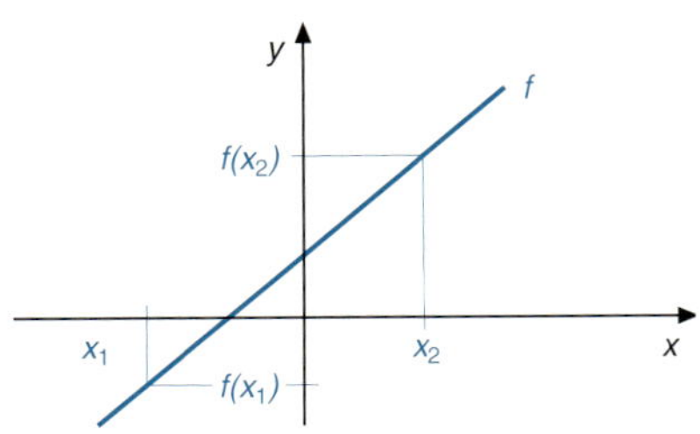

Eine Funktion f heißt in einem Intervall **monoton fallend,** falls für alle x_1, x_2 aus diesem Intervall gilt: Wenn $x_1 < x_2$, so $f(x_1) \geq f(x_2)$.	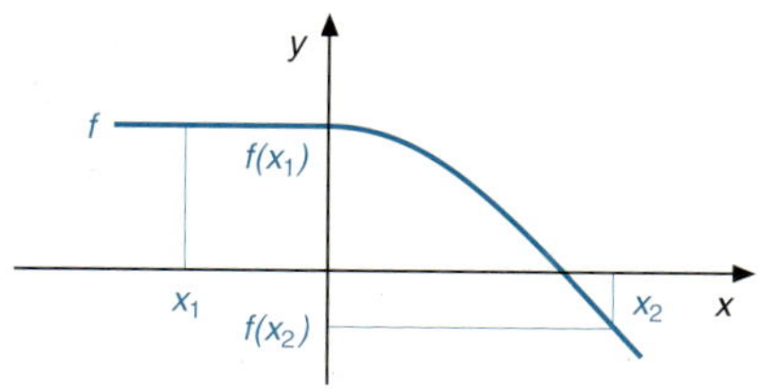
Eine Funktion f heißt in einem Intervall **streng monoton fallend,** falls für alle x_1, x_2 aus diesem Intervall gilt: Wenn $x_1 < x_2$, so $f(x_1) > f(x_2)$.	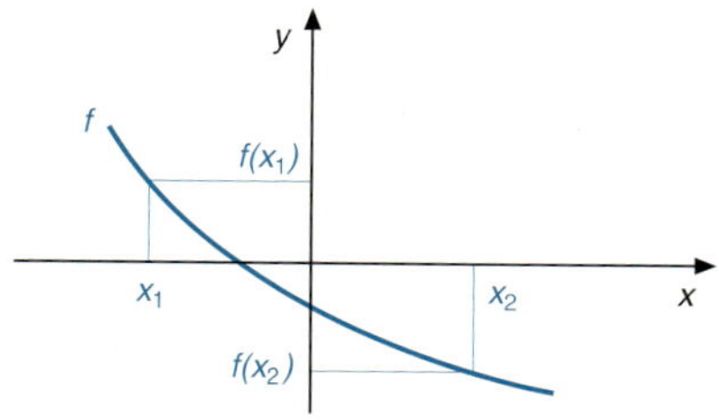

Symmetrie: Die häufig in der Natur und in unserer Umwelt auftretenden symmetrischen Erscheinungen spiegeln sich als zentrale Eigenschaft auch innerhalb des mathematischen Funktionsbegriffs wieder. Besonders wichtig sind die **Achsensymmetrie** und die **Punktsymmetrie.**

↗ Symmetrische Figuren (Axiale Symmetrie; Punktsymmetrie), S. 116

Eine Funktion f heißt **gerade** und ihr Graph **achsensymmetrisch zur *y*-Achse,** falls für alle $x \in D_f$ gilt: $f(-x) = f(x)$ (↗ Bild unten links).

Eine Funktion f heißt **ungerade** und ihr Graph **punktsymmetrisch** zum Koordinatenursprung, falls für alle $x \in D_f$ gilt: $f(-x) = -f(x)$ (↗ Bild unten rechts).

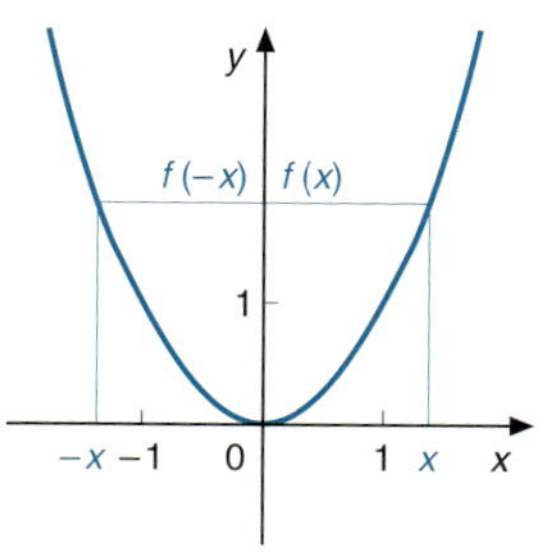

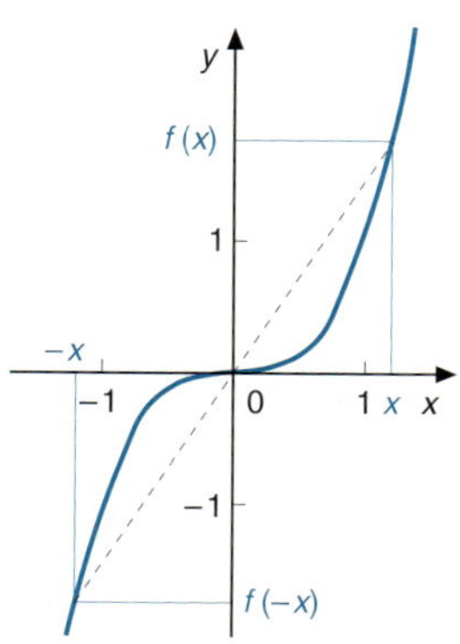

Nullstellen von Funktionen: Zum Zeichnen von Funktionsgraphen können die Schnittpunkte mit den Koordinatenachsen hilfreich sein. Die x-Koordinaten, an denen der Funktionswert 0 ist, werden **Nullstellen** genannt.

x_N heißt **Nullstelle** von f, falls gilt: $f(x_N) = 0$.

Die Bestimmung von Nullstellen von Funktionen führt im Allgemeinen auf Bestimmungsgleichungen für x.
Handelt es sich um die Nullstelle einer linearen Funktion, so muss eine lineare Gleichung gelöst werden, handelt es sich um die Nullstellen einer quadratischen Funktion, muss eine quadratische Gleichung gelöst werden.

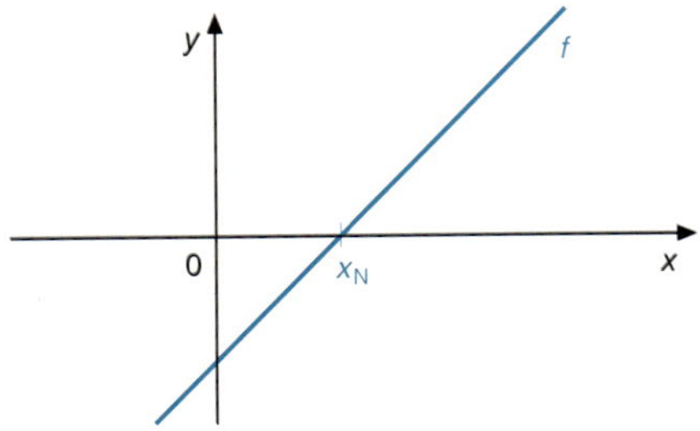

7

■ a) Es ist die Nullstelle der Funktion f mit $f(x) = \frac{4}{5}x - 2$ zu bestimmen.

Da der Funktionswert an der Nullstelle 0 ist, muss gelten:

$$0 = \frac{4}{5}x - 2 \quad | \cdot 5$$
$$0 = 4x - 10 \quad | +10$$
$$10 = 4x \quad | :4$$
$$x = \frac{10}{4} = 2{,}5$$

↗ Rechnerisches Lösen linearer Gleichungen mit einer Variablen, S. 51

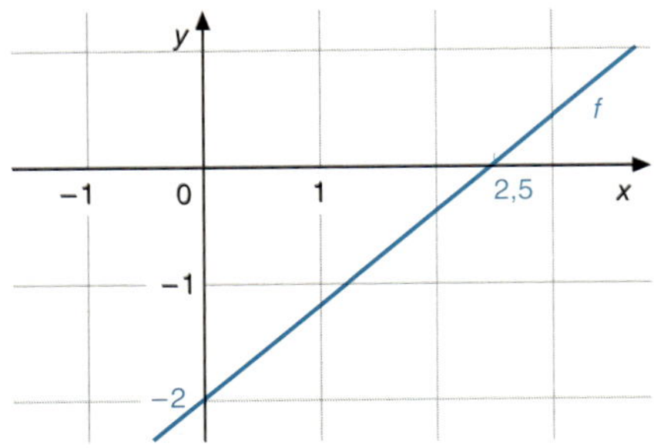

b) Es sind die Nullstellen der Funktion f mit $f(x) = x^2 + x - 0{,}75$ zu bestimmen.
Auch in diesem Beispiel muss wegen $f(x_N) = 0$ gelten:
$0 = x^2 + x - 0{,}75$.

Anwendung der p-q-Formel:

$$x_{1,2} = -0{,}5 \pm \sqrt{0{,}25 + 0{,}75}$$
$$x_{1,2} = -0{,}5 \pm \sqrt{1}$$
$$x_{1,2} = -0{,}5 \pm 1$$
$$x_1 = 0{,}5$$
$$x_2 = -1{,}5$$

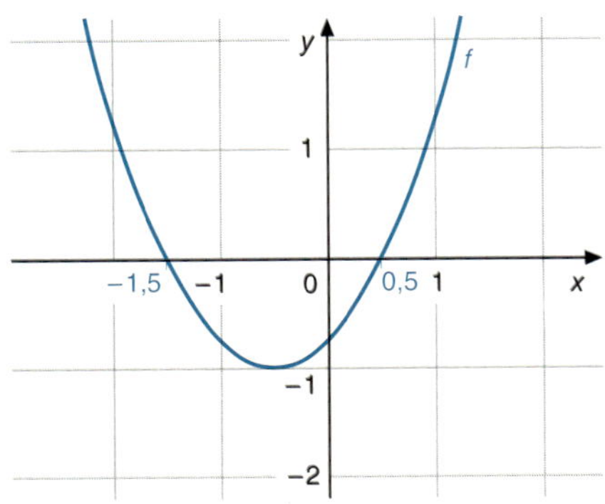

↗ Die p-q-Formel (die Lösungsformel), S. 63

LINEARE FUNKTIONEN

Funktionen mit der Gleichung $f(x) = mx + n$

Besitzt eine Funktion f die Funktionsgleichung $y = f(x) = mx + n$ mit $m, n \in \mathbb{R}$, so nennt man f eine **lineare Funktion.** Die Zahlen m und n heißen **Parameter.**

Lineare Funktionen spielen eine große Rolle in der Mathematik. Aber auch in den Naturwissenschaften sowie im täglichen Leben gibt es zahlreiche Anwendungen, die auf linearen Funktionen beruhen.

■ Betrachtet wird eine Funktion f mit der Funktionsgleichung $y = f(x) = 2x + 1$ und dem Definitionsbereich $D_f = \mathbb{R}$.
Der Funktionsgraph soll gezeichnet werden.
Man legt zunächst eine Wertetabelle an. Diese könnte z. B. das folgende Aussehen haben:

x	−2	−1	0	1
y	−3	−1	1	3

Trägt man die Punkte
(−2 | −3), (−1 | −1), (0 | 1) und (1 | 3)
in ein Koordinatensystem ein und verbindet diese, so erhält man den Graphen der Funktion f.
Der Graph besteht aus allen Punkten der Gestalt
$(x \mid 2x + 1)$ mit $x \in \mathbb{R}$.
Offensichtlich liegen die Punkte des Graphen alle auf einer Geraden.
Die Gerade schneidet die y-Achse im Punkt (0 | 1).

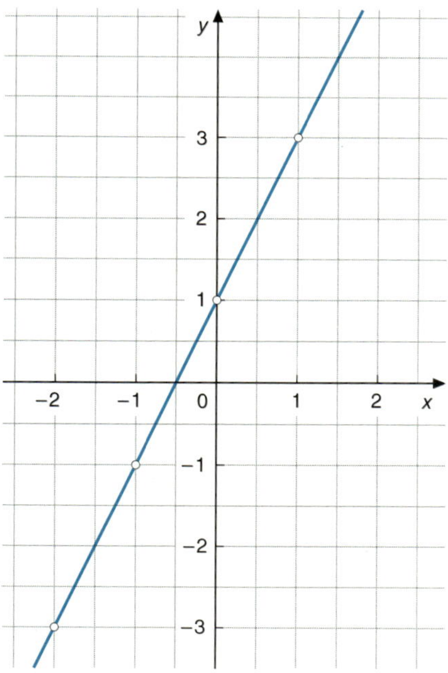

Die Funktionsgraphen aller linearen Funktionen sind Geraden, falls der Definitionsbereich die Menge der reellen Zahlen ist. Zum Zeichnen des Graphen einer solchen linearen Funktion genügen deshalb zwei Punkte. Alle weiteren Wertepaare, die man mithilfe der Funktionsgleichung ermitteln kann, beschreiben Punkte, die auf dieser Geraden liegen. Im vorhergehenden Beispiel wurden vier solcher Wertepaare berechnet.

Wie man aus zwei gegebenen Punkten die Funktionsgleichung rechnerisch ermitteln kann, zeigt das folgende Beispiel.

- Gegeben sind die Punkte $P(2|4)$ und $Q(4|8)$. Gesucht ist die Funktion f mit $f(x) = m \cdot x + n$.
  Lösung:
  In die Gleichung $f(x) = m \cdot x + n$ werden nacheinander die Koordinaten der Punkte P und Q eingesetzt:
  P hat die Koordinaten $x = 2$ und $y = 4$, also:
  $4 = m \cdot 2 + n$,
  Q hat die Koordinaten $x = 4$ und $y = 8$, also:
  $8 = m \cdot 4 + n$.
  Es ergibt sich ein lineares Gleichungssystem mit zwei Gleichungen und zwei Variablen:
  $4 = m \cdot 2 + n$
  $8 = m \cdot 4 + n$.
  Dieses Gleichungssystem hat die Lösung: $m = 2$; $n = 0$.
  Die gesuchte Funktionsgleichung lautet also: $f(x) = 2 \cdot x$.
  ↗ Systeme von zwei linearen Gleichungen mit zwei Variablen, S. 54

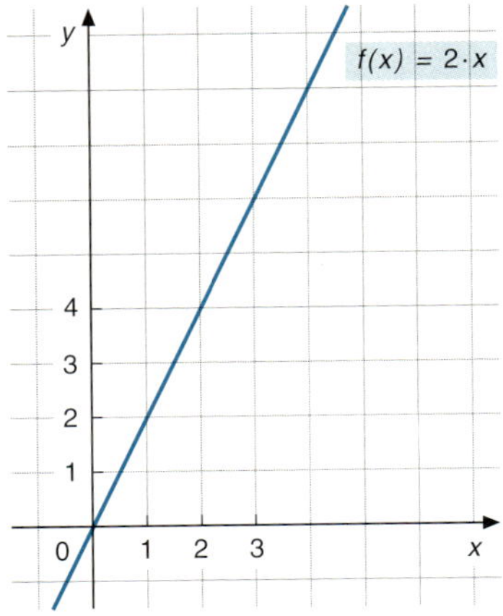

Das obenstehende Bild zeigt den Funktionsgraph der gesuchten Funktion f.

Die Bedeutung der Parameter *m* und *n*

In der Funktionsgleichung einer linearen Funktion
$f(x) = m \cdot x + n$
haben die Parameter m und n eine bestimmte geometrische Bedeutung, die z. B. zum einfachen Zeichnen der Geraden verwendet werden kann.

Der **Parameter *m*** gibt die **Steigung** (auch **Anstieg**) der Geraden an. Wählt man nämlich irgendein Argument x und erhöht es um 1, so erhöht sich der Funktionswert um m.

Ist ***m* positiv**, so steigt die Gerade von links nach rechts an, d. h. die Funktion ist **streng monoton wachsend,**
ist ***m* negativ**, so fällt die Gerade von links nach rechts ab, d. h. die Funktion ist **streng monoton fallend,**
ist ***m* = 0**, so verläuft die Gerade **parallel zur *x*-Achse.**
Alle Funktionsgraphen linearer Funktionen mit dem gleichen Parameter m liegen parallel zueinander.

Zur Berechnung der Steigung m genügen zwei beliebige Punkte und es kann die folgende Formel verwendet werden:

$$\boldsymbol{m} = \frac{y_2 - y_1}{x_2 - x_1} \quad \text{mit } P(x_1|y_1) \text{ und } Q(x_2|y_2).$$

- Das Bild rechts zeigt die Funktionsgraphen mehrerer Funktionen $f(x) = mx + n$ mit unterschiedlichen Steigungen.
  Die Graphen ①, ②, ④ und ⑤ sind Funktionsgraphen *linearer Funktionen* mit $m \neq 0$, der Graph ③ ist der Funktionsgraph einer sogenannten *konstanten Funktion*. Dieser Graph liegt parallel zur x-Achse.

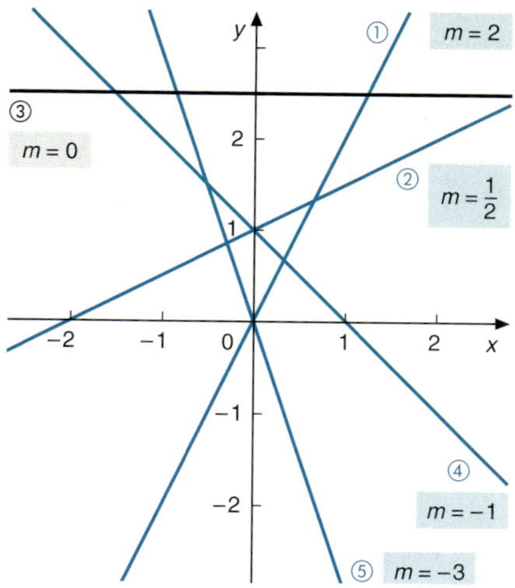

①	$f_1(x) = 2 \cdot x$	$m = 2$
②	$f_2(x) = \frac{1}{2} \cdot x + 1$	$m = \frac{1}{2}$
③	$f_3(x) = 2{,}5$	$m = 0$
④	$f_4(x) = -x + 1$	$m = -1$
⑤	$f_5(x) = -3 \cdot x$	$m = -3$

Die Steigung m hängt mit dem **Steigungswinkel** α der Geraden zusammen. Der Steigungswinkel ist der Winkel, den der Funktionsgraph mit der x-Achse entgegen dem Uhrzeigersinn bildet.

Im nebenstehenden Bild ist der Steigungswinkel ein spitzer Winkel, im Bild oben weisen die Geraden ④ und ⑤ stumpfe Winkel auf.

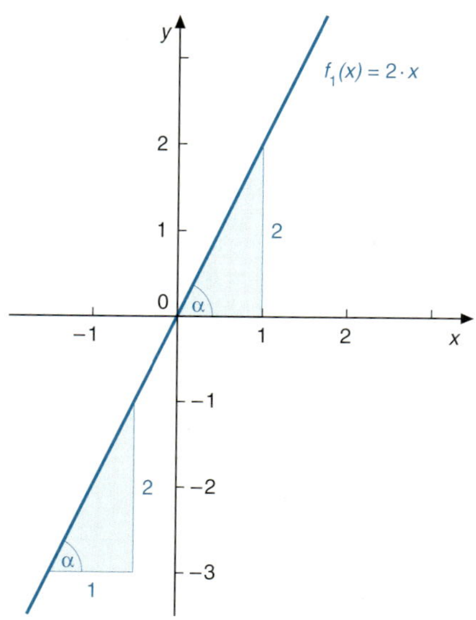

Es gilt:

$m = \tan \alpha$, $\alpha \neq 90°$.

↗ Trigonometrische Beziehungen in rechtwinkligen Dreiecken (Tangens), S. 161

Steigungsdreieck: Zum Zeichnen einer Geraden verwendet man häufig ein sogenanntes Steigungsdreieck.
Hierbei geht man z. B. vom Schnittpunkt mit der y-Achse „1 Längeneinheit (LE) nach rechts" und „m (LE) nach oben", falls m positiv ist, bzw. nach unten, falls m negativ ist.
Man kann auch in einem beliebigen anderen Punkt des Graphen das Steigungsdreieck „anlegen".

■ Gegeben seien die beiden Punkte $P(-2|4)$ und $Q(3|-6)$.
Gesucht sind der Anstieg und der Steigungswinkel des Funktionsgraphen.
Es gilt:

$$m = \frac{-6-4}{3-(-2)} = \frac{-10}{5} = -2.$$

Der Steigungswinkel ergibt sich aus $m = \tan\alpha$ und somit aus $-2 = \tan\alpha$.

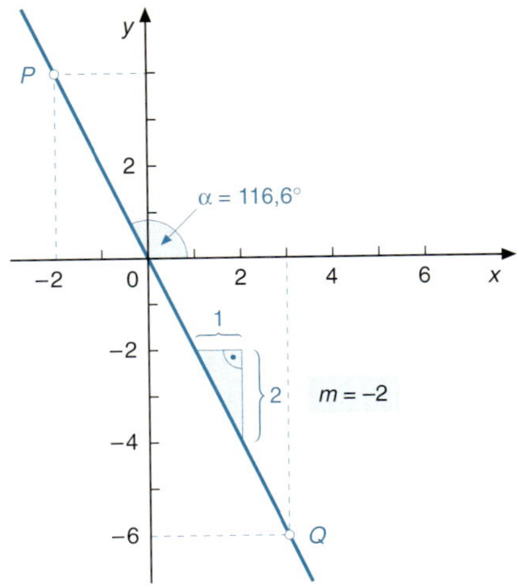

TR

DEG 2 [+/−] [Shift] [tan] [−63,43]

Der Rechner zeigt mit $\alpha = -63{,}43°$ einen negativen Winkel an.
Da der Steigungswinkel stets im Intervall $0° \leq \alpha < 90°$ oder $90° < \alpha < 180°$ angegeben wird, muss der Winkel im II. Quadranten ermittelt werden, der dem negativen Winkel entspricht.
Es gilt:
$\tan\alpha = \tan(\alpha + k \cdot 180°)$, also:
$\tan(-63{,}43° + 180°) = \tan 116{,}57°$, das heißt $\alpha \approx 116{,}6°$ (↗ Bild).
↗ Die Tangensfunktion, S. 160

Der **Parameter *n*** gibt denjenigen *y*-Wert an, in dem die Gerade die *y*-Achse schneidet. Man nennt *n* daher auch ***y*-Achsenabschnitt.**
Alle Funktionsgraphen linearer Funktionen, die den gleichen *y*-Achsenabschnitt *n* besitzen, schneiden die *y*-Achse im gleichen Punkt $(0|n)$.
Das Bild unten links zeigt die Funktionsgraphen einer Schar von Funktionen, deren Funktionsgleichung jeweils den *y*-Achsenabschnitt $n = 1{,}5$ aufweist.
Das Bild unten rechts zeigt die Funktionsgraphen einer Schar von Funktionen, deren Funktionsgleichung jeweils den Anstieg $m = 1{,}5$ aufweist.

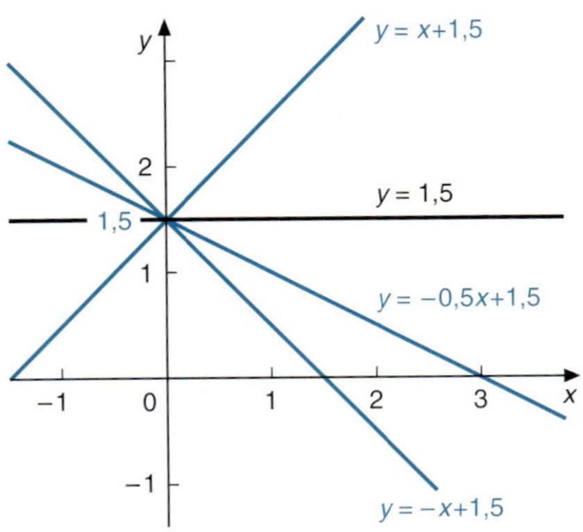

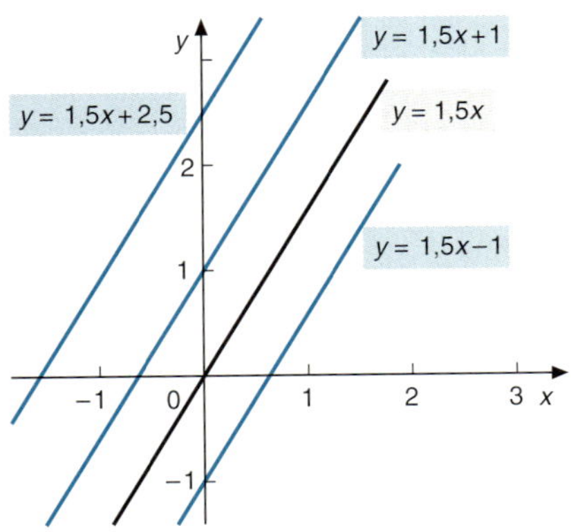

- Gezeichnet werden soll der Graph der linearen Funktion mit der Funktionsgleichung $f(x) = -2 \cdot x + 1$.
  Zunächst wird ein Koordinatensystem angelegt.
  Die Steigung der Geraden beträgt -2. Der y-Achsenabschnitt ist 1, d. h., die Gerade verläuft durch den Punkt (0 | 1).
  Vom Punkt (0 | 1) aus legt man ein Steigungsdreieck mit der Steigung -2 an. Dazu geht man z. B. eine Längeneinheit nach rechts und 2 nach unten. (Man hätte auch 2 nach rechts und 4 nach unten gehen können.) Dann kann der Graph gezeichnet werden.

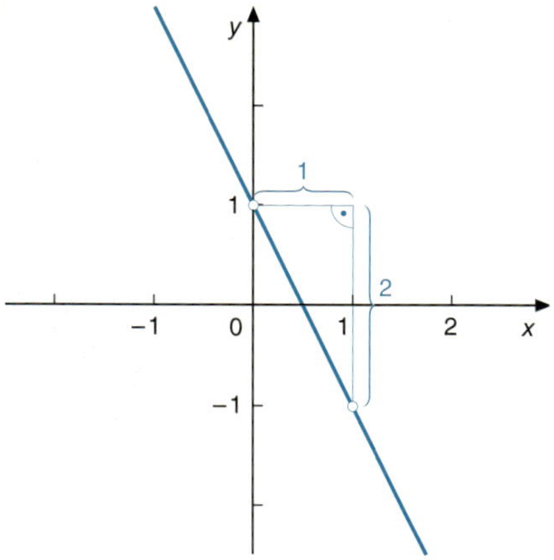

QUADRATISCHE FUNKTIONEN

Quadratische Funktionen sind Funktionen der Form $f(x) = ax^2 + bx + c$, wobei die Koeffizienten a, b und c reelle Zahlen sind ($a \neq 0$).

Ihren Namen haben diese Funktionen vom höchsten Exponenten im Funktionsterm. Der **Definitionsbereich** aller quadratischer Funktionen ist die Menge $\mathbb{R}$.

Die Normalparabel

Für $a = 1$, $b = c = 0$ nimmt die Gleichung $f(x) = ax^2 + bx + c$ ($x \in \mathbb{R}$) die Form $f(x) = x^2$ ($x \in \mathbb{R}$) an. Jeder Zahl wird also ihr Quadrat zugeordnet. Der Graph dieser Funktion wird im Bild dargestellt; er heißt **Normalparabel.**

Eigenschaften der Normalparabel:
- Der Wertebereich umfasst alle y mit $y \in \mathbb{R}$ und $y \geq 0$.
- Es gibt einen tiefsten Punkt S. Den Punkt S(0 | 0) nennt man den **Scheitelpunkt** der Normalparabel.
- Die Normalparabel ist achsensymmetrisch zur y-Achse.
- Die Funktion ist streng monoton fallend für $x \leq 0$ und streng monoton wachsend für $x \geq 0$.

↗ Eigenschaften von Funktionen, S. 82

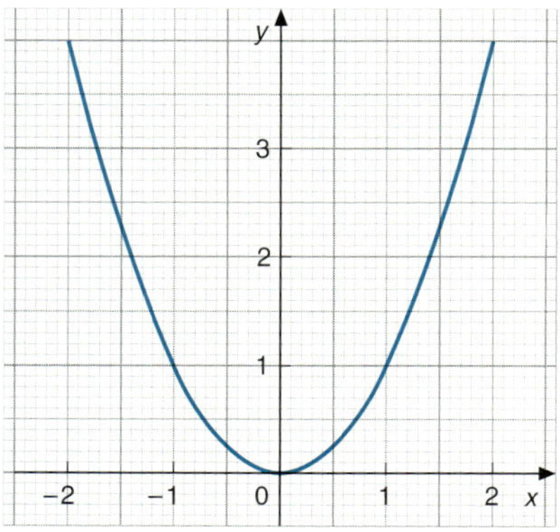

Die Graphen beliebiger quadratischer Funktionen erhält man aus der Normalparabel durch einfache geometrische Abbildungen.

Verschiebung der Normalparabel in *x*- und *y*-Richtung: Verschiebt man die Normalparabel um v in y-Richtung, so hat die neu entstandene Funktion die Gleichung $f(x) = x^2 + v$.

■ Das nebenstehende Bild zeigt die Funktionsgraphen mehrerer quadratischer Funktionen mit Gleichungen der Form
$f(x) = x^2 + v$.

① $f(x) = x^2$
② $f(x) = x^2 + 2$
③ $f(x) = x^2 + 1$
④ $f(x) = x^2 - 1{,}5$

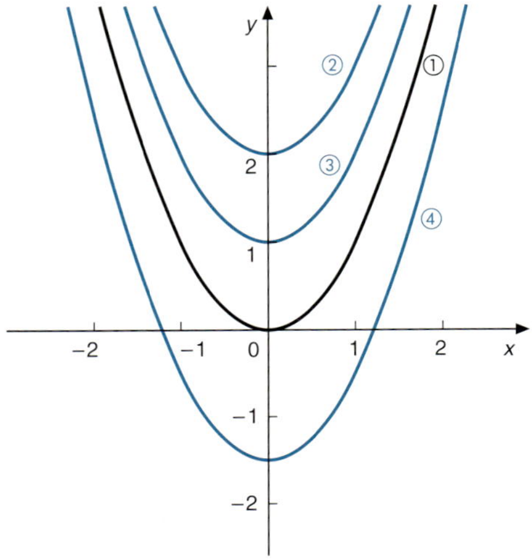

7

Verschiebt man die Normalparabel um u in x-Richtung, so hat die neu entstandene Funktion die Gleichung $f(x) = (x - u)^2$.

■ Das nebenstehende Bild zeigt die Funktionsgraphen mehrerer quadratischer Funktionen mit Gleichungen der Form
$f(x) = (x - u)^2$.

① $f(x) = x^2$
② $f(x) = (x + 2)^2$
③ $f(x) = (x - 1{,}5)^2$
④ $f(x) = (x - 0{,}5)^2$

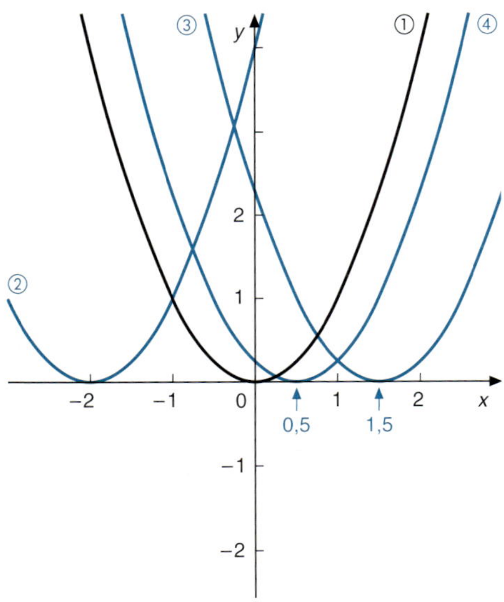

Verschiebt man die Normalparabel zunächst um u parallel zur x-Achse und dann um v parallel zur y-Achse, so hat die neu entstandene Funktion die Gleichung $f(x) = (x - u)^2 + v$. Die Gleichung wird **Scheitelpunktform** der verschobenen Normalparabel genannt. Der Scheitelpunkt hat nun die Koordinaten $S(u \mid v)$.

- Das nebenstehende Bild zeigt die Funktionsgraphen der quadratischen Funktionen
  ① $f(x) = (x - 2)^2 + 1$,
  ② $f(x) = (x + 1)^2 - 2$
  mit den Scheitelpunkten
  $S_1(2 \mid 1)$ bzw.
  $S_2(-1 \mid -2)$.

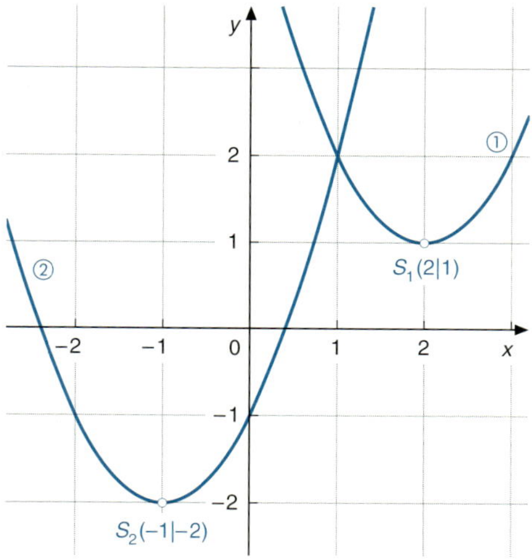

Streckung bzw. Stauchung der Normalparabel in y-Richtung: Streckt bzw. staucht man die Normalparabel mit dem Faktor a ($a \neq 0$) in y-Richtung, so hat die neu entstandene Funktion die Gleichung $f(x) = a \cdot x^2$.
Je nach dem Vorzeichen des Streckungsfaktors a ist die Parabel nach oben oder unten geöffnet. Je nach dem Betrag des Streckungsfaktors a ist die Parabel enger oder weiter geöffnet als die Normalparabel.

	$a < 0$	$a > 0$
$\lvert a \rvert > 1$	– nach unten geöffnet – enger als die Normalparabel	– nach oben geöffnet – enger als die Normalparabel
$\lvert a \rvert < 1$	– nach unten geöffnet – weiter als die Normalparabel	– nach oben geöffnet – weiter als die Normalparabel

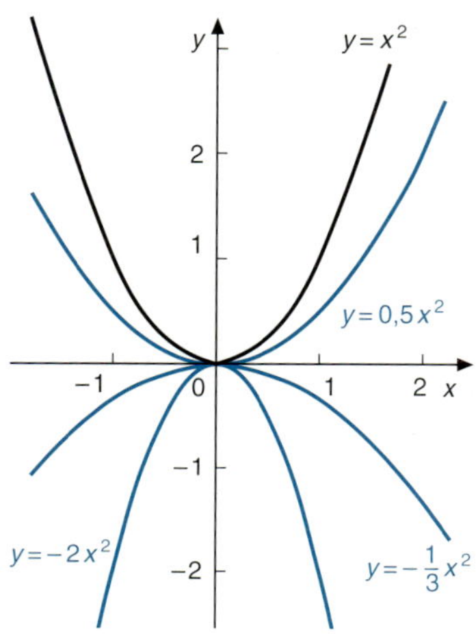

Die allgemeine Scheitelpunktform einer quadratischen Funktion

Streckt bzw. staucht man die Normalparabel mit dem Faktor a in y-Richtung und verschiebt dann die so entstandene Funktion um u in x-Richtung sowie um v in y-Richtung, so hat die neue Funktion die Gleichung $f(x) = a \cdot (x - u)^2 + v$. Diese Form nennt man die **Scheitelpunktform einer quadratischen Funktion.** Der Scheitelpunkt hat die Koordinaten $S(u \mid v)$.

■ Das nebenstehende Bild zeigt den Graphen der quadratischen Funktion $f(x) = 2 \cdot (x - 3)^2 - 1$.
Der Scheitelpunkt ist $S(3 \mid -1)$.
Die Parabel ist gegenüber der Normalparabel
um 2 in y-Richtung gestreckt, ferner nach oben geöffnet, sowie
um 3 nach rechts und um 1 nach unten verschoben.

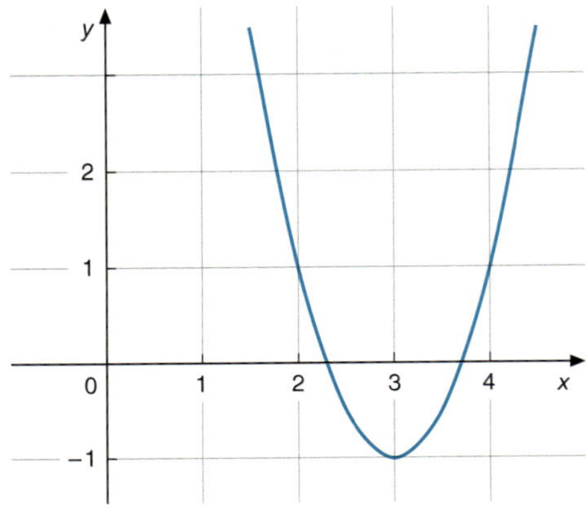

7

Jede quadratische Funktion lässt sich durch quadratische Ergänzung in die Scheitelpunktform überführen. Die Scheitelpunktform hat den Vorteil, dass an ihr unmittelbar die Form der Parabel abzulesen ist.

■ $f(x) = 2x^2 - 4x - 2$ | Koeffizient vor x^2 ausklammern
$= 2 \cdot (x^2 - 2x - 1)$ | quadratische Ergänzung zu $x^2 - 2x$
$= 2 \cdot (x^2 - 2x + 1 - 1 - 1)$ | Zusammenfassen
$= 2 \cdot [(x - 1)^2 - 2)]$ | Ausmultiplizieren
$f(x) = 2(x - 1)^2 - 4$

Der Scheitelpunkt ist $S(1 \mid -4)$.
Die Parabel ist
- nach oben geöffnet

und gegenüber der Normalparabel
- um 2 in y-Richtung gestreckt,
- um 1 nach rechts und
- um 4 nach unten verschoben.

Das nebenstehende Bild zeigt den Graphen der Funktion in diesem Beispiel.

↗ Binomische Formeln, S. 43
↗ Quadratische Ergänzungen, S. 62

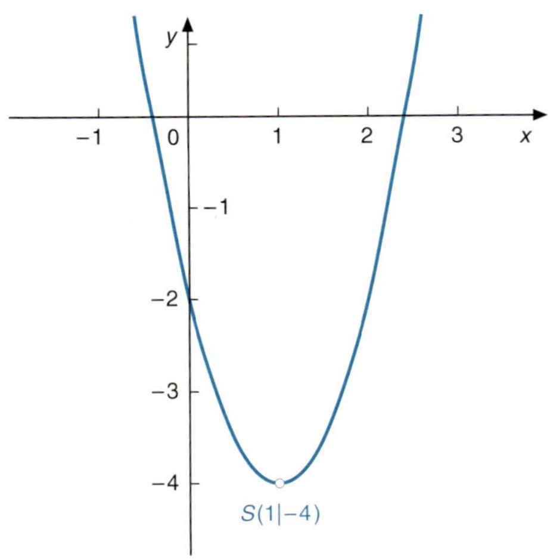

- Gegeben ist die quadratische Funktion $f(x) = -x^2 + 5x + 3$.

$f(x) = -x^2 + 5x + 3$ | Koeffizient vor x^2 ausklammern

$= -(x^2 - 5x - 3)$ | quadratische Ergänzung zu $x^2 - 5x$

$= -\left(x^2 - 5x + \frac{25}{4} - \frac{25}{4} - 3\right)$ | Zusammenfassen

$= -\left[\left(x - \frac{5}{2}\right)^2 - \frac{37}{4}\right]$ | Ausmultiplizieren

$f(x) = -\left(x - \frac{5}{2}\right)^2 + \frac{37}{4}$ | Scheitelpunkt ist $S\left(\frac{5}{2} \middle| \frac{37}{4}\right)$

Die Scheitelpunktform einer quadratischen Funktion lässt sich durch einige Termumformungen in die Form $f(x) = ax^2 + bx + c$ überführen.

- Gegeben ist die quadratische Funktion $f(x) = -3 \cdot (x + 5)^2 + 2$.
Sie soll in die Form $f(x) = ax^2 + bx + c$ überführt werden.

$f(x) = -3 \cdot (x + 5)^2 + 2$ | binomische Formel $(a + b)^2 = a^2 + 2ab + b^2$

$= -3 \cdot (x^2 + 10x + 25) + 2$ | Ausmultiplizieren

$= -3x^2 - 30x - 75 + 2$ | Zusammenfassen

$f(x) = -3x^2 - 30x - 73$

Nullstellen quadratischer Funktionen

Quadratische Funktionen können entweder keine, eine oder zwei Nullstellen besitzen. Dies entspricht den Lösungsmöglichkeiten für quadratische Gleichungen.

↗ Die p-q-Formel (die Lösungsformel), S. 63

Für die quadratische Funktion $y = x^2 + px + q$ hat der Scheitelpunkt die Koordinaten $S\left(-\frac{p}{2} \middle| -\frac{p^2}{4} + q\right)$. Die Anzahl der Nullstellen hängt von der y-Koordinate des Scheitelpunktes ab.

$-\frac{p^2}{4} + q < 0$	$-\frac{p^2}{4} + q = 0$	$-\frac{p^2}{4} + q > 0$
Scheitelpunkt liegt unterhalb der x-Achse; zwei Nullstellen	Scheitelpunkt liegt auf der x-Achse; eine Nullstelle	Scheitelpunkt liegt oberhalb der x-Achse; keine Nullstelle
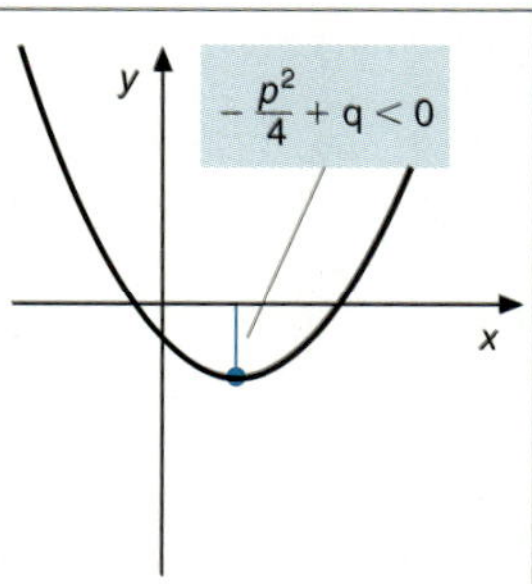	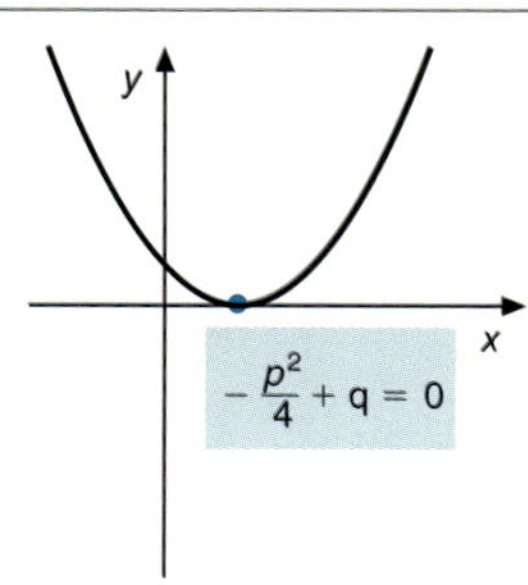	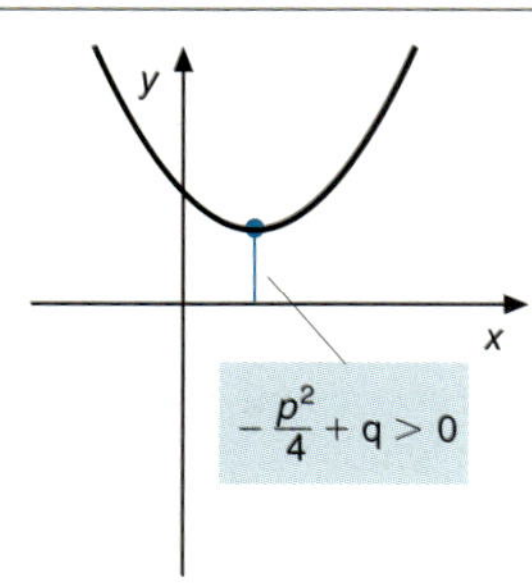

POTENZFUNKTIONEN

Funktionen der Form $f(x) = x^n$ nennt man Potenzfunktionen, da der Funktionsterm durch eine Potenz mit der Variablen x als Basis beschrieben wird.

Potenzfunktionen mit natürlichen Exponenten

Funktionen der Form $f(x) = x^n$, $n \in \mathbb{N}$, nennt man **Potenzfunktionen** mit natürlichen Exponenten. n heißt der **Grad** der Potenzfunktion.
Der Definitionsbereich ist die Menge der reellen Zahlen $\mathbb{R}$.

Je nachdem, ob der Exponent gerade oder ungerade ist, haben die Graphen der Potenzfunktionen unterschiedliches Aussehen.

Potenzfunktionen mit geraden Exponenten	Potenzfunktionen mit ungeraden Exponenten
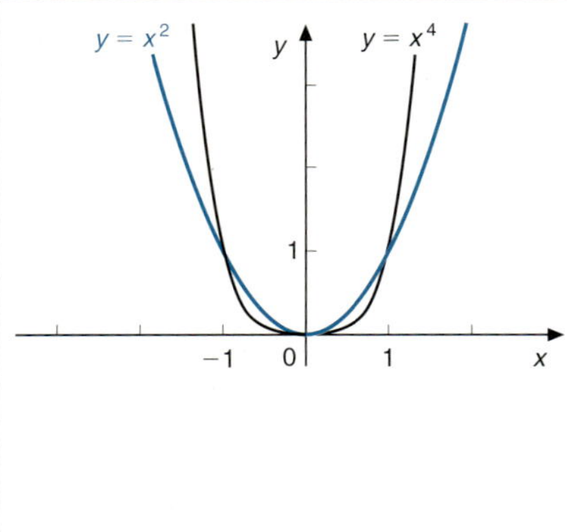	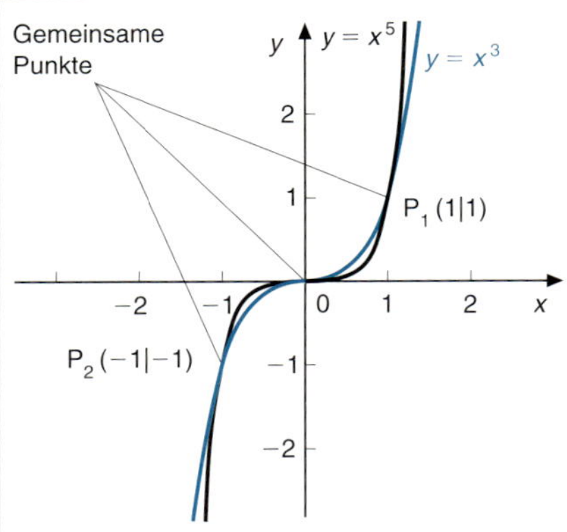

Eigenschaften der Potenzfunktionen	
n gerade Zahl:	n ungerade Zahl:
– Die Graphen sind achsensymmetrisch zur y-Achse. – Ihr Wertebereich ist $\mathbb{R}^+$. – Gemeinsame Punkte aller Graphen sind $(-1\mid 1)$, $(0\mid 0)$, $(1\mid 1)$.	– Die Graphen sind punktsymmetrisch zum Koordinatenursprung. – Ihr Wertebereich ist $\mathbb{R}$. – Gemeinsame Punkte aller Graphen sind $(-1\mid -1)$, $(0\mid 0)$, $(1\mid 1)$.

Potenzfunktionen mit ganzzahligen Exponenten

Funktionen der Form $f(x) = x^z$, $z \in \mathbb{Z}$, $x \neq 0$, nennt man **Potenzfunktionen mit ganzen Exponenten.**
Potenzen mit negativen Exponenten sind für $x = 0$ nicht definiert.

Der Definitionsbereich von Potenzfunktionen mit negativen ganzen Exponenten ist $\mathbb{R}$ mit Ausnahme der Null (↗ S. 35).

<table>
<tr><th>Potenzfunktionen
mit negativen geraden Exponenten</th><th>mit negativen ungeraden Exponenten</th></tr>
<tr><td>
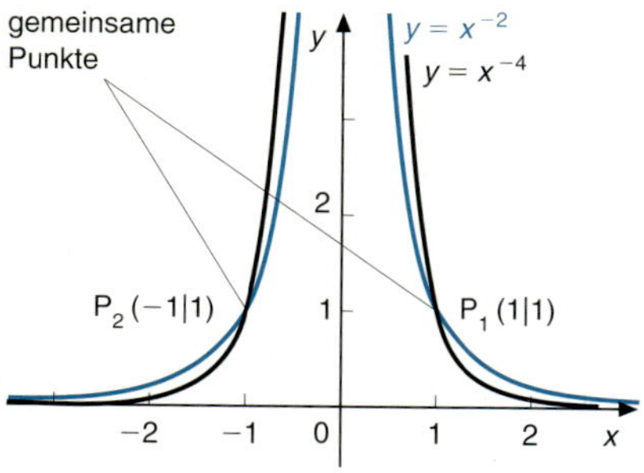

</td><td>
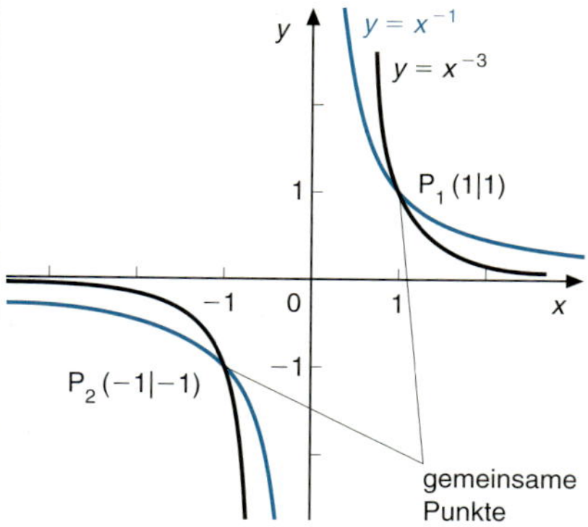

</td></tr>
</table>

Eigenschaften der Potenzfunktionen mit negativen Exponenten	
z gerade Zahl:	*z* ungerade Zahl:
– Die Graphen sind achsensymmetrisch zur *y*-Achse. – Ihr Wertebereich ist $\mathbb{R}^+$ ohne Null. – Gemeinsame Punkte aller Graphen sind (–1 | 1) und (1 | 1).	– Die Graphen sind punktsymmetrisch zum Koordinatenursprung – Ihr Wertebereich ist $\mathbb{R}$ ohne Null. – Gemeinsame Punkte aller Graphen sind (–1 | –1) und (1 | 1).

EXPONENTIALFUNKTIONEN

Steht die Variable des Funktionsterms im Exponenten und ist die Basis konstant, so spricht man von einer Exponentialfunktion.

Es sei *a* eine positive reelle Zahl. Dann nennt man Funktionen der Form $f(x) = a^x,\ a \in \mathbb{R}^+$ **Exponentialfunktionen.**
Der Definitionsbereich ist die Menge der reellen Zahlen $\mathbb{R}$.

Alle Graphen von Exponentialfunktionen gehen durch den Punkt (0 | 1). Der Wertebereich ist stets $\mathbb{R}^+$.
Exponentialfunktionen haben keine Nullstellen.

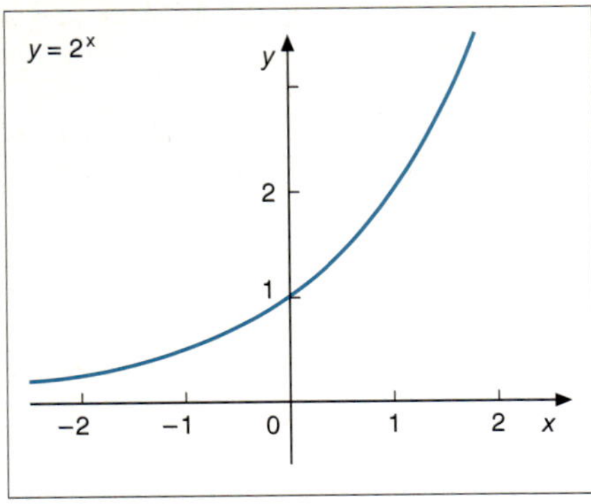

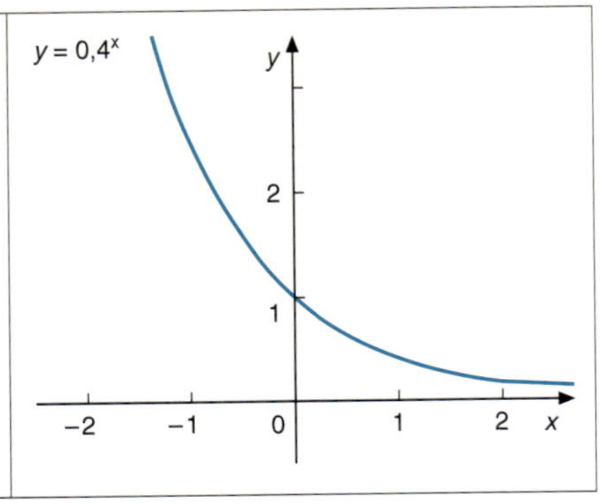

Es besteht folgender Zusammenhang zwischen der Basis der Exponentialfunktion und ihrem Monotonieverhalten:

$a > 1$	Die Exponentialfunktion ist streng monoton steigend.
$0 < a < 1$	Die Exponentialfunktion ist streng monoton fallend.

Die Basis *a* ist der Faktor, um den der Funktionswert zunimmt, wenn das Argument um 1 wächst.

$$\boldsymbol{f(x+1) = a^{x+1} = a \cdot a^x = a \cdot f(x)}$$

In vielen Anwendungen wird der Funktionsterm mit einem konstanten Faktor *c* multipliziert, d. h. der Graph der Funktion wird um den Faktor *c* gestreckt oder gestaucht. Es ergibt sich dann:

$f(x) = c \cdot a^x$, d. h. $f(0) = c$.

Die Zahl *c* ist also der Funktionswert an der Stelle $x = 0$.

- Die Exponentialfunktion $K(t) = 2\,000 \cdot \left(1 + \frac{6}{100}\right)^t$ € beschreibt das Kapitalwachstum einer Spareinlage von 2 000 € bei einem konstanten Jahreszinssatz von $p = 6$ in *t* Jahren, wenn die jährlich anfallenden Zinsen nicht abgehoben werden. (Man sagt : Wenn die jährlich anfallenden Zinsen dem Kapital zugeschlagen werden.)

  Nach dem ersten Jahr ist das Kapital auf $K(1) = 2\,000 \cdot \left(1 + \frac{6}{100}\right)^1$ € $= 2\,120{,}00$ € angewachsen, nach dem zweiten auf $K(2) = 2\,000 \cdot \left(1 + \frac{6}{100}\right)^2$ € $= 2\,247{,}20$ € usw.

t in Jahren	1	2	4	6	8	10
K (*t*) in €	2120,00	2247,20	2524,95	2837,04	3187,70	3581,70

Trägt man die Punkte in ein Koordinatensystem ein, so erhält man den nebenstehenden Graphen. Dabei wurden die Koordinatenachsen in Abhängigkeit vom Sachverhalt unterschiedlich geteilt. Das Kapital, dem die jährlichen Zinsen immer wieder zugeschlagen und weiter verzinst werden, wächst von Jahr zu Jahr stärker an. Dieses Anwachsen wird mithilfe einer Exponentialfunktion beschrieben, in diesem Fall mittels einer mit dem Faktor 2 000 gestreckten Exponentialfunktion.

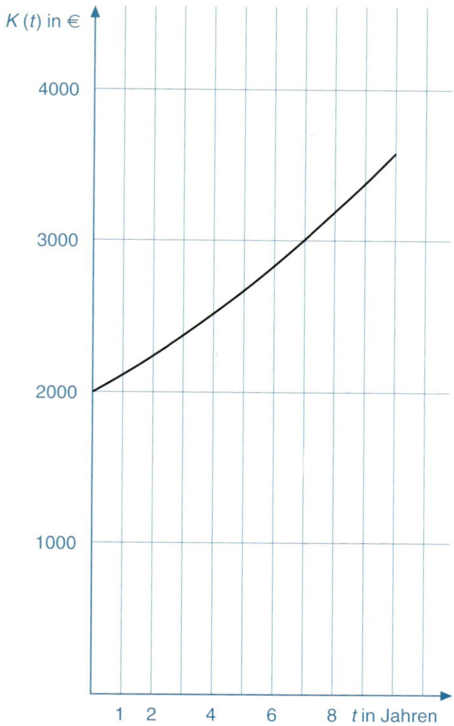

Exponentialfunktionen lassen sich wie in diesem Sachverhalt generell für Wachstumsprozesse wie der Beschreibung des Wachstums einer Bakterienkultur oder des Holzbestandes eines Waldes nutzen. Aber auch Zerfallsprozesse wie der Zerfall eines radioaktiven Isotops werden mithilfe von Exponentialfunktionen beschrieben.

■ Um das Anwachsen einer Bakterienkultur zu untersuchen, wurde in einem Labor die Anzahl der Bakterien N in Abhängigkeit von der Zeit t gemessen:

t in min	0	10	20	30	40	50
N	600	850	1 200	1 700	2 400	3 400

Trägt man N in Abhängigkeit von t in einem Koordinatensystem auf, so ergibt sich der nebenstehende Graph.

Der Graph erinnert an eine Exponentialfunktion. Aus der Wertetabelle ermittelt man, dass in 10-min-Schritten die Funktionswerte stets um etwa den gleichen Faktor zunehmen:
- im ersten Schritt steigt die Anzahl um etwa die Hälfte (300),
- im zweiten Schritt steigt sie erneut um etwa die Hälfte (425) usw.

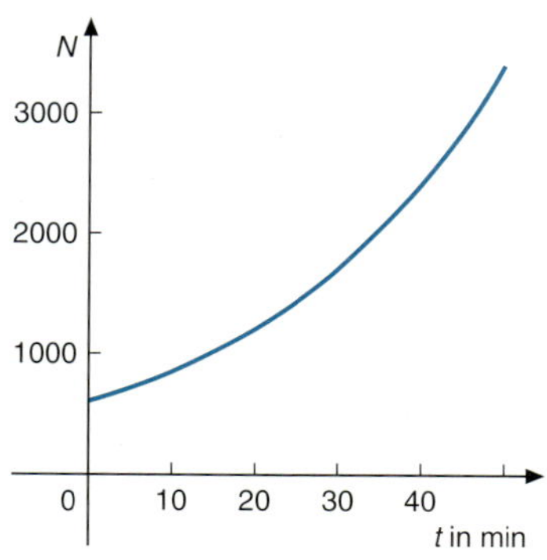

Genähert kann der Prozess des Anwachsens der Bakterienkultur im letzten Beispiel durch eine Exponentialfunktion f der Gestalt $f(t) = c \cdot a^t$ beschrieben werden. Hierbei ist t die Zeit in Minuten.
Ferner ist $f(0) = c$.
Aus der Wertetabelle entnimmt man $c = 600$.
Zur Bestimmung von a benutzt man das Wertepaar (50 | 3 400). Dann gilt:

$3\,400 = 600 \cdot a^{50}$ **TR** 34 [÷] 6 [=] [SHIFT] [x^y] 50 [=] [1.035 300 809]

$$\frac{3\,400}{600} = a^{50}$$

$$a = \sqrt[50]{\frac{34}{6}} \approx 1{,}035$$

Die gesuchte Exponentialfunktion hat die Gleichung: $f(t) = 600 \cdot 1{,}035^t$.

UMKEHRFUNKTIONEN

7

Häufig stellt sich das Problem, bei gegebenem Funktionswert y den zugehörigen x-Wert zu bestimmen. Die ursprüngliche Zuordnung, wonach jedem Argument x des Definitionsbereichs genau ein Funktionswert $y = f(x)$ zugeordnet wird, muss also umgekehrt werden.
Ist die umgekehrte Zuordnung ebenfalls eine Funktion, das heißt, wird auch jedem y genau ein x zugeordnet, so nennt man f umkehrbar und spricht von der **Umkehrfunktion** von f.
Die Umkehrfunktion wird mit f^{-1} bezeichnet.
Manchmal wird statt f^{-1} das Symbol $\bar{f}$ benutzt.
Eine Umkehrfunktion zu f über einem Intervall existiert immer dann, wenn die Funktion f in diesem Intervall streng monoton steigend oder streng monoton fallend ist.

Die Wurzelfunktion $y = \sqrt{x}$

Die quadratische Funktion $y = x^2$ ist nicht umkehrbar, da umgekehrt der Zahl 4 die beiden Werte 2 und −2 zugewiesen werden müssten (↗ Bild).
Die Umkehrzuordnung ist daher keine Funktion.
Schränkt man den Definitionsbereich aber auf die Menge der nicht negativen reellen Zahlen ein, so ist die Funktion über diesem Teilbereich umkehrbar.
Das Bild auf der folgenden Seite oben zeigt die Graphen der Funktion
$\boldsymbol{y = f(x) = x^2\ (x \geq 0)}$
und der zugehörigen **Umkehrfunktion**
$\boldsymbol{y = f^{-1}(x) = \sqrt{x}\quad (x \geq 0)}$

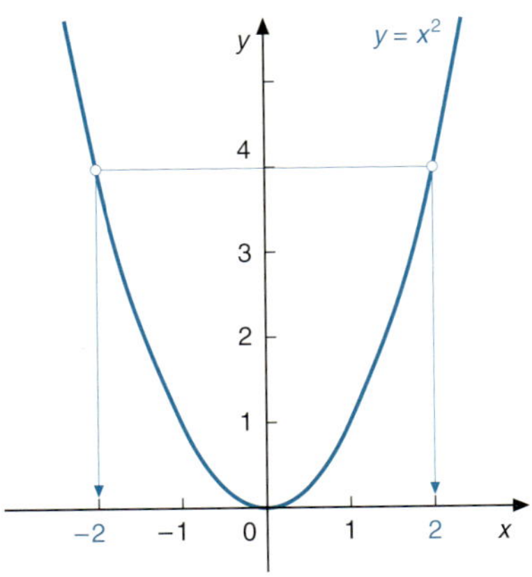

Man erhält die **Funktionsgleichung der Umkehrfunktion** durch Vertauschen der Variablen in $y = x^2$ und Auflösen nach y.

Ausgangsgleichung, $x \geq 0$	$\mathbf{y = x^2, x \geq 0}$
Vertauschen der Variablen (aus y wird x, aus x wird y)	$\mathbf{x = y^2, x \geq 0}$
Auflösen nach y	$\mathbf{y = f^{-1}(x) = \sqrt{x}}$
Diese Funktion heißt **Wurzelfunktion.**	

Man erhält den **Graph der Umkehrfunktion** durch Spiegelung des Graphen von $y = f(x) = x^2$ an der Winkelhalbierenden des 1. und/oder 3. Quadranten bei gleichem Maßstab auf beiden Achsen (↗ Bild).
Der Definitionsbereich von $y = \sqrt{x}$ ist $\mathbb{R}^+$, der Wertebereich ebenfalls.

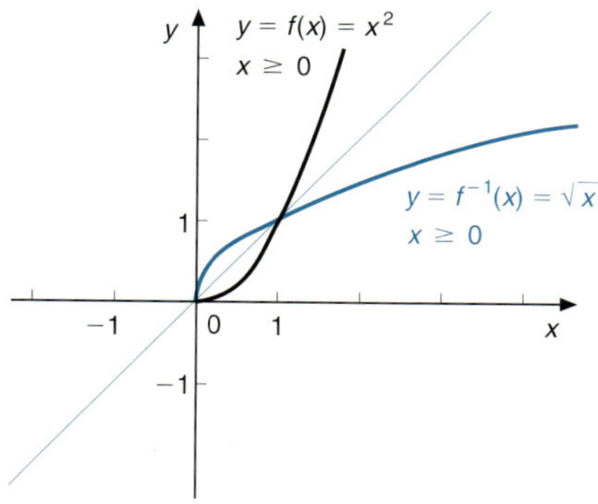

7

Die Wurzelfunktion $y = \sqrt[3]{x}$

Die Funktion $y = x^3$ ist wegen ihrer strengen Monotonie umkehrbar.
Um die Funktionsgleichung angeben zu können, muss man zwischen nichtnegativen und negativen x-Werten unterscheiden.

Der Term $\sqrt[3]{x}$ ist nur für $x \geq 0$ definiert.
Die Gleichungen für $y = f^{-1}(x)$ lauten:

$\mathbf{y = f^{-1}(x) = \sqrt[3]{x} \quad (x \geq 0)}$ und

$\mathbf{y = f^{-1}(x) = -\sqrt[3]{-x} \quad (x < 0)}$.

Man beachte, dass für $x < 0$ gilt $-x > 0$.
Das nebenstehende Bild zeigt die zugehörigen Graphen.

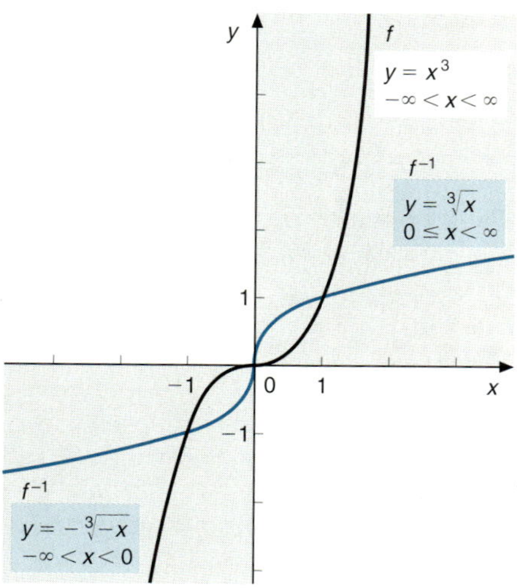

Die Logarithmusfunktion $y = \log_a x$

Exponentialfunktionen sind für $a \neq 1$ umkehrbar, da sie entweder streng monoton steigend ($a > 1$) oder streng monoton fallend ($a < 1$) sind.
Die Umkehrfunktionen heißen **Logarithmusfunktionen.** Sie werden mit $f(x) = \log_a x$ (gelesen: Logarithmus von x zur Basis a) bezeichnet.
Die Gleichungen $y = a^x$ und $x = \log_a y$ sind gleichwertig.
Man erhält die Graphen der Logarithmusfunktionen durch Spiegelung der Graphen der Exponentialfunktionen an der Winkelhalbierenden des 1. bzw. 3. Quadranten.

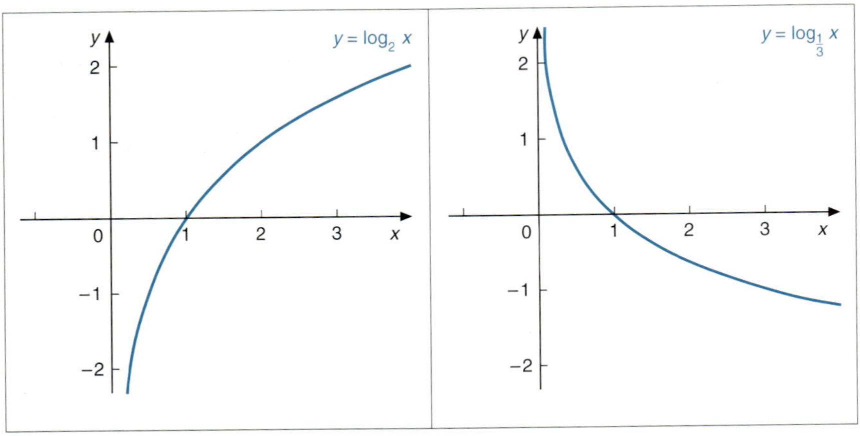

Eigenschaften der Logarithmusfunktionen $a > 1$	$a < 1$
– Der Definitionsbereich ist $\mathbb{R}^+$ ohne Null.	– Der Definitionsbereich ist $\mathbb{R}^+$ ohne Null.
– Der Wertebereich ist $\mathbb{R}$.	– Der Wertebereich ist $\mathbb{R}$.
– Die Funktionen sind streng monoton wachsend auf $\mathbb{R}^+$ ohne Null.	– Die Funktionen sind streng monoton fallend auf $\mathbb{R}^+$ ohne Null.
– Die Funktionen haben eine Nullstelle bei $x = 1$.	– Die Funktionen haben eine Nullstelle bei $x = 1$.

↗ Eigenschaften von Funktionen (Monotonie), S. 82
↗ Eigenschaften von Funktionen (Nullstellen), S. 84

Zwei spezielle und für viele Anwendungen wichtige Logarithmusfunktionen haben die Basis 10 bzw. die Basis *e*. Ihre Funktionswerte heißen **Zehnerlogarithmen** bzw. **natürliche Logarithmen.** Die Zahl *e* ist eine irrationale Zahl. Ein Näherungswert für *e* ist 2,718.
Auf Taschenrechnern finden sich die Bezeichnungen [lg] (manchmal auch [log]) für den Zehnerlogarithmus bzw. [ln] für den natürlichen Logarithmus.

Ebene Geometrie

GRUNDBEGRIFFE

Punkt, Gerade, Ebene

Die **Geometrie** ist ein Teilgebiet der Mathematik, das sich mit den Eigenschaften von Figuren, sowie mit ihrer Konstruktion und Darstellung beschäftigt. Werden ebene Figuren untersucht, so spricht man von **ebener Geometrie,** man sagt auch **Planimetrie.** Geht es um räumliche Figuren, so spricht man von **räumlicher Geometrie** oder **Stereometrie**. Wichtige Grundbegriffe sind: Punkt, Gerade und Ebene.

Objektname	inhaltliche Vorstellung	Bezeichnung	Darstellung
Punkt	Schnittpunkt zweier sich schneidender Linien	mit großen Buchstaben: $A, B, C, \ldots$	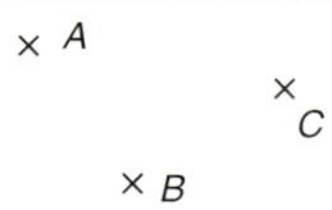
Gerade	gerade Linie, die nach beiden Seiten unbegrenzt ist	mit kleinen Buchstaben: $a, b, c, g, h, \ldots$	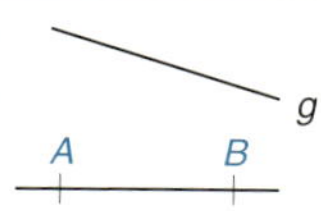
Ebene	ebene Fläche, die in keiner Richtung begrenzt ist	meist mit dem griechischen Buchstaben ε	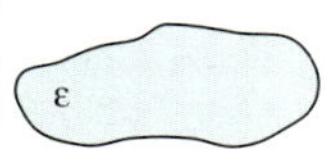

Punkte und Geraden einer Ebene

Lagemöglichkeiten von Punkten und Geraden	
Der Punkt P liegt auf der Geraden a oder die Gerade a geht durch den Punkt P. 	Der Punkt P liegt nicht auf der Geraden a oder die Gerade a geht nicht durch P. 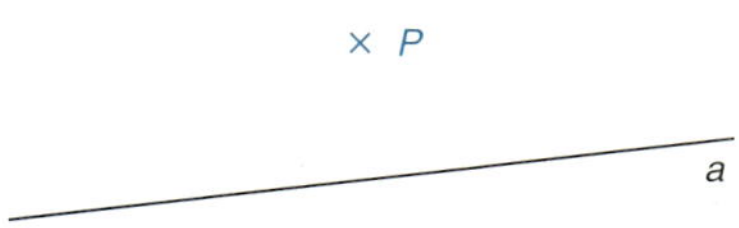

Durch einen Punkt P können unendlich viele Geraden gehen.
Durch zwei verschiedene Punkte P und Q geht **genau eine** Gerade.

Lagemöglichkeiten zweier Geraden *a* und *b* in der Ebene	
Die Geraden *a* und *b* **schneiden einander** und haben genau einen Punkt gemeinsam. 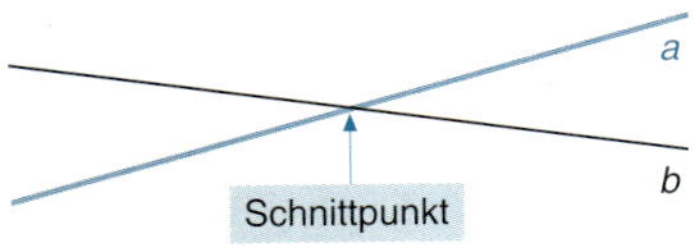	Die Geraden *a* und *b* sind **parallel zueinander;** in Zeichen: $a \parallel b$. 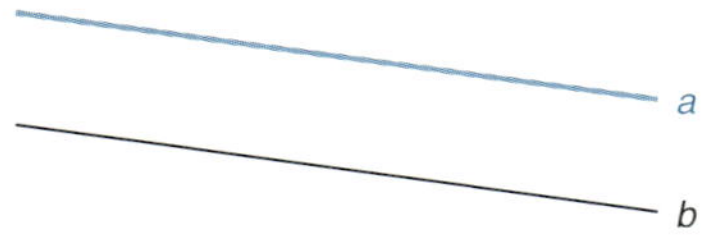
Spezialfall: Wenn der Schnittwinkel ein rechter Winkel ist, so sind *a* und *b* **senkrecht zueinander (orthogonal);** in Zeichen: $a \perp b$. 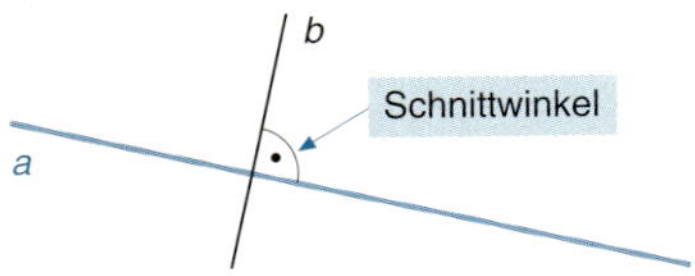	Spezialfall: Sind *a* und *b* gleich (identisch), so spricht man auch von Parallelität. 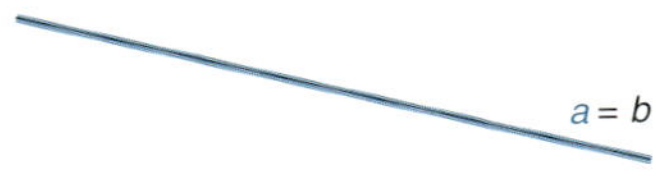

Strahl und Strecke

Ein **Strahl (Halbgerade)** ist eine gerade Linie, die durch einen Punkt auf einer Seite begrenzt ist; in Zeichen: $\overset{\vdash}{h}$. Man kann zur Bezeichnung auch den Punkt *A* als **Anfangspunkt** und einen weiteren Punkt *B* des Strahls betrachten. Dann spricht man vom Strahl $\overset{\vdash}{AB}$.	Eine **Strecke** ist eine gerade Linie, die durch zwei Punkte begrenzt ist; in Zeichen: $\overline{AB}$ oder $\overline{BA}$. Die Punkte *A* und *B* einer Strecke $\overline{AB}$ heißen **Endpunkte** der Strecke.
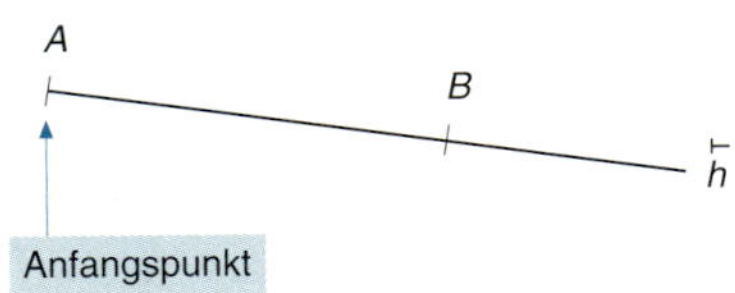	

Länge einer Strecke: Jede Strecke hat eine **Länge** (↗ Bild S. 103, oben).
Die Länge einer Strecke erhält man durch einen Vergleich mit einer festgelegten Strecke (einer Einheitsstrecke). Eine Einheitsstrecke hat den Zahlenwert 1 und eine Einheit (z. B. Zentimeter).
Gleiche (kongruente) Strecken haben die gleiche Länge.
Die Länge einer Strecke $\overline{AB}$ wird wie die Strecke selbst mit $\overline{AB}$ bezeichnet und durch einen Zahlenwert und eine Einheit angegeben.
↗ Größen, Einheiten, S. 29

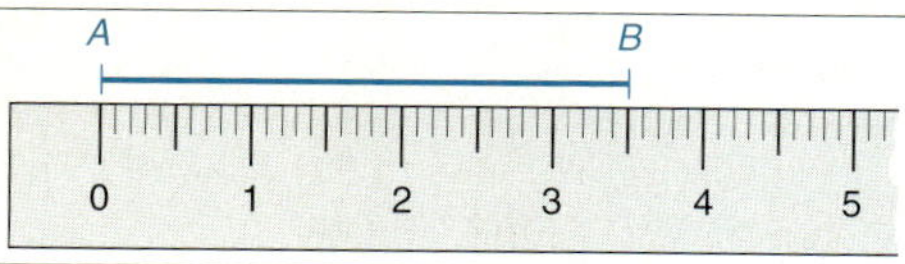

$\overline{AB}$ = 3,5 cm

($\overline{AB}$: Länge der Strecke; 3,5: Zahlenwert; cm: Einheit)

Ist eine Strecke $\overline{AB}$ in zwei oder mehr Teilstrecken zerlegt, so ist die Länge von $\overline{AB}$ gleich der Summe der Längen der Teilstrecken.

Einheiten der Länge: In Europa benutzt man das **Meter** als (Grund-) Einheit der Länge. Zweckmäßigerweise gibt es kleinere und größere Einheiten, die sich alle ineinander umrechnen lassen.

Bezeichnung	Zeichen	einige Beziehungen		
Millimeter	mm			
Zentimeter	cm	1 cm = 10 mm		
Dezimeter	dm	1 dm = 10 cm	1 dm = 100 mm	
Meter	m	1 m = 10 dm	1 m = 100 cm	1m = 1000 mm
Kilometer	km	1 km = 1000 m		

8

■ a) 3,5 cm = 35 mm b) 3,5 cm = 0,035 m

Umrechnungsfaktoren

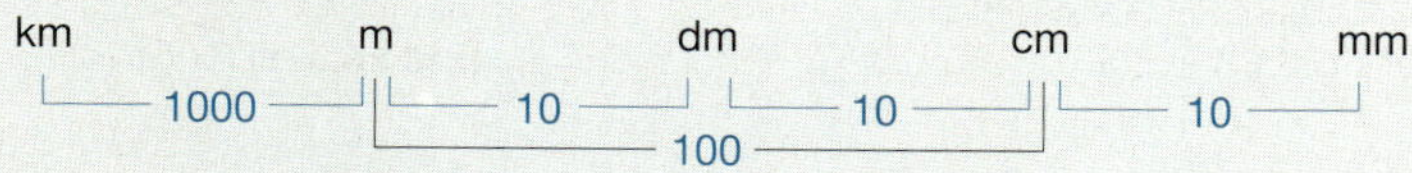

Vergleich der Längen zweier Strecken:
Zwei Strecken $\overline{AB}$ und $\overline{CD}$ kann man vergleichen, indem man eine von beiden auf der anderen abträgt. Es können folgende Fälle eintreten:
$\overline{AB} < \overline{CD}$, $\overline{AB} = \overline{CD}$, $\overline{AB} > \overline{CD}$.

■ Gegeben:

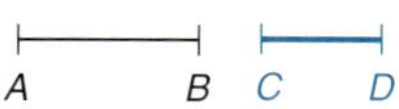

Ergebnis:

$\overline{AB} > \overline{CD}$

Abstand

Unter dem **Abstand** (oder der Entfernung) **zweier Punkte *A* und *B*** versteht man die Länge der Strecke $\overline{AB}$.

■

$\overline{AB}$ = 2,7 cm

Als **Abstand eines Punktes *A* von einer Geraden *g*** bezeichnet man die Länge der kürzesten Entfernung von *A* und *g*. Von allen Punkten $P_1, P_2, P_3, \ldots$ einer Geraden *g* hat derjenige Punkt *L* den kürzesten Abstand von einem Punkt *A* außerhalb der Geraden, für den *AL* senkrecht auf *g* steht (↗ Bild).	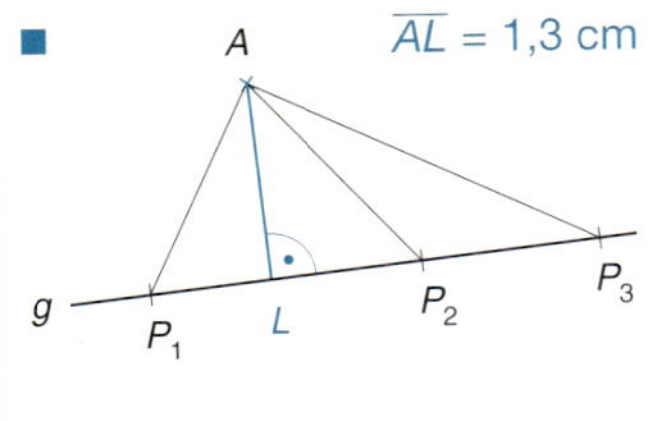
Als **Abstand zweier zueinander paralleler Geraden *g* und *h*** bezeichnet man die Länge der Strecke $\overline{AB}$, die entsteht, wenn eine Senkrechte *k* die Geraden *g* und *h* schneidet. *A* ist der Schnittpunkt von *g* mit *k*, *B* ist der Schnittpunkt von *h* mit *k*. Im nebenstehenden Bild ist der Abstand der Geraden *g* und *h* 1,2 cm.	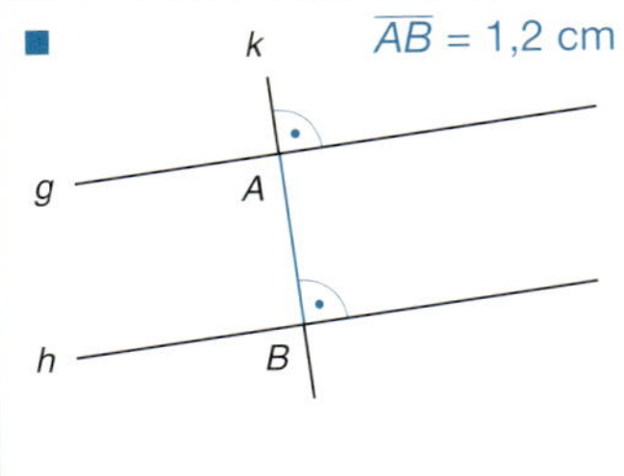

Zu jeder Geraden *g* und jedem Punkt *P* von *g* gibt es genau eine Gerade *h*, die zu *g* senkrecht ist und durch *P* geht. Sie heißt **Senkrechte in *P* auf *g*.**

8

Lot

Die Gerade *a*, die durch einen Punkt *A* außerhalb von *g* geht und senkrecht auf einer Geraden *g* steht, heißt das **Lot von *A* auf *g*.**
Manchmal bezeichnet man als Lot auf *g* auch nur die Strecke $\overline{AL}$ (↗ Bild).

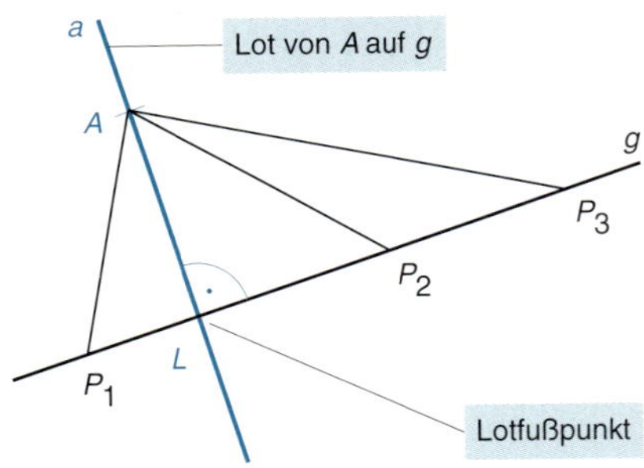

Winkel

Ein **Winkel** ist ein Teil der Ebene, der von zwei Strahlen mit gemeinsamem Anfangspunkt begrenzt wird;
in Zeichen:
α oder $\sphericalangle(\overleftarrow{a}, \overleftarrow{b})$ oder $\sphericalangle\, ASB$.

Mitunter bezeichnet man auch nur die beiden Strahlen $\overleftarrow{a}$ und $\overleftarrow{b}$, die denselben Anfangspunkt haben, als Winkel.

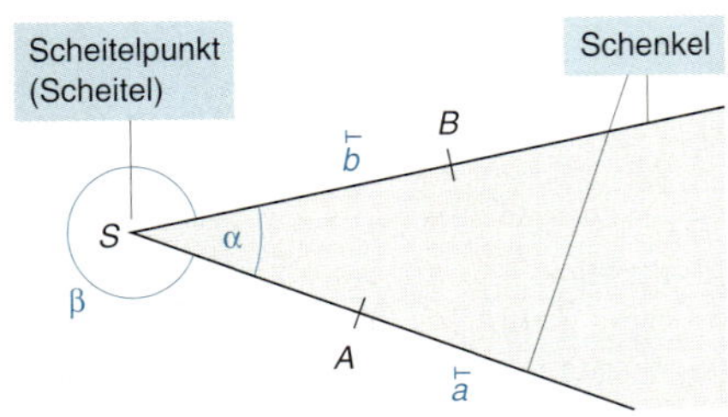

Zwei Strahlen mit einem gemeinsamen Anfangspunkt sind stets die Schenkel von zwei Winkeln. Es muss somit festgelegt werden, welchen Winkel man betrachtet. Man bezeichnet den ausgewählten Winkel mit einem Kreisbogen von einem Strahl zum anderen. Im Bild S. 104, unten, sind es die Winkel α und β.

Sonderfälle:

Gestreckter Winkel	Nullwinkel
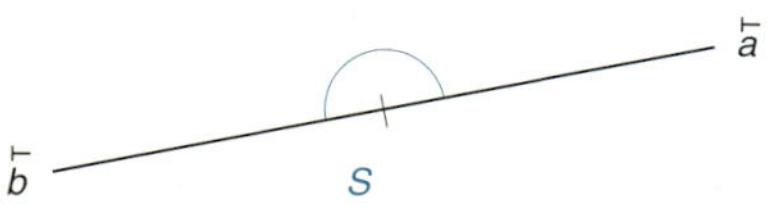	
Beide Schenkel liegen auf ein und derselben Geraden.	Beide Schenkel fallen zusammen.

Größe eines Winkels: Jeder Winkel hat eine **Größe.**
Die Größe eines Winkels erhält man durch einen Vergleich mit einem festgelegten Winkel (einem Einheitswinkel). Ein Einheitswinkel hat den Zahlenwert 1 und eine Einheit (z. B. Grad).
Zerlegt man einen rechten Winkel in 90 gleiche Teile, dann erhält man die Einheit im Gradmaß.
Jedes Teil hat die Größe 1 Grad (Zeichen: 1°).

Man kann auch sagen: 1 Grad (1°) = $\frac{1}{90}$ des rechten Winkels.

Gleiche (kongruente) Winkel haben die gleiche Größe.
↗ Größen, Einheiten, S. 29

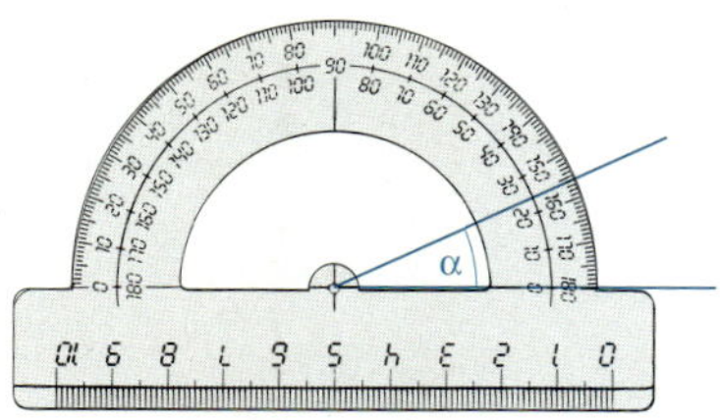

$\underbrace{\alpha}_{\text{Winkelgröße}} = \underbrace{24}_{\text{Zahlenwert}}\ \underset{\text{Einheit (Grad)}}{°}$

Vergleich der Größe zweier Winkel:
Zwei Winkel kann man vergleichen, indem man einen von beiden an einen Schenkel des anderen so anträgt, dass sich beide Winkel zum Teil überdecken (↗ Bild).
↗ Antragen eines Winkels an einen Strahl, S. 108
Beim Vergleichen der Größe zweier Winkel können folgende Fälle eintreten:
$\alpha < \beta$, $\alpha = \beta$, $\alpha > \beta$.

■ Gegeben:

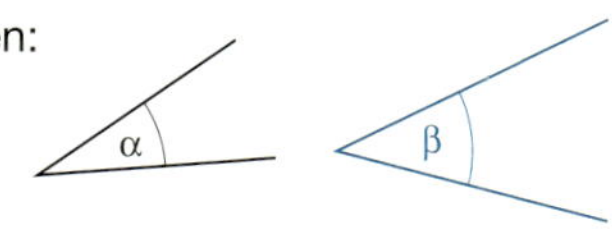

Ergebnis:

β > α

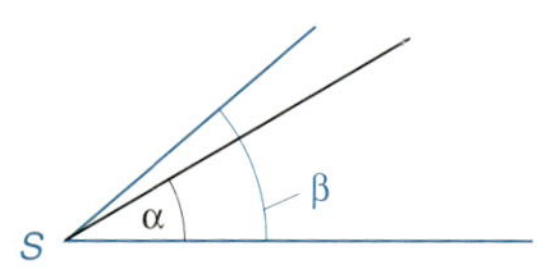

Winkelarten:

Nullwinkel $\alpha = 0°$		stumpfer Winkel $90° < \alpha < 180°$	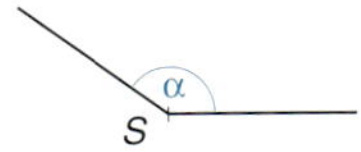
spitzer Winkel $0° < \alpha < 90°$	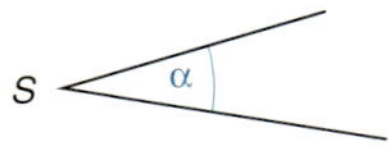	gestreckter Winkel $\alpha = 180°$	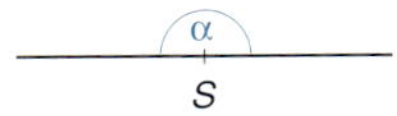
rechter Winkel $\alpha = 90°$	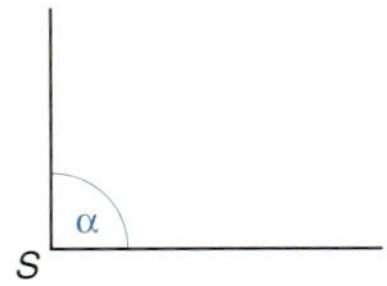	überstumpfer Winkel $180° < \alpha < 360°$	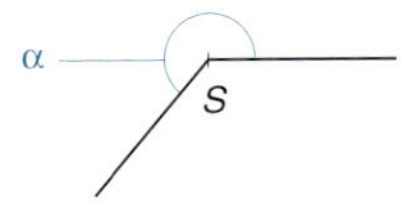
		Vollwinkel $\alpha = 360°$	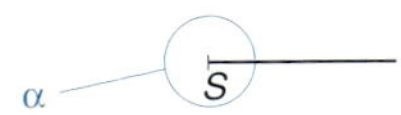

Winkelmessung: Will man die Größe eines Winkels messen, benutzt man einen Winkelmesser oder ein Geodreieck.

	Messen mit dem Winkelmesser	Messen mit dem Geodreieck
Ist der zu messende Winkel nicht größer als ein gestreckter, so kann der Wert direkt abgelesen werden.	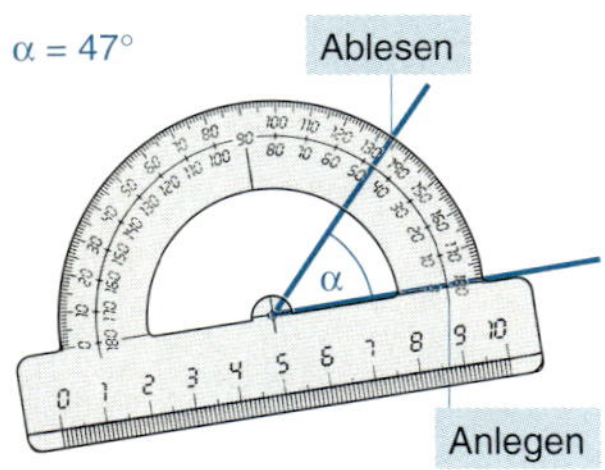	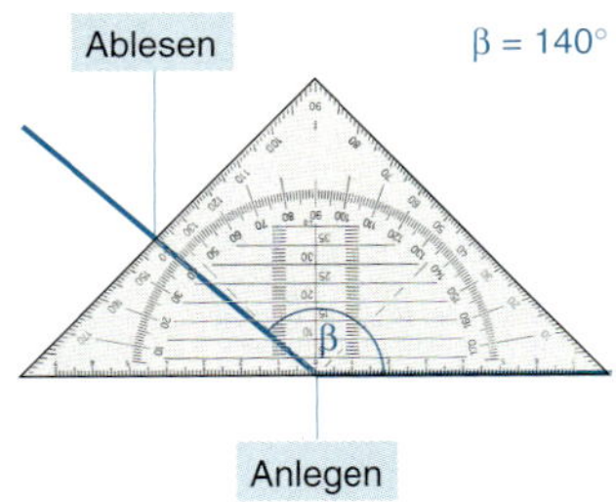
Ist der zu messende Winkel größer als ein gestreckter, so muss mit dem abgelesenen Wert noch gerechnet werden.	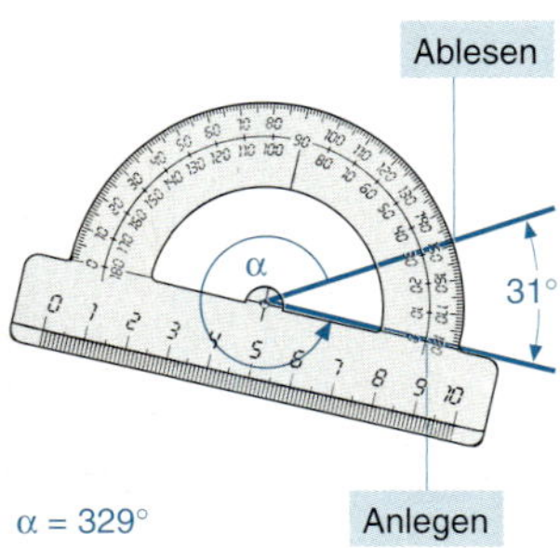 *Rechnen:* Der abgelesene Wert (31°) wird von 360° subtrahiert.	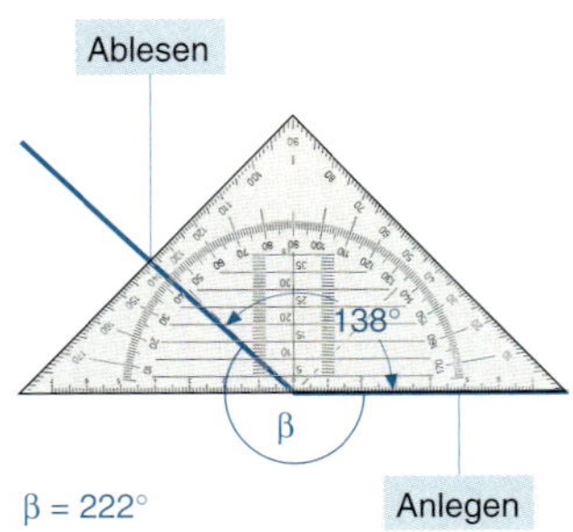 *Rechnen:* Der abgelesene Wert (138°) wird von 360° subtrahiert.

Winkelpaare

Schneiden zwei Geraden einander, so heißen gegenüberliegende Winkel **Scheitelwinkel,** zwei nebeneinander liegende Winkel **Nebenwinkel.**

Scheitelwinkel:

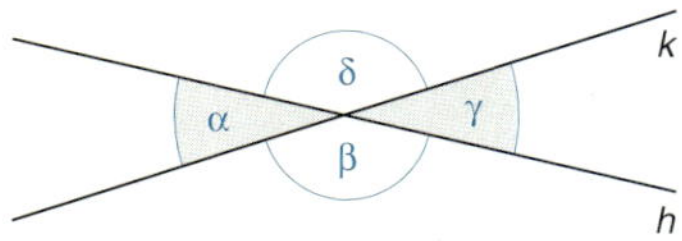

$\alpha = \gamma$; $\beta = \delta$

Scheitelwinkelsatz:

Scheitelwinkel sind gleich groß.

Nebenwinkel:

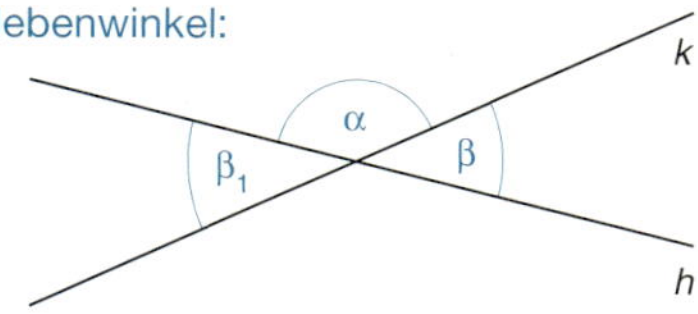

$\alpha + \beta = 180°$; $\alpha + \beta_1 = 180°$

Nebenwinkelsatz: Nebenwinkel haben zusammen eine Größe von 180°.

Jeder Winkel hat zwei Nebenwinkel. Sind ein Winkel und einer seiner Nebenwinkel gleich groß, dann sind es rechte Winkel.

Winkel an geschnittenen Parallelen: Werden zwei parallele Geraden von einer dritten Geraden geschnitten, so entstehen mehrere Winkel. Gewisse Paare dieser Winkel werden im Folgenden betrachtet und bezeichnet.

8

Stufenwinkel:

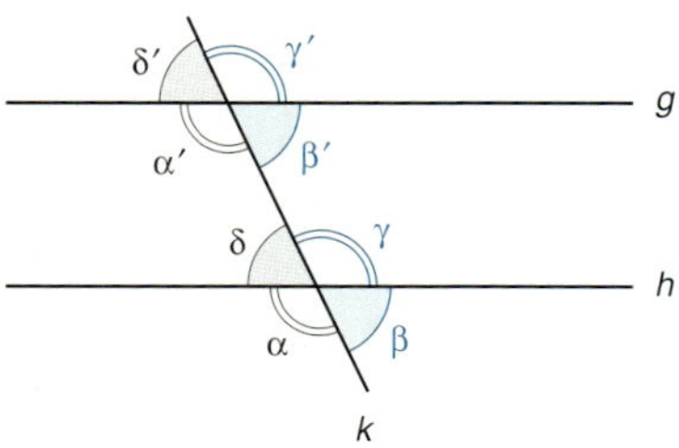

■ α und α', β und β', γ und γ', δ und δ'

Stufenwinkelsatz: Stufenwinkel an geschnittenen Parallelen sind einander kongruent, also gleich groß (↗ S. 115).

■ $\alpha \cong \alpha'$, $\delta \cong \delta'$

Umkehrung des Stufenwinkelsatzes: Wenn zwei Winkel α und β Stufenwinkel sind und gleich groß ($\alpha \cong \beta$) sind, dann sind die geschnittenen Geraden parallel zueinander.

Wechselwinkel:

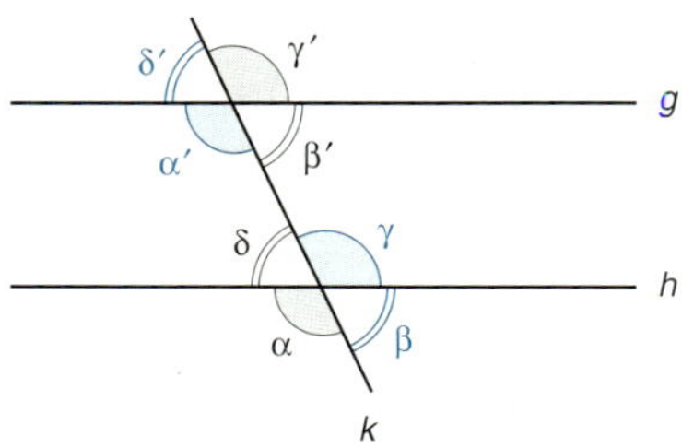

■ α und γ', β und δ', γ und α', δ und β'

Wechselwinkelsatz: Wechselwinkel an geschnittenen Parallelen sind einander kongruent, also gleich groß.

■ $\alpha \cong \gamma'$, $\beta \cong \delta'$

Umkehrung des Wechselwinkelsatzes: Wenn zwei Winkel α und β Wechselwinkel sind und wenn $\alpha \cong \beta$ gilt, so sind die geschnittenen Geraden parallel zueinander.

GRUNDKONSTRUKTIONEN

Unter Grundkonstruktionen versteht man das Ausführen geometrischer Konstruktionen mit Zirkel und Lineal, mitunter auch mit dem Geodreieck.

Abtragen einer Strecke

Konstruktionsbeschreibung:

Um C wird ein Kreis mit dem Radius $\overline{AB}$ gezeichnet. Der Schnittpunkt mit $\overset{\vdash}{h}$ ist Q. $\overline{CQ}$ ist die auf dem Strahl $\overset{\vdash}{h}$ abgetragene Strecke $\overline{AB}$.
Beim Abtragen einer Strecke auf einer Geraden, kann man die Strecke nach beiden Seiten eines Punktes hin abtragen.

■ Gegeben

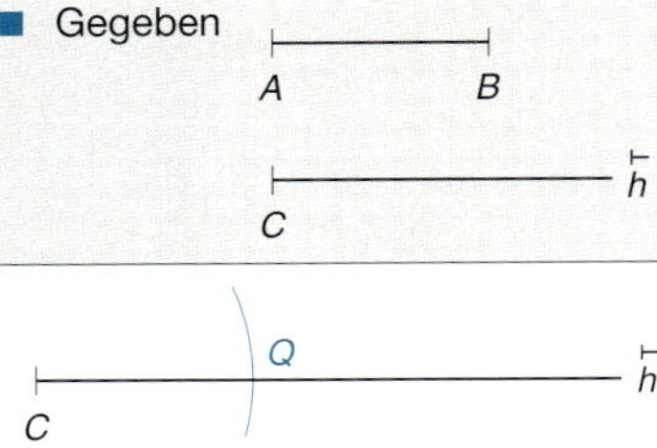

Antragen eines Winkels an einen Strahl

Ein Winkel kann an einen Strahl $\overset{\vdash}{a}$ mit Zirkel und Lineal angetragen werden.

Konstruktionsbeschreibung:

① Um den Punkt A wird ein Kreis mit beliebigem Radius gezeichnet. Die Schnittpunkte mit den Schenkeln sind C und D.
② Mit demselben Radius wird ein Kreis um B gezeichnet. Der Schnittpunkt mit $\overset{\vdash}{a}$ ist E.
③ Um den Punkt E wird ein Kreis mit dem Radius $\overline{CD}$ gezeichnet. Der Schnittpunkt der Kreise um B und E ist F.
④ Der Strahl $\overset{\vdash}{BF}$ wird gezeichnet. Der Winkel EBF ist der angetragene Winkel α.

Der Winkel kann ebenso an der anderen Seite des Strahls angetragen werden.

■ Gegeben

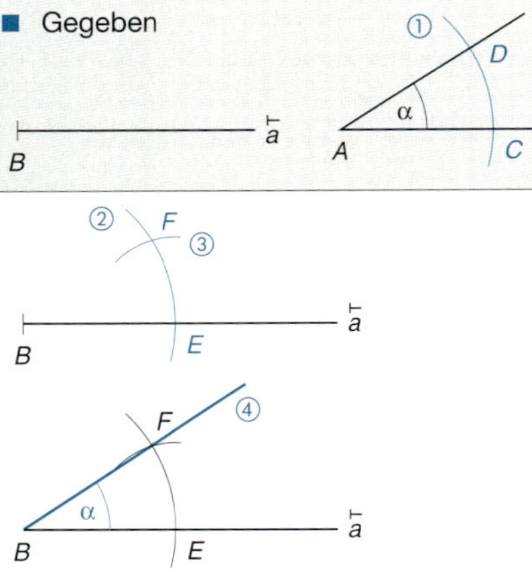

Fällen des Lotes von einem Punkt auf eine Gerade

Das Lot von einem Punkt A auf eine Gerade g kann mit Zirkel und Lineal (sowie auch mit einem Zeichendreieck und einem Lineal) konstruiert werden.

Konstruktionsbeschreibung:

① Um den Punkt A wird ein Kreis mit einem Radius, der größer ist als der Abstand des Punktes A von g, gezeichnet. Schnittpunkte mit g sind B und C.

■ Gegeben

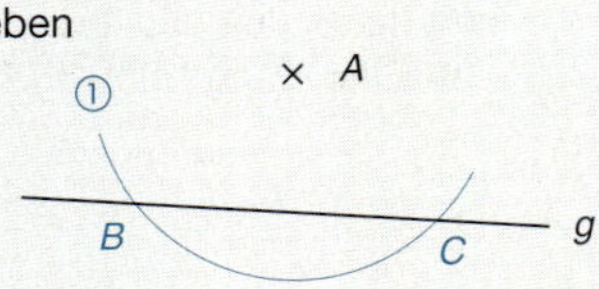

② Um B und C wird mit gleich großen Radien je ein Kreis gezeichnet. D sei ein Schnittpunkt beider Kreise.
Die Gerade AD ist das Lot von A auf die Gerade g.

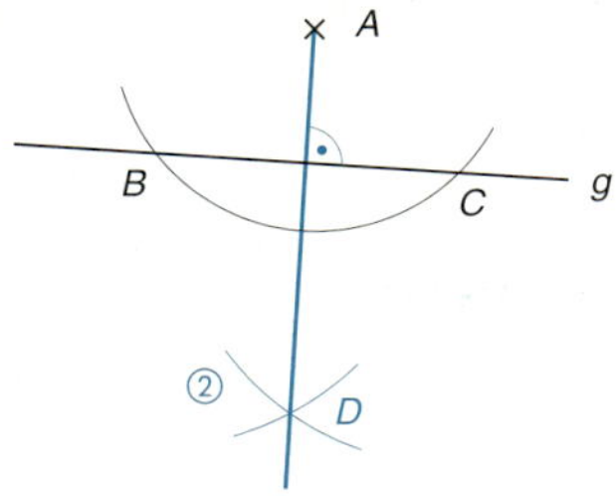

Errichten der Senkrechten

Konstruktionsbeschreibung:

① Es wird ein Kreis um A gezeichnet. Die Schnittpunkte mit g sind B und C.
② Um B und C werden Kreise mit gleich großen Radien gezeichnet. Dabei muss der Radius größer als $\overline{AB}$ sein. Die Kreise schneiden sich in D.
③ Die Gerade AD ist die Senkrechte in A auf die Gerade g.

■ Gegeben

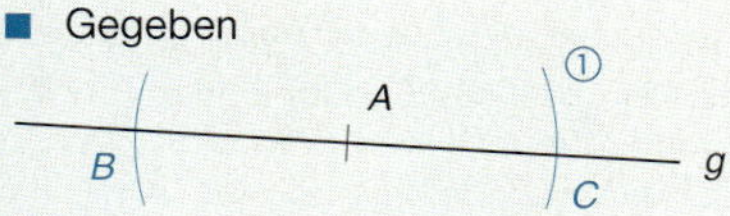

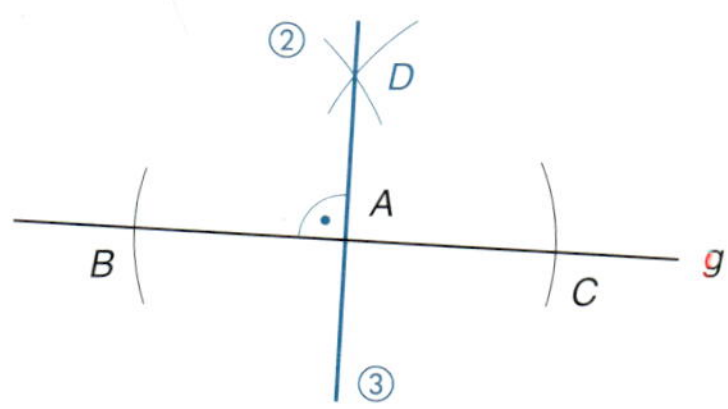

Halbieren einer Strecke – Mittelsenkrechte einer Strecke $\overline{AB}$ konstruieren

Die im Mittelpunkt einer Strecke $\overline{AB}$ errichtete Senkrechte heißt **Mittelsenkrechte der Strecke** $\overline{AB}$. Auf der Mittelsenkrechten liegen genau die Punkte der Ebene, die von A und B denselben Abstand haben.

Konstruktionsbeschreibung:

① Um A und B werden Kreise mit gleichem Radius, der größer ist als $\frac{\overline{AB}}{2}$, gezeichnet. Schnittpunkte sind C und D.
② Die Gerade CD wird gezeichnet.
Die Gerade CD ist die Mittelsenkrechte von $\overline{AB}$.
Wenn M der Schnittpunkt der Geraden CD mit $\overline{AB}$ ist, dann halbiert M die Strecke $\overline{AB}$.

■ Gegeben

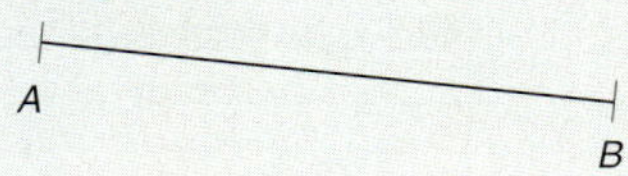

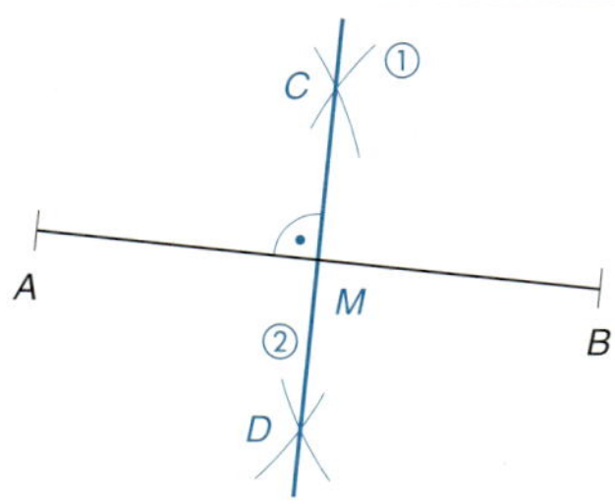

Halbieren eines Winkels - Winkelhalbierende eines Winkels konstruieren

Die zu einem gegebenen Winkel $(\overset{\vdash}{h}, \overset{\vdash}{k})$ konstruierte Gerade, die $(\overset{\vdash}{h}, \overset{\vdash}{k})$ in zwei kongruente Teilwinkel zerlegt, heißt **Winkelhalbierende** von $(\overset{\vdash}{h}, \overset{\vdash}{k})$. Auf ihr liegen genau die Punkte der Ebene, die von $\overset{\vdash}{h}$ und $\overset{\vdash}{k}$ denselben Abstand haben.

Konstruktionsbeschreibung:

① Um den Scheitelpunkt A wird ein Kreis mit beliebigem Radius gezeichnet. Die Schnittpunkte mit den Schenkeln sind die Punkte B und C.
② Um B und C werden Kreise mit gleich großem Radius, der aber größer als $\frac{1}{2}\overline{BC}$ ist, gezeichnet. Schnittpunkt beider Kreise ist D. Der Strahl mit Anfangspunkt A durch D wird gezeichnet.
AD ist Winkelhalbierende von $\sphericalangle (\overset{\vdash}{h}, \overset{\vdash}{k})$.

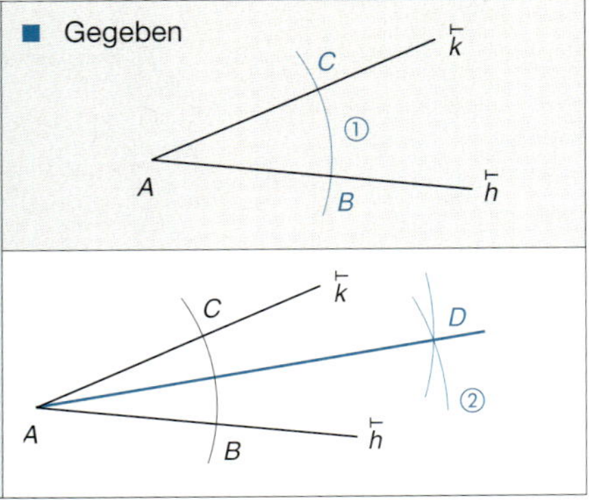

8 BEWEGUNGEN UND KONGRUENZ

Geometrische Abbildung

Bei einer geometrischen Abbildung bestehen der Definitions- und der Wertebereich aus Punktmengen. Ein Punkt P aus dem Definitionsbereich heißt **Originalpunkt.** Ihm wird ein **Bildpunkt** P' aus dem Wertebereich zugeordnet.

↗ Funktionsbegriff (Definitionsbereich, Wertebereich), S. 80

Verschiebung

Eine Verschiebung $\overrightarrow{AB}$ ordnet jedem Punkt P der Ebene als Bild einen Punkt P' dieser Ebene zu.
$\overrightarrow{AB}$ wird **Verschiebungspfeil** genannt. Er gibt die Länge, man sagt die **Verschiebungsweite,** und die **Richtung** der Verschiebung an.

Konstruktion des Bildpunktes P', wenn P und $\overrightarrow{AB}$ gegeben sind

① Durch den gegebenen Punkt P wird eine Gerade g parallel zu $\overrightarrow{AB}$ gezeichnet.
② Die Länge von $\overrightarrow{AB}$ wird auf g von P aus abgetragen. Dabei muss die Richtung des Pfeils beachtet werden.

Es gilt $PP' \parallel AB$ und $PA \parallel P'B$.

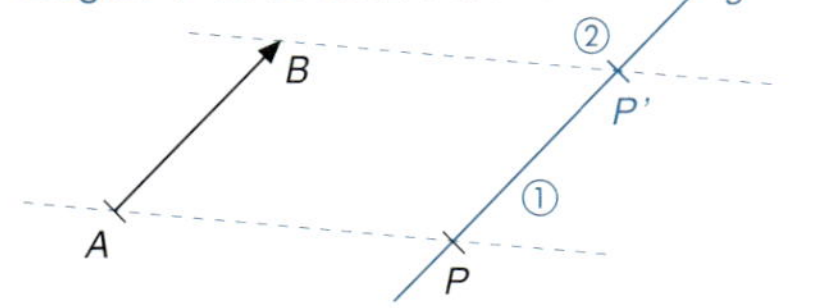

Konstruktion des Bildes eines Dreiecks bei einer Verschiebung $\overrightarrow{PQ}$

Konstruktionsbeschreibung:

① Man zeichnet von *A*, *B* und *C* aus Strahlen $\overleftarrow{l}$, $\overleftarrow{k}$, $\overleftarrow{s}$, die mit dem Strahl $\overleftarrow{PQ}$ parallel und gleich orientiert sind.

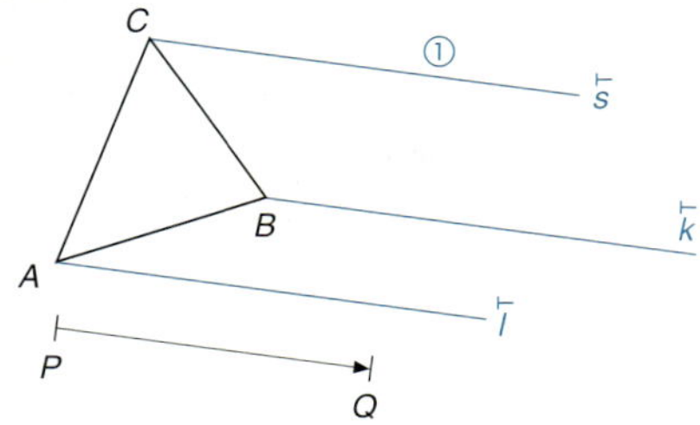

② Auf $\overleftarrow{l}$, $\overleftarrow{k}$ und $\overleftarrow{s}$ wird die Strecke $\overline{PQ}$ abgetragen; die erhaltenen Punkte bezeichnet man mit *A′*, *B′* und *C′*.
③ Das Dreieck *A′B′C′* wird gezeichnet. Das Dreieck *A′B′C′* ist das Bild des Dreiecks *ABC* bei der Verschiebung $\overrightarrow{PQ}$.

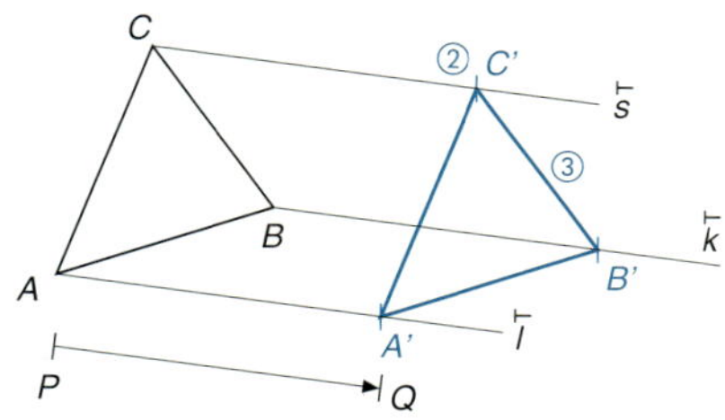

Eigenschaften der Verschiebung:
1. Das Bild jeder Strecke $\overline{AB}$ ist eine Strecke $\overline{A'B'}$ gleicher Länge (Längenerhaltung).
2. Das Bild jeder Geraden ist eine Gerade (Geradenerhaltung).
3. Das Bild jedes Winkels ist ein Winkel gleicher Größe (Winkelerhaltung).
   Insbesondere gilt für zwei Geraden *a*, *b* und ihre Bilder *a′*, *b′*:
   a) Wenn $a \parallel b$, so $a' \parallel b'$ und
   b) wenn $a \perp b$, so $a' \perp b'$.
4. Original- und Bildgerade sind einander parallel.

Verschiebt man eine Figur zweimal nacheinander, so ist das Ergebnis wieder eine Verschiebung.

Konstruktion des Bildes eines Dreiecks bei der Nacheinanderausführung zweier Verschiebungen $\overrightarrow{PQ}$ und $\overrightarrow{RS}$

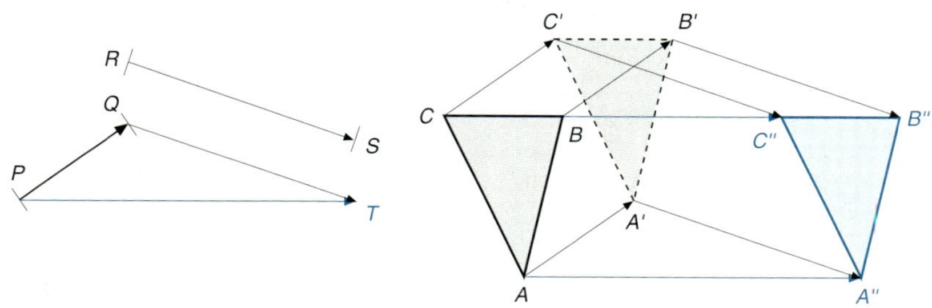

Drehung

Eine Drehung um einen Punkt Z mit dem Winkel α ordnet jedem Punkt P der Ebene als Bild einen Punkt P' dieser Ebene zu.
Der Punkt Z wird **Drehzentrum** genannt, der Winkel α **Drehwinkel.** Der Bildpunkt von Z ist identisch mit Z: $Z = Z'$.

Konstruktion des Bildpunktes P', wenn der Punkt P, das Drehzentrum Z und der Drehwinkel α gegeben sind

① Der Strahl $\overline{ZP}$ wird gezeichnet.
② Der Winkel α wird in Z an den Strahl $\overline{ZP}$ angetragen. Dabei muss die Drehrichtung des Winkels beachtet werden.
③ Die Länge der Strecke $\overline{ZP}$ wird auf dem zweiten Schenkel abgetragen.

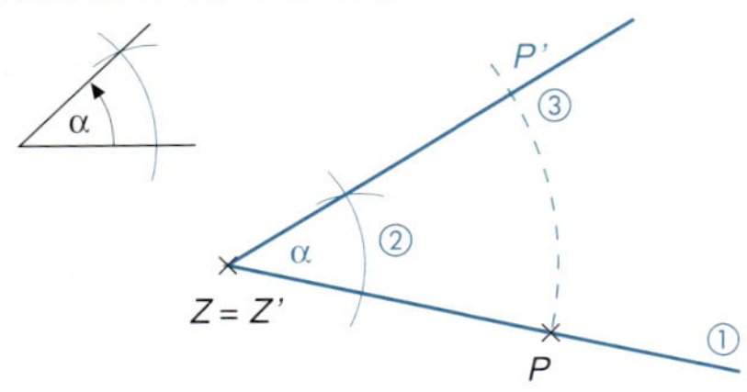

■ **Konstruktion des Bildes eines Dreiecks bei einer Drehung um Z mit $\alpha = 50°$**

Konstruktionsbeschreibung:

① Von Z aus werden Strahlen durch die Dreieckspunkte A, B und C gezeichnet.
② An diese Strahlen wird jeweils der Drehwinkel α in der geforderten Orientierung angetragen.
③ Die Längen der Strecken $\overline{ZA}$, $\overline{ZB}$, $\overline{ZC}$ werden auf den jeweils zweiten Schenkeln der zugeordneten Winkel abgetragen. Es ergeben sich die Punkte A', B', C', die Eckpunkte des Dreiecks $A'B'C'$.
Hinweis: Da in diesem Fall eine Winkelgröße gegeben ist, kann hierfür der Winkelmesser benutzt werden (↗ Bild).
Wird der Winkel als geometrische Figur vorgegeben, so wird der Winkel jeweils wie im Bild oben mit Zirkel und Lineal angetragen.
↗ Antragen eines Winkels, S. 108

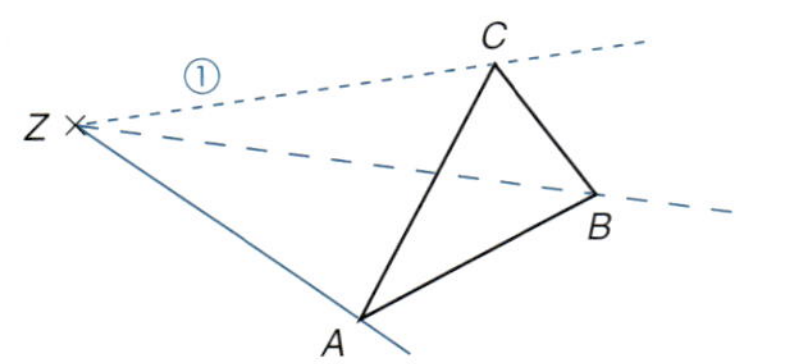

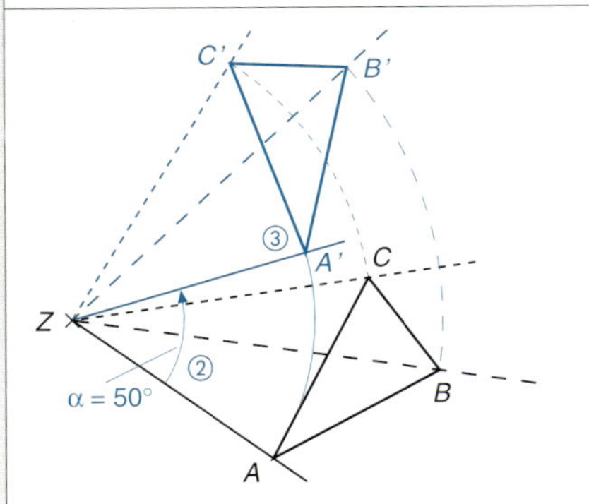

Eigenschaften der Drehung um Z: Wie die Verschiebungen haben die Drehungen die Eigenschaften Längenerhaltung, Geradenerhaltung und Winkelerhaltung (↗ S. 111). Dreht man eine Figur zweimal mit dem gleichen Drehzentrum Z, so ist das Ergebnis wieder eine Drehung um Z.

Punktspiegelung

Eine Drehung um einen Punkt Z mit dem Drehwinkel $\alpha = 180°$ nennt man **Punktspiegelung.** Eine Punktspiegelung am Punkt Z ordnet jedem Punkt P der Ebene als Bild einen Punkt P' dieser Ebene zu. Dabei ist der Bildpunkt von Z der Punkt Z selbst.

Konstruktion des Bildpunktes P', wenn P und das Drehzentrum Z gegeben sind

① Durch die Punkte Z und P wird die Gerade ZP gezeichnet.
② Die Länge der Strecke $\overline{ZP}$ wird von Z aus in entgegengesetzter Richtung abgetragen.

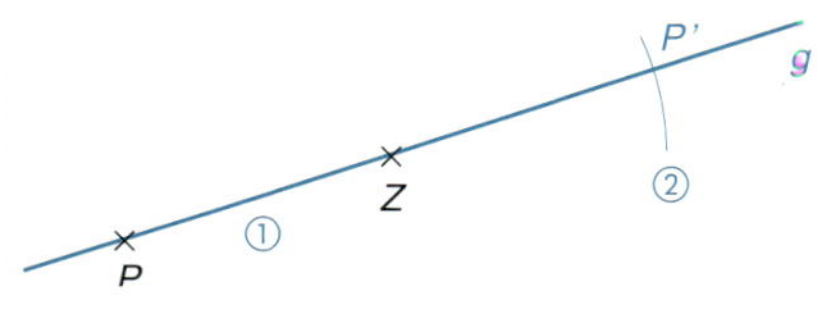

Konstruktion des Bildes eines Vierecks bei einer Spiegelung am Punkt Z

Konstruktionsbeschreibung:

① Durch die Eckpunkte des Vierecks $ABCD$ und durch den Punkt Z werden die vier Geraden g_1, g_2, g_3 und g_4 gezeichnet .
② Die Länge von $\overline{AZ}$ wird von Z aus auf g_1 in entgegengesetzter Richtung abgetra-gen. Die Längen $\overline{BZ}$, $\overline{CZ}$, $\overline{DZ}$ analog auf g_2, g_3 und g_4. Die Schnittpunkte mit den Geraden sind A', B', C' und D'.
Sie werden miteinander verbunden.

Für die Punktspiegelung gelten die Eigenschaften der Drehung (↗ S. 112).

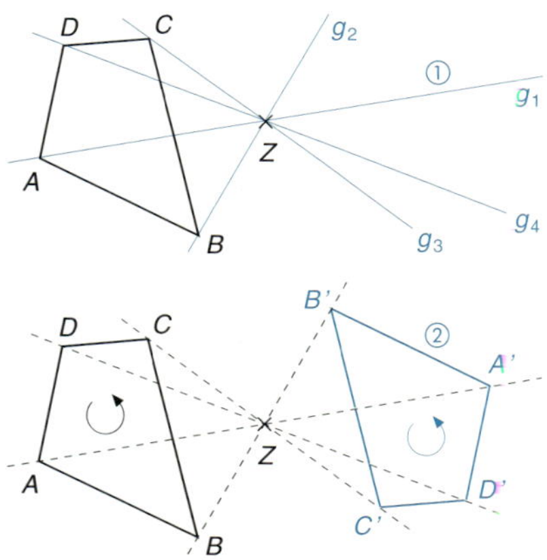

Spiegelung an einer Geraden

Eine Spiegelung an einer Geraden g (Geradenspiegelung) ordnet jedem Punkt P der Ebene als Bild einen Punkt P' dieser Ebene zu.
Die Gerade g wird **Spiegelgerade** genannt. Der Bildpunkt für jeden Punkt Q auf g ist der Punkt Q selbst.

Jede Spiegelung an einer Geraden ist durch die Angabe zweier Punkte, d. h. durch die Angabe der Spiegelgeraden g oder durch die Angabe eines Punktepaares $(P \mid P')$ eindeutig beschrieben.

↗ Funktionsbegriff (Zuordnungen), S. 80

Konstruktion des Bildpunktes P', wenn P und die Spiegelgerade g gegeben sind	
① Durch den Punkt P wird die Senkrechte zu g gezeichnet. Die Senkrechte schneidet g im Punkt S. ② Die Länge der Strecke $\overline{SP}$ wird von S aus in entgegengesetzter Richtung auf der Senkrechten abgetragen.	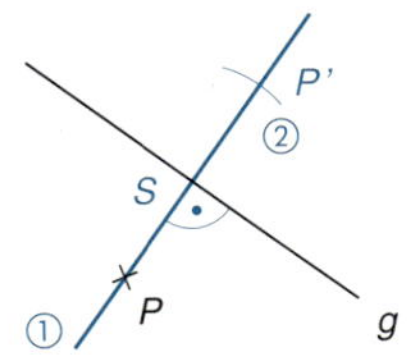

Konstruktion des Bildes eines Dreiecks bei einer Spiegelung an der Geraden s	
① Es werden Senkrechte a, b, c zu s durch die Eckpunkte A, B, C des Dreiecks gezeichnet. a, b, c schneiden die Gerade g in den Punkten R_A, R_B, R_C. ② Die Länge von $\overline{AR_A}$ wird von R_A aus auf a abgetragen. Die Längen $\overline{BR_B}$ und $\overline{CR_C}$ analog auf b bzw. c. Die Schnittpunkte mit den Geraden sind A', B' und C'. Sie werden miteinander verbunden.	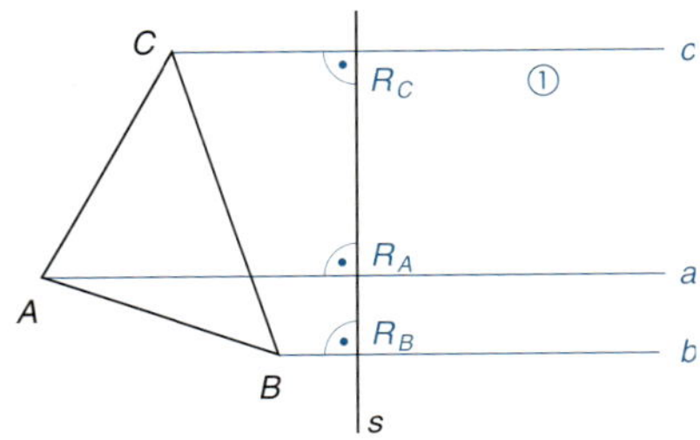 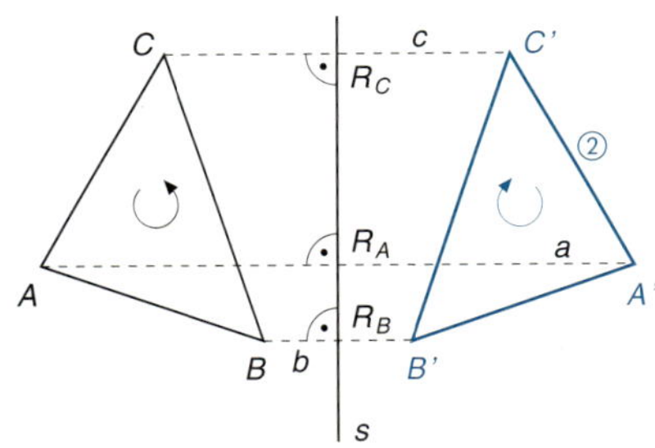

Eigenschaften der Spiegelungen an Geraden: Wie die Verschiebungen und Drehungen haben die Spiegelungen an Geraden die Eigenschaften Längenerhaltung, Geradenerhaltung und Winkelerhaltung. Dagegen ändert sich bei einer Spiegelung der Umlaufsinn der Figur (↗ Bild).

Nacheinanderausführung von Spiegelungen: Spiegelt man eine Figur an einer Geraden s zweimal nacheinander, so erhält man die gleiche Figur wieder.
Spiegelt man eine Figur zuerst an der Geraden s und danach noch an einer zu s parallelen Geraden t, so ist das Ergebnis der Nacheinanderausführung eine Verschiebung (↗ Bild S. 115, oben links).
Spiegelt man eine Figur an einer Geraden s und danach an einer zweiten Geraden t, die s schneidet, so ist das Ergebnis der Nacheinanderausführung eine Drehung um den Schnittpunkt der beiden Geraden (↗ Bild S. 115, oben rechts).

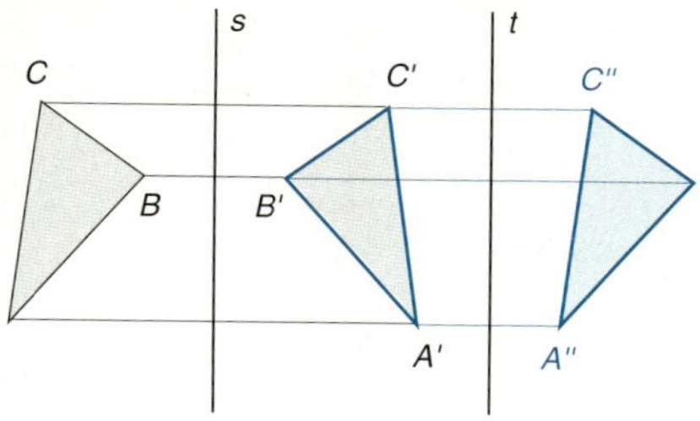

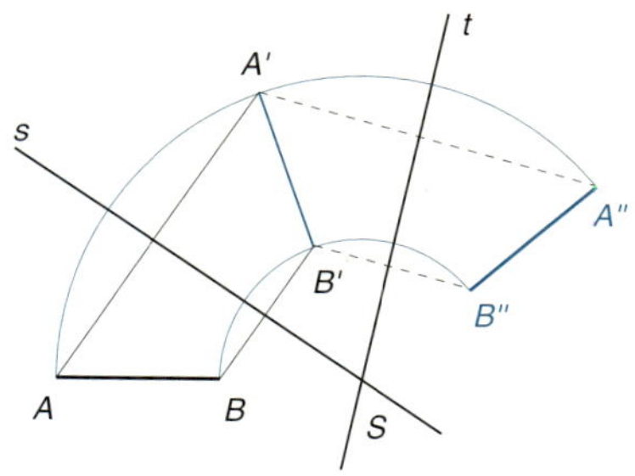

Bewegung

Jede Verschiebung, Drehung und Spiegelung sowie jede beliebige Nacheinanderausführung dieser geometrischen Abbildungen in einer Ebene nennt man **Bewegung.** Für Bewegungen gilt, dass die Bild- und Originalfiguren stets zueinander kongruent (deckungsgleich, s. u.) sind. Deshalb spricht man auch von **Kongruenzabbildungen.** Da eine Bewegung jedem Originalpunkt genau einen Bildpunkt zuordnet und umgekehrt jedem Bildpunkt genau ein Originalpunkt entspricht, ist sie eine **eineindeutige Abbildung.**

Bewegungen haben die gemeinsamen geometrischen Eigenschaften der ihnen zugrunde liegenden Abbildungen Verschiebungen, Drehungen um einen Punkt und Geradenspiegelungen. Das sind Längenerhaltung, Geradenerhaltung und Winkelerhaltung. Da diese Eigenschaften gelten, bleiben auch Flächeninhalt und Umfang einer ebenen Figur bei einer Bewegung erhalten.

Kongruenz von Figuren

<table>
<tr><td colspan="2">Zwei Figuren heißen einander kongruent oder deckungsgleich, wenn es eine Bewegung gibt, bei der die eine Figur das Bild der anderen Figur ist.
In Zeichen: $F_1 \cong F_2$ (F_1 ist kongruent zu F_2).</td></tr>
<tr><td>Für zueinander kongruente Figuren gilt:
• einander entsprechende Strecken sind gleich lang,
• einander entsprechende Winkel sind gleich groß.</td><td>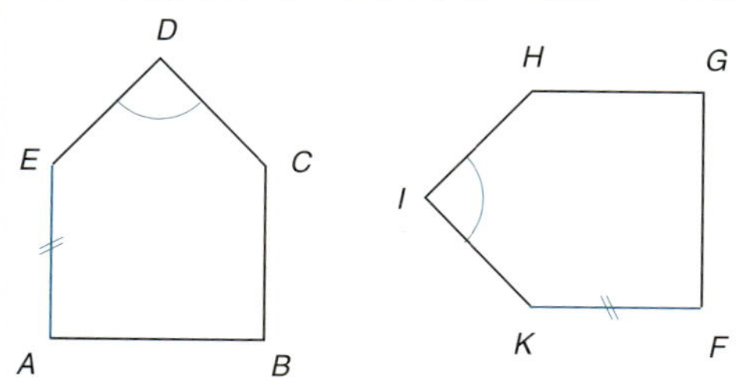
</td></tr>
<tr><td>Zwei Strecken sind kongruent, wenn sie gleich lang sind.
Zwei Winkel sind kongruent, wenn sie gleich groß sind.
Im nebenstehenden Bild sind $\overline{AB} \cong \overline{CD}$ und $\alpha \cong \beta$.</td><td>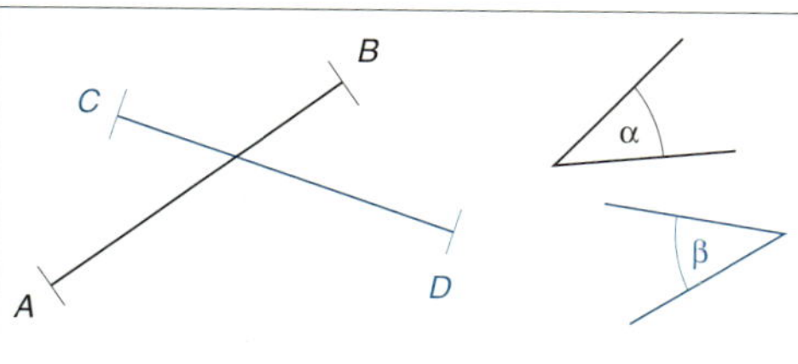
</td></tr>
</table>

Symmetrische Figuren

Figuren, die bei einer Bewegung auf sich selbst abgebildet werden, heißen **symmetrisch.**

Axiale Symmetrie
Die Figur wird durch eine Spiegelung an einer Geraden *g* auf sich abgebildet.

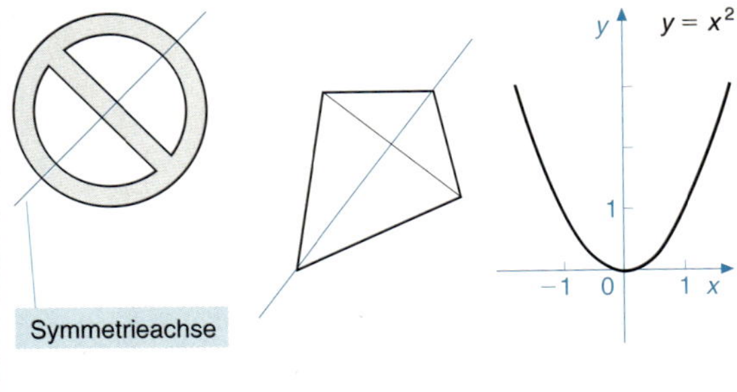

Radiale Symmetrie (Drehsymmetrie)
Die Figur wird durch eine Drehung um einen Punkt *Z* auf sich abgebildet. Beträgt der Drehwinkel 180°, so nennt man die Figur **zentralsymmetrisch** oder **punktsymmetrisch.**

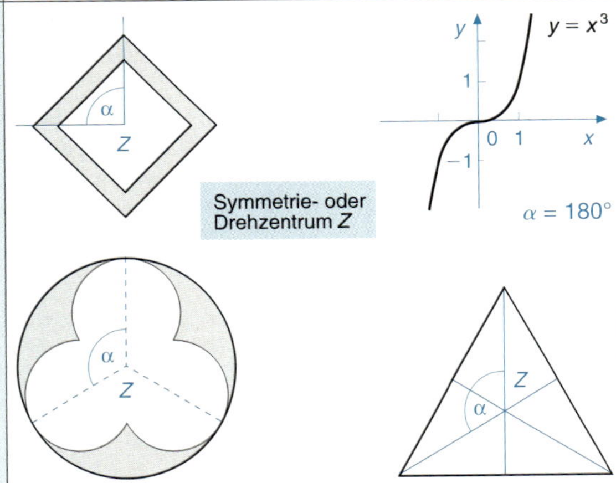

Verschiebungssymmetrie
Die Figur wird durch eine Verschiebung auf sich abgebildet.

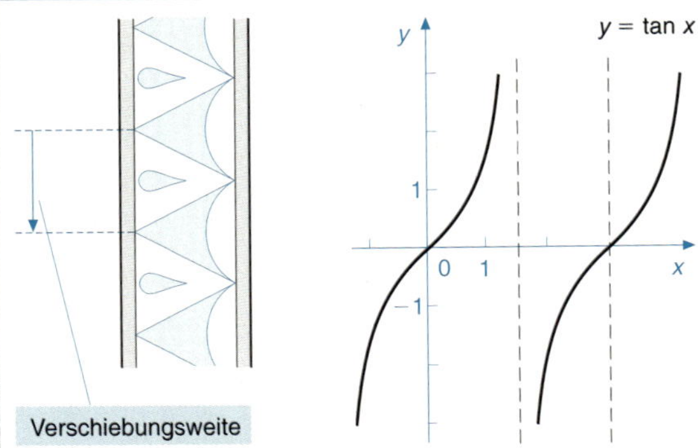

8

DREIECKE

Dreieck – Dreiecksfläche

Eine Figur, die von drei nicht auf einer Geraden liegenden Punkten und deren Verbindungsstrecken gebildet wird, ist ein Dreieck.

Die drei Strecken sind die **Seiten des Dreiecks.** Im Allgemeinen bezeichnet man sie mit den Buchstaben *a*, *b* und *c*. Die den Seiten gegenüberliegenden **Eckpunkte** werden mit *A*, *B*, *C* und die zwischen zwei Dreiecksseiten liegenden **Innenwinkel** mit α, β, γ bezeichnet. Die Nebenwinkel der Innenwinkel heißen **Außenwinkel** des Dreiecks und werden mit α_1, β_1, γ_1 bezeichnet.

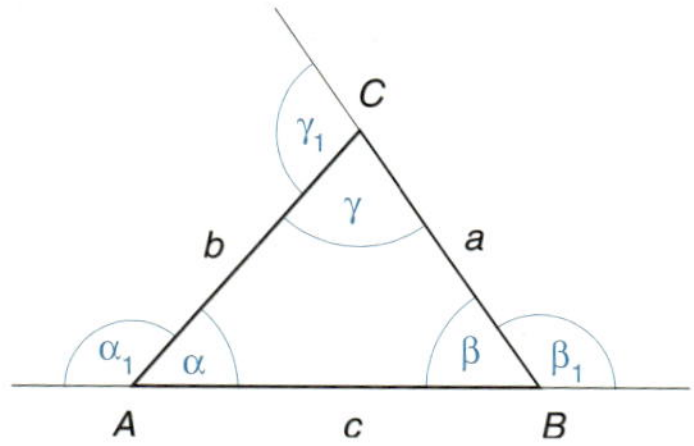

Zur **Dreiecksfläche** eines Dreiecks *ABC* gehören alle Punkte, die auf dem Dreieck oder innerhalb des Dreiecks liegen. Wenn keine Verwechslungen möglich sind, werden auch Dreiecksflächen kurz als Dreiecke bezeichnet.

Einteilung der Dreiecke nach den Seiten		
unregelmäßiges Dreieck Alle drei Seiten sind verschieden lang.		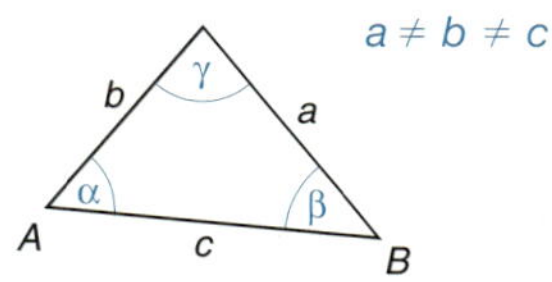
gleichschenkliges Dreieck Genau zwei Seiten sind gleich lang.	**Basiswinkelsatz:** In jedem gleichschenkligen Dreieck sind die Basiswinkel gleich groß. Gleichschenklige Dreiecke sind axialsymmetrisch. Symmetrieachse ist die Mittelsenkrechte der Basis, die zugleich Winkelhalbierende des Winkels an der Spitze ist.	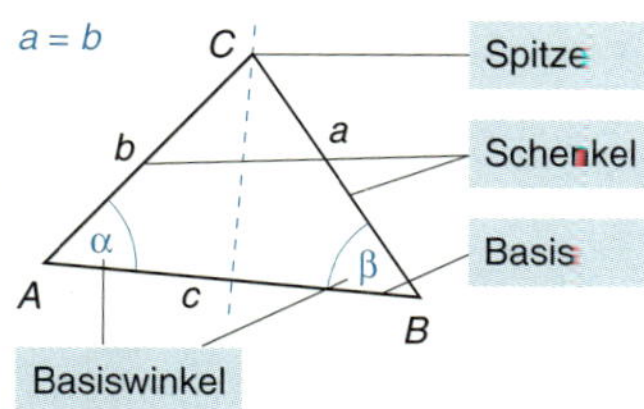
gleichseitiges Dreieck Alle drei Seiten sind gleich lang.	Gleichseitige Dreiecke sind auch gleichschenklig; jede Seite kann als Basis angesehen werden. Gleichseitige Dreiecke sind axialsymmetrisch und radialsymmetrisch. Sie besitzen drei Symmetrieachsen, die zugleich die Mittelsenkrechten der Seiten sind.	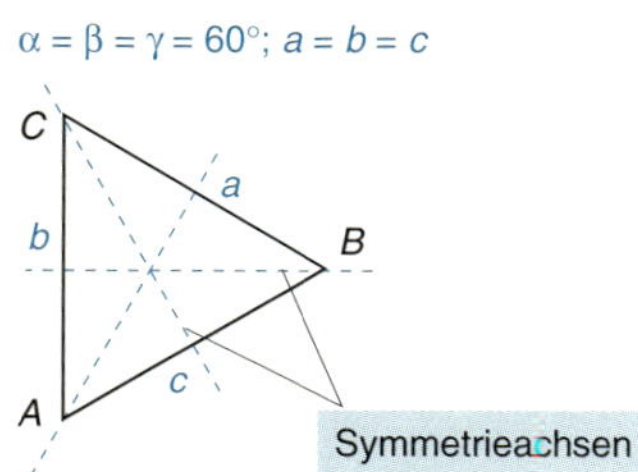

Einteilung der Dreiecke nach den Innenwinkeln	
spitzwinkliges Dreieck Alle drei Innenwinkel sind spitze Winkel.	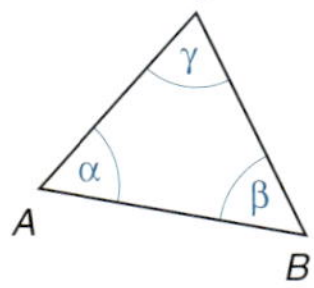 $\alpha < 90°$ $\beta < 90°$ $\gamma < 90°$
rechtwinkliges Dreieck Genau ein Innenwinkel ist ein rechter Winkel.	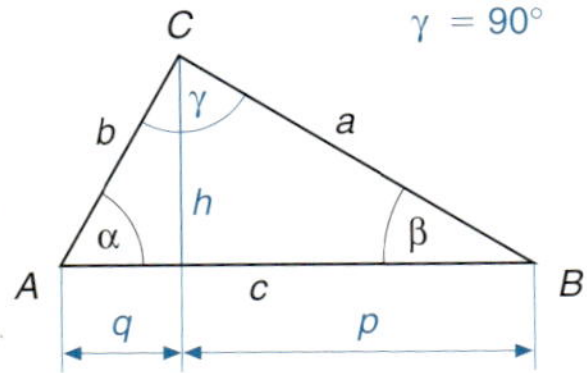 $\gamma = 90°$ Katheten *a, b* Höhe *h* Hypotenuse *c* Hypotenusenabschnitte *p, q*
stumpfwinkliges Dreieck Ein Innenwinkel ist ein stumpfer Winkel.	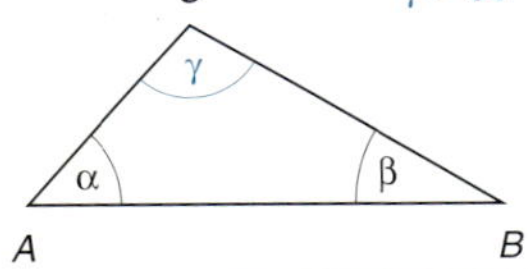 $\gamma > 90°$

Weitere Dreiecksarten gewinnt man durch Kombination beider Einteilungsprinzipien. Es gibt jedoch keine *gleichseitigen rechtwinkligen* und keine *gleichseitigen stumpfwinkligen* Dreiecke.

Sätze über Dreiecke

Innenwinkelsatz: In jedem Dreieck beträgt die Summe der Innenwinkelgrößen 180° (↗ Bild unten, links).
Außenwinkelsatz: Die Größe jedes Außenwinkels eines Dreiecks ist gleich der Summe der Größen der beiden nicht anliegenden Innenwinkel (↗ Bild unten, rechts).
Seiten-Winkel-Relation: In jedem Dreieck liegt der größte Winkel der größten Seite gegenüber.
Dreiecksungleichung: In jedem Dreieck ist die Summe zweier Seiten stets länger als die dritte Seite. Es gilt: $a + b > c$; $b + c > a$; $a + c > b$.

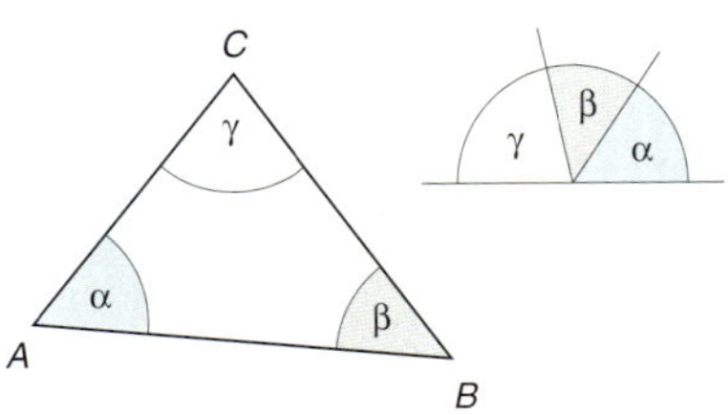

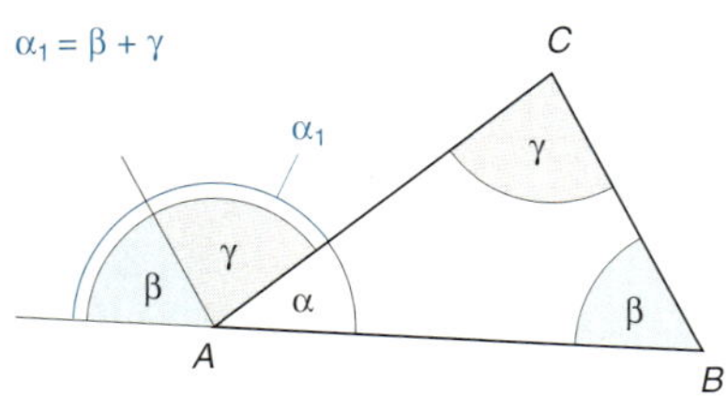

Kongruenzsätze für Dreiecke

1. Zwei Dreiecke sind einander kongruent, wenn sie in zwei Seiten und dem eingeschlossenen Winkel übereinstimmen **(sws).**

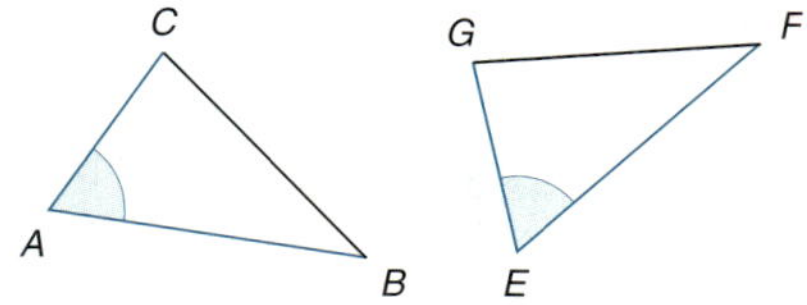

2. Zwei Dreiecke sind einander kongruent, wenn sie in einer Seite und den anliegenden Winkeln übereinstimmen **(wsw).**

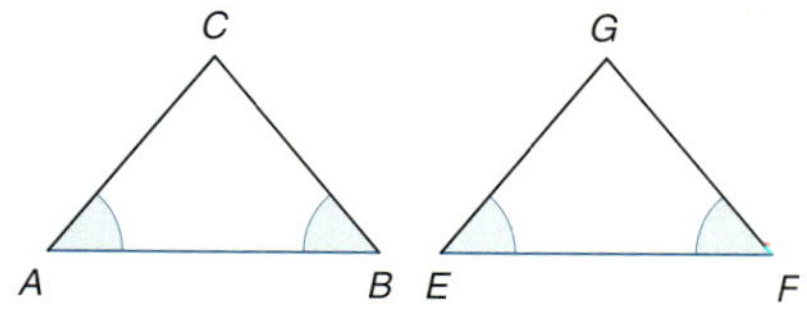

3. Zwei Dreiecke sind einander kongruent, wenn sie in den drei Seiten übereinstimmen **(sss).**

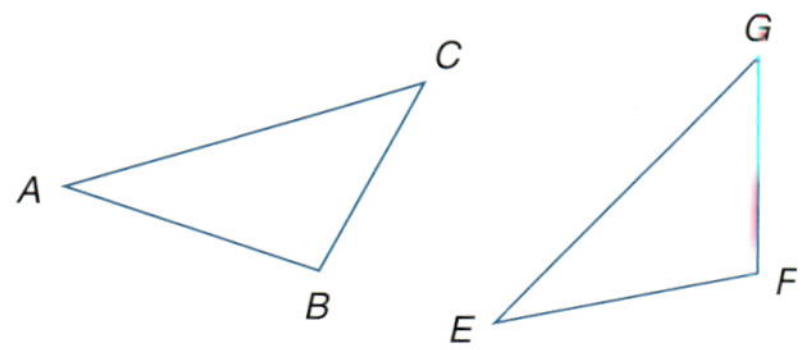

4. Zwei Dreiecke sind einander kongruent, wenn sie in zwei Seiten und dem der größeren Seite gegenüberliegenden Winkel übereinstimmen **(SsW).**

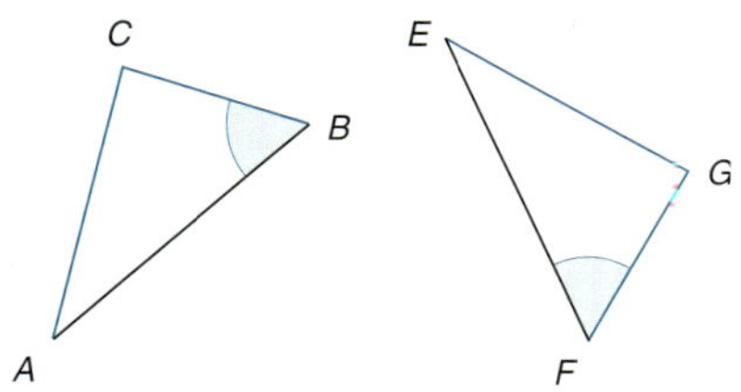

- Dreiecke, die in den drei Winkeln übereinstimmen, sind nicht immer kongruent, wie das nebenstehende Bild zeigt:
  Die Dreiecke *ABC* und *DEC* stimmen in den drei Winkeln, jedoch nicht in den Seiten überein. Sie sind ähnlich.
  ↗ Kongruenz von Figuren, S. 115
  ↗ Ähnlichkeitssätze für Dreiecke, S. 146

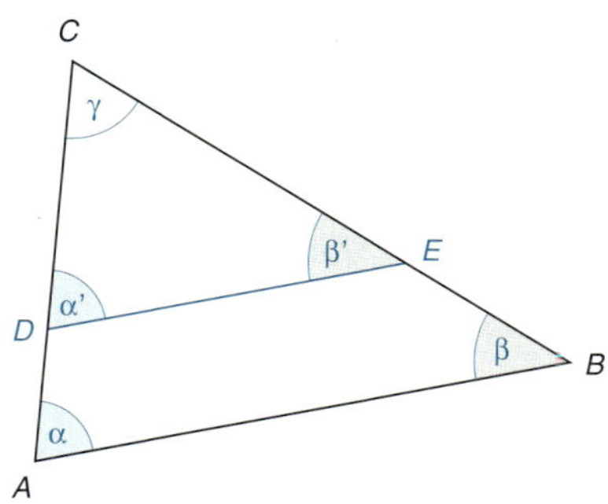

Die Kongruenzsätze für Dreiecke bilden die Grundlage für einige Dreieckskonstruktionen. Dabei sind jeweils drei geeignete Stücke (Seitenlänge, Winkelgrößen) erforderlich.

Dreieckskonstruktionen nach den Kongruenzsätzen mit Zirkel und Lineal:

Aus den Seiten *a*, *b* und *c*, die die Dreiecksungleichung erfüllen, ist ein Dreieck zu konstruieren (sss).

Konstruktionsbeschreibung:

① Auf einer Geraden wird die Strecke *c* abgetragen. Man erhält die Punkte *A* und *B*.
② Um *A* wird ein Kreis mit dem Radius *b* und um *B* ein Kreis mit dem Radius *a* gezeichnet. Der Schnittpunkt beider Kreise ist *C*.
③ Das Dreieck *ABC* wird gezeichnet.
Es ist Lösung der Konstruktionsaufgabe.

Planfigur:

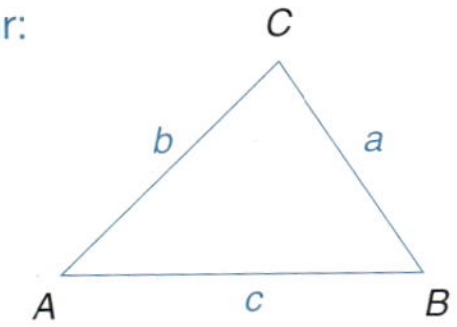

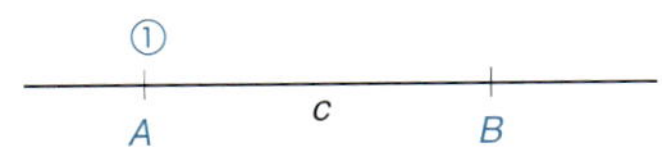

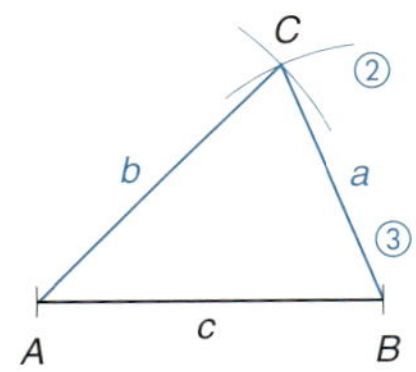

Aus den Seiten *a* und *b* sowie dem eingeschlossenen Winkel γ ist ein Dreieck zu konstruieren (sws).

Konstruktionsbeschreibung:

① Auf einer Geraden wird der Winkel γ mit dem Scheitel *C* angetragen. Von *C* aus wird auf einem Schenkel des Winkels die Strecke *b* abgetragen. Der entstandene Punkt wird mit *A* bezeichnet.
② Auf dem anderen Schenkel des Winkels wird wiederum von *C* aus die Strecke *a* abgetragen. Der entstandene Punkt wird mit *B* bezeichnet.
③ *A* und *B* werden verbunden.
Das entstandene Dreieck *ABC* ist Lösung der Konstruktionsaufgabe.

Planfigur:

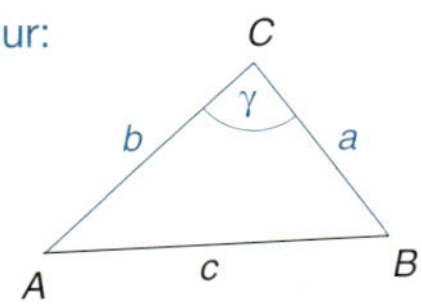

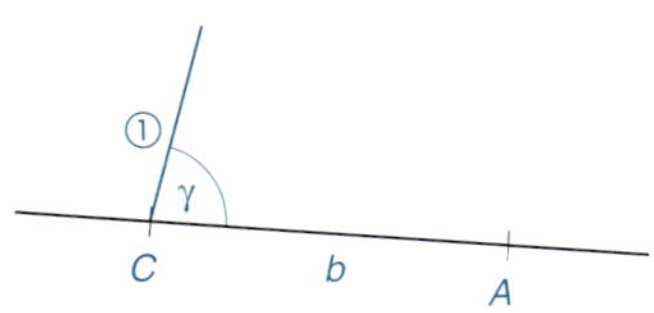

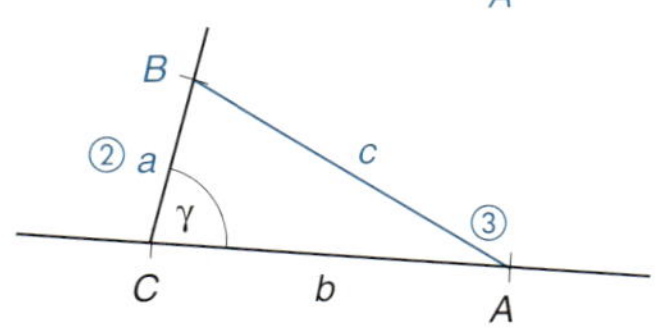

Aus der Seite c und den anliegenden Winkeln α und β mit $\alpha + \beta < 180°$ ist ein Dreieck zu konstruieren (wsw).

Konstruktionsbeschreibung:

① Auf einer Geraden wird die Strecke c abgetragen. Die entstandenen Eckpunkte werden mit A und B bezeichnet.
② An den Strahl $\overrightarrow{AB}$ wird im Punkt A der Winkel α angetragen. Der entstandene Schenkel wird mit $\overrightarrow{r}$ bezeichnet.
③ An den Strahl $\overrightarrow{BA}$ wird im Punkt B der Winkel β so angetragen, dass der freie Schenkel des angetragenen Winkels den Strahl $\overrightarrow{r}$ schneidet. Der entstandene freie Schenkel wird mit $\overrightarrow{s}$ bezeichnet.
Schnittpunkt der Strahlen $\overrightarrow{r}$ und $\overrightarrow{s}$ ist C.
Das entstandene Dreieck ABC ist Lösung der Konstruktionsaufgabe.

Planfigur:

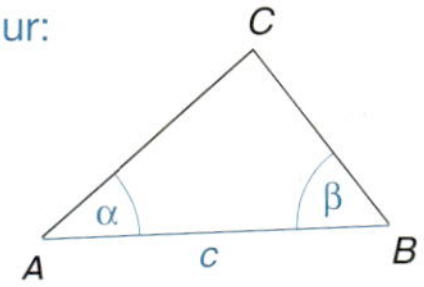

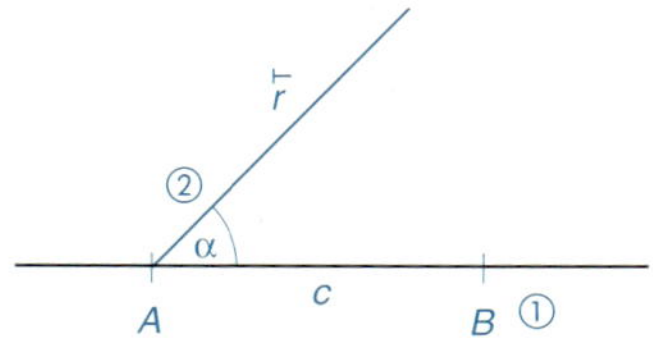

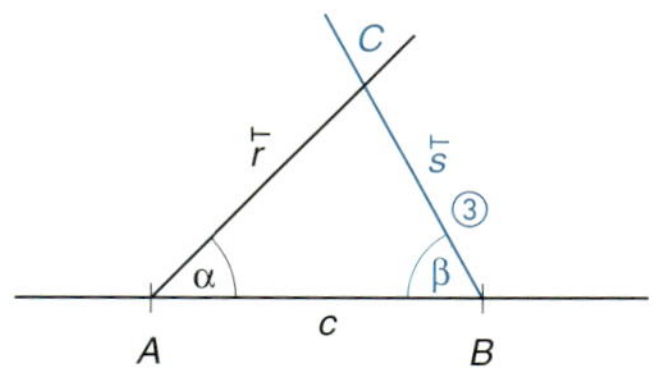

Aus den Seiten a, b ($a > b$) und dem Winkel α ist ein Dreieck zu konstruieren (SsW).

Konstruktionsbeschreibung:

① An einen Strahl mit dem Anfangspunkt A wird der Winkel α angetragen.
② Auf dem einen Schenkel des Winkels α wird von A aus die Strecke b abgetragen. Der entstandene Punkt wird mit C bezeichnet.
③ Um C wird ein Kreis mit dem Radius a gezeichnet. Er schneidet den freien Schenkel von α in einem Punkt, der mit B bezeichnet wird. B und C werden verbunden.
Das entstandene Dreieck ABC ist Lösung der Konstruktionsaufgabe.
Wenn von einem Dreieck zwei Seiten und der der *kürzeren* Seite gegenüberliegende Winkel gegeben sind, so kann es sein, dass die Konstruktionsaufgabe nicht eindeutig oder gar nicht lösbar ist.

Planfigur:

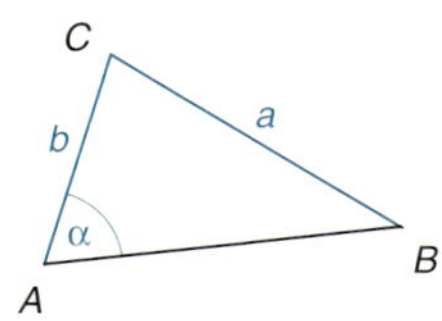

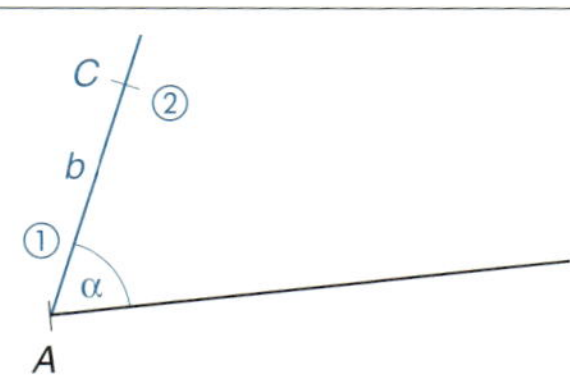

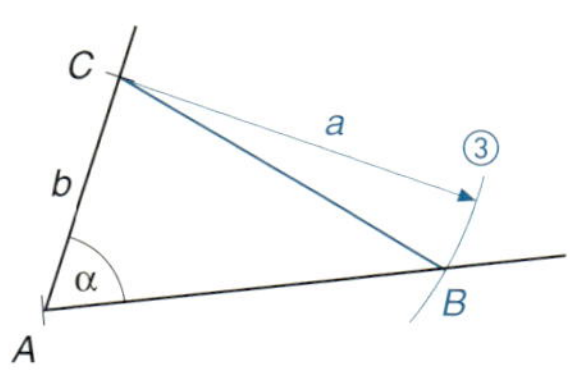

Besondere Linien im Dreieck

Mittelsenkrechten:

In jedem Dreieck *ABC* gibt es drei **Mittelsenkrechten** der Seiten.

In Zeichen:

m_a, m_b, m_c.

m_a ist die Mittelsenkrechte der Seite *a*.

Die Mittelsenkrechten schneiden einander in einem Punkt. Dieser Schnittpunkt ist der Mittelpunkt des Umkreises des Dreiecks.

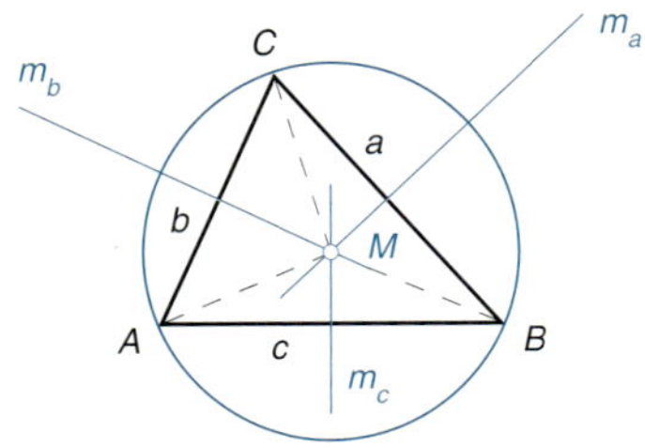

↗ Mittelsenkrechte einer Strecke $\overline{AB}$ konstruieren, S. 109
↗ Umkreise von Dreiecken und Vierecken, S. 136

Die Lage des Schnittpunktes *M* der Mittelsenkrechten hängt von der Art des Dreiecks ab.

Bei einem **spitzwinkligen Dreieck** liegt *M* innerhalb des Dreiecks.	Bei einem **rechtwinkligen Dreieck** liegt *M* auf der Hypotenuse des Dreiecks. *M* ist sogar Mittelpunkt der Hypotenuse.	Bei einem **stumpfwinkligen Dreieck** liegt *M* außerhalb des Dreiecks.
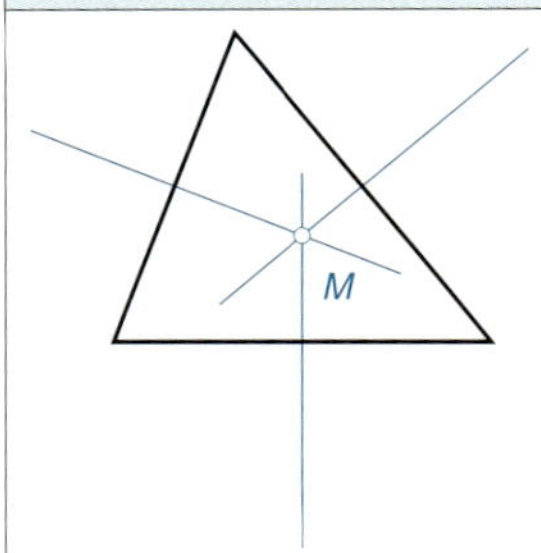	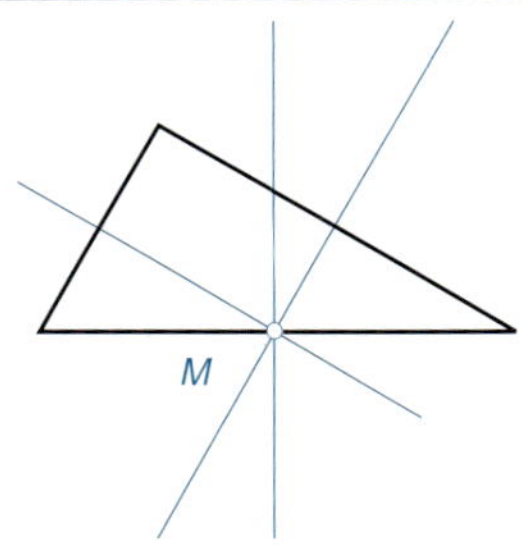	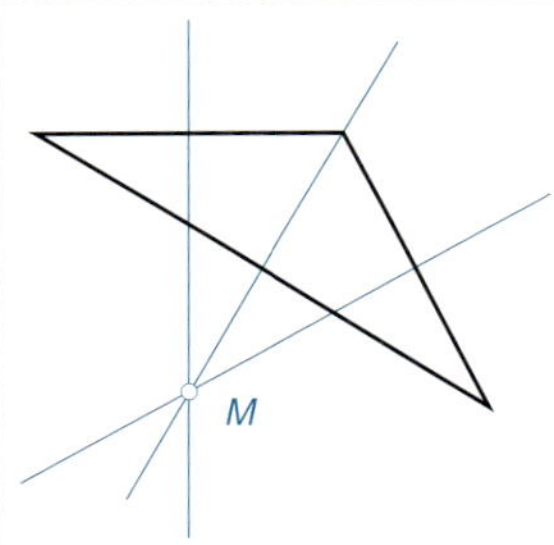

Winkelhalbierende:

In jedem Dreieck *ABC* gibt es drei **Winkelhalbierende**.

In Zeichen:

w_α, w_β, w_γ.

w_α ist die Winkelhalbierende des Winkels α.

Die Winkelhalbierenden schneiden einander in einem Punkt. Dieser Schnittpunkt ist der Mittelpunkt des Inkreises des Dreiecks.

Der Schnittpunkt der Winkelhalbierenden liegt stets innerhalb des Dreiecks.

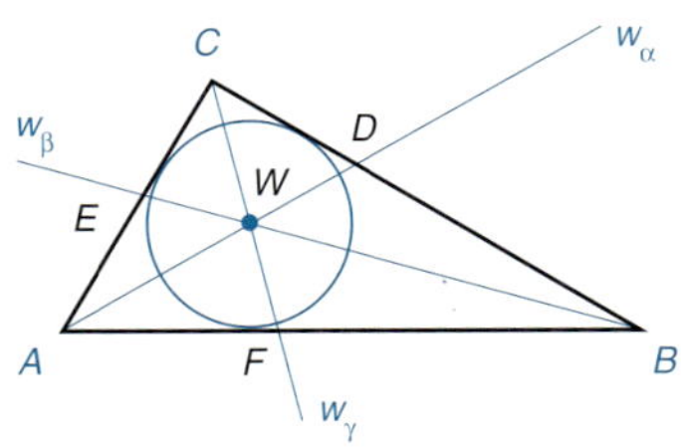

↗ Winkelhalbierende eines Winkels konstruieren, S. 110
↗ Inkreise von Dreiecken und Vierecken, S. 136

Seitenhalbierende:
Seitenhalbierende eines Dreiecks heißt jede Strecke, die den Mittelpunkt einer Seite des Dreiecks mit dem gegenüberliegenden Eckpunkt verbindet.
In jedem Dreieck *ABC* gibt es drei Seitenhalbierende.
In Zeichen:
s_a, s_b, s_c.
s_a ist die Seitenhalbierende der Seite *a*.

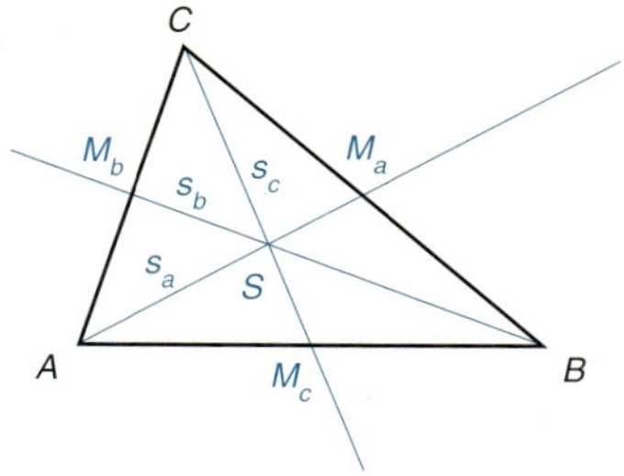

Die Seitenhalbierenden schneiden einander in einem Punkt, dem **Schwerpunkt des Dreiecks**, im Verhältnis 2 : 1.

Höhen:
Eine **Höhe eines Dreiecks** ist das Lot von einem Eckpunkt auf die gegenüberliegende Dreiecksseite. In jedem Dreieck *ABC* gibt es drei Höhen.
In Zeichen:
h_a, h_b, h_c.
h_a ist die zur Seite *a* gehörende Höhe.
Die Geraden, auf denen die Höhen eines Dreiecks liegen, schneiden einander in einem Punkt, dem **Höhenschnittpunkt *H***.

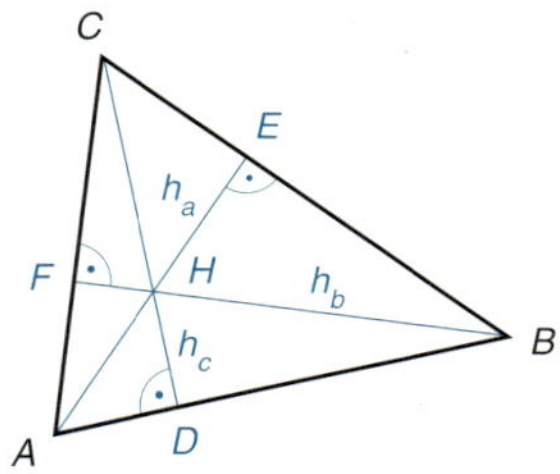

↗ Fällen des Lotes von einem Punkt auf eine Gerade, S. 108.

Die Lage des Höhenschnittpunktes *H* eines Dreiecks hängt von der Art des Dreiecks ab.

Bei einem **spitzwinkligen Dreieck** liegt *H* innerhalb des Dreiecks.	Bei einem **rechtwinkligen Dreieck** ist *H* der Scheitel des rechten Winkels.	Bei einem **stumpfwinkligen Dreieck** liegt *H* außerhalb des Dreiecks.
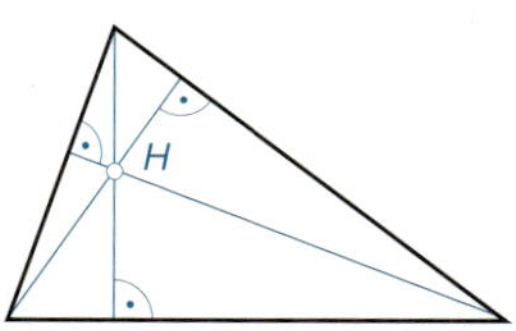	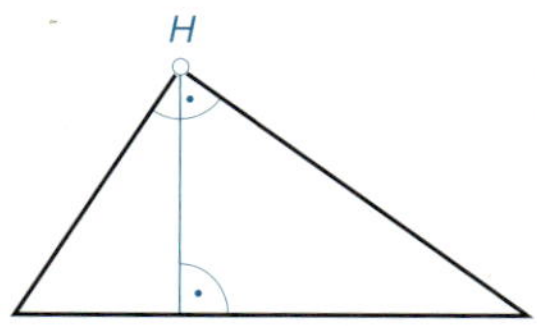	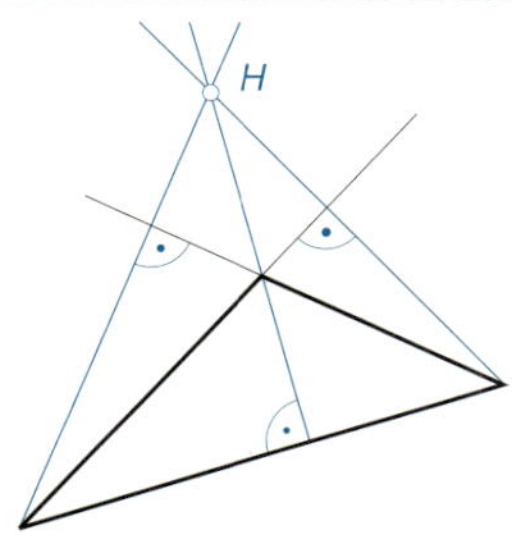

↗ Einteilung der Dreiecke nach den Innenwinkeln, S. 118

Dreieckskonstruktionen bei gegebenen besonderen Linien:

Aus der Seite c, der Höhe h_c und dem Winkel α ist ein Dreieck zu konstruieren.

Konstruktionsbeschreibung:

① Auf einer Geraden wird die Strecke $\overline{AB} = c$ abgetragen. Man erhält die Punkte A und B.
② An $\overline{AB}$ wird der Winkel α mit A als Scheitel angetragen.
③ Zu $\overline{AB}$ wird eine Parallele mit dem Abstand von h_c gezeichnet. Sie schneidet den freien Schenkel des Winkels α im Punkt C. Die Punkte B und C werden verbunden.

Planfigur:

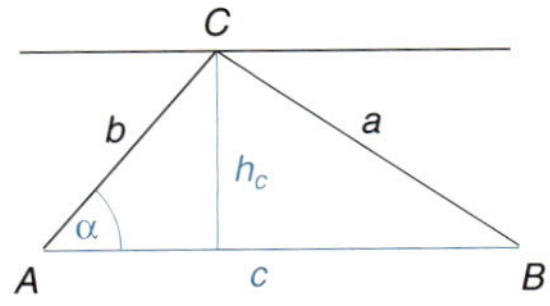

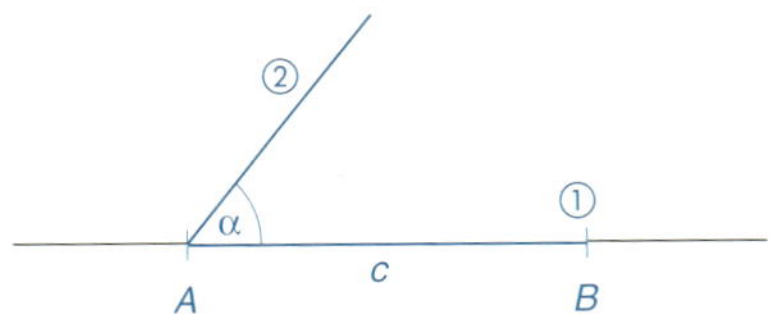

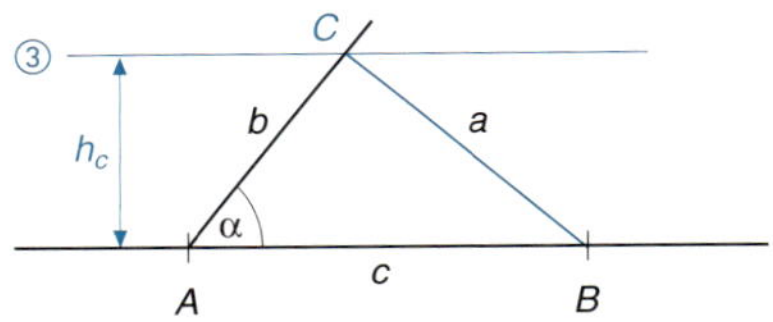

Aus den Seiten a und c und der Höhe $h_c < a$ ist ein Dreieck zu konstruieren.

Konstruktionsbeschreibung:

① Auf einer Geraden wird die Strecke $\overline{AB} = c$ abgetragen. Man erhält die Punkte A und B.
② Zu $\overline{AB}$ wird eine Parallele mit dem Abstand von h_c gezeichnet.
③ Um B wird ein Kreis mit dem Radius a gezeichnet. Die Schnittpunkte mit der Parallelen werden mit C_1 und C_2 bezeichnet.
④ C_1 bzw. C_2 wird mit A und B verbunden. Die entstandenen Dreiecke ABC_1 und ABC_2 sind beide Lösung der Konstruktionsaufgabe. Die Konstruktion ist demnach nicht eindeutig ausführbar.

Planfigur:

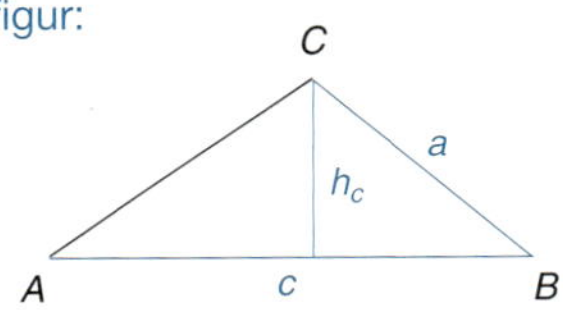

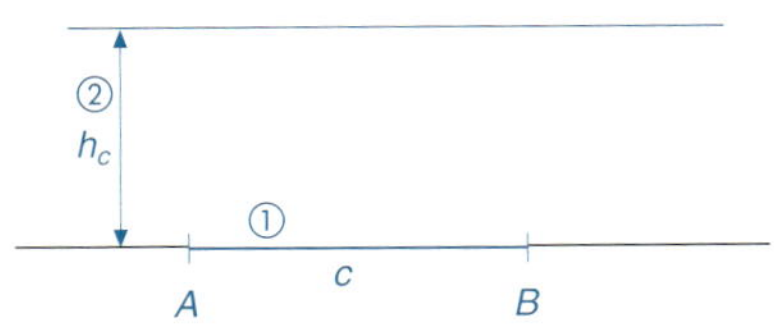

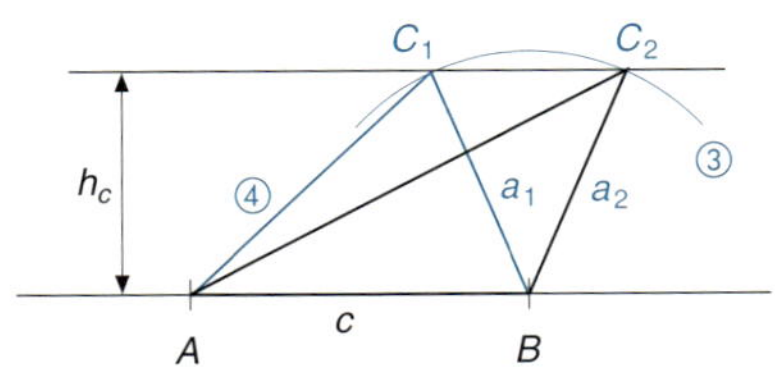

Aus der Seite c, der Winkelhalbierenden w_α und dem Winkel α ist ein Dreieck zu konstruieren.

Konstruktionsbeschreibung:

① Es wird das Teildreieck ABD (nach sws) konstruiert: Auf einer Geraden wird die Strecke $\overline{AB} = c$ abgetragen. An $\overline{AB}$ wird der Winkel $\frac{\alpha}{2}$ mit A als Scheitel angetragen. Die Länge von w_α wird auf dem freien Schenkel von $\frac{\alpha}{2}$ abgetragen. Der Schnittpunkt ist D, der mit B verbunden wird.
② $\overline{BD}$ wird über D hinaus verlängert.
③ An $\overline{AB}$ wird der Winkel α mit A als Scheitel angetragen. Der Schnittpunkt des freien Schenkels von α mit der Geraden BD ist der Punkt C.

Planfigur:

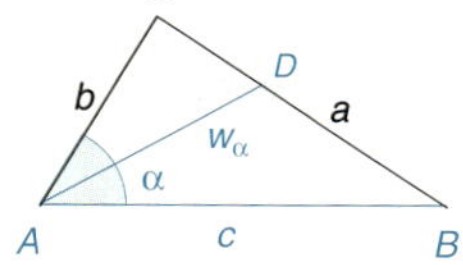

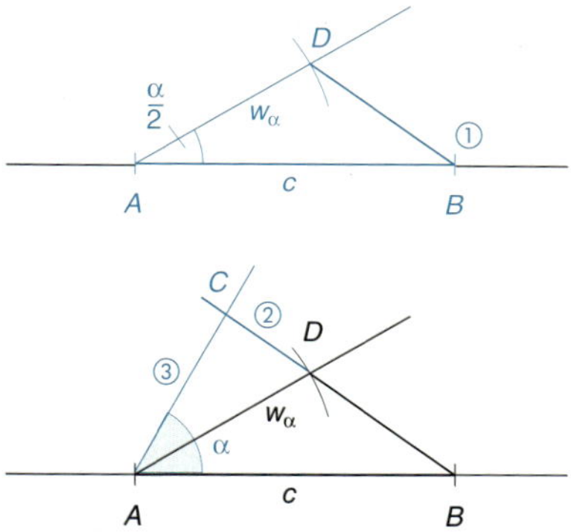

8

Aus den Seiten a und c und der Seitenhalbierenden s_a ist ein Dreieck zu konstruieren.

Konstruktionsbeschreibung:

① Es wird das Teildreieck ABD (nach sss und der Dreiecksungleichung) konstruiert: Auf einer Geraden wird die Strecke $\overline{AB} = c$ abgetragen. Man erhält A und B.
Auf $\overline{AB}$ wird um A ein Kreis mit dem Radius s_a und um B ein Kreis mit dem Radius $\frac{a}{2}$ gezeichnet. Der Schnittpunkt ist D, der mit B verbunden wird.
② $\overline{BD}$ wird über D hinaus verlängert. Von D aus wird auf der Verlängerung $\frac{a}{2}$ angetragen. Der Endpunkt ist C.
③ A und C werden verbunden.

Planfigur:

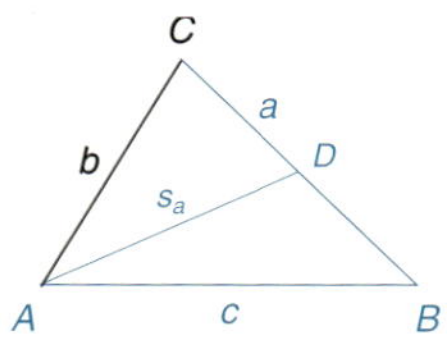

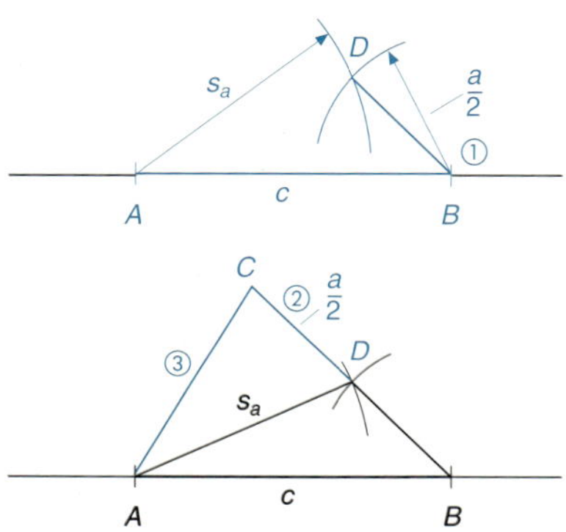

VIELECKE UND VIERECKE

Vieleck, Vielecksfläche

Eine Figur, die von mehreren nicht auf einer Geraden liegenden Eckpunkten und deren Verbindungsstrecken gebildet wird, ist ein **Vieleck**. Solche Figuren sind Dreiecke, Vierecke, Fünfecke, Sechsecke, usw.; dabei gibt in diesen Fällen die Anzahl der Punkte der Figur den speziellen Namen. Hat ein Vieleck n Ecken, nennt man es auch ***n*-Eck**.

■ Im Bild ist ein Sechseck dargestellt. A, B, C, D, E, F sind seine **Eckpunkte**, $\overline{AB}$, $\overline{BC}$, $\overline{CD}$, $\overline{DE}$, $\overline{EF}$ und $\overline{FA}$ sind seine **Seiten.** Jeder Eckpunkt ist Scheitelpunkt eines **Innenwinkels.**
Als **Diagonalen** werden solche Strecken bezeichnet, die nicht benachbarte Eckpunkte verbinden. Das nebenstehend abgebildete Sechseck hat 9 Diagonalen, nämlich $\overline{AE}$, $\overline{AD}$, $\overline{AC}$, $\overline{BF}$, $\overline{BE}$, $\overline{BD}$, $\overline{CF}$, $\overline{CE}$ und $\overline{DF}$.

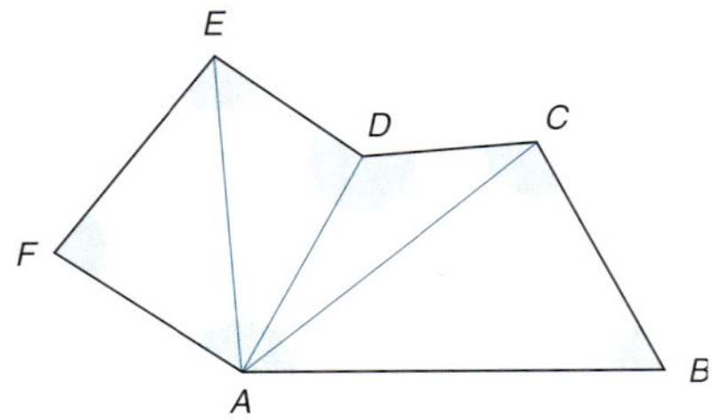

8

Die **Innenwinkelsumme** ist bei Vielecken mit derselben Eckenzahl immer konstant. Zum Beispiel beträgt die Summe der Innenwinkel in jedem Dreieck 180°. Jedes Viereck lässt sich in zwei Dreiecke zerlegen, somit beträgt die Innenwinkelsumme im Viereck $(2 \cdot 180°) = 360°$. Jedes n-Eck lässt sich in $(n - 2)$ Dreiecke zerlegen. Multipliziert man diese Anzahl mit 180°, so erhält man die **Innenwinkelsumme des Vielecks**. Für ein Sechseck wie im Bild oben beträgt die Innenwinkelsumme 720°.
Ein Vieleck mit gleich langen Seiten und gleich großen Innenwinkel bezeichnet man als **regelmäßiges Vieleck**.

■ Regelmäßige Vielecke

drei Seiten und $\alpha = 60°$	vier Seiten und $\alpha = 90°$	fünf Seiten und $\alpha = 108°$	sechs Seiten und $\alpha = 120°$
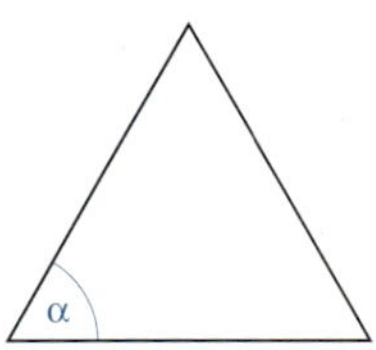	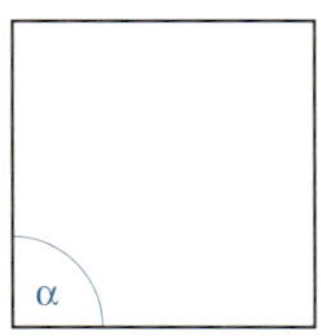	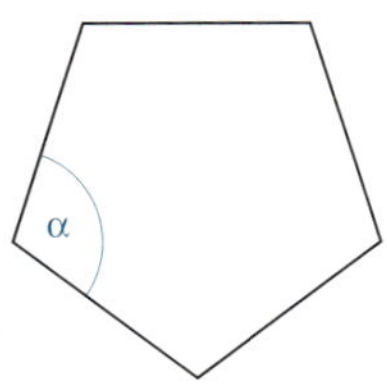	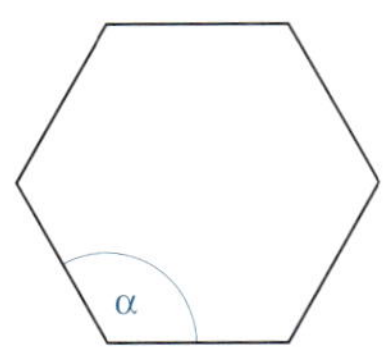

Zur **Vielecksfläche** gehören alle Punkte, die auf dem Vieleck oder innerhalb des Vielecks liegen. Wenn keine Verwechslungen möglich sind, werden Vielecksflächen kurz als Vielecke bezeichnet.

Vierecke

Jedes Vieleck mit vier Seiten heißt **Viereck**. In jedem Viereck beträgt die Summe der Innenwinkel 360°.

In jedem Viereck gibt es zwei Diagonalen.

Liegen die beiden Diagonalen innerhalb des Vierecks, so heißt das Viereck **konvex** (↗ Bild links).

Liegt mindestens eine Diagonale außerhalb des Vierecks, dann heißt das Viereck **konkav** (↗ Bild rechts).

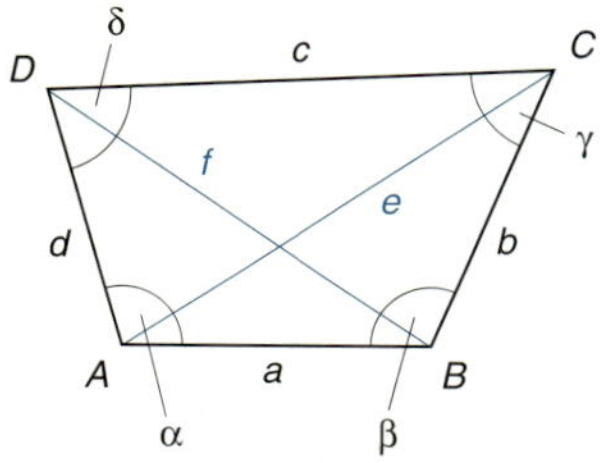

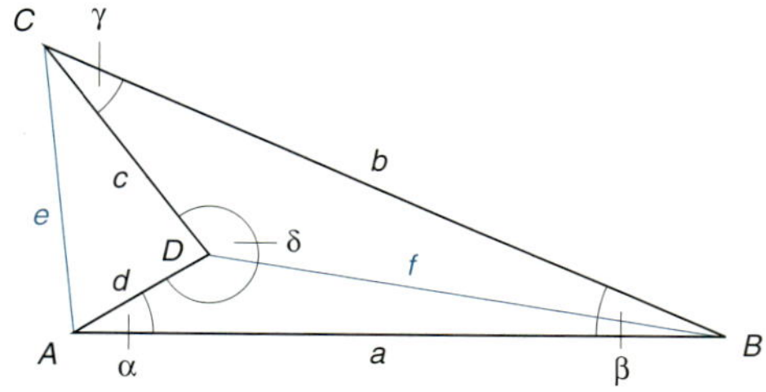

Für die eindeutige Konstruktion eines Vierecks sind fünf geeignete Stücke erforderlich. Als Stücke des Vierecks bezeichnet man die Seiten, die Winkel und die Diagonalen.

■ Aus den Seiten a und d und den Winkeln α, β und δ ist ein Viereck zu konstruieren.

Konstruktionsbeschreibung:

① Es wird das Teildreieck *ABD* nach sws (ohne die Seite $\overline{BD}$) eindeutig konstruiert. Hierzu wird auf einer Geraden die Strecke $\overline{AB} = a$ abgetragen. An $\overline{AB}$ wird der Winkel α mit *A* als Scheitel angetragen. Auf dem freien Schenkel von α wird die Strecke *d* abgetragen. Man erhält den Punkt *D*.

② An $\overline{AB}$ wird der Winkel β mit *B* als Scheitel und an $\overline{AD}$ der Winkel δ mit *D* als Scheitel angetragen, sodass sich die freien Schenkel im Punkt *C* schneiden.

Planfigur:

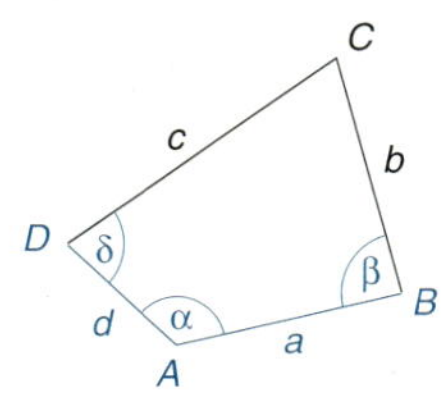

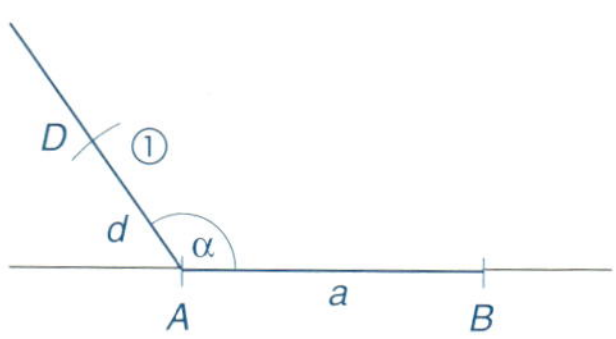

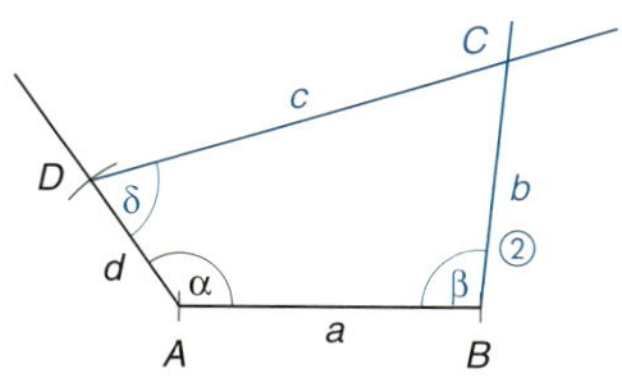

Vierecksarten	Eigenschaften des Vierecks
Quadrat 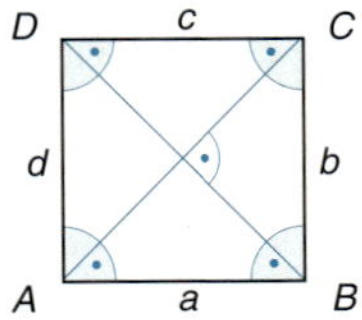	Alle Seiten sind gleich lang. Gegenüberliegende Seiten sind parallel. Alle Winkel sind rechte Winkel. Die Diagonalen halbieren einander, sie sind gleich lang und stehen senkrecht aufeinander.
Rechteck 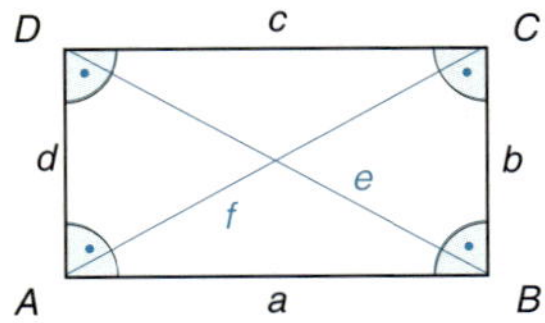	Gegenüberliegende Seiten sind gleich lang und parallel. Alle Winkel sind rechte Winkel. Die Diagonalen halbieren einander und sind gleich lang.
Rhombus (Raute) 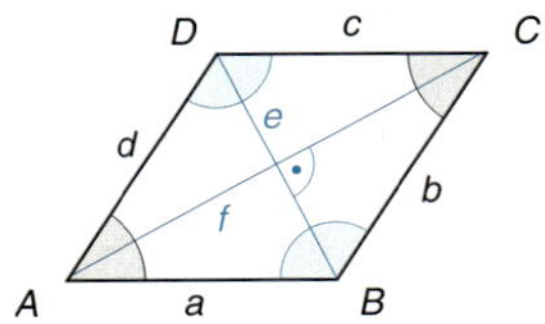	Alle Seiten sind gleich lang. Gegenüberliegende Seiten sind parallel. Gegenüberliegende Winkel sind gleich groß. Die Diagonalen halbieren einander und stehen senkrecht aufeinander.
Parallelogramm 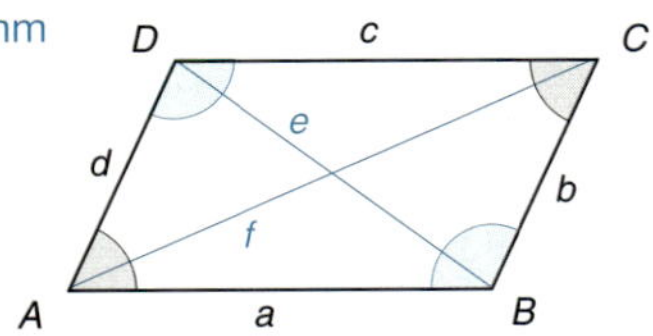	Gegenüberliegende Seiten sind gleich lang und parallel. Gegenüberliegende Winkel sind gleich groß. Die Summe zweier Nachbarwinkel beträgt 180°. Die Diagonalen halbieren einander.
Trapez 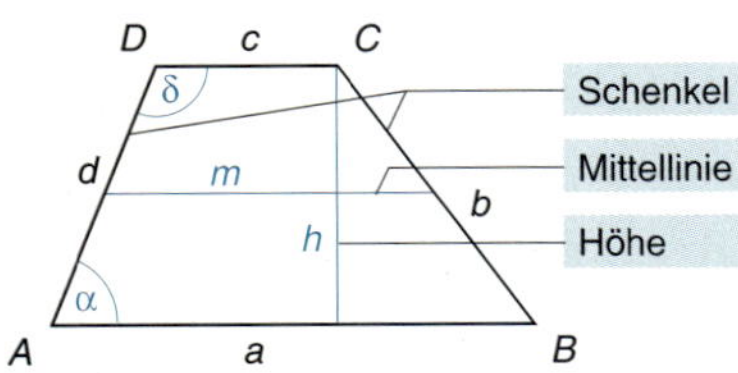 $\alpha + \delta = 180°$ Sonderfall: gleichschenkliges Trapez	Es gibt zwei zueinander parallele Seiten. Die Summe der Innenwinkel, die demselben Schenkel anliegen, beträgt 180°. Die Mittellinie ist parallel zu den beiden Grundseiten und halb so lang wie die Summe der Grundseiten $\left(m = \frac{a + c}{2}\right)$. Die Schenkel sind gleich lang.
Drachenviereck 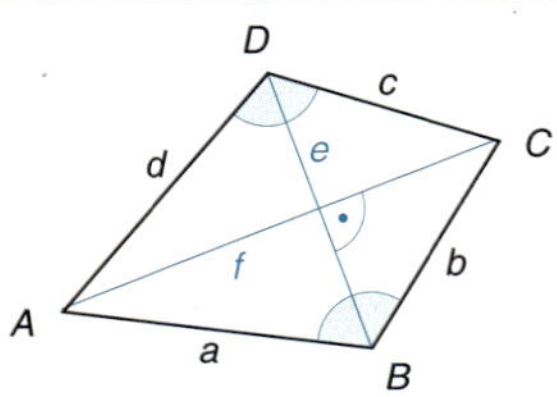	Es gibt zwei Paar gleich langer Nachbarseiten. Es gibt ein Paar gleich großer Gegenwinkel. Die Diagonalen stehen senkrecht aufeinander.

Symmetrien beim Viereck:

Name des Vierecks	Zentralsymmetrisch: Drehzentrum ist der Schnittpunkt der Diagonalen des Vierecks. (• Drehzentrum)	Axialsymmetrisch: Die Symmetrieachsen sind die Diagonalen des Vierecks. (- · - · - · - Symmetrieachse)
Quadrate	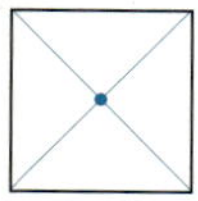	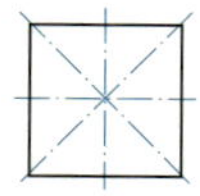
Rechtecke	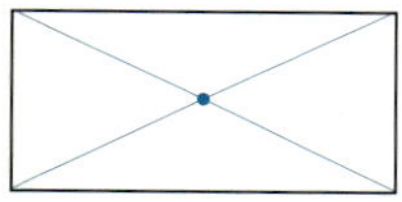	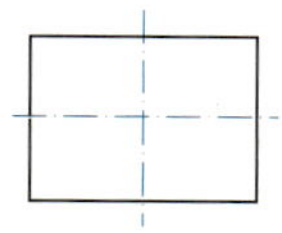
Rhomben (Rauten)	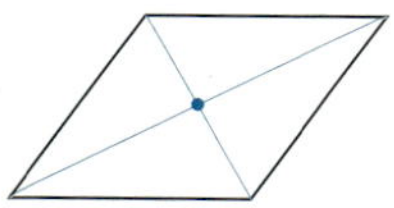	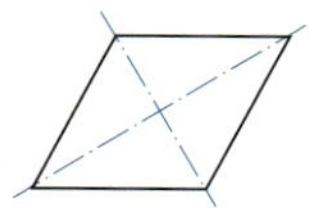
Parallelogramme	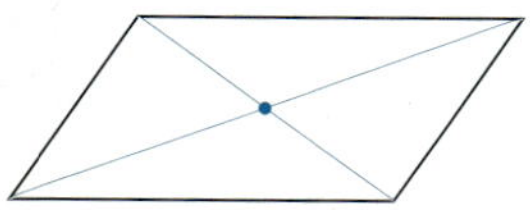	nur als Spezialfälle: Rechteck, Quadrat und Rhombus
Gleichschenklige Trapeze	nur als Spezialfälle: Rechteck, Quadrat	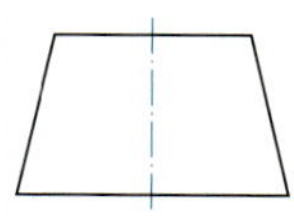
Drachenvierecke	nur als Spezialfall: Rhombus	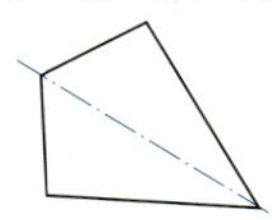

Beziehungen zwischen den Vierecksarten: Nach den Eigenschaften der Vierecke sind einige Vierecke Spezialfälle anderer Vierecke, anders ausgedrückt: sie sind Teilmengen von Vierecksmengen.

Das Bild auf der folgenden Seite oben bringt zum Ausdruck:

- Parallelogramme sind spezielle Trapeze,
- Quadrate, Rechtecke und Rhomben sind spezielle Parallelogramme und damit auch spezielle Trapeze,
- Rhomben sind spezielle Drachenvierecke,
- Quadrate sind spezielle Rechtecke und auch spezielle Rhomben.

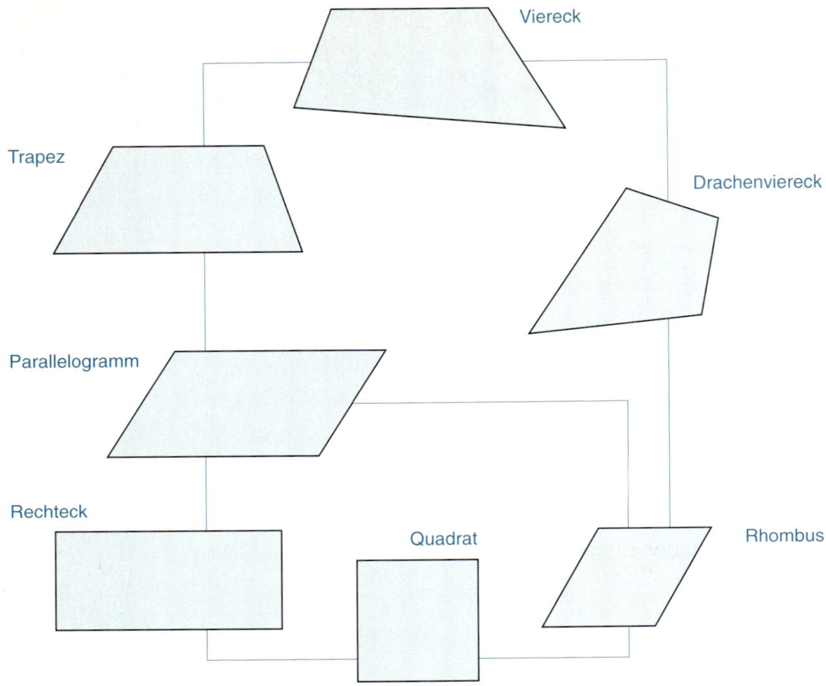

8

Flächeninhalt von Vielecken

Jedes Vieleck hat einen **Flächeninhalt** (in Zeichen: ***A***).

Den Flächeninhalt eines Vielecks erhält man durch Auslegen der Fläche mit einer Einheitsfläche. Eine Einheitsfläche hat den Zahlenwert 1 und eine Einheit. Als Einheit des Flächeninhalts benutzt man z. B. ein Quadrat, dessen Seiten 1 cm lang sind (Einheitsquadrat) und bezeichnet es als ein Quadratzentimeter (in Zeichen: cm^2).

Gleiche (kongruente) Flächen haben den gleichen Flächeninhalt.

↗ Umrechnungstabelle für Größen, S. 30

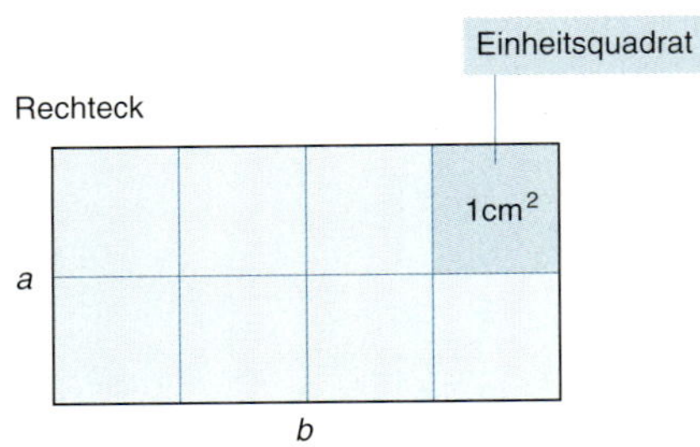

■ Der Flächeninhalt für das Rechteck im Bild rechts berechnet sich folgendermaßen:

$A = a \cdot b$

$A = 2\text{ cm} \cdot 4\text{ cm}$

$A = 8\text{ cm}^2$

$A = 8\ \text{cm}^2$

Flächeninhalt – Zahlenwert – Einheit

Für *Quadrat und Rechteck* erhält man den Flächeninhalt durch das Auslegen mit Einheitsquadraten. Der Flächeninhalt ergibt sich somit als Produkt der Seitenlängen.
Für jedes *rechtwinklige Dreieck* lässt sich der Flächeninhalt durch Ergänzen des Dreiecks zu einem Rechteck bestimmen.
Jedes *beliebige Dreieck* kann zunächst in zwei rechtwinklige Dreiecke zerlegt werden, indem man eine Höhe einzeichnet (↗ Bild unten). Dann verfährt man mit den beiden rechtwinkligen Dreiecken wie eben beschrieben.
Jedes *beliebige Vieleck* lässt sich in zwei oder mehr Vielecke (meist Dreiecke oder Trapeze) zerlegen (↗ vorletztes Bild, S. 132). Der Flächeninhalt ergibt sich dann als Summe der Flächeninhalte der Teilvielecke.

Umfang von Vielecken

Jedes Vieleck hat einen **Umfang** (in Zeichen: ***u***).
Der Umfang eines Vielecks ist die Summe der Längen aller Seiten des Vielecks. Im Falle des Dreiecks ist der Umfang die Summe der Längen aller drei Seiten.
Die Einheit des Umfanges ist deshalb auch gleich der Einheit der Länge.
↗ Länge einer Strecke, S. 102

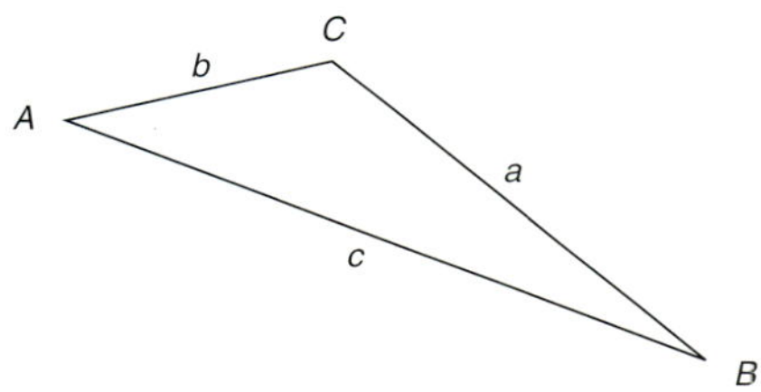

■ Der Umfang u für das Dreieck im Bild oben berechnet sich folgendermaßen: $u = a + b + c$ $u = 3{,}5\text{ cm} + 2\text{ cm} + 5\text{ cm}$ $u = 10{,}5\text{ cm}$	$u =$ 10,5 cm Umfang, Zahlenwert, Einheit

In der folgenden Tabelle sind einige Formeln zur Berechnung des Umfangs und des Flächeninhalts von Vielecken zusammengestellt:

Dreieck	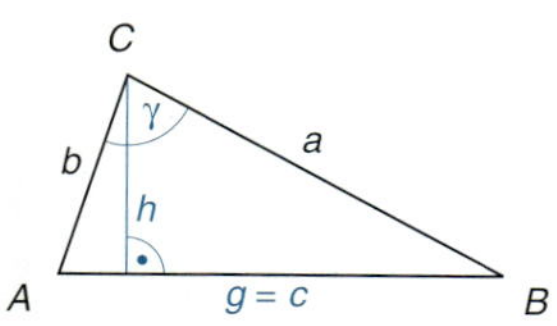	$u = a + b + c$ $A = \frac{g \cdot h}{2}$ $A = \frac{1}{2} ab \cdot \sin \gamma$
Rechtwinkliges Dreieck mit $\gamma = 90°$	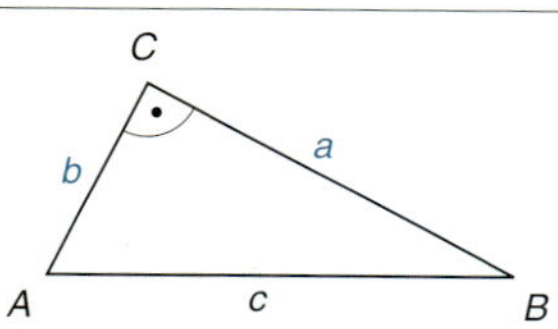	$u = a + b + c$ $A = \frac{a \cdot b}{2}$

Fortsetzung Seite 132

Quadrat	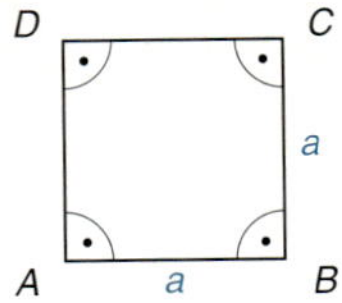	$u = 4 \cdot a$ $A = a^2$
Rechteck	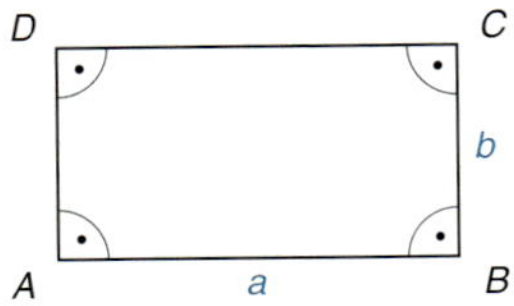	$u = 2 \cdot (a + b)$ $A = a \cdot b$
Parallelogramm	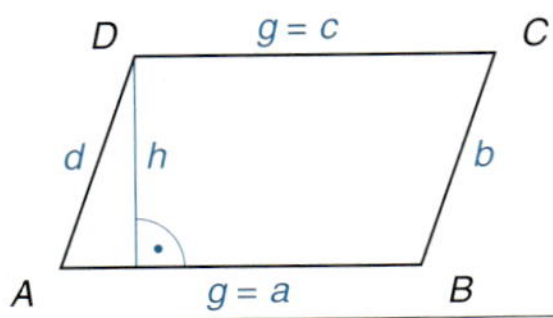	$u = 2 \cdot (a + b)$ $A = g \cdot h$
Trapez	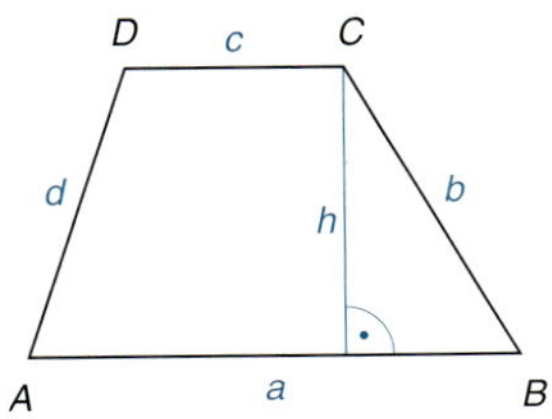	$u = a + b + c + d$ $A = \frac{(a + c) \cdot h}{2}$
Vieleck	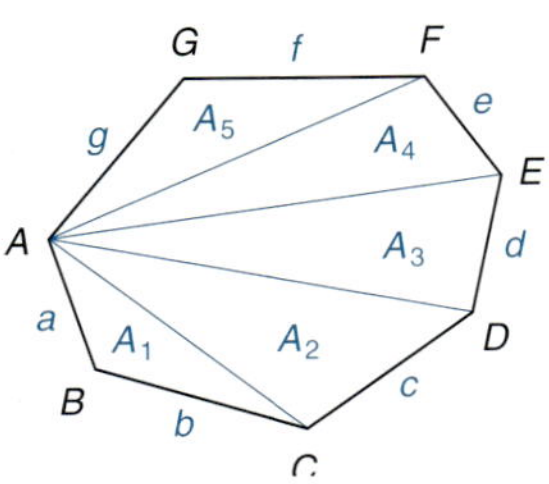	$u = a + b + c + d + e + f + g$ $A = A_1 + A_2 + A_3 + A_4 + A_5$
Regelmäßiges *n*-Eck ($n = 6$)	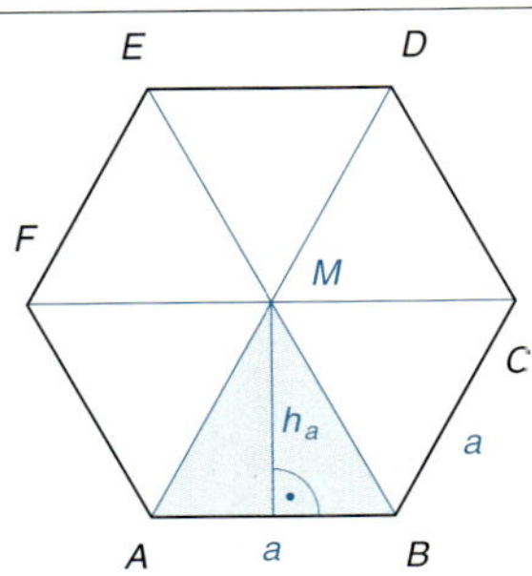	$u = n \cdot a$ $A = n \cdot \frac{a \cdot h_a}{2}$

KREISE

Kreis, Kreisfläche

Die Menge aller Punkte der Ebene, die von einem Punkt *M* den gleichen Abstand *r* haben, heißt **Kreis um *M* mit dem Radius *r*.**

Jede Strecke $\overline{MP}$, die *M* mit einem beliebigen Punkt *P* des Kreises verbindet, wird ebenfalls als Radius bezeichnet.

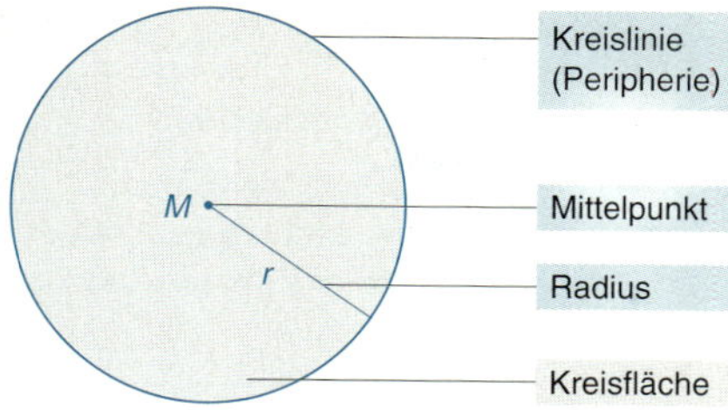

Zur **Kreisfläche** gehören alle Punkte, die auf dem Kreis oder innerhalb des Kreises liegen. Wenn keine Verwechslungen möglich sind, wird auch eine Kreisfläche kurz als Kreis bezeichnet.

Besondere Linien am Kreis

Sind *A* und *B* zwei Punkte auf einem Kreis, dann heißt die Strecke $\overline{AB}$ eine **Sehne** des Kreises. Jede Sehne, die durch den Mittelpunkt geht, ist Durchmesser dieses Kreises. Alle **Durchmesser** sind die längsten Sehnen in einem Kreis und ihre Länge ist doppelt so groß wie die des Radius.

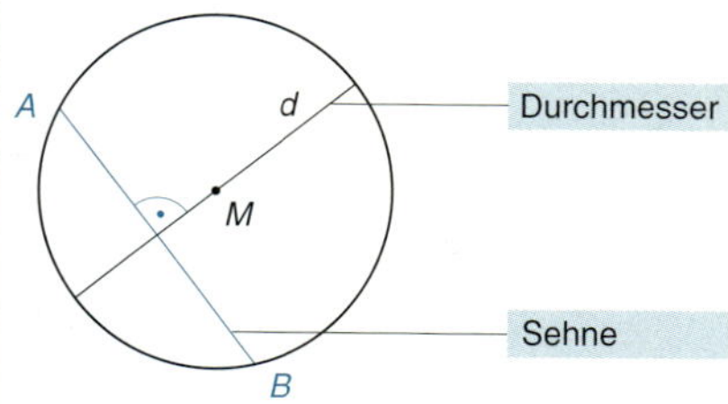

Lagemöglichkeiten eines Kreises und einer Geraden		
Wenn sich Kreis und Gerade in zwei Punkten schneiden, so heißt die Gerade **Sekante**.	Wenn sich Kreis und Gerade in genau einem Punkt schneiden, so heißt die Gerade **Tangente**.	Wenn sich Kreis und Gerade in keinem Punkt schneiden, so heißt die Gerade **Passante**.

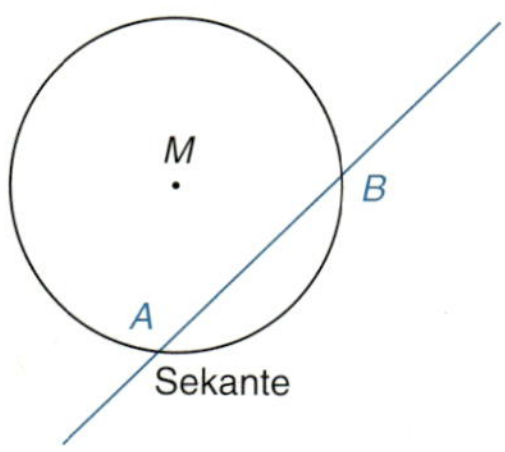

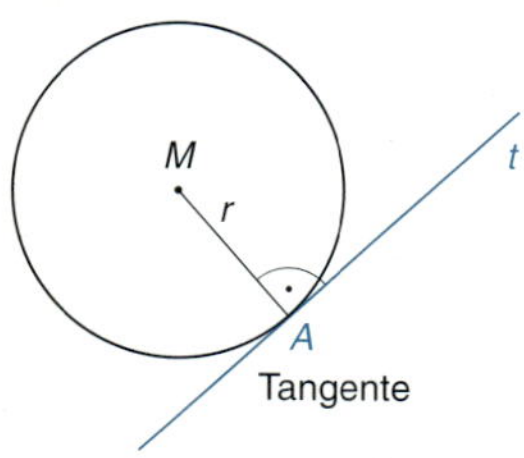

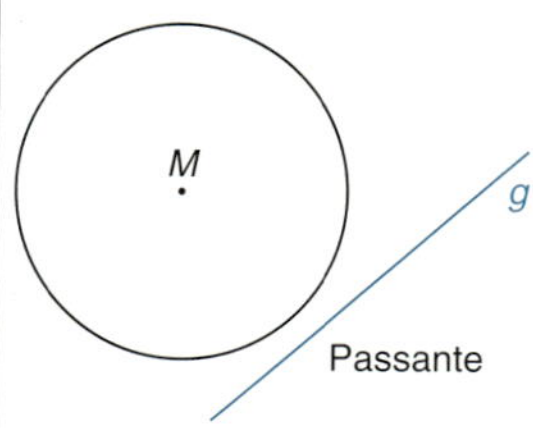

Eine Tangente hat einen **Berührungspunkt *A*** (↗ Bild Mitte) mit dem Kreis.
Die Strecke $\overline{MA}$ heißt **Berührungsradius der Tangente** *t*. Die Tangente steht senkrecht auf dem Berührungsradius.

8

Tangentenkonstruktionen:

Konstruktion der Tangente an einen Kreis *k* im Berührungspunkt *A*

Konstruktionsbeschreibung:

① Der Strahl $\overrightarrow{MA}$ wird gezeichnet.
② In *A* wird die Senkrechte *t* auf $\overrightarrow{MA}$ errichtet. Die Senkrechte *t* ist die Tangente im Punkt *A* an den Kreis.
↗ Errichten der Senkrechten, S. 109.

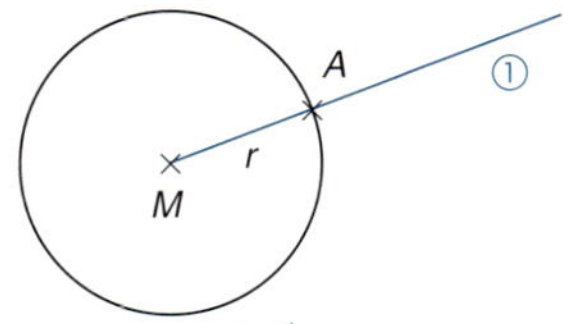

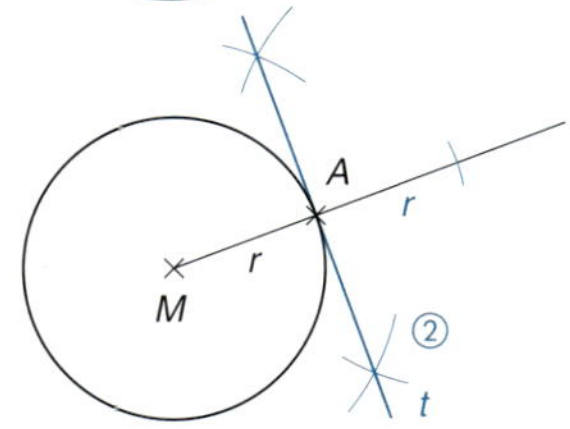

Konstruktion der Tangenten an einen Kreis *k* von einem Punkt *P* außerhalb des Kreises

Konstruktionsbeschreibung:

① Die Strecke $\overline{PM}$ wird gezeichnet und auf ihr wird der Mittelpunkt *N* konstruiert.
② Um *N* wird ein Kreis k_1 mit dem Radius $\overline{NM} = \overline{NP}$ gezeichnet. Er schneidet *k* in zwei Punkten *R* und *S*. Die Geraden *PR* und *PS* werden gezeichnet. Diese Geraden sind die gesuchten Tangenten an den Kreis *k*.
↗ Satz des Thales, S. 137.

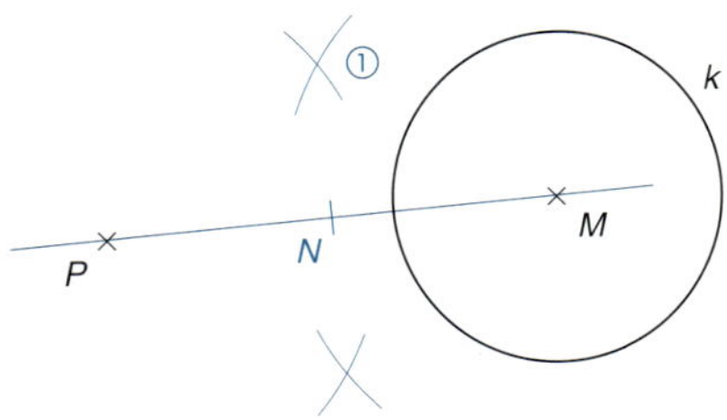

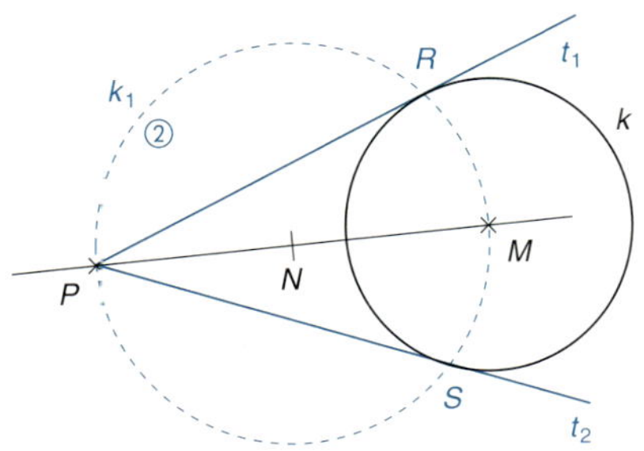

Gegenseitige Lage zweier Kreise

Zwei Kreise mit den Mittelpunkten M_1 bzw. M_2 können unterschiedliche Lagen einnehmen. Die Übersicht auf der Seite 135 zeigt die Lagemöglichkeiten.

Die beiden Kreise haben keinen Punkt gemeinsam.

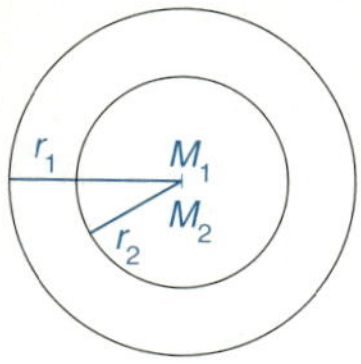

Die Mittelpunkte sind gleich; die Radien verschieden.
Die Kreise heißen **konzentrisch**.

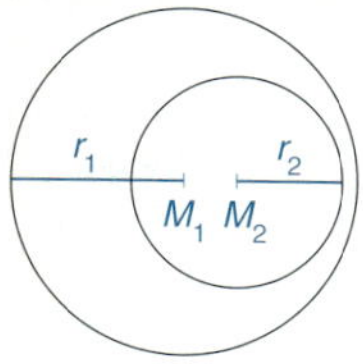

Die Mittelpunkte und Radien sind verschieden; die Kreise liegen ineinander, ohne sich zu berühren.

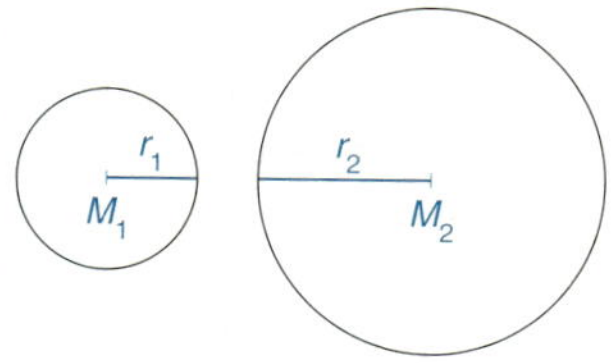

Die Kreise liegen nebeneinander, ohne sich zu berühren.

Die beiden Kreise haben genau einen Punkt gemeinsam.

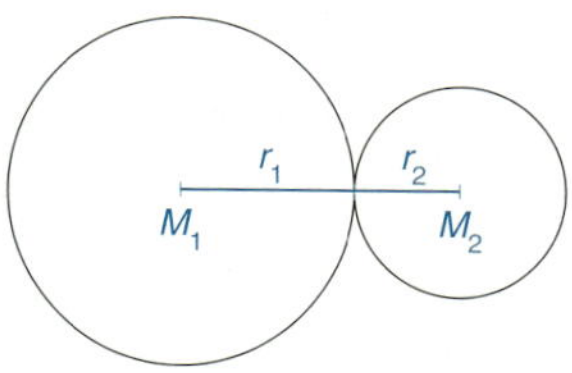

Die Kreise liegen nebeneinander und berühren sich in einem Punkt.

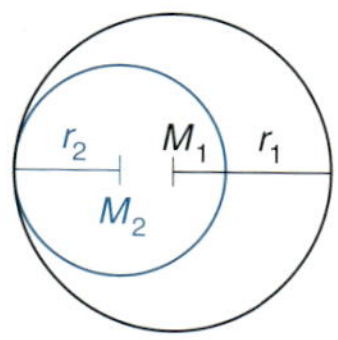

Die Kreise liegen ineinander und berühren sich in einem Punkt.

Die beiden Kreise haben genau zwei Punkte gemeinsam.

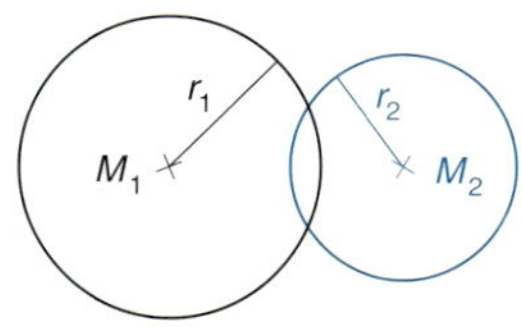

Die Kreise schneiden einander in genau zwei Punkten.

Symmetrie beim Kreis

Jeder Kreis ist **axialsymmetrisch.** Symmetrieachse ist jede Gerade durch den Mittelpunkt des Kreises.

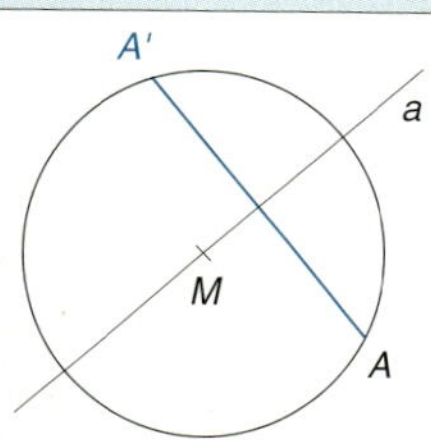

Spiegelung an *a*

Jeder Kreis ist **radialsymmetrisch** und sogar **zentralsymmetrisch**. Symmetriezentrum ist der Mittelpunkt des Kreises.

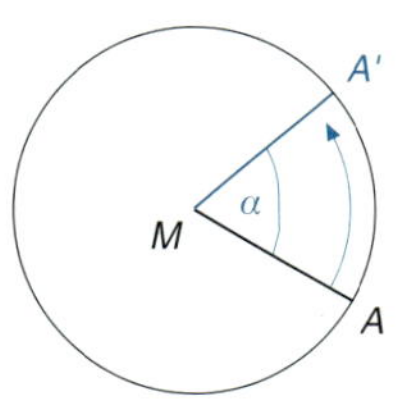

Drehung um *M*

Drehpunkt *M*

Drehwinkel α

Umkreise von Dreiecken und Vierecken

Umkreise von Dreiecken	Umkreise von Vierecken
Der Kreis, der durch alle drei Eckpunkte geht, heißt **Umkreis des Dreiecks**. Sein Mittelpunkt *M* ist der Schnittpunkt der Mittelsenkrechten der Seiten dieses Dreiecks. Für jedes Dreieck gibt es genau einen Umkreis. ↗ Besondere Linien …, S. 122	Der Kreis, der durch alle vier Eckpunkte eines Vierecks geht, heißt **Umkreis des Vierecks**. Nicht jedes Viereck hat einen Umkreis (↗ Bild S. 137, oben links). Vierecke, die einen Umkreis besitzen heißen **Sehnenvierecke**. In jedem Sehnenviereck beträgt die Summe der gegenüberliegenden Winkel jeweils 180°.
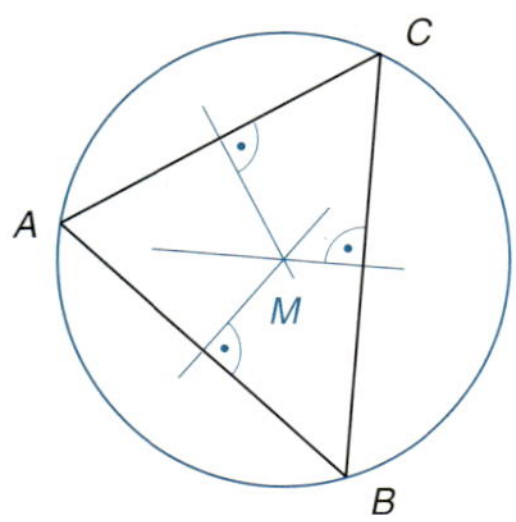	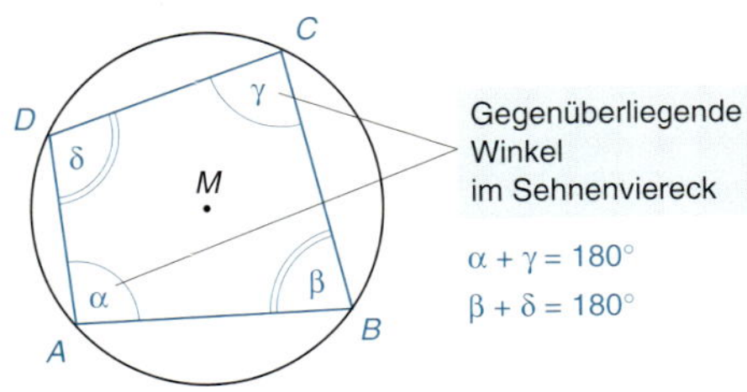

8

Inkreise von Dreiecken und Vierecken

Inkreise von Dreiecken	Inkreise von Vierecken
Der Kreis im Inneren eines Dreiecks, der jede Seite in genau einem Punkt berührt, heißt **Inkreis**. Sein Mittelpunkt *M* ist der Schnittpunkt der Winkelhalbierenden des Dreiecks. Für jedes Dreieck gibt es genau einen Inkreis. ↗ Besondere Linien im Dreieck, S. 122	Der Kreis im Inneren eines Vierecks, der jede Seite in genau einem Punkt berührt, heißt **Inkreis des Vierecks**. Nicht jedes Viereck hat einen Inkreis (↗ Bild S. 137). Vierecke, die einen Inkreis haben, heißen **Tangentenvierecke**. In jedem Tangentenviereck *ABCD* gilt für die Längen zweier gegenüberliegender Seiten $\overline{AB} + \overline{DC} = \overline{AD} + \overline{BC}$.
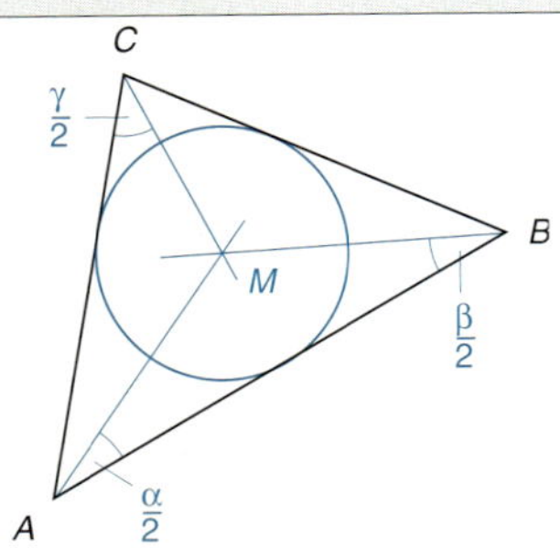	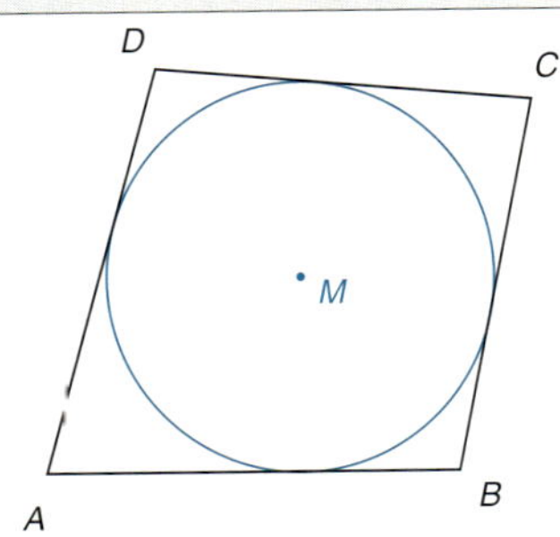

Das Viereck *ABCD* im Bild links hat keinen Umkreis. Es handelt sich nicht um ein Sehnenviereck.
Das Viereck *EFGH* im Bild rechts hat keinen Inkreis. Es handelt sich nicht um ein Tangentenviereck.

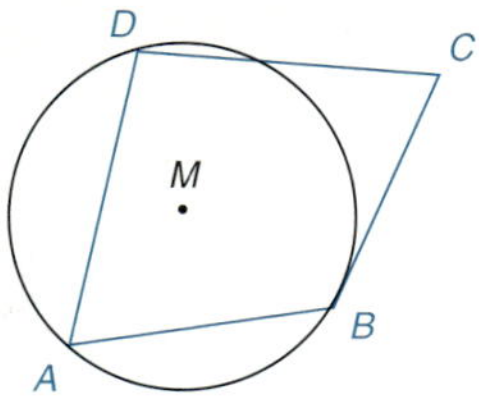

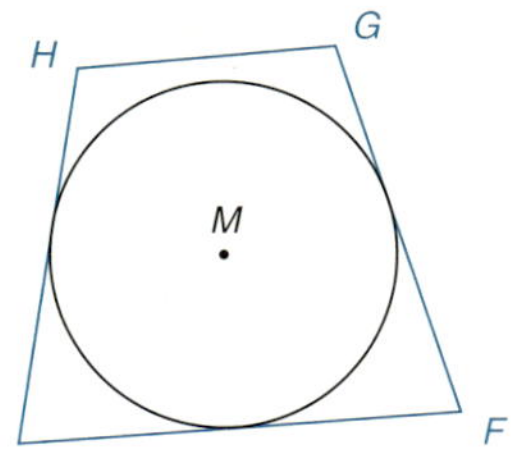

Winkel am Kreis

Zwei Punkte *A* und *B* eines Kreises zerlegen ihn in den Kreisbogen $\overset{\frown}{AB}$ und den Kreisbogen $\overset{\frown}{BA}$. Der Umlaufsinn ist hier stets entgegen der Uhrzeigerrichtung festgelegt.

Peripheriewinkel (oder Umfangswinkel) über dem Bogen $\overset{\frown}{AB}$	Zentriwinkel (oder Mittelpunktswinkel) über dem Bogen $\overset{\frown}{AB}$
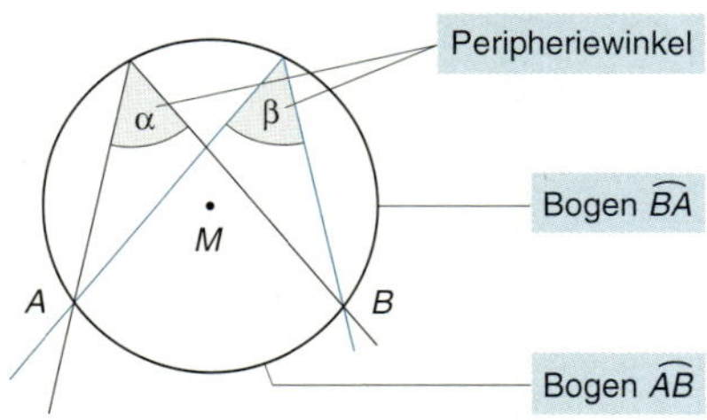	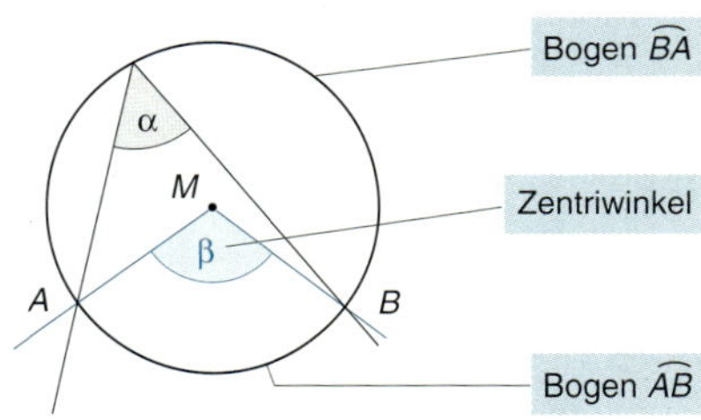
Die Scheitel der Peripheriewinkel liegen auf dem Kreis außerhalb des Bogens $\overset{\frown}{AB}$.	Der Scheitel des Zentriwinkels ist der Mittelpunkt des Kreises.

Peripheriewinkelsatz: Über jedem Bogen eines Kreises gibt es beliebig viele Peripheriewinkel. Sie sind alle gleich groß.	■ Im Bild links gilt: $\alpha = \beta$.
Zentriwinkel – Peripheriewinkel – Satz: Der Zentriwinkel über einem Kreisbogen $\overset{\frown}{AB}$ ist doppelt so groß wie jeder Peripheriewinkel über diesem Bogen.	■ Im Bild rechts gilt: $\beta = 2\,\alpha$.

Satz des Thales

Wenn ein Punkt *C* auf einem Kreis mit $\overline{AB}$ als Durchmesser liegt, so ist der Winkel *ACB* ein rechter Winkel (↗ Bild S. 138 oben).

Merkform:
Jeder Peripheriewinkel über einem Kreisdurchmesser ist ein rechter Winkel.

↗ Kreisbogen; Winkel am Kreis, S. 137

Es gilt auch die Umkehrung des Thalessatzes. Das nebenstehende Bild veranschaulicht den folgenden Satz:

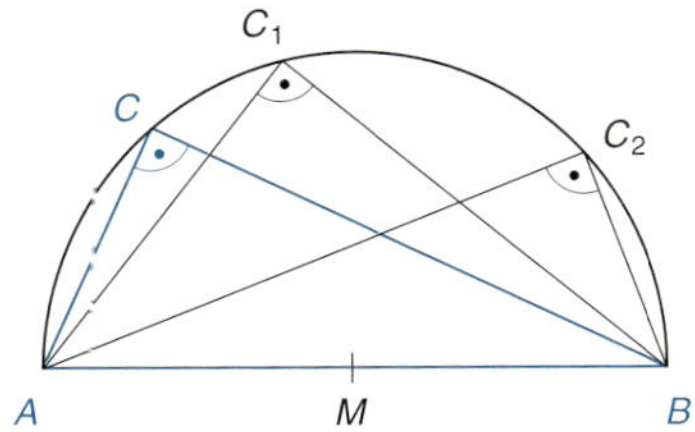

Wenn der Winkel *ACB* ein rechter Winkel ist, so liegt sein Scheitelpunkt *C* auf dem Kreis, für den $\overline{AB}$ ein Durchmesser ist.

Umfang und Flächeninhalt von Kreis und Kreisteilen

Rollt man den Umfang von Kreisen mit unterschiedlichem Durchmesser ab und berechnet die Quotienten von Umfang und Durchmesser, so ergibt sich näherungsweise für alle Quotienten eine konstante Zahl *k*. Diese Überlegung zeigt, dass zwischen dem Umfang *u* und dem Durchmesser *d* ein Zusammenhang besteht: **Für alle Kreise ist der Umfang direkt proportional zum Durchmesser.**
Der Proportionalitätsfaktor *k* ist die **Kreiszahl π.**

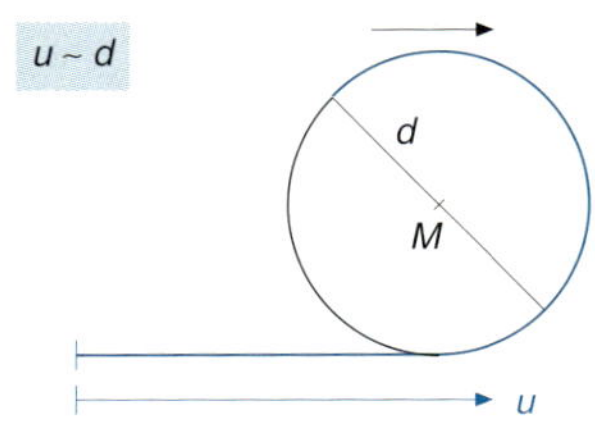

8

Die Kreiszahl π ist eine irrationale Zahl. Als Näherungswert für π wird häufig die Zahl 3,14 oder die Zahl $\frac{22}{7}$ verwendet. Taschenrechner haben eine besondere Taste [π] und arbeiten mit dem Näherungswert 3,141 592 65. Unter Einbeziehung des Proportionalitätsfaktors π gilt folgende Formel zur Berechnung des Kreisumfangs:

Kreisumfang: $u = 2\pi r$ oder auch $u = \pi d$

↗ Reelle Zahlen, irrationale Zahlen, S. 28

Zwischen dem Flächeninhalt *A* eines Kreises und dem Quadrat des Radius besteht ebenfalls direkte Proportionalität mit der Kreiszahl π als Proportionalitätsfaktor: $A \sim r^2$. Daraus folgt als Formel zur Berechnung des Flächeninhalts:

Kreisflächeninhalt: $A = \pi r^2$ oder auch $A = \frac{\pi}{4} d^2$

Die Überlegung auf der folgenden Seite 139 führt zur angegebenen Formel für die Berechnung des Flächeninhalts eines Kreises.

Ein Kreis lässt sich zwar nicht wie jedes Vieleck in andere Vielecke mit bekannter Flächeninhaltsformel zerlegen, man kann aber die Kreisfläche in gleich große Ausschnitte zerlegen und diese danach zu einer Figur anordnen. Die dabei entstehende Fläche ist durch krumme Linien begrenzt und kommt einer Rechtecksfläche näherungsweise gleich, wenn man nur bei der Zerlegung des Kreises die Anzahl der Kreisausschnitte weiter erhöht. Im folgenden Bild ist eine solche Zerlegung des Kreises in acht Kreisausschnitte, die dann zu einer rechteckartigen Figur angeordnet wurden, dargestellt.

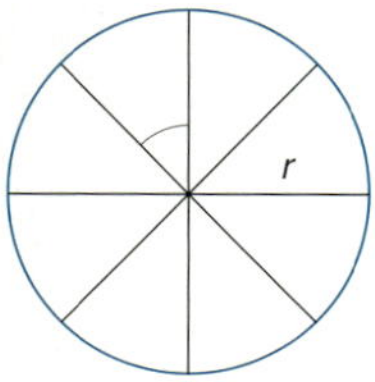

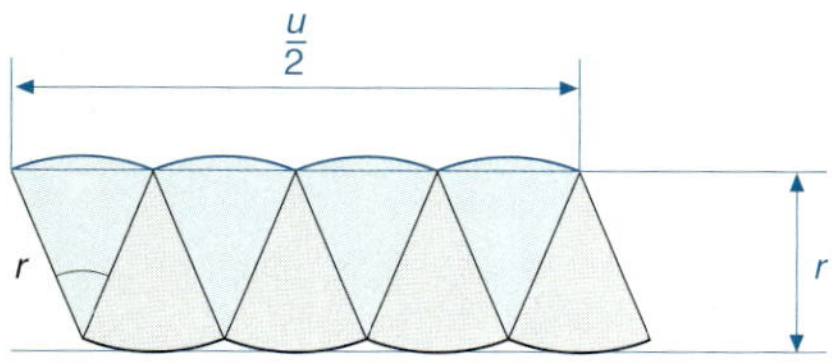

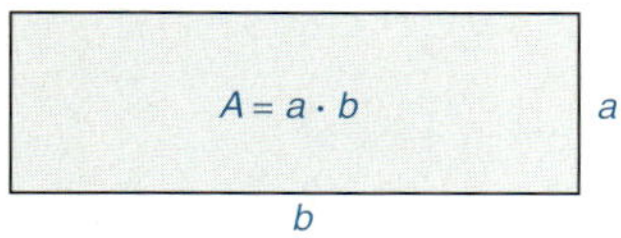

Erhöht man nun die Anzahl der Ausschnitte beliebig und ordnet sie wieder zu einer rechteckartigen Figur an, dann nähert sich der Flächeninhalt des Kreises dem Flächeninhalt des Rechtecks mit den Seitenlängen r und $\frac{u}{2}$ an.

$$A = r \cdot \frac{u}{2}$$
$$= r \cdot \frac{2\pi r}{2} = r \cdot \pi r$$
$$= \pi r^2$$

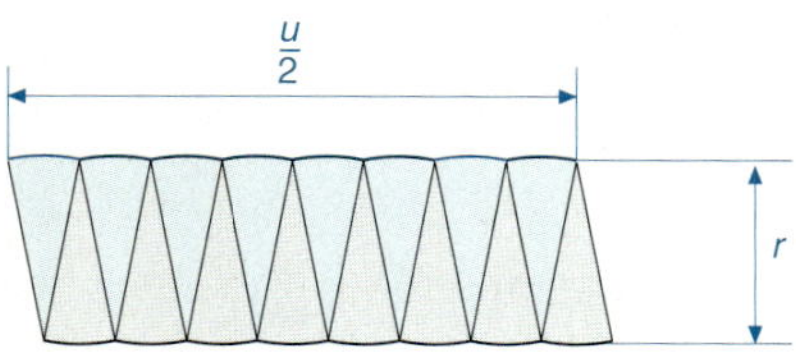

- Zu berechnen sind der Umfang und der Flächeninhalt eines Kreises mit dem Radius $r = 3{,}5$ cm.

Lösung:	ohne Taschenrechner	mit Taschenrechner
	$u = 2\pi r$ $u = 2 \cdot 3{,}14 \cdot 3{,}5$ cm $u = 21{,}98$ cm $A = \pi r^2$ $A = 3{,}14 \cdot 3{,}5^2$ cm^2 $A = 38{,}465$ cm^2	Tastenfolge: 2 [x] [π] [x] 3,5 [=] [21,991 149] [π] [x] 3,5 [x²] [=] [38,484 51]
Ergebnis:	Der Umfang beträgt rund 22 cm, der Flächeninhalt rund 38 cm^2.	

Kreisteile: Jeder Kreisbogen $\widehat{AB}$ eines Kreises hat eine bestimmte **Länge *b***. Ist α die Größe des Zentriwinkels (in Grad) über dem Bogen $\widehat{AB}$ mit dem Radius *r*, so berechnet sich die Länge *b* nach folgender Formel:

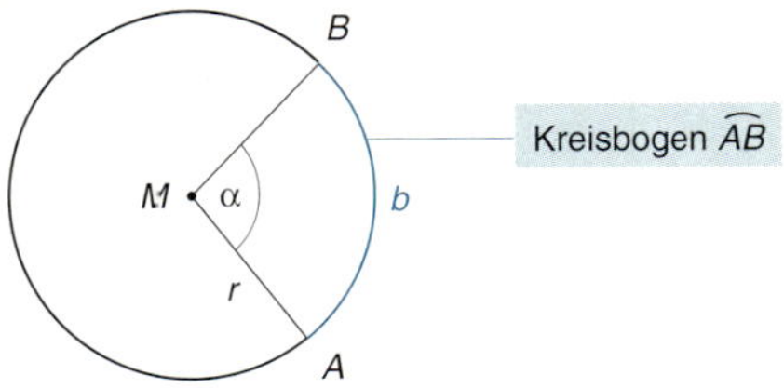

Länge *b* des Kreisbogens: $b = \frac{\alpha}{360°} \cdot 2\pi \cdot r = \frac{\alpha}{180°} \cdot \pi \cdot r$

↗ Gradmaß und Bogenmaß, S. 155

■ *Gegeben:* $r = 0{,}75$ m; $\alpha = 195°$

Lösung: $b = \frac{195°}{360°} \cdot 2 \cdot \pi \cdot 0{,}75$ m $\quad b \approx 2{,}55$ m

Schneidet man durch zwei gerade Schnitte bis zum Mittelpunkt des Kreises einen Teil der Kreisfläche heraus, so erhält man einen **Kreisausschnitt (Kreissektor).**
In einem Kreis begrenzt jeder Zentriwinkel α einen Kreisausschnitt.
Ist α die Größe des Zentriwinkels in Grad über dem Bogen $\widehat{AB}$ mit dem Radius *r*, so berechnet sich der Flächeninhalt *A* nach folgender Formel:

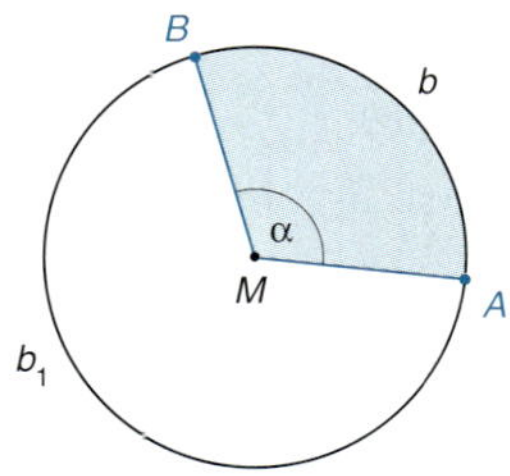

Kreisausschnitt: $A = \frac{\alpha}{360°} \cdot \pi \cdot r^2$

Zwei konzentrische Kreise begrenzen einen **Kreisring**.
Der Flächeninhalt eines Kreisringes mit den Radien r_1, r_2, wobei $r_1 < r_2$, berechnet sich folgendermaßen:

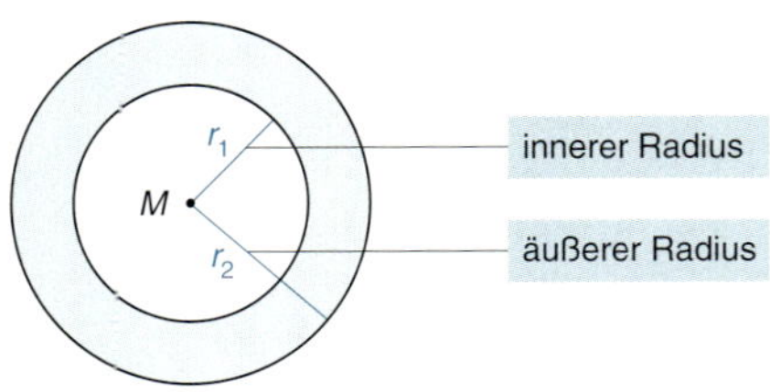

Kreisring: $A = \pi\,(r_2^2 - r_1^2)$

↗ Gegenseitige Lage zweier Kreise (konzentrische Kreise), S. 135

Ähnlichkeit und Strahlensätze

ÄHNLICHKEIT

Maßstäbliche Darstellungen

Eine maßstäbliche Vergrößerung oder Verkleinerung führt zu einem Bild, das dem Original **ähnlich** ist. Es hat dieselbe Form, aber eine andere Größe als das Original. Wie stark eine Figur vergrößert oder verkleinert wird, hängt vom Maßstab (auch als **Ähnlichkeitsfaktor,** ↗ S. 142, bezeichnet) ab.

Der **Maßstab** ist das Verhältnis (der Quotient) einer beliebigen Strecke im **Bild** zur zugehörigen Strecke im **Original.**

Maßstäbliche Darstellungen von Figuren erhält man durch die Anwendung von **zentrischen Streckungen** oder anderen **Ähnlichkeitsabbildungen** aber auch durch „Umzeichnen" mithilfe von Quadratgitterpapier mit verschiedenen Längeneinheiten (Gittergrößen).

↗ Zentrische Streckungen, S. 142
↗ Ähnlichkeitsabbildungen, S. 144

9

■ Das folgende Bild zeigt einen Drachen und seine maßstäbliche Vergrößerung.

Das Drachenviereck im **Original** wurde mit *ABCD* bezeichnet, das Drachenviereck im **Bild** mit *A′B′C′D′*. Die Längeneinheit (Gitterweite) des Originals ist $LE = 0{,}25$ cm, die des Bildes $LE' = 0{,}5$ cm.

Für den Maßstab gilt:

$$k = \frac{LE'}{LE} = 2 : 1 = 2.$$

Damit haben auch alle Bildstrecken und die zugehörigen Originalstrecken das Längenverhältnis 2 : 1, so z. B. die beiden Strecken $\overline{A'B'}$ und $\overline{AB}$:

$$\frac{\overline{A'B'}}{\overline{AB}} = \frac{3{,}4\text{ cm}}{1{,}7\text{ cm}} = 2 : 1 = k$$

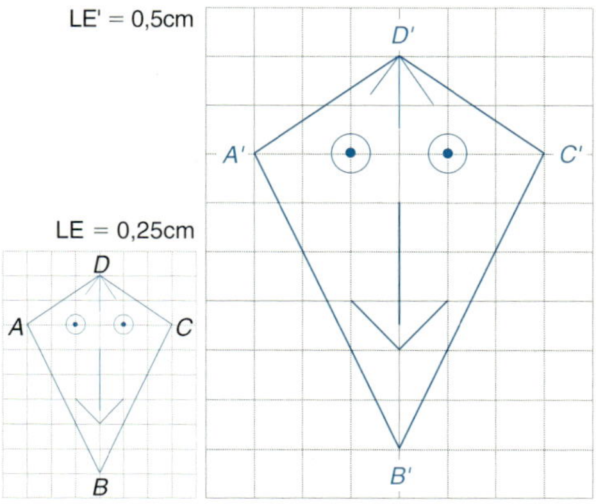

Zur Beachtung: Die übliche Bezeichnung „Bild" für die maßstäbliche Vergrößerung bzw. Verkleinerung darf nicht verwechselt werden mit der Bezeichnung „↗ Bild S. ..." für die abgedruckten Figuren in diesem Buch.

Unter einer **maßstäblichen Vergrößerung oder Verkleinerung** einer geometrischen Figur *F* im Maßstab $k : 1$ (mit $k > 0$) versteht man die Konstruktion eines Bildes *F′* von *F*, bei der für zwei beliebige Punkte *A* und *B* sowie ihre Bildpunkte *A′* und *B′* gilt: $k = \frac{\overline{A'B'}}{\overline{AB}}$ oder auch $\overline{A'B'} = k \cdot \overline{AB}$.
Ist $\boldsymbol{k < 1}$, so spricht man von einer **maßstäblichen Verkleinerung,**
bei $\boldsymbol{k > 1}$ von einer **maßstäblichen Vergrößerung.**
Gilt $\boldsymbol{k = 1}$, so sind *F* und *F′* **kongruent.**

↗ Kongruenz von Figuren, S. 115

Ähnlichkeit

Ist eine Figur *F′* maßstäbliches Bild einer Figur *F*, so sagt man: ***F′* ist ähnlich zu *F*** (Schreibweise: $\boldsymbol{F' \sim F}$). Der Maßstab *k* heißt **Ähnlichkeitsfaktor** oder **Ähnlichkeitsverhältnis.**
Der Begriff der Ähnlichkeit wird auch mithilfe von **Ähnlichkeitsabbildungen** erklärt: Zwei Figuren *F* und *F′* sind ähnlich zueinander, wenn es eine Ähnlichkeitsabbildung gibt, die *F* auf *F′* abbildet. Spezielle Ähnlichkeitsabbildungen sind zentrische Streckungen.

Zentrische Streckungen

Ähnliche Figuren lassen sich durch zentrische Streckungen erzeugen.
Eine **zentrische Streckung (*Z*; *k*)** mit dem **Streckungszentrum *Z*** und dem **Streckungsfaktor *k*** ordnet jedem Punkt *P* der Ebene einen Bildpunkt *P′* zu, für den Folgendes gilt:

- *P′* liegt auf dem Strahl $\overrightarrow{ZP}$.
- *P′* hat von *Z* einen *k*-mal so großen Abstand wie *P*: $\overline{ZP'} = k \cdot \overline{ZP}$.

Das **Streckungszentrum *Z*** wird auf sich selbst abgebildet.

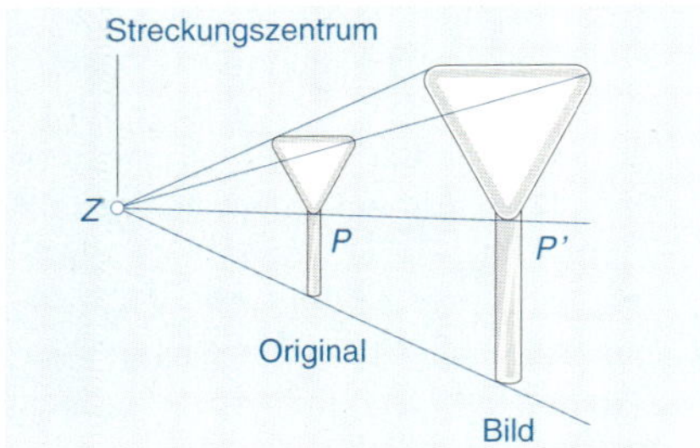

■ Im nebenstehenden Bild wird das Dreieck *ABC* durch eine zentrische Streckung auf das Dreieck *A′B′C′* abgebildet. Der Punkt *Z* ist das Streckungszentrum. Der Punkt *A′* ist von *Z* **dreimal** so weit entfernt wie der Punkt *A*, ebenso ist *B′* von *Z* **dreimal** so weit entfernt wie *B* und *C′* **dreimal** so weit wie *C*:
$\overline{ZA'} = 3 \cdot \overline{ZA}$, $\overline{ZB'} = 3 \cdot \overline{ZB}$, $\overline{ZC'} = 3 \cdot \overline{ZC}$.
Die zentrische Streckung hat deshalb den Streckungsfaktor $k = 3$.

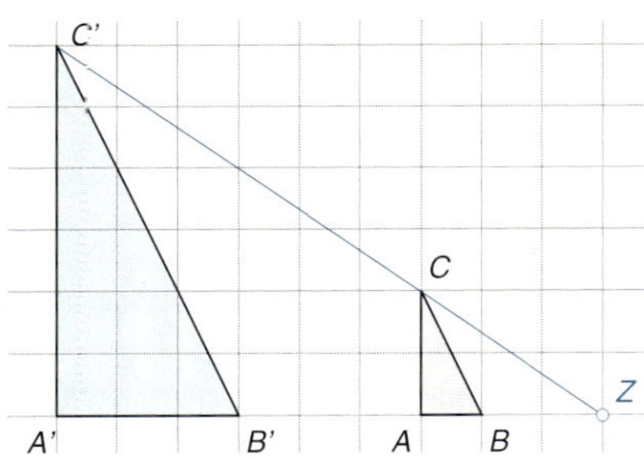

Konstruktion von Bildpunkten bei zentrischen Streckungen: Um den Bildpunkt P' eines Punktes P bei einer zentrischen Streckung mit dem Streckungszentrum Z und dem Streckungsfaktor k zu konstruieren, sind folgende Konstruktionsschritte auszuführen.

1. Ausgehend vom Zentrum Z zeichnet man den Strahl $\overrightarrow{ZP}$ durch P.
2. Die Länge der Strecke $\overline{ZP}$ wird gemessen (↗ Bild ⓐ).
3. Den Abstand $\overline{ZP'}$ des Bildpunktes P' vom Streckungszentrum berechnet man durch $\overline{ZP'} = k \cdot \overline{ZP}$.
4. Von Z aus trägt man auf dem Strahl $\overrightarrow{ZP}$ eine Strecke mit der Länge $\overline{ZP'}$ an, ihr Endpunkt ist der gesuchte Bildpunkt P' (↗ Bild ⓑ).

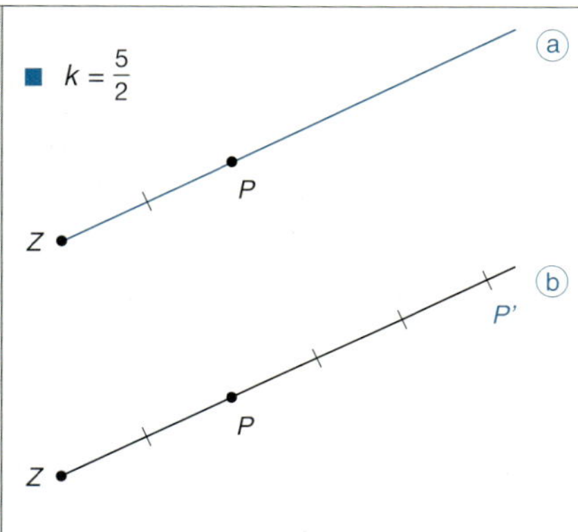

Konstruktion von Bildpunkten bei zentrischen Streckungen durch Parallelen: Eine weitere Möglichkeit, das Bild eines Punktes bei einer zentrischen Streckung zu konstruieren, zeigt das Bild unten. Diese Konstruktion beruht auf der **Parallelverschiebung** (↗ S. 110) einer Geraden und dem Strahlensatz.

■ Gegeben sind das Streckungszentrum Z einer zentrischen Streckung sowie ein Punkt A und sein Bildpunkt A' (↗ Bild ⓐ). Der Streckungsfaktor ist somit $k = \overline{ZA'} : \overline{ZA}$. Gesucht ist der Bildpunkt X' eines beliebigen Punktes X.

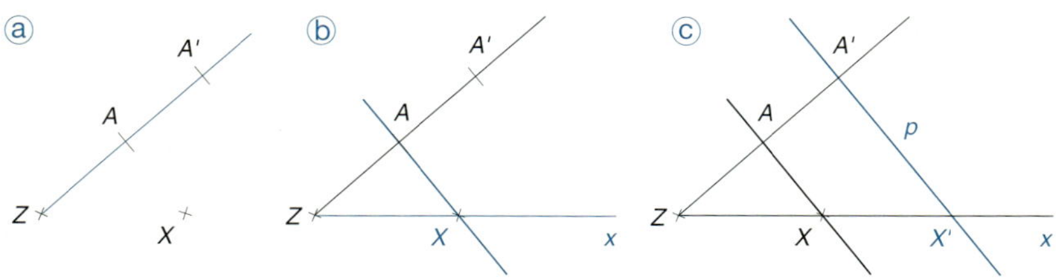

Konstruktionsbeschreibung:
1. Man zeichnet den Strahl $\overrightarrow{ZX}$ mit dem Anfangspunkt Z durch den Punkt X.
2. Nun wird durch die Punkte A und X die Gerade AX gezeichnet.
3. Durch A' konstruiert man die Parallele p zu AX.
4. Der Schnittpunkt von p mit dem Strahl $\overrightarrow{ZX}$ ist der gesuchte Bildpunkt X'.

Diese Konstruktion wird durch den ersten Teil des **Strahlensatzes** gerechtfertigt, nach dem $\overline{ZX'} : \overline{ZX} = \overline{ZA'} : \overline{ZA} = k$ gilt.
↗ Erster und zweiter Strahlensatz, S. 147

9

Eigenschaften zentrischer Streckungen:
Für jede zentrische Streckung (Z; k) gilt:
- Original- und Bildgeraden bzw. Original- und Bildstrecken sind parallel zueinander.
- Jede Bildstrecke ist k-mal so lang wie die zugehörige Originalstrecke.
- Original- und Bildwinkel sind gleich groß.

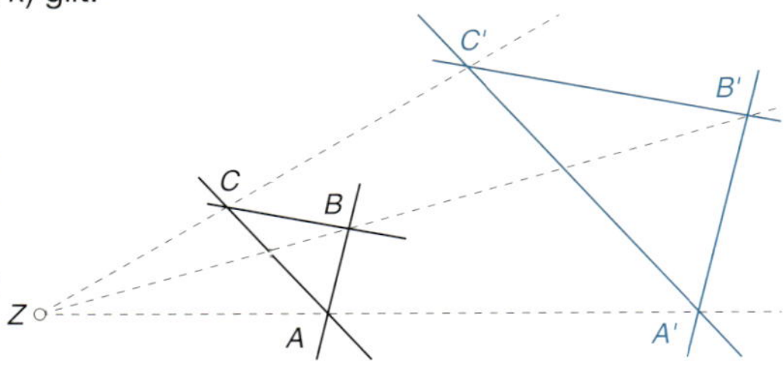

$A'B' \parallel AB$	$\overline{A'B'} = k \cdot \overline{AB}$	$\sphericalangle B'A'C' = \sphericalangle BAC$
$B'C' \parallel BC$	$\overline{B'C'} = k \cdot \overline{BC}$	$\sphericalangle A'B'C' = \sphericalangle ABC$
$A'C' \parallel AC$	$\overline{A'C'} = k \cdot \overline{AC}$	$\sphericalangle B'C'A' = \sphericalangle BCA$

Weitere Eigenschaften zentrischer Streckungen:
- Sind zwei Geraden g und h zueinander parallel, so sind auch ihre Bildgeraden g' und h' parallel.
- Stehen zwei Geraden g und h aufeinander senkrecht, so sind auch die Bildgeraden g' und h' senkrecht zueinander.

Ähnlichkeitsabbildungen

Zentrische Streckungen sind **Ähnlichkeitsabbildungen.** Sie erzeugen aus geometrischen Figuren dazu ähnliche Figuren. Aber auch alle **Bewegungen** sind Ähnlichkeitsabbildungen, denn durch sie werden sogar **kongruente Figuren** erzeugt. Diese sind auch ähnlich zueinander. Kongruente Figuren haben den Ähnlichkeitsfaktor (bzw. Maßstab) 1.

↗ Bewegungen, S. 115

■ Im nebenstehenden Bild wird das Dreieck ABC zunächst an der Geraden a gespiegelt. Dabei entsteht das Bilddreieck $A'B'C'$. Dieses erste Bilddreieck wird durch die zentrische Streckung mit dem Streckungszentrum Z und dem Streckungsfaktor $k = 1{,}5$ auf das zweite Bilddreieck $A''B''C''$ abgebildet. Die Dreiecke ABC und $A''B''C''$ sind zueinander ähnlich:
$\triangle ABC \sim \triangle A''B''C''$.

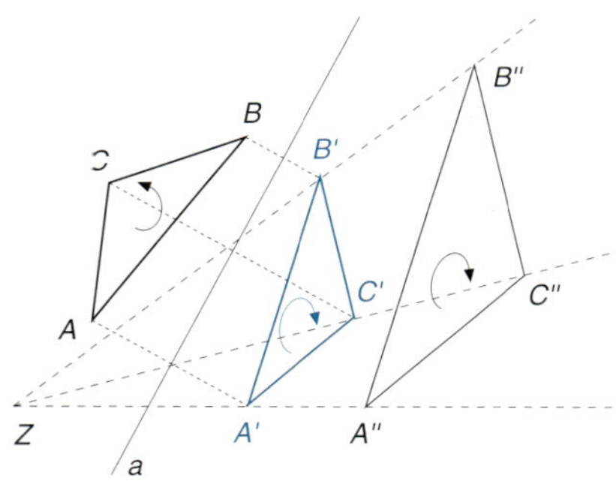

> Ähnlichkeitsabbildungen sind
> - Bewegungen,
> - Zentrische Streckungen,
> - Abbildungen, die aus einer Bewegung und einer zentrischen Streckung zusammengesetzt sind.

Eigenschaften von Ähnlichkeitsabbildungen:
Ähnlichkeitsabbildungen können die Größe einer geometrischen Figur verändern, nicht aber ihre Form.

- Die Größen von Winkeln bleiben bei Ähnlichkeitsabbildungen unverändert.
  So gilt in den beiden ähnlichen Dreiecken *ABC* und *A′B′C′* im Bild rechts:
  $\alpha' = \alpha,\ \beta' = \beta$ und $\gamma' = \gamma$.
- Verhältnisse von Seitenlängen geometrischer Figuren ändern sich bei Ähnlichkeitsabbildungen nicht.
  Es gilt:
  $\frac{a'}{b'} = \frac{a}{b},\ \frac{b'}{c} = \frac{b}{c}$ und $\frac{a'}{c'} = \frac{a}{c}$.

↗ Verhältnisgleichungen bei direkten Proportionalitäten, S. 76

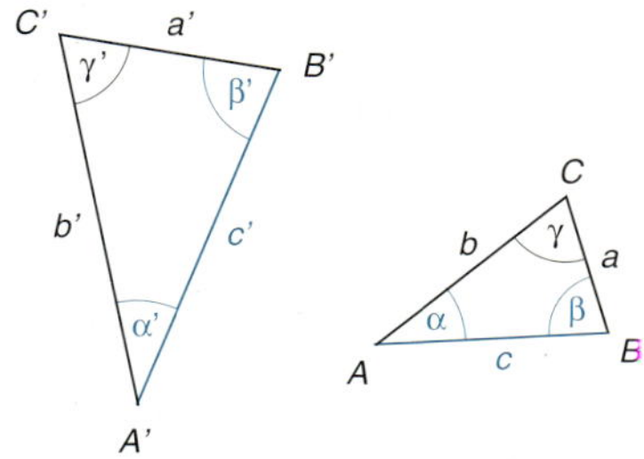

Flächeninhalte ähnlicher Figuren

Bei einer Ähnlichkeitsabbildung werden alle Streckenlängen mit dem Faktor *k* (dem Ähnlichkeitsfaktor bzw. Maßstab) multipliziert. Der Flächeninhalt einer Figur ändert sich jedoch sogar im Verhältnis k^2.
Das nebenstehende Bild zeigt dies für zwei Quadrate mit dem Ähnlichkeitsfaktor $k = 3$. Das Quadrat *Q′* hat den neunfachen (also 3^2-fachen) Flächeninhalt des Quadrates *Q*.

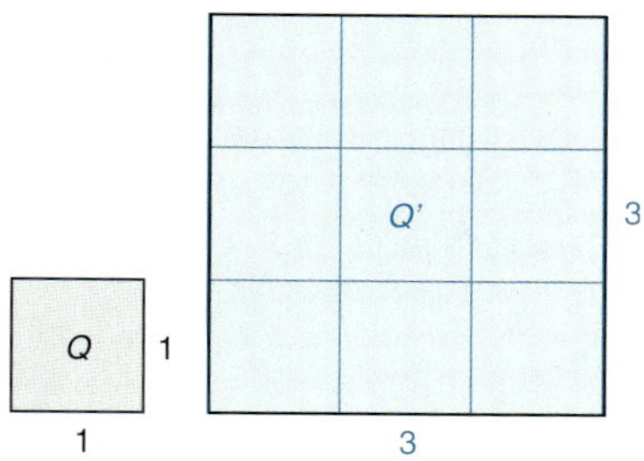

9

Ähnliche Vielecke

Wenn bei zwei Vielecken (zum Beispiel Drei-, Vier- oder Fünfecken)
- alle einander entsprechenden Winkel gleich groß sind und
- alle einander entsprechenden Seiten das gleiche Verhältnis bilden,

so sind die beiden Vielecke einander ähnlich.

■ Die Vierecke *ABCD* und *A′B′C′D′* im Bild sind zueinander ähnlich, denn es gilt:
$\alpha = \alpha',\quad \beta = \beta',\quad \gamma = \gamma',\quad \delta = \delta'$
sowie
$a : b = a' : b'$; $\quad a : c = a' : c'$;
$a : d = a' : d'$; $\quad b : c = b' : c'$;
$b : d = b' : d'$; $\quad c : d = c' : d'$.

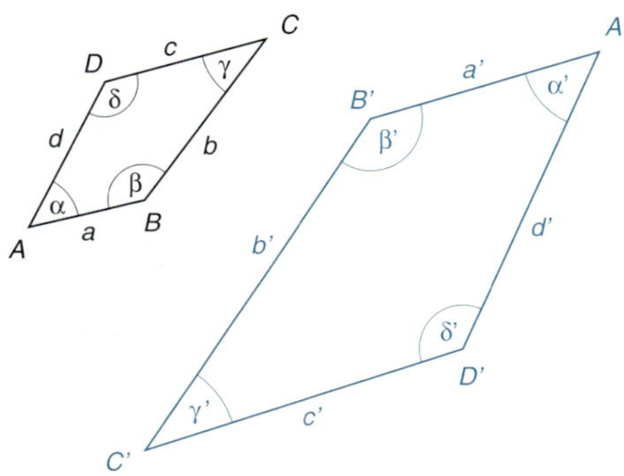

Ähnlichkeitssätze für Dreiecke

Um zu überprüfen, ob zwei Dreiecke ähnlich zueinander sind, muss man *nicht* – wie bei beliebigen Vielecken – *alle* Winkel sowie die Verhältnisse *aller* Streckenlängen kennen und vergleichen. Mithilfe der **Ähnlichkeitssätze** kann man die Entscheidung, ob zwei Dreiecke ähnlich sind, mit weniger Größen treffen.

Hauptähnlichkeitssatz	
Zwei Dreiecke, die in der Größe zweier ihrer Innenwinkel übereinstimmen, sind einander ähnlich. Hinweis: Nach dem **Innenwinkelsatz** ist auch der dritte Innenwinkel in beiden Dreiecken gleich groß (also z. B. für die Dreiecke im nebenstehenden Bild ist dann $\beta = \beta'$), denn es gilt $\alpha + \beta + \gamma = \alpha' + \beta' + \gamma' = 180°$.	■ Falls $\alpha = \alpha'$ und $\gamma = \gamma'$, so $\triangle ABC \sim \triangle A'B'C'$. 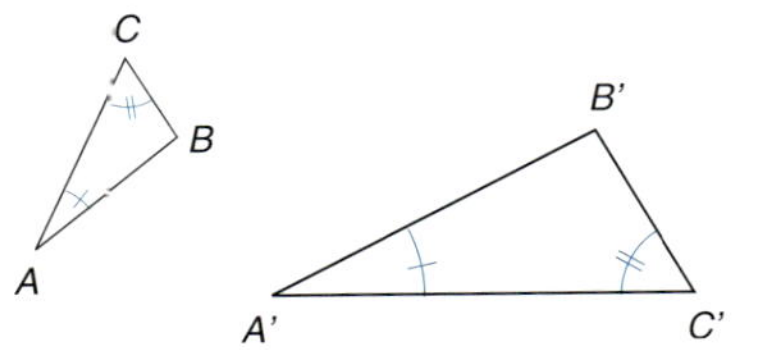
Weitere Ähnlichkeitssätze	
Wenn zwei Dreiecke in der Größe eines Innenwinkels übereinstimmen und die dem Winkel anliegenden Seiten beider Dreiecke gleiche Verhältnisse bilden, so sind sie einander ähnlich.	■ Falls $\alpha = \alpha'$ und $\frac{b}{c} = \frac{b'}{c'}$, so $\triangle ABC \sim \triangle A'B'C'$. 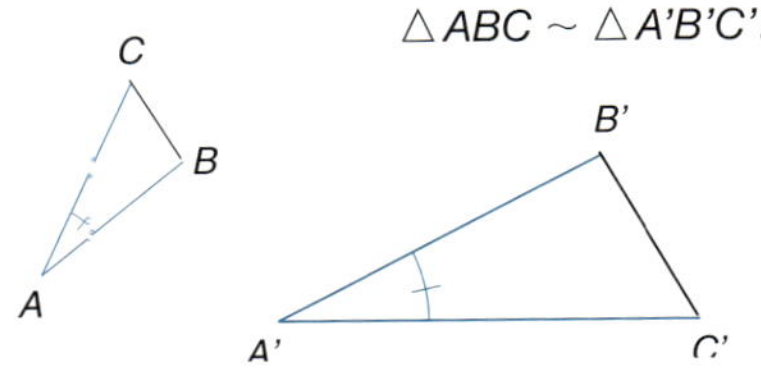
Wenn jede Seite eines Dreiecks mit je einer Seite eines anderen Dreiecks gleiche Längenverhältnisse bildet, so sind die beiden Dreiecke einander ähnlich.	■ Falls $\frac{a'}{a} = \frac{b'}{b} = \frac{c'}{c}$, so $\triangle ABC \sim \triangle A'B'C'$. 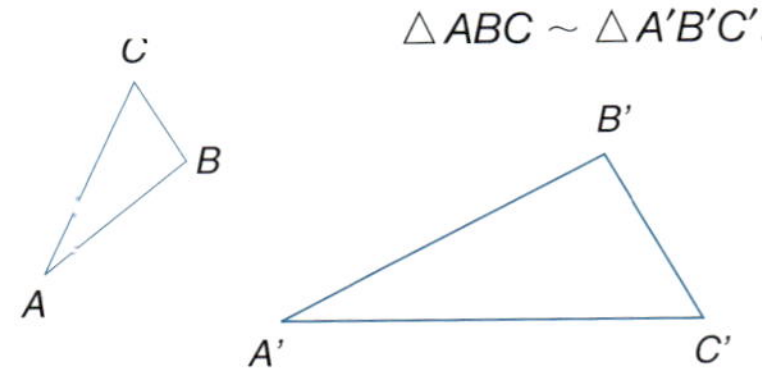
Wenn zwei Seiten eines Dreiecks mit je einer Seite eines anderen Dreiecks gleiche Verhältnisse bilden und die Innenwinkel beider Dreiecke, die der jeweils größeren dieser beiden Seiten gegenüberliegen, gleich groß sind, so sind die beiden Dreiecke einander ähnlich.	■ Falls $\frac{a'}{a} = \frac{c'}{c}$, $c > a$ und $\gamma = \gamma'$, so $\triangle ABC \sim \triangle A'B'C'$. 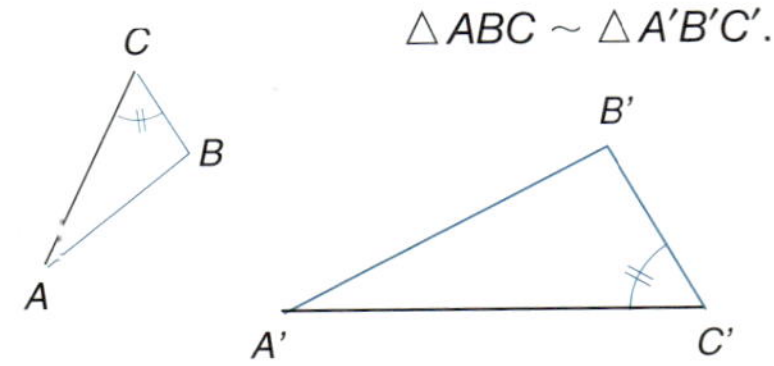

DIE STRAHLENSÄTZE

Strahlen- und Parallelenabschnitte

Werden zwei Strahlen $\overleftarrow{s_1}$ und $\overleftarrow{s_2}$, die einen gemeinsamen Anfangspunkt Z haben, von zwei parallelen Geraden g_1 und g_2 geschnitten, so entstehen **Strahlenabschnitte** und **Parallelenabschnitte.**

Strahlenabschnitte:
auf $\overleftarrow{s_1}$: $\overline{ZA}$, $\overline{ZB}$, $\overline{AB}$
auf $\overleftarrow{s_2}$: $\overline{ZC}$, $\overline{ZD}$, $\overline{CD}$
Parallelenabschnitte:
auf g_1: $\overline{AC}$
auf g_2: $\overline{BD}$

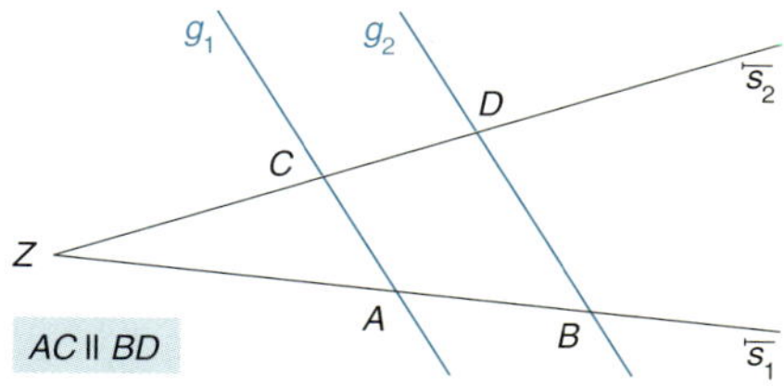

Man unterscheidet **gleichliegende** (einander auf beiden Strahlen entsprechende) **Strahlenabschnitte:** $\overline{ZA}$ und $\overline{ZC}$, $\overline{ZB}$ und $\overline{ZD}$ sowie $\overline{AB}$ und $\overline{CD}$, und **einander zugehörige Strahlen- und Parallelenabschnitte:**
$\overline{ZA}$ und $\overline{AC}$, $\overline{ZC}$ und $\overline{CA}$, $\overline{ZB}$ und $\overline{BD}$ sowie $\overline{ZD}$ und $\overline{DB}$.

Erster und zweiter Strahlensatz

Erster Strahlensatz:
Werden zwei Strahlen mit einem gemeinsamen Anfangspunkt von zwei Parallelen geschnitten, so verhalten sich die Strahlenabschnitte auf dem einen Strahl wie die gleichliegenden Abschnitte auf dem anderen Strahl.

Zweiter Strahlensatz:
Werden zwei Strahlen mit gemeinsamem Anfangspunkt von zwei Parallelen geschnitten, so verhalten sich die Strahlenabschnitte eines Strahls zueinander wie die zugehörigen Parallelenabschnitte.

Nach dem ersten Strahlensatz gilt:
$\overline{ZA} : \overline{ZB} = \overline{ZC} : \overline{ZD}$,
$\overline{ZA} : \overline{AB} = \overline{ZC} : \overline{CD}$,
$\overline{ZB} : \overline{AB} = \overline{ZD} : \overline{CD}$.

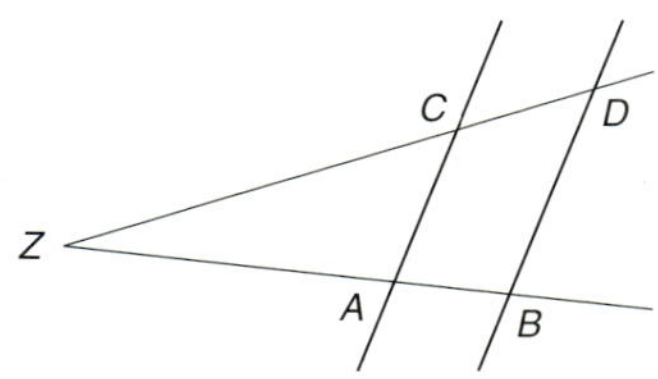

Nach dem zweiten Strahlensatz gilt:
$\overline{ZA} : \overline{ZB} = \overline{AC} : \overline{BD}$,
$\overline{ZC} : \overline{ZD} = \overline{AC} : \overline{BD}$.

■ Im Bild zu den Strahlensätzen seien die Strahlenabschnitte $\overline{ZA} = 3{,}0$ cm, $\overline{ZB} = 5{,}0$ cm und $\overline{ZD} = 4{,}0$ cm gegeben. Gesucht ist die Länge des Strahlenabschnitts $\overline{ZC}$.
Lösung: Nach dem ersten Strahlensatz gilt $\overline{ZA} : \overline{ZB} = \overline{ZC} : \overline{ZD}$.
Multipliziert man beide Seiten dieser Gleichung mit $\overline{ZD}$, so erhält man

$(\overline{ZA} : \overline{ZB}) \cdot \overline{ZD} = \overline{ZC}$ und kann daraus $\overline{ZC}$ berechnen.

$$\overline{ZC} = \frac{\overline{ZA} \cdot \overline{ZD}}{\overline{ZB}} = \frac{3{,}0\text{ cm} \cdot 4{,}0\text{ cm}}{5{,}0\text{ cm}} = 2{,}4\text{ cm}$$

Anwendung der Strahlensätze

- Es soll die Entfernung der beiden Punkte A und B berechnet werden. Bekannt sind die Längen der zu $\overline{AB}$ parallelen Strecke $\overline{CD}$ ($\overline{CD} = 24$ m) sowie der Strahlenabschnitte $\overline{EB} = 70$ m und $\overline{ED} = 20$ m.

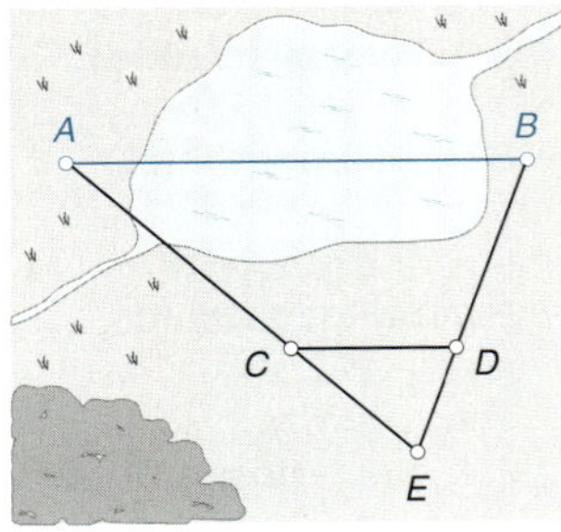

Lösung: Nach dem 2. Strahlensatz verhalten sich die Strahlenabschnitte $\overline{ED}$ und $\overline{EB}$ zueinander wie die zugehörigen Parallelenabschnitte $\overline{CD}$ und $\overline{AB}$. Es gilt also $\overline{ED} : \overline{EB} = \overline{CD} : \overline{AB}$.
Durch Umstellen nach $\overline{AB}$ erhält man

$$\overline{AB} \cdot \overline{ED} = \overline{CD} \cdot \overline{EB}$$

$$\overline{AB} = \frac{\overline{CD} \cdot \overline{EB}}{\overline{ED}} = \frac{24\text{ m} \cdot 70\text{ m}}{20\text{ m}} = 84\text{ m}.$$

Der Abstand zwischen A und B beträgt 84 m.

- Bestimmung der Höhe eines Baumes:
Der Förster peilt mit dem Försterdreieck die Spitze des Baumes an. Dabei hält er eine Kathete parallel zum Boden. Die Strahlenabschnitte sind eine Kathete des Försterdreiecks und die Entfernung e zwischen dem Förster und dem Baum. Parallelenabschnitte sind die andere Kathete des Försterdreiecks und die Höhe des Baumes (oberhalb des Auges des Försters). Wenn beide Katheten des Dreiecks gleich lang sind (wie im Bild), dann muss nach dem zweiten Strahlensatz die Höhe des Baumes oberhalb des Försterauges gleich der Entfernung e sein.
Es gilt dann: $h = e + 1$ m.

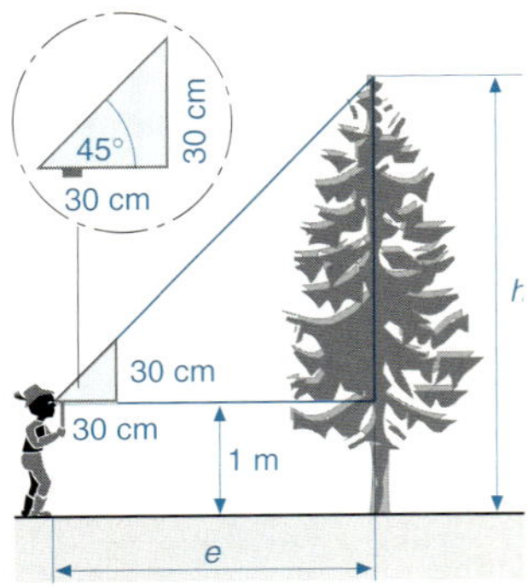

Die Umkehrung des ersten Strahlensatzes

Der erste Strahlensatz lässt sich auch mithilfe von **Voraussetzung** und **Behauptung** aufschreiben (unter Verwendung der Bezeichnungen im Bild):
Voraussetzung: AC und BD sind parallel.
Behauptung: Die Strahlenabschnitte auf dem einen Strahl verhalten sich wie die gleichliegenden Abschnitte auf dem anderen Strahl:
$\overline{ZA} : \overline{AB} = \overline{ZC} : \overline{CD}$.

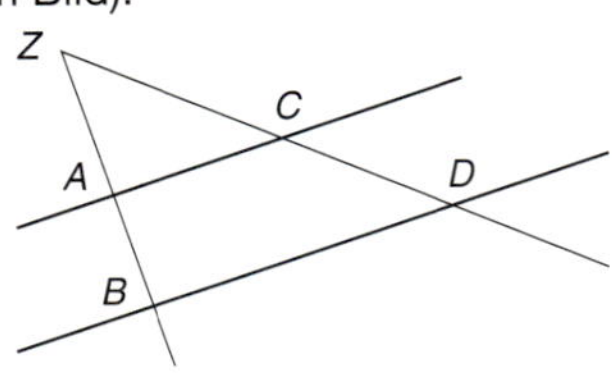

Vertauscht man Voraussetzung und Behauptung eines Satzes, so erhält man die Umkehrung dieses Satzes. Bei vielen Sätzen ist die Umkehrung falsch – obwohl der Satz selbst wahr ist! So gilt die Umkehrung des zweiten Strahlensatzes nicht immer. Die Umkehrung des ersten Strahlensatzes ist dagegen wahr. Mit Bezug auf das Bild gilt:
Wenn $\overline{ZA} : \overline{AB} = \overline{ZC} : \overline{CD}$ gilt, **dann** sind die Geraden AC und BD parallel.

Die Satzgruppe des Pythagoras

DER SATZ DES PYTHAGORAS

Katheten und Hypotenuse

In rechtwinkligen Dreiecken nennt man die beiden Seiten, die den rechten Winkel einschließen, **Katheten.** Die dem rechten Winkel gegenüberliegende (längste) Seite des Dreiecks heißt **Hypotenuse.**

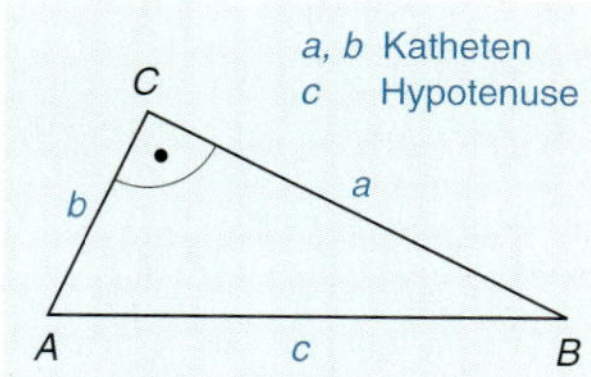

Satz des Pythagoras:
In jedem rechtwinkligen Dreieck hat das Hypotenusenquadrat den gleichen Flächeninhalt wie beide Kathetenquadrate zusammen.
Sind a und b die Katheten und c die Hypotenuse eines rechtwinkligen Dreiecks, so gilt:
$\mathbf{a^2 + b^2 = c^2}$.

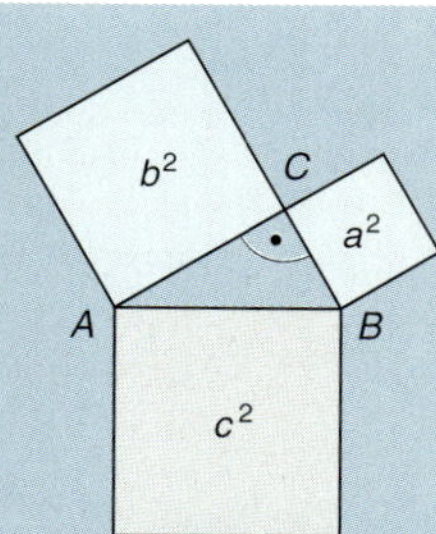

Anhand des nebenstehenden zweiteiligen Bildes kann man sich überzeugen, dass dieser Satz wahr ist. Jedes Teilbild zeigt ein großes Quadrat mit Seiten der Länge $a + b$.
Die beiden großen Quadrate haben deshalb gleiche Flächeninhalte und zwar gilt: $A = (a + b)^2$.
Außer den blauen Flächen enthalten die beiden großen Quadrate jeweils viermal das Dreieck ABC. Die mit Dreiecken bedeckten Flächen haben also in beiden großen Quadraten jeweils den gleichen Flächeninhalt. Deshalb muss der Flächeninhalt der blauen Flächen in beiden großen Quadraten ebenfalls gleich sein.
Im oberen Bild beträgt der Inhalt der blauen Quadrate $a^2 + b^2$. Der Flächeninhalt des blauen Quadrates im unteren Bild ist c^2.
Deshalb gilt: $a^2 + b^2 = c^2$.

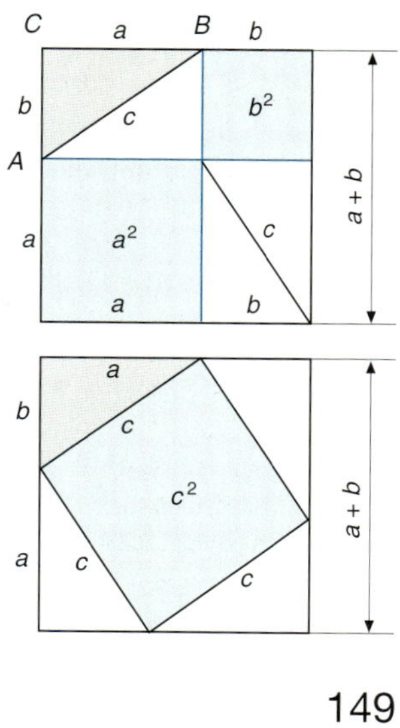

Berechnen von Seitenlängen in rechtwinkligen Dreiecken

Berechnen der Länge der Hypotenuse

Gegeben sind ein rechtwinkliges Dreieck *ABC* mit $\gamma = 90°$ sowie die Längen der Katheten *a* und *b*.
Gesucht ist die Länge der Hypotenuse *c*.
Lösung: Man zieht auf beiden Seiten der Gleichung
$a^2 + b^2 = c^2$
die Wurzel und erhält
$c = \sqrt{a^2 + b^2}$.

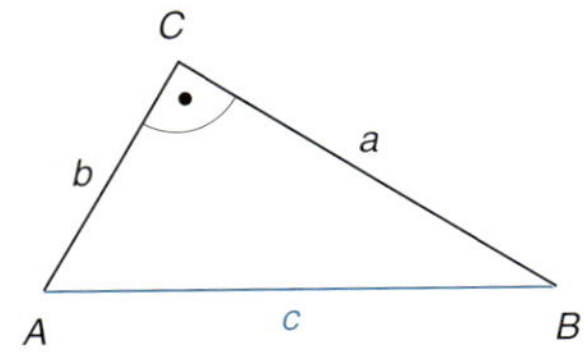

Berechnung der Länge einer der beiden Katheten

Gegeben sind ein rechtwinkliges Dreieck *ABC* mit $\gamma = 90°$ sowie die Längen der Hypotenuse *c* und der Kathete *b*. Gesucht ist die Länge der Kathete *a*.
Lösung: Man stellt die Gleichung $a^2 + b^2 = c^2$ nach a^2 um
$a^2 = c^2 - b^2$.
Nun zieht man auf beiden Seiten der Gleichung die Wurzel und erhält als Ergebnis
$a = \sqrt{c^2 - b^2}$.
Falls *b* gesucht wird, erhält man auf dieselbe Weise
$b = \sqrt{c^2 - a^2}$.

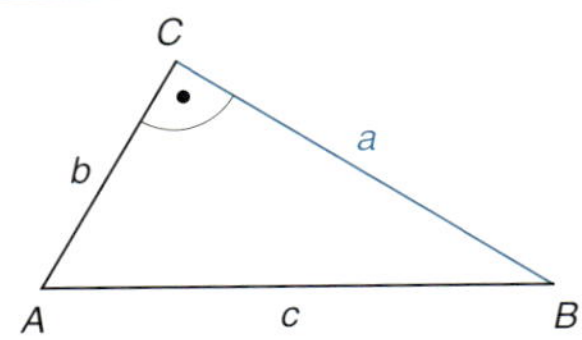

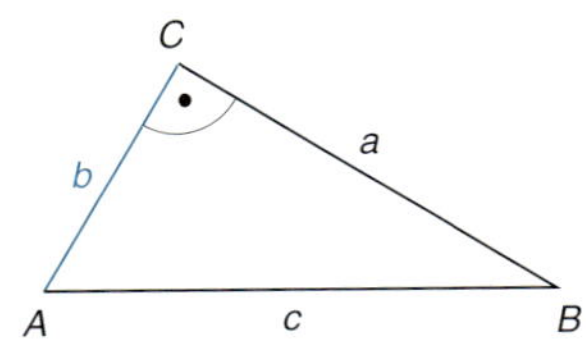

Wenn der rechte Winkel in einem rechtwinkligen Dreieck nicht bei *C* liegt oder wenn die Eckpunkte und Seiten des Dreiecks ganz andere Bezeichnungen haben, so muss man bei der Anwendung des Satzes des Pythagoras darauf achten, welche Seite des Dreiecks die Hypotenuse ist, also dem rechten Winkel gegenüberliegt, und welche Seiten Katheten sind.

- Gegeben ist ein rechtwinkliges Dreieck *DEF* mit dem rechten Winkel bei *E*. Die Katheten dieses Dreiecks sind *d* und *f*; die Hypotenuse *e*.
Gegeben: $e = 8{,}0$ cm; $d = 4{,}0$ cm. *Gesucht: f*.
Lösung: Da *e* die Hypotenuse ist, gilt nach dem Satz des Pythagoras
$d^2 + f^2 = e^2$.
Diese Gleichung stellt man nach *f* um und erhält
$f = \sqrt{e^2 - d^2}$
$= \sqrt{(8{,}0\text{ cm})^2 - (4{,}0\text{ cm})^2}$
$f = \sqrt{64{,}0\text{ cm}^2 - 16{,}0\text{ cm}^2}$
$f = \sqrt{48}\text{ cm} \approx 6{,}9\text{ cm}$.
Ergebnis: Die Länge der gesuchten Kathete *f* beträgt 6,9 cm.

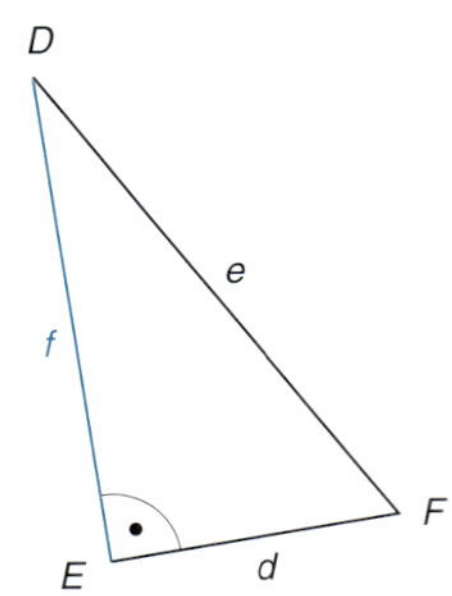

Weitere Anwendungen

Berechnen der Längen der Diagonalen eines Rechtecks

Zerlegt man ein Rechteck in zwei rechtwinklige Dreiecke, so sind zwei benachbarte Seiten des Rechtecks die beiden Katheten eines Dreiecks und seine Hypotenuse ist eine Diagonale des Rechtecks.
Für die Länge der Diagonale d gilt:
$d^2 = a^2 + b^2$ beziehungsweise
$d = \sqrt{a^2 + b^2}$.

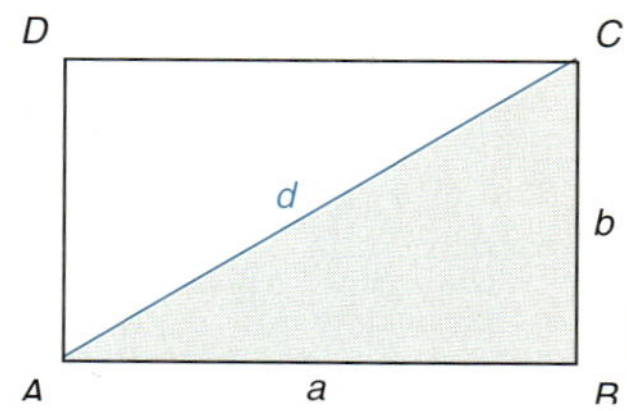

Berechnen der Längen der Raumdiagonalen eines Quaders

Gesucht ist die Länge der Raumdiagonale r eines Quaders mit $a = 6{,}0$ cm, $b = 5{,}0$ cm und $c = 3{,}0$ cm. In diesem Fall muss der Satz des Pythagoras zweimal angewendet werden. Zunächst berechnet man das Quadrat der Länge der Flächendiagonale d:
$d^2 = a^2 + b^2 = 36\text{ cm}^2 + 25\text{ cm}^2 = 61\text{ cm}^2$.
Wenn man den Quader entlang der Flächendiagonale „zerschneidet“, erhält man das Rechteck $ACGE$, dessen Seiten die Höhe c des Quaders und die Diagonale d sind . Die Flächendiagonale dieses Rechtecks ist gerade die Raumdiagonale r des Quaders. Nach dem Satz des Pythagoras gilt:
$r = \sqrt{c^2 + d^2} = \sqrt{9\text{ cm}^2 + 61\text{ cm}^2} = \sqrt{70\text{ cm}^2}$
$r \approx 8{,}4$ cm.
Die Raumdiagonale r hat eine Länge von 8,4 cm.
Die anderen Raumdiagonalen haben dieselbe Länge, da alle Raumdiagonalen eines Quaders gleich lang sind.

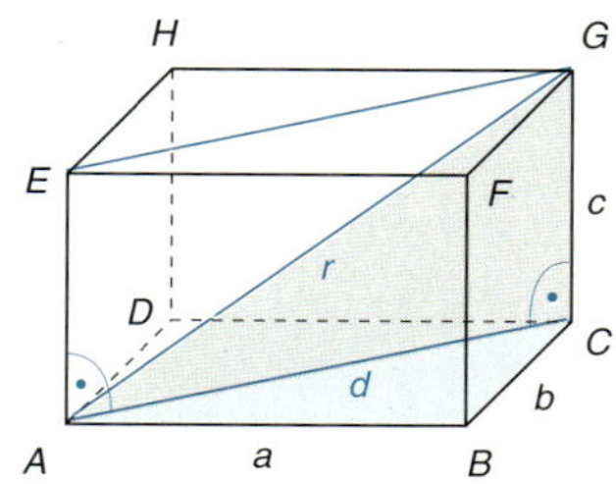

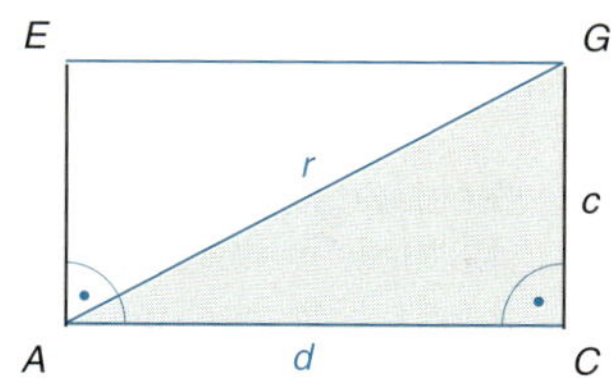

Eine **allgemeingültige Gleichung für die Länge der Raumdiagonale r eines Quaders** mit den Seitenlängen a, b und c erhält man durch Einsetzen des Terms $a^2 + b^2$ für d^2 in die Gleichung $r = \sqrt{c^2 + d^2}$, also $r = \sqrt{a^2 + b^2 + c^2}$.

Berechnen der Höhe eines gleichschenkligen Dreiecks

Gesucht ist die Länge der Höhe h_c eines gleichschenkligen Dreiecks ABC, in dem die Seiten $\overline{AC} = b$ und $\overline{BC} = a$ gleich lang sind.
Man zerlegt das Dreieck in zwei kongruente rechtwinklige Teildreiecke. Im Teildreieck ADC gilt dann:

$$h_c = \sqrt{b^2 - \left(\frac{c^2}{2}\right)} = \sqrt{b^2 - \frac{c^2}{4}}.$$

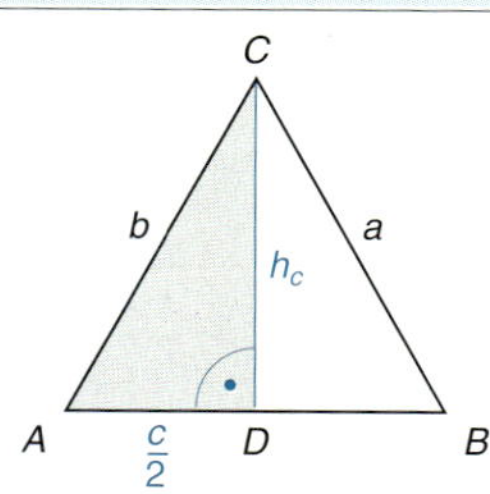

Pythagoreische Zahlentripel

In einem rechtwinkligen Dreieck mit den Kathetenlängen $a = 3$ cm und $b = 4$ cm lässt sich die Länge der Hypotenuse besonders einfach ausrechnen.

$$\begin{aligned} c^2 &= a^2 + b^2 \\ &= (3\text{ cm})^2 + (4\text{ cm})^2 \\ &= 25\text{ cm}^2 \\ &= (5\text{ cm})^2 \\ c &= 5\text{ cm} \end{aligned}$$

Die Längen beider Katheten und der Hypotenuse haben ganzzahlige Werte: $3^2 + 4^2 = 5^2$.

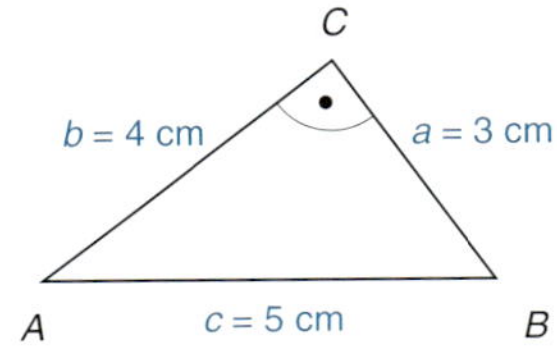

Rechtwinklige Dreiecke mit ganzzahligen Längen aller drei Seiten heißen **pythagoreische Dreiecke.** Die Zahlenwerte der Seitenlängen solcher Dreiecke werden pythagoreische Zahlentripel genannt.

Unter einem pythagoreischen Zahlentripel $(a; b; c)$ versteht man drei natürliche Zahlen a, b und c, für die gilt: $a^2 + b^2 = c^2$.

Die bekanntesten pythagoreischen Zahlentripel sind (3; 4; 5) (↗ Bild oben), (6; 8; 10) und (5; 12; 13), denn es gilt:
$6^2 + 8^2 = 36 + 64 = 100 = 10^2$ und $5^2 + 12^2 = 25 + 144 = 169 = 13^2$.
Multipliziert man die drei Zahlen eines pythagoreischen Zahlentripels mit derselben Zahl k, so findet man weitere pythagoreische Zahlentripel.

- Aus (3; 4; 5) und der Zahl $k = 6$ erhält man wegen
  $6 \cdot 3 = 18$; $6 \cdot 4 = 24$; $6 \cdot 5 = 30$ und $18^2 + 24^2 = 324 + 576 = 900 = 30^2$
  das Tripel (18; 24; 30).

10

Die Umkehrung des Satzes des Pythagoras

Der **Satz des Pythagoras** lässt sich auch in einer Form aufschreiben, bei der Voraussetzung und Behauptung des Satzes deutlicher sichtbar sind als bei der Formulierung auf Seite 149:
Wenn ABC ein rechtwinkliges Dreieck mit den Katheten a und b sowie der Hypotenuse c ist, dann gilt $a^2 + b^2 = c^2$.

Nicht für jeden wahren Satz ist auch die Umkehrung wahr. Die Umkehrung des Satzes des Pythagoras gilt jedoch. Sie entsteht durch Vertauschung der Voraussetzung („wenn") und der Behauptung („dann") des Satzes.

Wenn für die Seiten a, b und c eines Dreiecks ABC gilt $a^2 + b^2 = c^2$, dann ist das Dreieck rechtwinklig und c ist die Hypotenuse.

Mithilfe der Umkehrung des Satzes des Pythagoras kann man feststellen, ob ein Dreieck rechtwinklig ist, indem man die Seitenlängen misst. Dies ist oft sinnvoll, da sich, beispielsweise bei großen Flächen im Gelände, Abstände leichter und genauer messen lassen als Winkel.

WEITERE SÄTZE DER SATZGRUPPE DES PYTHAGORAS

Der Kathetensatz

Fällt man von dem der Hypotenuse gegenüberliegenden Punkt eines rechtwinkligen Dreiecks das Lot auf die Hypotenuse, so wird diese in zwei Teile geteilt, in die **Hypotenusenabschnitte** (p und q im folgenden Bild).

Kathetensatz:
In jedem rechtwinkligen Dreieck hat das Quadrat über einer Kathete den gleichen Flächeninhalt wie das Rechteck, das aus der Hypotenuse und dem der Kathete zugehörigen Hypotenusenabschnitt gebildet wird.
Mit den Bezeichnungen im Bild gilt:
$a^2 = p \cdot c$ und $b^2 = q \cdot c$.
Die Umkehrung des Kathetensatzes gilt ebenfalls.

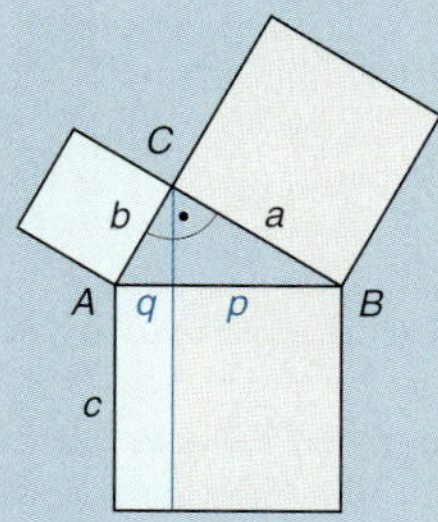

Konstruktion eines flächengleichen Quadrates zu einem gegebenen Rechteck

Mithilfe des Kathetensatzes kann zu einem gegebenen Rechteck ein Quadrat mit dem gleichen Flächeninhalt konstruiert werden. Dazu ist ein rechtwinkliges Dreieck zu konstruieren, dessen Hypotenuse die Länge der längeren Seite des Rechtecks hat und in dem ein Hypotenusenabschnitt so lang ist wie die kürzere Seite des Rechtecks.

- Zu einem Rechteck mit den Seitenlängen a = 2,6 cm und b = 1,0 cm soll ein flächengleiches Quadrat konstruiert werden.
  Konstruktionsschritte:
  ① Man trägt auf der längeren Rechteckseite $\overline{AB}$ von B aus die Strecke $\overline{BE}$ ab und erhält den Punkt D.
  ② Man zeichnet um den Mittelpunkt M der Strecke $\overline{AB}$ einen Halbkreis.
  ③ Man zeichnet in D die Senkrechte zu AB und bestimmt ihren Schnittpunkt C mit dem Halbkreis. Nach dem Satz des Thales ist ABC ein rechtwinkliges Dreieck.
  ④ Zuletzt zeichnet man ein Quadrat dessen eine Seite die Kathete $\overline{BC}$ des Dreiecks ABC ist.
  Nach dem Kathetensatz hat das so konstruierte Quadrat den gleichen Flächeninhalt wie das gegebene Rechteck.
  ↗ Satz des Thales, S. 137

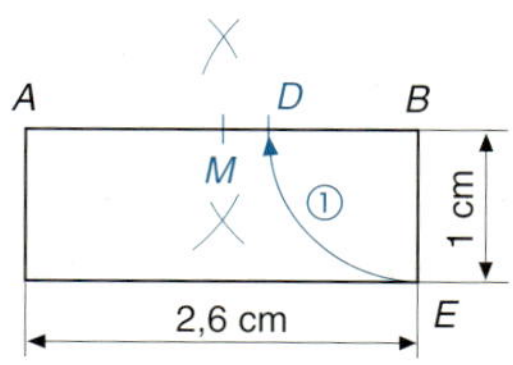

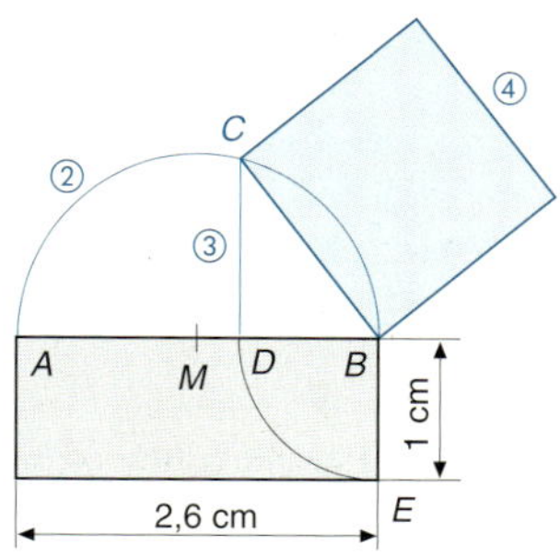

10

Der Höhensatz

Höhensatz:
In jedem rechtwinkligen Dreieck ist der Flächeninhalt des Quadrates über der Höhe gleich dem Flächeninhalt des Rechtecks, das aus den beiden Hypotenusenabschnitten gebildet wird.

Mit den Bezeichnungen im Bild gilt:
$\boldsymbol{h^2 = p \cdot q}$.

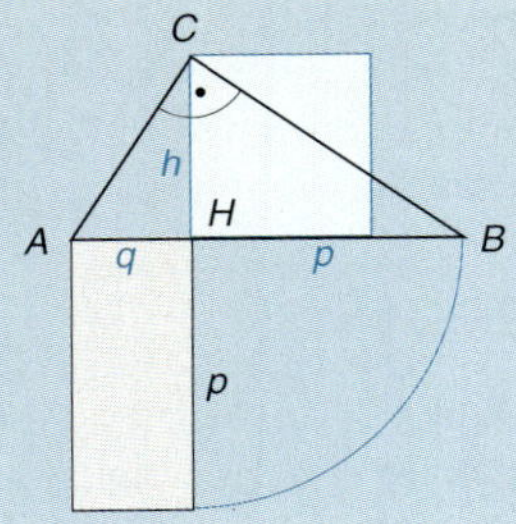

Konstruktion eines flächengleichen Rechtecks zu einem gegebenen Quadrat

- Zu einem Quadrat mit der Seitenlänge $a = 2{,}5$ cm soll ein Rechteck mit dem gleichen Flächeninhalt und einer Breite $b = 1{,}5$ cm konstruiert werden.
  Konstruktionsschritte:
  ① Man zeichnet das Quadrat und verlängert an einer Ecke *D* beide angrenzende Seiten um 1,5 cm. Einer der entstehenden Endpunkte soll *A* heißen.
  ② Man verbindet *A* mit einem Punkt des Quadrates, der *C* genannt wird.
  ③ Es soll nun ein rechtwinkliges Dreieck mit dem rechten Winkel bei *C* konstruiert werden. Dazu zeichnet man in *C* die Senkrechte zu der Geraden *AC* und bestimmt ihren Schnittpunkt *B* mit der Geraden *AD*.
  ④ Schließlich zeichnet man das Rechteck *R*, dessen Seitenlängen den Hypotenusenabschnitten des Dreiecks *ABC* entsprechen. Nach dem Höhensatz ist der Flächeninhalt dieses Rechtecks gleich dem des Quadrates, da dessen Seitenlänge gleich der Höhe des Dreiecks ist .

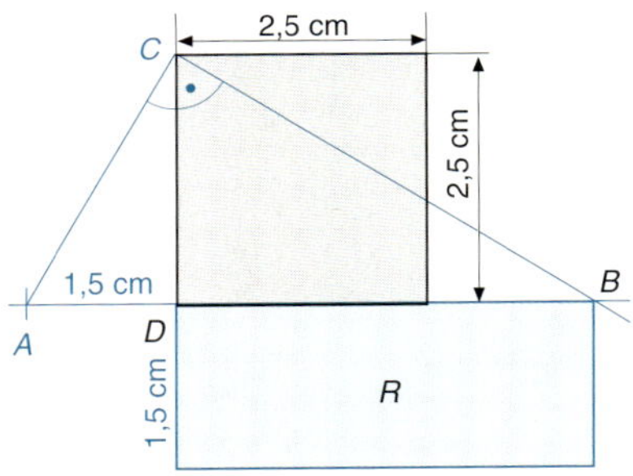

Das Bild ist nicht maßgerecht.

Konstruktion einer Strecke der Länge $\sqrt{a}$

- Eine Strecke der Länge $\sqrt{2{,}8}$ cm ist zu konstruieren.
  Man konstruiert ein rechtwinkliges Dreieck *ABC* mit den Hypothenusenabschnitten der Länge 2,8 cm bzw. 1,0 cm, indem man über $\overline{AB}$ einen Halbkreis zeichnet und in *D* die Senkrechte errichtet. Dann gilt nach dem Höhensatz
  $h^2 = 2{,}8\text{ cm} \cdot 1{,}0\text{ cm}$, also
  $h = \sqrt{2{,}8}$ cm.

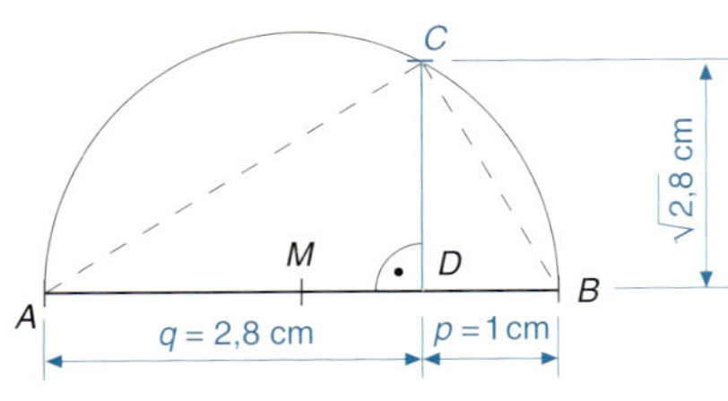

Trigonometrische Funktionen und Trigonometrie

GRADMAß UND BOGENMAß

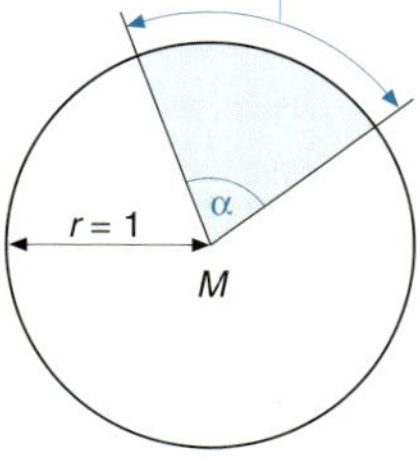

$u = 2\pi$

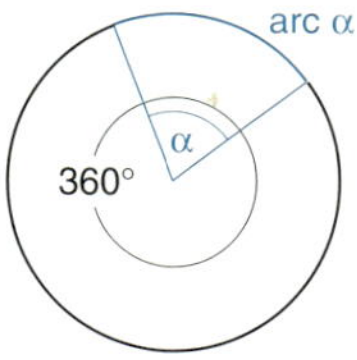

Neben dem bekannten Gradmaß wird bei der Winkelmessung und vor allem im Zusammenhang mit den trigonometrischen Funktionen Sinus, Kosinus, Tangens und Kotangens auch das Bogenmaß genutzt.
Das **Bogenmaß eines Winkels α** ist gleich der Länge eines Bogens mit diesem Winkel auf einem Kreis mit dem Radius Eins **(Einheitskreis)**, ↗ Bild oben.
Das Bogenmaß eines Winkels α wird mit arc α bezeichnet.
Der gesamte Einheitskreis hat den Umfang 2π (↗ S. 138).
Einem Gradmaß von 360° entspricht also das Bogenmaß 2π und das Bogenmaß eines beliebigen Winkels α verhält sich zu 2π wie das Gradmaß dieses Winkels zu 360°(↗ Bild).

Es gilt: $\frac{\text{arc}\,\alpha}{2\pi} = \frac{\alpha}{360°}$

Diese Proportion liefert folgende **Umrechnungsformeln:**

Gradmaß ⟶ Bogenmaß $\quad \text{arc}\,\alpha = 2\pi \cdot \frac{\alpha}{360°}$

Bogenmaß ⟶ Gradmaß $\quad \alpha = 360° \cdot \frac{\text{arc}\,\alpha}{2\pi}$

11

- a) Zu berechnen ist das Bogenmaß eines Winkels mit dem Gradmaß $\alpha = 70°$.

  $\text{arc}\,\alpha = 2\pi \cdot \frac{\alpha}{360°} = 2\pi \cdot \frac{70°}{360°} = 1{,}22$ **TR** 2 [×] [π] [×] 70 [÷] 360 [=]

  b) Zu berechnen ist das Gradmaß eines Winkels mit dem Bogenmaß arc $\alpha = 2{,}26$.

  $\alpha = 360° \cdot \frac{\text{arc}\,\alpha}{2\pi} = 360° \cdot \frac{2{,}26}{2\pi} = 129{,}49°$

Einige Winkel im Grad- und Bogenmaß:

α	30°	45°	60°	90°	180°	270°
arc α	$\frac{\pi}{6} \approx 0{,}52$	$\frac{\pi}{4} \approx 0{,}79$	$\frac{\pi}{3} \approx 1{,}05$	$\frac{\pi}{2} \approx 1{,}57$	$\pi \approx 3{,}14$	$\frac{3}{2}\pi \approx 4{,}71$

BESTIMMUNG VON SINUS, KOSINUS, TANGENS UND KOTANGENS

Der Sinus eines Winkels am Einheitskreis

Das obere Bild zeigt einen Kreis mit dem Radius 1 (einen Einheitskreis) in einem Koordinatensystem. Der Mittelpunkt ist der Koordinatenursprung.

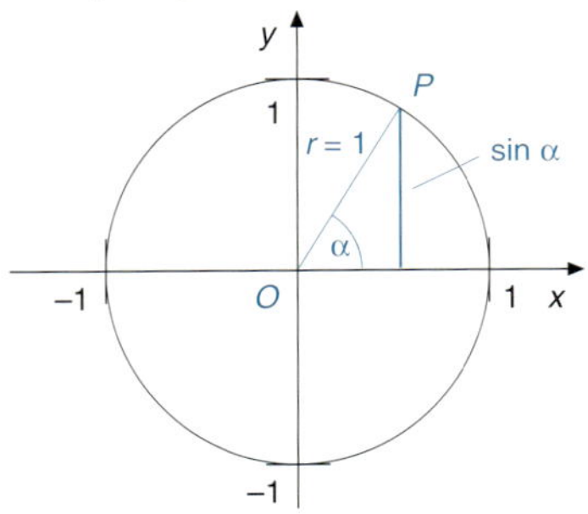

Zu jedem Winkel α im Einheitskreis, dessen Scheitelpunkt der Nullpunkt ist und der den positiven Strahl der x-Achse als einen Schenkel hat, gehört, entgegengesetzt der Uhrzeigerrichtung, ein zweiter Schenkel, der den Kreis in einem Punkt $P(x \mid y)$ schneidet. (Mitunter werden die Koordinaten eines Punktes auch durch $P(x; y)$ angegeben.)

Der Sinus des Winkels α ist die y-Koordinate des Punktes P: $\sin \alpha = y$.

■ Der Sinus von 140° ist zu ermitteln.
Man trägt von der x-Achse aus entgegen der Uhrzeigerrichtung einen Winkel von 140° an und bestimmt die y-Koordinate des Punktes P (Schnittpunkt des zweiten Schenkels des Winkels mit dem Kreis). Diese y-Koordinate ist gleich dem Abstand des Punktes P von der x-Achse:
$y = \sin \alpha \approx 0{,}64$.
Im nebenstehenden Bild wurde der Radius 1 mit 1,5 cm angenommen. Entsprechend muss der Abstand des Punktes P von der x-Achse durch 1,5 dividiert werden.

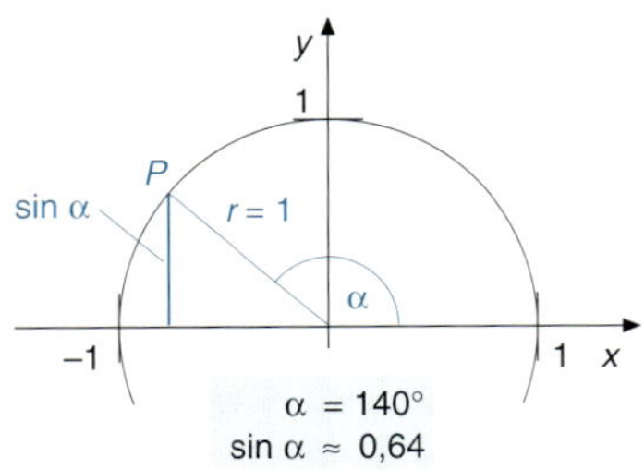

Der Kosinus eines Winkels am Einheitskreis

Wie oben beim Sinus betrachtet man einen Einheitskreis, einen Winkel α und den Punkt P (Schnittpunkt des zweiten Schenkels von α entgegen der Uhrzeigerrichtung mit dem Kreis).

Der Kosinus des Winkels α ist die x-Koordinate des Punktes P: $\cos \alpha = x$.

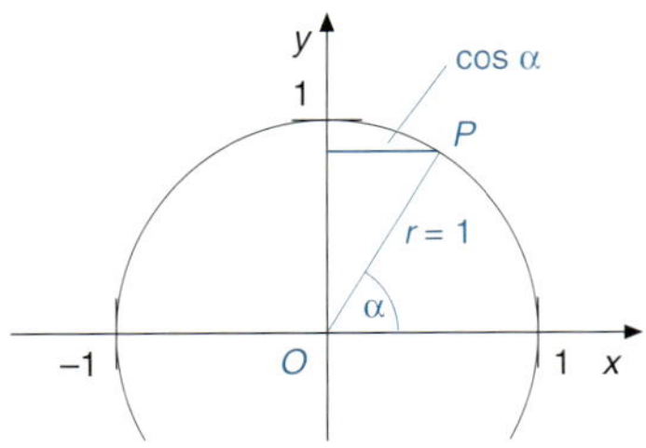

■ Der Kosinus von 35° ist zu ermitteln.
Man trägt von der x-Achse aus entgegen der Uhrzeigerrichtung einen Winkel von 35° an und bestimmt die x-Koordinate des Punktes P (Schnittpunkt des zweiten Schenkels des Winkels mit dem Kreis). Diese x-Koordinate ist gleich dem Abstand des Punktes P von der y-Achse:
$y = \cos \alpha \approx 0{,}82$.
(Auch hier gilt der Maßstab 1,5 : 1.)

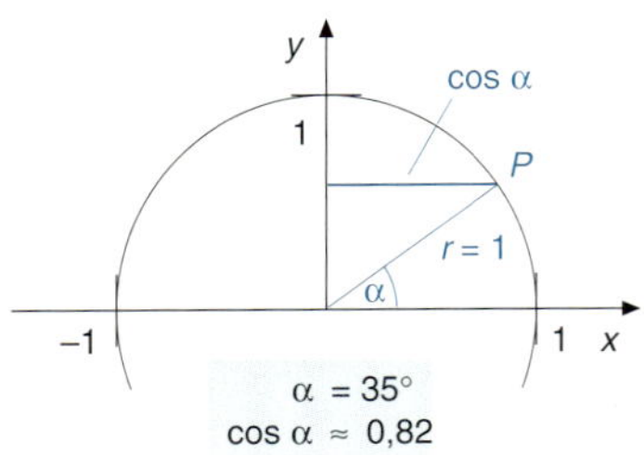

Berechnung des Sinus und des Kosinus mithilfe des Taschenrechners

Sinus und Kosinus eines Winkels können auch mit dem Taschenrechner (Tasten [sin] und [cos]) berechnet werden.

Bei den meisten Taschenrechnern muss man zuerst die Größe des Winkels eingeben und dann die [sin]-Taste (bzw. [cos]-Taste) drücken,

z. B. 120 [sin] oder 35 [cos].

Bei einigen Taschenrechnern muss umgekehrt [sin] 120 bzw. [cos] 35 eingegeben werden.

Wichtiger Hinweis: Will man den Sinus oder Kosinus eines Winkels berechnen, der im Gradmaß gegeben ist, so muss der Taschenrechner auf Gradmaß eingestellt sein. Diese Einstellung heißt auf den meisten Taschenrechnern DEG (von degree, engl: Grad).
Ist ein Winkel dagegen im Bogenmaß gegeben, so ist die Einstellung RAD (Radiant) vorzunehmen.
↗ Gradmaß und Bogenmaß, S. 155

Tangens und Kotangens

Wiederum betrachtet man einen Einheitskreis, einen Winkel α und den Schnittpunkt P des zweiten Schenkels von α entgegen der Uhrzeigerrichtung mit dem Kreis (↗ Bild).

Der Tangens des Winkels α ist der Quotient aus der y- und der x-Koordinate des Punktes P:

$\tan \alpha = \frac{y}{x}$.

Wegen $\sin \alpha = y$ und $\cos \alpha = x$ gilt auch

$\tan \alpha = \frac{\sin \alpha}{\cos \alpha}$.

Umgekehrt ist der Kotangens des Winkels α der Quotient aus der x- und der y-Koordinate des Punktes P:

$\cot \alpha = \frac{x}{y} = \frac{\cos \alpha}{\sin \alpha} = \frac{1}{\tan \alpha}$.

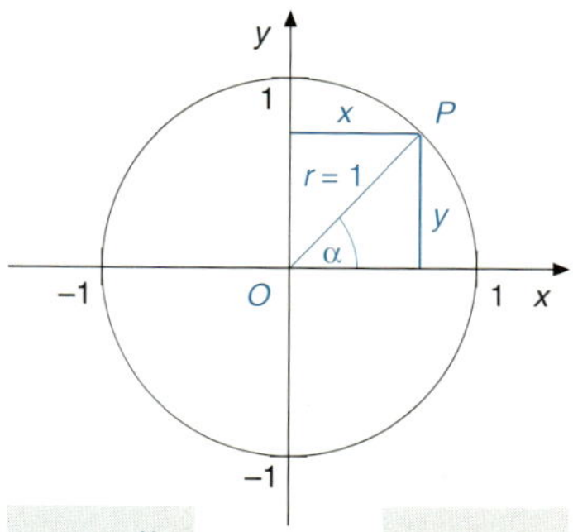

$\tan \alpha = \frac{y}{x}$ $\cot \alpha = \frac{x}{y}$

■ a) $\tan 23° = \frac{\sin 23°}{\cos 23°} \approx \frac{0{,}39}{0{,}92} \approx 0{,}42$ b) $\cot 211° = \frac{\cos 211°}{\sin 211°} \approx \frac{-0{,}86}{-0{,}52} \approx 1{,}66$

Zur Berechnung des Tangens mit dem Taschenrechner benutzt man die Taste [tan]. Auch beim Tangens muss der oben gegebene Hinweis berücksichtigt werden. Für den Kotangens besitzen die meisten Taschenrechner keine Taste. Man ermittelt den Kotangens, indem man zunächst den Tangens berechnet und dann die [1/x]-Taste drückt.
Will man den Tangens von 90° berechnen, so erhält man eine Fehlermeldung (Error). Für diesen Winkel (wie auch für 270° und alle anderen Winkel α mit $\cos \alpha = 0$) gibt es keinen Tangens, denn man kann nicht durch die Zahl Null dividieren. Ebenso ist für 0°, 180°, 360° der Kotangens nicht erklärt. (Näheres dazu im Abschnitt Trigonometrische Funktionen.)

TRIGONOMETRISCHE FUNKTIONEN

Die Sinusfunktion

Berechnet man für Winkel zwischen $-\pi$ und 2π (das entspricht im Gradmaß Winkeln zwischen –180° und 360°) in kleinen Schritten die Sinuswerte und trägt die Werte für die Winkel auf der x-Achse sowie die zugehörigen Sinuswerte auf der y-Achse ab, so erhält man den Graphen der Sinusfunktion.

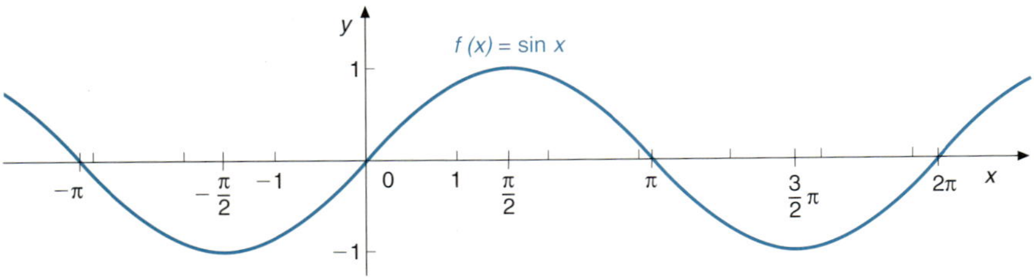

Einige wichtige Eigenschaften der Sinusfunktion

1. Die Sinusfunktion ist für alle reellen Zahlen x definiert: $\boldsymbol{D_f = \mathbb{R}}$.
2. Sie nimmt nur Funktionswerte von –1 bis +1 an: $\boldsymbol{W_f = \{y \mid y \in \mathbb{R}, -1 \leq y \leq 1\}}$.
3. Für alle ganzzahligen Vielfachen von π ist der Funktionswert der Sinusfunktion null:
   $\boldsymbol{\ldots \sin(-\pi) = \sin 0 = \sin \pi = \sin(2\pi) = \ldots = \sin(n \cdot \pi) = 0 \quad (n \in \mathbb{Z})}$.
4. Sie erreicht ihren größten Funktionswert (1) bei $\ldots, -\frac{3}{2}\pi, \frac{\pi}{2}, \frac{5}{2}\pi, \frac{9}{2}\pi, \ldots$ und ihren kleinsten Funktionswert (–1) bei $\ldots, -\frac{5}{2}\pi, -\frac{\pi}{2}, \frac{3}{2}\pi, \frac{7}{2}\pi \ldots$
5. Die Sinusfunktion ist eine **periodische Funktion.** Ihre Funktionswerte wiederholen sich nach einem Intervall der Länge 2π (kleinste Periode). Das lässt sich leicht anhand der Erklärung des Sinus am Einheitskreis verstehen: Nachdem der Winkel eine volle Drehung (360° bzw. im Bogenmaß 2π) durchlaufen hat, wiederholen sich die Werte: $\boldsymbol{\sin(x + 2\pi) = \sin x}$.
6. Die Sinusfunktion ist **nicht eineindeutig.** Jeder Funktionswert wird mehrfach angenommen (unendlich oft). Daraus folgt: Wenn man den Sinus eines Winkels kennt, weiß man nicht, wie groß der zugehörige Winkel ist.
7. Für alle $x \in \mathbb{R}$ gilt:
   $\boldsymbol{\sin(\pi - x) = \sin x}$ [entsprechend gilt für alle $\alpha \in \mathbb{R}$: $\boldsymbol{\sin(180° - \alpha) = \sin \alpha}$].

Die Eigenschaft 6 ist von Bedeutung für die Berechnung von Dreiecken (↗ S. 166). Eineindeutig ist die Sinusfunktion nämlich nur im Intervall [0; 90°]. Wenn man also von einem Winkel weiß, dass es sich um einen spitzen Winkel handelt, und wenn man seinen Sinus kennt, dann erhält man den Winkel durch Eingabe von [SHIFT] [sin] bzw. [INV] [sin] auf dem Taschenrechner. Man kann auf diese Weise *nur spitze Winkel* ermitteln. Sucht man einen stumpfen Winkel α, dessen Sinus gegeben ist, so muss man zunächst den spitzen Winkel α' ermitteln, der denselben Wert der Sinusfunktion hat, und diesen dann von 180° (bzw. π) subtrahieren. Man wendet also zusätzlich die Eigenschaft 7 der Sinusfunktion an.

Die Kosinusfunktion

Ebenso wie auf der vorigen Seite für die Sinusfunktion beschrieben, kann man den Graphen der Kosinusfunktion konstruieren (↗ Bild). Zum Vergleich wurde im Bild außer der Kosinusfunktion auch die Sinusfunktion (blau) dargestellt. Dabei wird ersichtlich, dass der Graph der Kosinusfunktion dadurch entsteht, dass man den Graphen der Sinusfunktion um $\frac{\pi}{2}$ nach links verschiebt. Es gilt also folgender Zusammenhang zwischen der Sinus- und der Kosinusfunktion:

$\cos x = \sin\left(x + \frac{\pi}{2}\right)$ bzw. $\sin x = \cos\left(x - \frac{\pi}{2}\right)$.

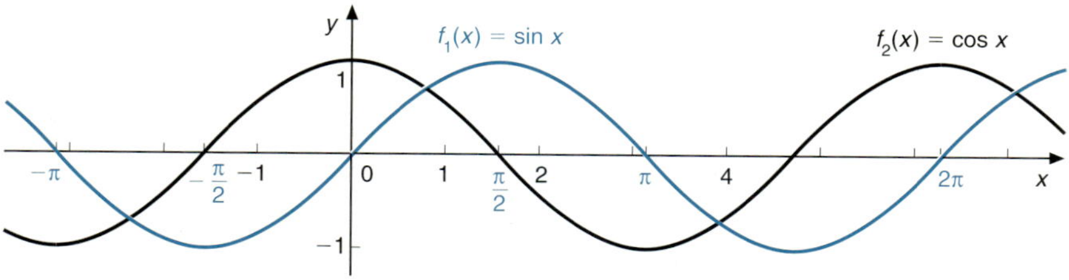

Eigenschaften der Kosinusfunktion

Aufgrund des oben beschriebenen Zusammenhanges besitzen die Sinus- und die Kosinusfunktion viele gemeinsame Eigenschaften. So gelten die auf Seite 158 genannten Eigenschaften 1., 2., 5. und 6. auch für die Kosinusfunktion. Dennoch besteht bei der Eigenschaft 6. ein wichtiger Unterschied. Zwar ist auch die Kosinusfunktion keine eineindeutige Funktion, aber eingeschränkt auf das Intervall $[0; \pi]$ ist ihre Eineindeutigkeit gegeben. Das bedeutet, dass jeder Winkel von 0° bis 180° einen anderen Kosinuswert besitzt. Gegenüber dem Sinus ist das ein Vorteil bei Dreiecksberechnungen. Da jeder Innenwinkel eines beliebigen Dreiecks eine Größe zwischen 0° bis 180° hat, kann man Winkel in Dreiecken aus ihrem Kosinus eindeutig ermitteln.
↗ Der Kosinussatz, S.167

Auf der folgenden Seite 160 wurden in einer Tabelle einige Funktionswerte der Sinus- und der Kosinusfunktion gegenübergestellt. Das Bild unten verdeutlicht die in der Tabelle ersichtlichen besonderen Funktionswerte. So haben zum Beispiel die Graphen der Sinus- und Kosinusfunktion im Intervall $0 \leq x \leq 2\pi$ bei $x = \frac{\pi}{4}$ und $x = \frac{5}{4}\pi$ jeweils die gleichen Ordinaten, und zwar gilt: $\sin\frac{\pi}{4} = \cos\frac{\pi}{4} = \frac{1}{2}\sqrt{2} \approx 0{,}7071$.

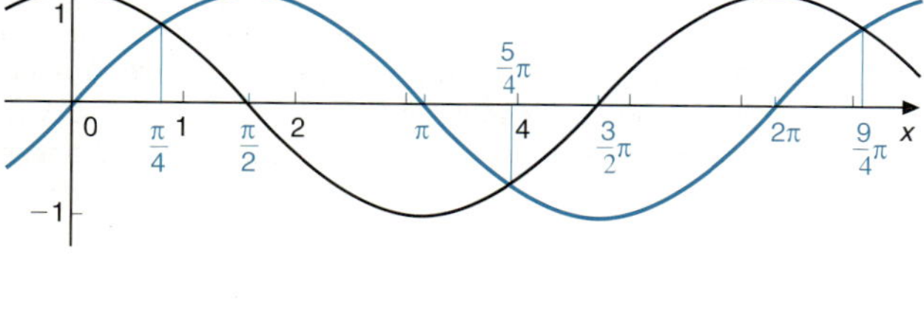

x (Bogenmaß)	0	$\frac{\pi}{6}$	$\frac{\pi}{4}$	$\frac{\pi}{3}$	$\frac{\pi}{2}$	$\frac{3}{4} \cdot \pi$	π	$\frac{3}{2} \cdot \pi$	2π
x (Gradmaß)	0°	30°	45°	60°	90°	135°	180°	270°	360°
$\sin x$	0	$\frac{1}{2}$	$\frac{1}{2}\sqrt{2}$	$\frac{1}{2}\sqrt{3}$	1	$\frac{1}{2}\sqrt{2}$	0	–1	0
$\cos x$	1	$\frac{1}{2}\sqrt{3}$	$\frac{1}{2}\sqrt{2}$	$\frac{1}{2}$	0	$-\frac{1}{2}\sqrt{2}$	–1	0	1

Die Tangensfunktion

Ähnlich wie für die Sinus- und Kosinusfunktion, kann auch für die Tangensfunktion der Funktionsgraph konstruiert werden (↗ Bild). Allerdings ist es nicht möglich, alle Wertepaare einzuzeichnen – ganz egal wie weit man die y-Achse nach oben und unten ausdehnt – denn in der Nähe von $-\frac{\pi}{2}, \frac{\pi}{2}, \frac{3}{2}\pi$ usw. werden die Funktionswerte extrem groß (bzw. im Negativen extrem klein).

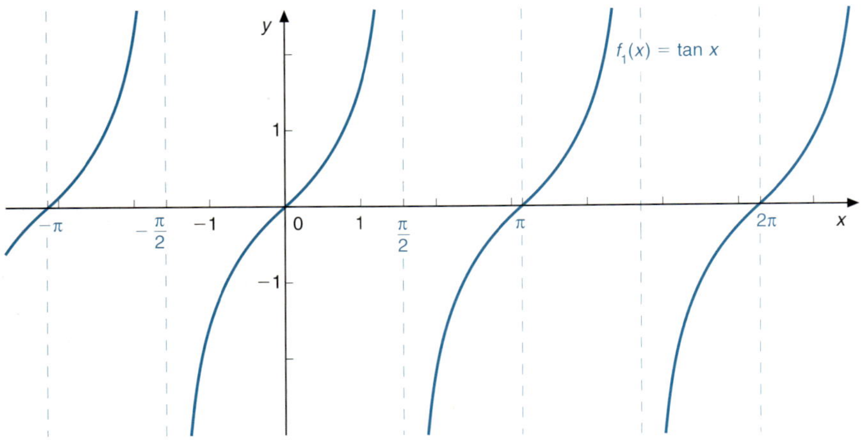

Einige wichtige Eigenschaften der Tangensfunktion

1. Da $\tan x = \frac{\sin x}{\cos x}$, kann der Tangens für alle x mit $\cos x = 0$ (also für $\ldots -\frac{\pi}{2}, \frac{\pi}{2}, \frac{3}{2}\pi \ldots$) nicht bestimmt werden. Der **Definitionsbereich** der Tangensfunktion wird also durch $\boldsymbol{D_f = \left\{x \mid x \in \mathbb{R}, x \neq \left(n + \frac{1}{2}\right) \cdot \pi \ (n \in \mathbb{Z})\right\}}$ angegeben.
2. Der **Wertebereich** umfasst alle reellen Zahlen: $\boldsymbol{W_f = \mathbb{R}}$.
3. Für alle ganzzahligen Vielfachen von π ist der Funktionswert der Tangensfunktion null:
   $\ldots \tan(-\pi) = \tan 0 = \tan \pi = \tan(n \cdot \pi) = \ldots = 0 \ (n \in \mathbb{Z})$.

4. Auch die Tangensfunktion ist eine **periodische Funktion.** Ihre Funktionswerte wiederholen sich nach einem Intervall der Länge π. (Die kleinste Periode der Tangensfunktion ist π.)
5. Die Tangensfunktion ist **nicht eineindeutig.** Jede reelle Zahl wird unendlich oft als Funktionswert angenommen.

Neben der Sinus-, der Kosinus- und der Tangensfunktion ist auch die **Kotangensfunktion** eine trigonometrische Funktion. Ihre Eigenschaften weisen eine Reihe von Gemeinsamkeiten mit denen der Tangensfunktion auf.

BERECHNUNGEN IN RECHTWINKLIGEN DREIECKEN

Trigonometrische Beziehungen in rechtwinkligen Dreiecken

In einem rechtwinkligen Dreieck *ABC* mit dem rechten Winkel bei *C* gelten folgende Beziehungen:

$\sin \alpha = \frac{a}{c}$ $\sin \beta = \frac{b}{c}$	$\cos \alpha = \frac{b}{c}$ $\cos \beta = \frac{a}{c}$	$\tan \alpha = \frac{a}{b}$ $\tan \beta = \frac{b}{a}$	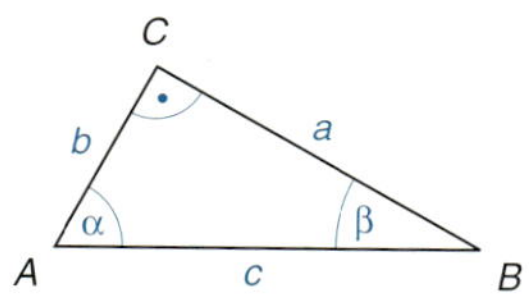

Häufig werden Dreiecke (sowie ihre Seiten und Winkel) mit anderen Buchstaben bezeichnet als *ABC*, *a*, *b*, *c* und α, β, γ. Deshalb merkt man sich die trigonometrischen Beziehungen mit den Bezeichnungen **Hypotenuse, Gegenkathete und Ankathete** (↗ S. 149). Die Hypotenuse ist die Seite, die dem rechten Winkel gegenüberliegt.

Die **Gegenkathete** zu einem Winkel ist stets die Kathete, die *diesem* Winkel gegenüberliegt (im Bild oben ist *a* die Gegenkathete von α und *b* die Gegenkathete von β).

Die **Ankathete** zu einem Winkel ist die *diesem* Winkel benachbarte Kathete (im Bild oben ist *b* die Ankathete von α und *a* ist die Ankathete von β).

In jedem rechtwinkligen Dreieck gilt für jeden der beiden spitzen Winkel:

$$\text{Sinus eines Winkels} = \frac{\text{Gegenkathete}}{\text{Hypotenuse}}$$

$$\text{Kosinus eines Winkels} = \frac{\text{Ankathete}}{\text{Hypotenuse}}$$

$$\text{Tangens eines Winkels} = \frac{\text{Gegenkathete}}{\text{Ankathete}}$$

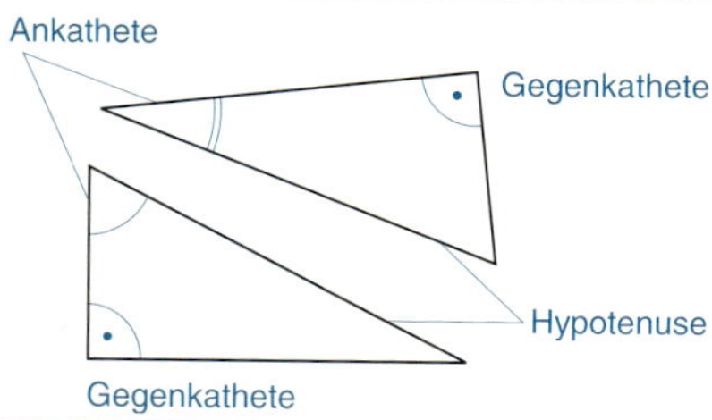

Welche Kathete Ankathete und welche Gegenkathete ist, hängt davon ab, welchen Winkel man betrachtet. Das Bild stellt zu den eingezeichneten spitzen Winkeln die Ankatheten und die Gegenkatheten dar.

■ Im Dreieck *DEF* (↗ Bild) ist *e* die Hypotenuse, *d* die Ankathete zum Winkel φ und *f* die Gegenkathete zu φ. Deshalb gilt (wie man durch Einsetzen in die „Wortgleichungen" auf Seite 161 erhält):

$\sin \varphi = \frac{f}{e}$, $\cos \varphi = \frac{d}{e}$ und $\tan \varphi = \frac{f}{d}$.

Für den Winkel δ (bei *D*) würde gelten:

$\sin \delta = \frac{d}{e}$, $\cos \delta = \frac{f}{e}$ und $\tan \delta = \frac{d}{f}$.

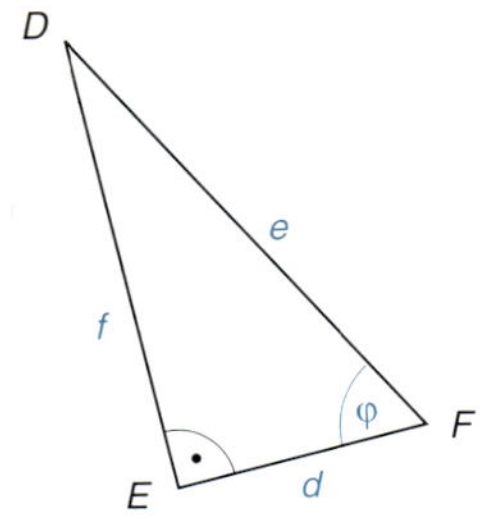

Berechnung von Seitenlängen in rechtwinkligen Dreiecken

Berechnung der Länge einer oder beider Katheten:

■ a) Gegeben ist ein bei *C* rechtwinkliges Dreieck *ABC* mit der Hypotenusenlänge $c = 3{,}5$ cm und dem Winkel $\alpha = 55°$.
Gesucht sind die Kathetenlängen *a* und *b*.
Lösung: Zur Berechnung der Gegenkathete *a* verwendet man die Beziehung

$\text{Sinus} = \frac{\text{Gegenkathete}}{\text{Hypotenuse}}$, also

$\sin \alpha = \frac{a}{c}$.

Durch Multiplikation mit *c* erhält man

$a = c \cdot \sin \alpha$
$= 3{,}5 \text{ cm} \cdot \sin 55°$
$\approx 2{,}9 \text{ cm}$.

Skizze:

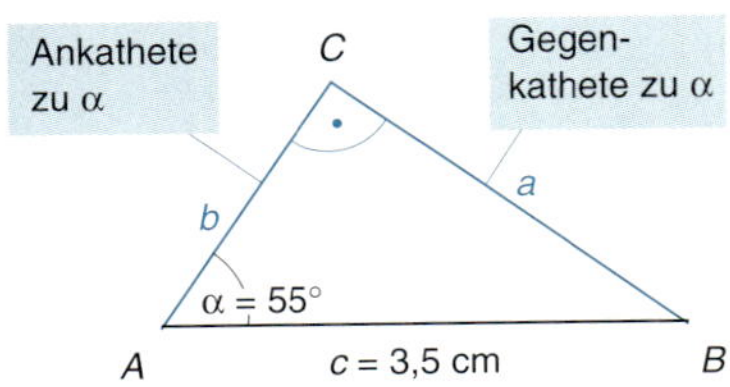

Für die Berechnung von *b* stellt man die Gleichung $\cos \alpha = \frac{b}{c}$ nach *b* um.

$b = c \cdot \cos \alpha$
$= 3{,}5 \text{ cm} \cdot \cos 55°$
$\approx 2{,}0 \text{ cm}$

b) Gegeben ist ein bei *E* rechtwinkliges Dreieck *DEF* mit der Hypotenusenlänge $e = 4{,}0$ cm und dem Winkel $\delta = 27°$.
Gesucht sind die Kathetenlängen *d* und *f*.
Lösung: Zur Berechnung der Katheten verwendet man die Zusammenhänge

$\text{Sinus} = \frac{\text{Gegenkathete}}{\text{Hypotenuse}}$ und $\text{Kosinus} = \frac{\text{Ankathete}}{\text{Hypotenuse}}$ (↗ S. 161), also

$\sin \delta = \frac{d}{e}$ und $\cos \delta = \frac{f}{e}$.

Skizze:

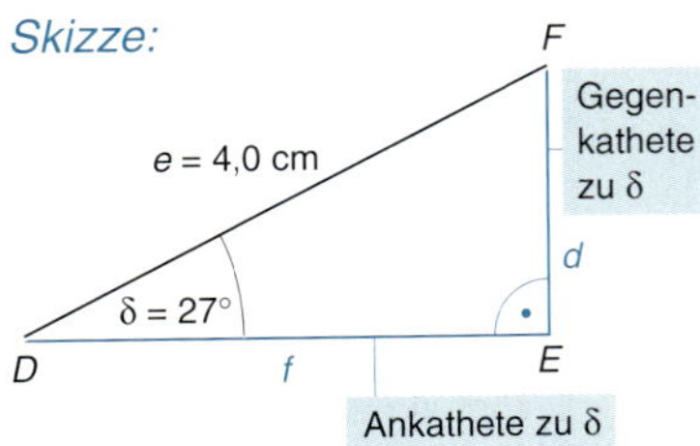

Indem man in beiden Gleichungen beide Seiten mit *e* multipliziert, erhält man

$d = e \cdot \sin \delta$
$= 4{,}0 \text{ cm} \cdot \sin 27° \approx 1{,}8 \text{ cm}$

und

$f = e \cdot \cos \delta$
$= 4{,}0 \text{ cm} \cdot \cos 27° \approx 3{,}6 \text{ cm}$.

■ c) Für ein bei A rechtwinkliges Dreieck ABC sind die Kathete $c = 1{,}9$ cm und der Winkel $\beta = 62°$ gegeben.
Gesucht ist die Länge der Kathete b.
Lösung: Die gesuchte Kathete b ist Gegenkathete des Winkels β. Man verwendet zur Lösung den Zusammenhang

Tangens $= \frac{\text{Gegenkathete}}{\text{Ankathete}}$, also $\tan \beta = \frac{b}{c}$.

Durch Umstellen dieser Gleichung (beide Seiten mit c multiplizieren) erhält man:

$b = c \cdot \tan \beta = 1{,}9 \text{ cm} \cdot \tan 62°$

$b \approx 3{,}6$ cm.

Skizze:

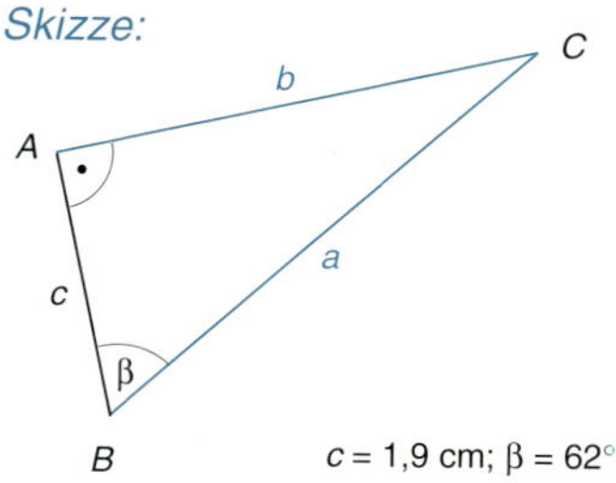

TR DEG 1,9 [x] 62 [tan] [=] [3.573 380 284]

d) Gegeben ist ein bei F rechtwinkliges Dreieck DEF mit der Hypotenusenlänge $f = 4{,}0$ cm und der Kathetenlänge $e = 2{,}9$ cm (↗ Bild).
Gesucht ist die Länge der Kathete d.
Lösung: Da bei dieser Aufgabe kein Winkel gegeben ist, können die trigonometrischen Beziehungen nicht verwendet werden. Man benutzt stattdessen den Satz des Pythagoras, der für das gegebene Dreieck
$d^2 + e^2 = f^2$ lautet.
Durch Umstellen nach d erhält man:

$d = \sqrt{f^2 - e^2}$

$= \sqrt{4^2 \text{ cm}^2 - 2{,}9^2 \text{ cm}^2}$

$d \approx 2{,}8$ cm.

Skizze:

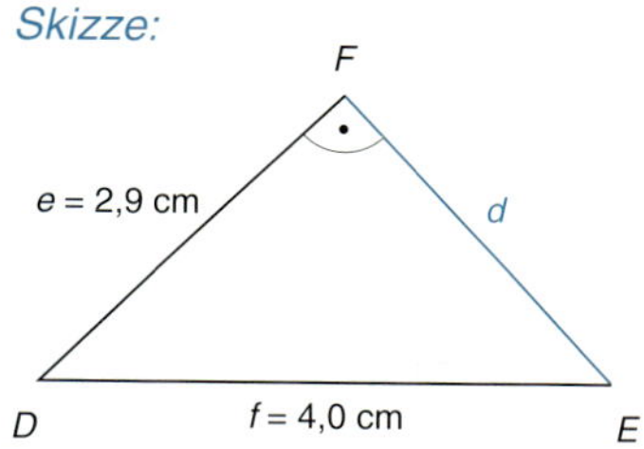

Berechnung der Länge der Hypotenuse:

■ a) Gegeben ist ein bei C rechtwinkliges Dreieck ABC mit der Kathetenlänge $a = 2{,}2$ cm und dem Winkel $\beta = 52°$.
Gesucht ist die Länge der Hypotenuse.
Lösung: Da ein Winkel und die zugehörige Ankathete gegeben sind, wendet man für die Berechnung der Hypotenuse den Kosinus an:

$\cos \beta = \frac{a}{c}$.

Diese Gleichung muss nach c umgestellt werden. Dazu multipliziert man zuerst beide Seiten mit c und erhält
$c \cdot \cos \beta = a$.
Dann werden beide Seiten durch $\cos \beta$ dividiert.

$c = \frac{a}{\cos \beta}$

$= \frac{2{,}2 \text{ cm}}{\cos 52°} \approx \frac{2{,}2 \text{ cm}}{0{,}62} \approx 3{,}6 \text{ cm}$

Skizze:

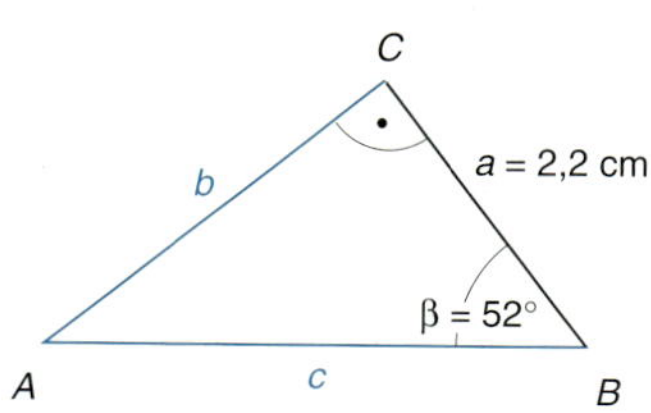

11

■ b) In einem bei A rechtwinkligen Dreieck ABC sind die Katheten $b = 5{,}6$ cm und $c = 3{,}0$ cm sowie der Winkel $\beta = 61{,}8°$ gegeben.
Gesucht ist die Länge der Hypotenuse a.
Es gibt drei Möglichkeiten, diese Aufgabe zu lösen.

1. Lösung mithilfe des Sinus. Die Gleichung $\sin\beta = \frac{b}{a}$ wird nach a umgestellt:
$$a = \frac{b}{\sin\beta} = \frac{5{,}6\text{ cm}}{\sin 61{,}8°} = \frac{5{,}6\text{ cm}}{0{,}8813} \approx 6{,}354\text{ cm}.$$
2. Lösung mithilfe des Kosinus. Man stellt die Gleichung $\cos\beta = \frac{c}{a}$ nach a um:
$$a = \frac{c}{\cos\beta} = \frac{3{,}0\text{ cm}}{\cos 61{,}8°} = \frac{3{,}0\text{ cm}}{0{,}4726} \approx 6{,}349\text{ cm}.$$
3. Lösung mithilfe des Satzes des Pythagoras. Da a die Hypotenuse ist, lautet der Satz des Pythagoras in diesem Dreieck $b^2 + c^2 = a^2$.
$$a = \sqrt{b^2 + c^2} = \sqrt{5{,}6^2\text{ cm}^2 + 3^2\text{ cm}^2} \approx \sqrt{31{,}36\text{ cm}^2 + 9\text{ cm}^2} \approx 6{,}353\text{ cm}$$

Ergebnis: $a \approx 6{,}4$ cm.

Die geringfügigen Unterschiede bei den 3 Zahlenwerten der Länge a sind auf Rundungen zurückzuführen.

Berechnung von Winkeln in rechtwinkligen Dreiecken: Mithilfe der trigonometrischen Funktionen berechnet man den Sinus, Kosinus oder Tangens eines Winkels. Umgekehrt kann man aus dem gegebenen Sinuswert die Größe eines Winkels bestimmen. Hierzu wird mithilfe des Rechners die *Umkehrfunktion ArcusSinus* (Kurzform arcsin) des Sinus ermittelt: Sinuswert eingeben, dann die Umschalttaste (häufig [SHIFT] oder [INV]) und schließlich die [sin] -Taste drücken. Je nach Stellung des Schalters [DEG] - [RAD] (↗ Hinweis S.157) erhält man den Winkel im Gradmaß oder im Bogenmaß.

■ Berechnung der Größe des Winkels α, von dem $\sin\alpha = 0{,}79$ gegeben ist.
Auf dem Taschenrechner eingeben:
DEG 0,79 [SHIFT] [sin] [52.18551149] (Ergebnis: $\alpha \approx 52{,}19°$)
RAD 0,79 [SHIFT] [sin] [0.910808997] (Ergebnis: $\alpha \approx 0{,}91$ rad)
Auf manchen Rechnern wird [SHIFT] [sin] 0,79 eingegeben.
Das Beispiel zeigt auch, dass arc 52,19° = 0,91 rad ist.

■ a) Gegeben ist ein bei C rechtwinkliges Dreieck ABC mit der Kathete $a = 2{,}4$ cm und der Hypotenuse $c = 3{,}8$ cm. Gesucht sind die Größen der Winkel α und β.
Lösung: Da c die Hypotenuse ist, gilt
$$\sin\alpha = \frac{a}{c} = \frac{2{,}4\text{ cm}}{3{,}8\text{ cm}} = 0{,}63157.$$
Durch Eingeben von 0,63157 [SHIFT] [sin] erhält man mit dem Rechner: $\alpha \approx 39{,}2°$.

Für β gilt $\cos\beta = \frac{a}{c} = 0{,}63157$.

Den Winkel erhält man mit
0,63157 [SHIFT] [cos] : $\beta \approx 50{,}8°$.
Probe: $39{,}2° + 50{,}8° + 90° = 180°$.
↗ Sätze über Dreiecke (Innenwinkelsatz), S. 118

Skizze:

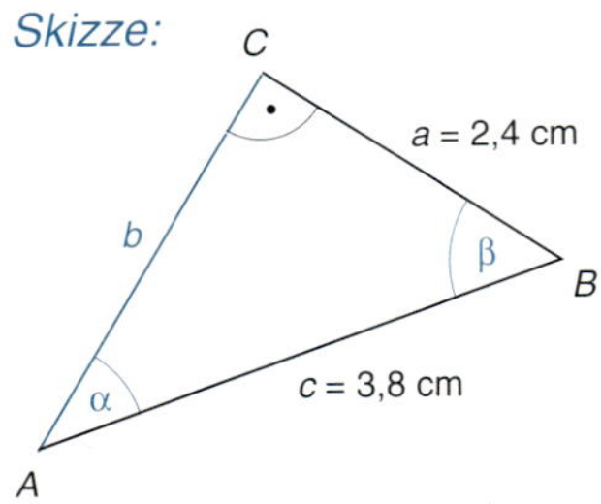

■ b) Gegeben ist ein bei *F* rechtwinkliges Dreieck *DEF* mit den Katheten $d = 1{,}2$ cm und $e = 5{,}9$ cm. Gesucht sind die Größen der Winkel δ und ε.

Lösung (↗ Bild):

Mithilfe der Beziehung Tangens = $\frac{\text{Gegenkathete}}{\text{Ankathete}}$ (↗ S.161)

berechnet man tan δ:

$\tan\delta = \frac{d}{e}$ und weiter den Winkel δ:

TR DEG 1,2 [÷] 5,9 [=] [0.203 389 83]

[SHIFT] [tan] [11.496 563 02], also

$\delta = 11{,}5°$.

Für die Berechnung von ε bestehen jetzt zwei Möglichkeiten.

Die einfachere davon ist die Benutzung des Innenwinkelsatzes:

$\varepsilon = 90° - \delta = 90° - 11{,}5° = 78{,}5°$.

Die Größe von ε kann aber auch mithilfe des Tangens berechnet werden:

$\tan\varepsilon = \frac{e}{d} = \frac{5{,}9\text{ cm}}{1{,}2\text{ cm}} \approx 4{,}916\,67$ und mit

4,916 67 [SHIFT] [tan] erhält man $\varepsilon = 78{,}5°$.

Skizze:

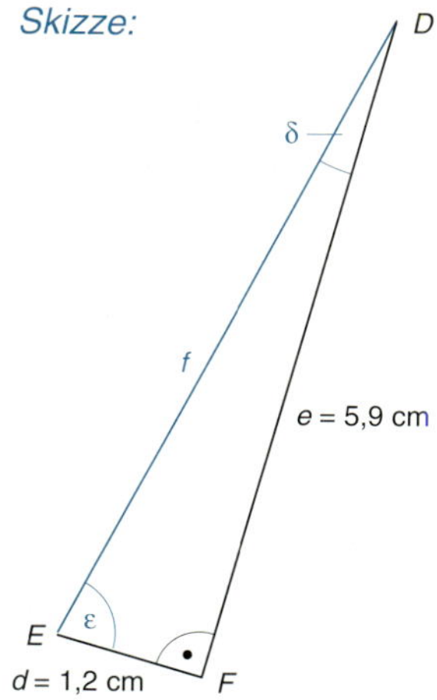

Es ist sinnvoll, andere mögliche Lösungswege für eine Probe zu nutzen.

Anwendungen der Berechnungen in rechtwinkligen Dreiecken

■ a) Eine Feuerleiter ist (ausgezogen) 65 m lang. Der Aufstellwinkel zwischen Leiter und Erdboden beträgt 75°. Wie hoch reicht die Leiter?

Lösung: Bei diesem Beispiel sind ein Winkel und die Hypotenuse eines rechtwinkligen Dreiecks gegeben. Gesucht ist die Gegenkathete des Aufstellwinkels (↗ Bild). Zur Lösung verwendet man

Sinus = $\frac{\text{Gegenkathete}}{\text{Hypotenuse}}$ bzw.

$\sin 75° = \frac{h}{65\text{ m}}$.

Durch Umstellen dieser Gleichung nach *h* lässt sich die Aufgabe lösen.

$h = 65\text{ m} \cdot \sin 75°$

$\approx 65\text{ m} \cdot 0{,}96592 \approx 63\text{ m}$

Die Leiter reicht 63 m hoch.

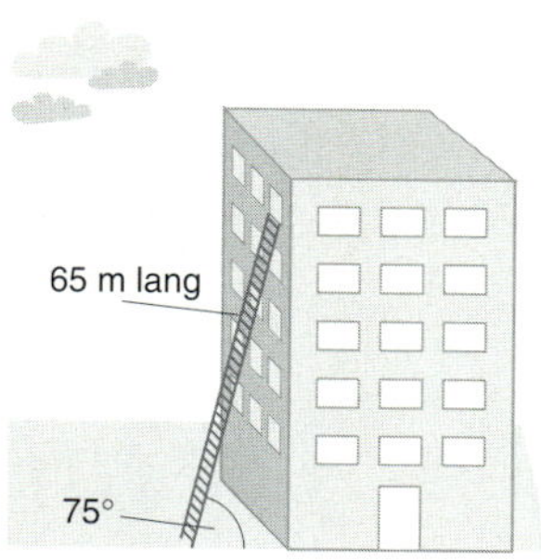

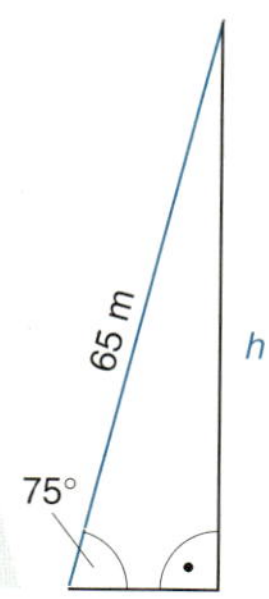

b) Ein Flugzeug hebt mit einem Winkel von 14° von der Startbahn ab und behält diesen Winkel bis zum Erreichen seiner Flughöhe von 6 500 m bei.

Nach wie viel Kilometer erreicht das Flugzeug die Flughöhe?

Lösung: Man berechnet die Hypotenuse des rechtwinkligen Dreiecks im Bild S. 166, oben, aus dem gegebenen Winkel und der Gegenkathete.

Die Gleichung $\sin 14° = \frac{6{,}5\text{ km}}{b}$ wird nach b umgestellt: $b = \frac{6{,}5\text{ km}}{\sin 14°}$.

Es folgt:

TR 6,5 [÷] 14 [sin] [=] [26,868 817 571]

Das Flugzeug erreicht also nach ca. 27 km Flug seine Reisehöhe.

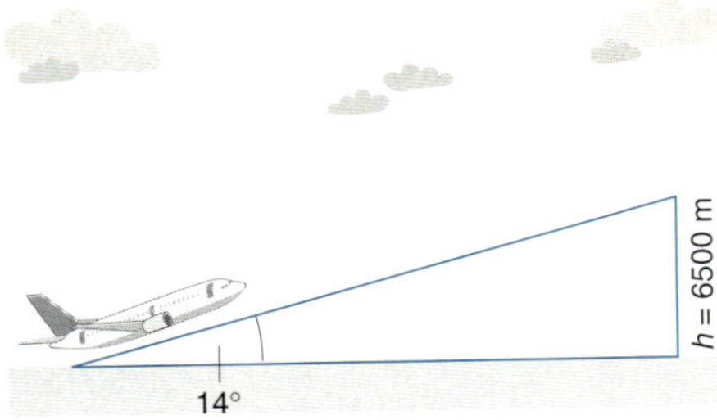

BERECHNUNGEN IN BELIEBIGEN DREIECKEN: SINUS- UND KOSINUSSATZ

Der Sinussatz

Sinussatz:
In jedem Dreieck verhalten sich die Längen zweier Seiten zueinander wie die Sinus der gegenüberliegenden Winkel.
Daraus folgt in einem Dreieck mit den Bezeichnungen wie im Bild: $\frac{a}{\sin\alpha} = \frac{b}{\sin\beta} = \frac{c}{\sin\gamma}$.

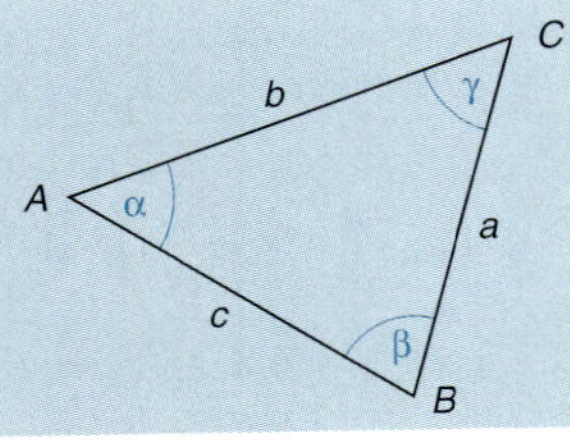

■ a) In einem Dreieck ABC (↗ Bild) sind die Winkel $\alpha = 50°$ und $\gamma = 55°$ sowie die Seitenlänge $c = 11$ cm gegeben. Gesucht ist a.

Lösung: Nach dem Sinussatz gilt : $\frac{a}{\sin\alpha} = \frac{c}{\sin\gamma}$. Daraus folgt:

$a = \sin\alpha \cdot \frac{c}{\sin\gamma} = \sin 50° \cdot \frac{11\text{ cm}}{\sin 55°} \approx 10{,}3$ cm.

TR 50 [sin] [×] 11 [÷] 55 [sin] [=] [10,286 843 49]

b) In einem Dreieck ABC sind gegeben $c = 4{,}5$ cm; $b = 6{,}2$ cm sowie $\beta = 75°$. Gesucht ist die Größe von γ. Durch Umstellen des Sinussatzes nach $\sin\gamma$ erhält man: $\sin\gamma = \sin\beta \cdot \frac{c}{b} = \sin 75° \cdot \frac{4{,}5\text{ cm}}{6{,}2\text{ cm}}$.

TR 75 [sin] [×] 4,5 [÷] 6,2 [=] und weiter [SHIFT] [sin] [44,513 330 94]

Daraus folgt: $\gamma = 44{,}51° \approx 45°$.

Nicht immer erhält man durch die Berechnung des ArcusSinus (Eingabe von [SHIFT] [sin]) das richtige Ergebnis! Die Funktion arcsin liefert stets einen spitzen bzw. rechten Winkel (↗ S. 158). Bei stumpfwinkligen Dreiecken sind zusätzliche Überlegungen notwendig. In manchen Fällen gibt es auch zwei Lösungen für den gesuchten Winkel. Dies hängt damit zusammen, dass der Dreieckskongruenzsatz „SsW" nur gilt, wenn die dem *größeren* Winkel gegenüberliegende Seite gegeben ist (↗ S. 119, 121).

■ a) In einem Dreieck *ABC* sind die Seitenlängen $a = 2{,}5$ cm und $b = 4{,}3$ cm sowie der Winkel $\alpha = 35°$ gegeben.
Gesucht ist die Größe von β.
Lösung: Durch Umstellen des Sinussatzes nach sin β erhält man zunächst
$\sin\beta = \sin\alpha \cdot \frac{b}{a} = \sin 35° \cdot \frac{4{,}3\text{ cm}}{2{,}5\text{ cm}}$. Die Rechnung ergibt dann mit

TR 35 [sin] [×] 4,3 [÷] 2,5 [=] [0,986 551 47] [SHIFT] [sin] [80,592 744 2]

für den Winkel β den Wert $\beta = 80{,}59° \approx 81°$.
Aber auch $\beta' = 180° - 81° = 99°$ ist eine Lösung, denn der Sinus beider Winkel ist gleich: $\sin 81° = \sin 99°$. Es gibt zwei Dreiecke mit diesen Werten.
↗ Dreieckskonstruktionen nach den Kongruenzsätzen (zweite Konstruktion), S. 121

b) In einem Dreieck *ABC* sind die Seitenlängen $b = 12{,}5$ cm und $c = 3{,}3$ cm sowie der Winkel $\gamma = 65°$ gegeben. Gesucht ist die Größe von β.
Lösung:

$$\sin\beta = \sin\gamma \cdot \frac{b}{c} = \sin 65° \cdot \frac{12{,}5\text{ cm}}{3{,}3\text{ cm}}$$

TR 65 [sin] [×] 12,5 [÷] 3,3 [=] [3.432 984 042]

Es gibt keinen Winkel mit dem Sinus 3,4… Die Aufgabe hat keine Lösung.
↗ Dreieckskonstruktionen nach den Kongruenzsätzen, S. 121

Der Kosinussatz

Kosinussatz:
In einem beliebigen Dreieck *ABC* mit den Seiten *a*, *b* und *c* sowie den jeweils gegenüberliegenden Innenwinkeln α, β und γ gelten die Gleichungen:

$$a^2 = b^2 + c^2 - 2bc \cdot \cos\alpha;\quad b^2 = a^2 + c^2 - 2ac \cdot \cos\beta;\quad c^2 = a^2 + b^2 - 2ab \cdot \cos\gamma.$$

11

Bemerkung: In einem rechtwinkligen Dreieck mit dem rechten Winkel γ ist $\cos\gamma = 0$. Die dritte Gleichung des Kosinussatzes lässt sich dann zu $c^2 = a^2 + b^2$ vereinfachen. Der Satz des Pythagoras ist also ein Spezialfall des Kosinussatzes für rechtwinklige Dreiecke.

■ a) In einem Dreieck *DEF* (↗ Bild) sind die Seiten $d = 6{,}0$ cm und $f = 11{,}0$ cm sowie der Winkel $\varepsilon = 50°$ gegeben.
Gesucht ist die Seitenlänge *e*.
Lösung: Durch Einsetzen in den Kosinussatz
$e^2 = f^2 + d^2 - 2fd \cdot \cos\varepsilon$ erhält man
$e^2 = 36\text{ cm}^2 + 121\text{ cm}^2 - 132\text{ cm}^2 \cdot \cos 50°$
$e^2 = 72{,}15\text{ cm}^2$
$e = \sqrt{72{,}15}\text{ cm} \approx 8{,}5\text{ cm}.$

Skizze – nicht maßgerecht

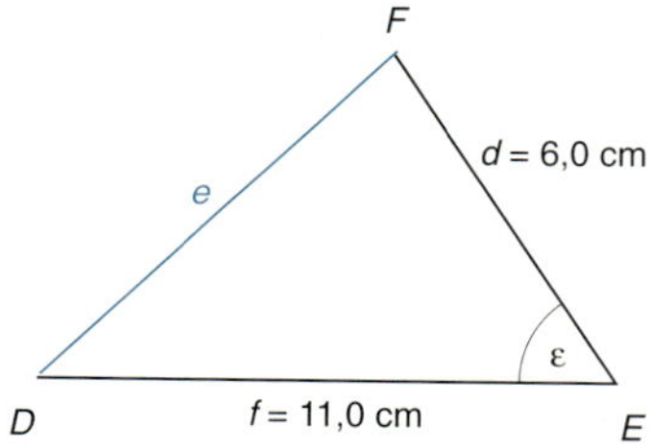

■ b) In einem Dreieck ABC sind die Seitenlängen $a = 7$ cm, $b = 3$ cm und $c = 9$ cm gegeben.
Gesucht sind die Größen der drei Winkel.
Lösung: Die drei Gleichungen des Kosinussatzes müssen nach $\cos\alpha$, $\cos\beta$ bzw. $\cos\gamma$ umgestellt werden. Aus
$a^2 = b^2 + c^2 - 2bc \cdot \cos\alpha$ folgt $\cos\alpha = \frac{b^2 + c^2 - a^2}{2 \cdot b \cdot c}$.
Nach dem Einsetzen der gegebenen Werte liefert die Rechnung den Wert für α:
TR 9 [+] 81 [−] 49 [=] [÷] 2 [÷] 3 [÷] 9 [=] [SHIFT] [cos] [40.601 060 73],
also $\alpha = 40{,}60° \approx 41°$.
Bei der Berechnung von β und γ kann man genauso vorgehen:
Aus $\cos\beta = \frac{a^2 + c^2 - b^2}{2 \cdot a \cdot c} = \frac{121\ \text{cm}^2}{126\ \text{cm}^2} \approx 0{,}96$ folgt $\beta = 16{,}2° \approx 16°$ und
aus $\cos\gamma = \frac{a^2 + b^2 - c^2}{2 \cdot a \cdot b} = \frac{-23\ \text{cm}^2}{42\ \text{cm}^2} \approx -0{,}55$ folgt $\gamma = 123{,}2° \approx 123°$.
Die Richtigkeit dieser Ergebnisse lässt sich mithilfe des Innenwinkelsatzes überprüfen:
$\alpha + \beta + \gamma = 41° + 16° + 123° = 180°$.

Bemerkung: Im Gegensatz zum ArcusSinus erhält man bei der Berechnung von ArcusCosinus ([SHIFT] [cos]) immer ein eindeutiges Ergebnis für einen Winkel von 0° bis 180°. Wenn man sowohl den Sinus- als auch den Kosinussatz verwenden kann, sollte man deshalb den Kosinussatz bevorzugen.

c) Es soll die Entfernung der Punkte X und Y, zwischen denen sich Wasser befindet, ermittelt werden. Dazu misst man die Entfernungen beider Punkte von einem Beobachtungspunkt B (↗ Bild) sowie den Winkel zwischen den Strahlen zu beiden Punkten: $\alpha = 47{,}3°$.
Lösung: Da zwei Seiten und ein Winkel gegeben sind und die dem gegebenen Winkel gegenüberliegende Seite gesucht wird, kann der Kosinussatz angewendet werden.

$\overline{XY}^2 = \overline{BX}^2 + \overline{BY}^2 - 2 \cdot \overline{BX} \cdot \overline{BY} \cdot \cos\alpha$
$\overline{XY}^2 = (112{,}3\ \text{m})^2 + (177{,}5\ \text{m})^2 - 2 \cdot 112{,}3\ \text{m} \cdot 177{,}5\ \text{m} \cdot \cos 47{,}3°$
$\overline{XY}^2 \approx 12\,611\ \text{m}^2 + 31\,506\ \text{m}^2 - 27\,036\ \text{m}^2$
$\approx 17\,081\ \text{m}^2$
$\overline{XY} \approx \sqrt{17\,081}\ \text{m} \approx 131\ \text{m}$

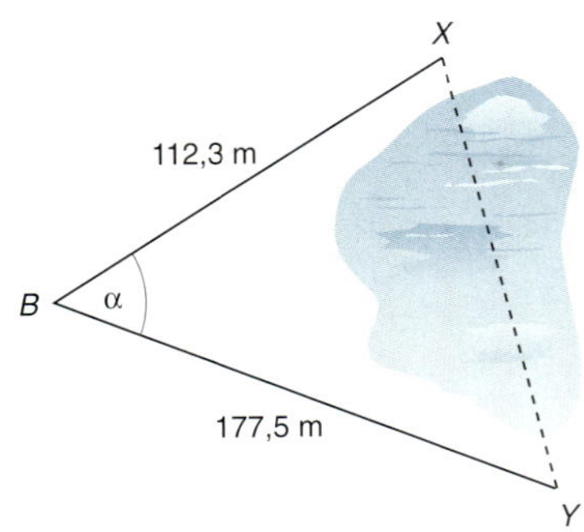

Ergebnis: Die Entfernung zwischen den Punkten X und Y beträgt etwa 131 m.

Räumliche Geometrie

Geometrische Körper

Geometrische Körper dienen zur Beschreibung der Form von realen Körpern.
Im Gegensatz zu realen Körpern interessiert man sich beim geometrischen Körper nicht für Eigenschaften wie Farbe, Material oder Masse. Ein Mauerstein kann ebenso als Quader aufgefasst werden wie eine Sreichholzschachtel, eine Erbse ebenso als Kugel wie die Erde.
Die folgende Tabelle zeigt eine Reihe von Grundkörpern. Viele reale Körper können auf diese Grundformen oder Zusammensetzungen von ihnen zurückgeführt werden.

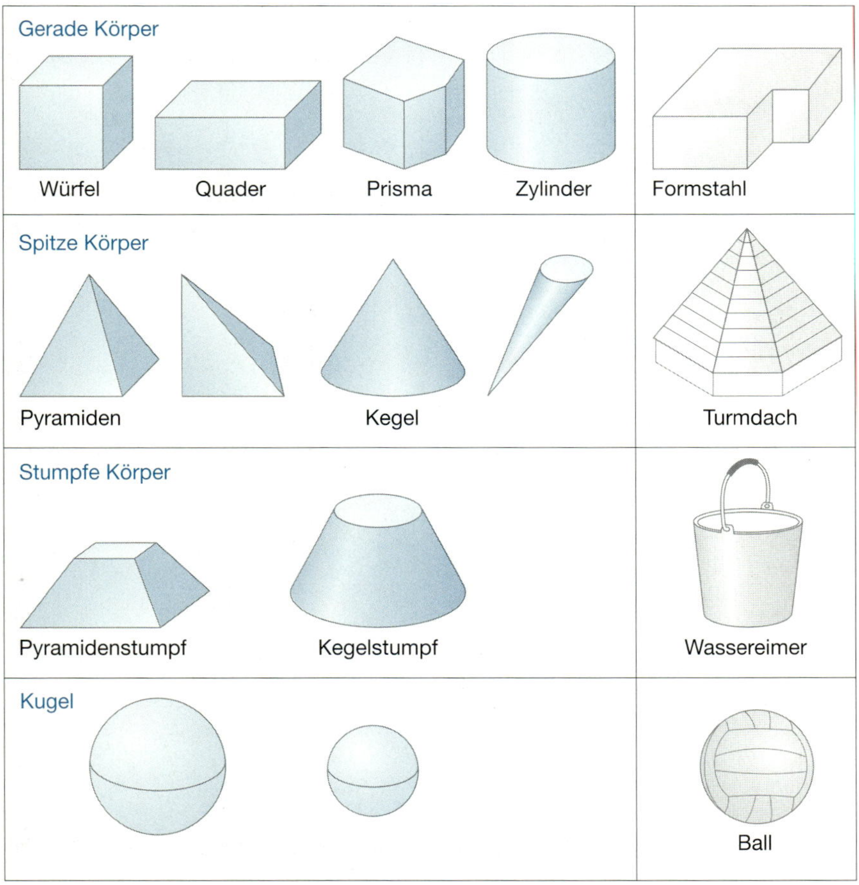

KÖRPERBERECHNUNG

Oberflächeninhalt und Volumen

Einen Körper berechnen heißt, Volumen (Rauminhalt), Oberflächeninhalt und wichtige Körperkanten zu ermitteln. Dabei verwendet man folgende Variablen:

a, b, c	Seiten	z. B. $a = 2{,}4$ cm
r	Radius	
d	Durchmesser	
h	Höhe	

A_O	Oberflächeninhalt	z. B. $A_O = 3\ \text{cm}^2$
A_G	Grundflächeninhalt	
A_M	Mantelflächeninhalt	
V	Volumen	z. B. $V = 12\ \text{m}^3$

Oberflächeninhalt eines Körpers: Man erhält den Oberflächeninhalt eines Körpers, wenn man die Flächeninhalte *aller* Begrenzungsflächen berechnet und addiert. Besonders einfach ist das, wenn man die Flächen eines Körpers in die Ebene ausbreiten kann. Man nennt ein solches Verfahren **Abwicklung**. Dabei entsteht ein sogenanntes **Körpernetz**.

↗ Flächeninhalt von Vielecken, S. 130

■

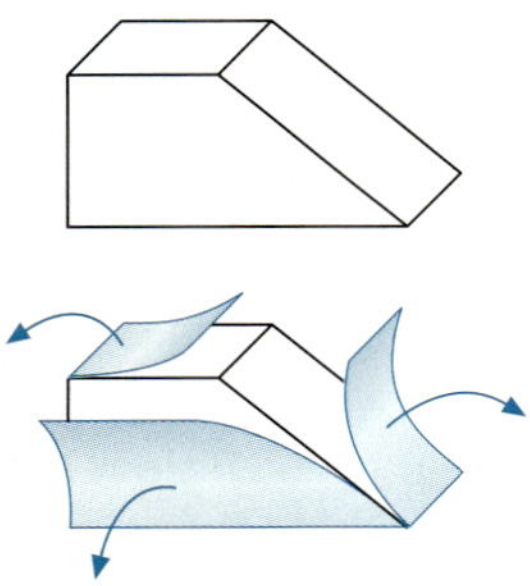

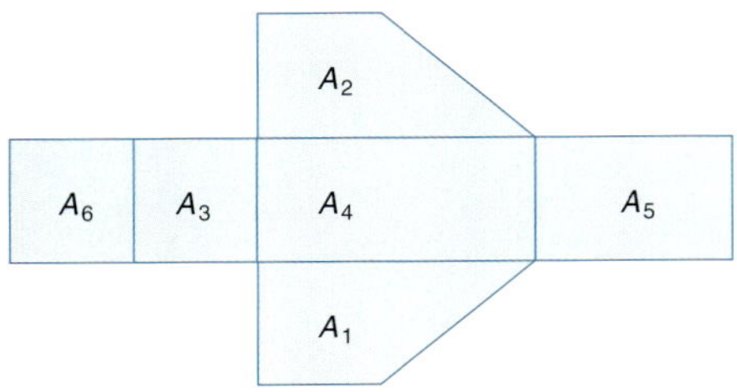

$A_O = A_1 + A_2 + A_3 + A_4 + A_5 + A_6$

Bei manchen Körpern kann man **Grundfläche**, **Deckfläche und Mantelfläche** unterscheiden. Grund- und Deckfläche sind zueinander parallel.
Die von Grund- und Deckfläche verschiedenen Begrenzungsflächen werden zusammen als **Mantel** bezeichnet.

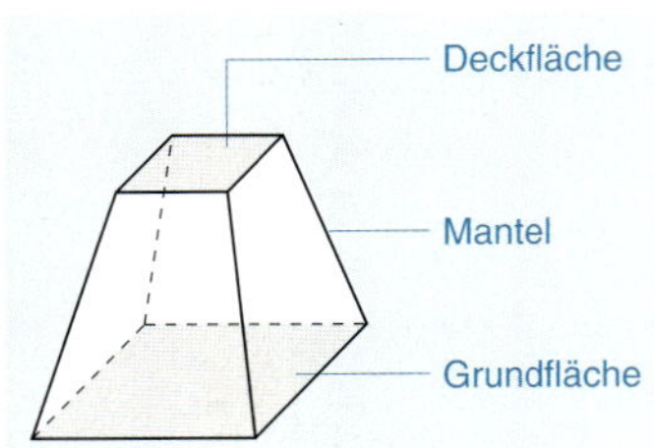

Für die Oberfläche von Körpern gilt:
- Kongruente Körper haben den gleichen Oberflächeninhalt.
- Bei ähnlichen Körpern unterscheidet sich der Oberflächeninhalt um einen Faktor.

Volumen eines Körpers: Das Volumen eines Körpers kann durch Auslegen des Körpers mit Einheitswürfeln ermittelt werden. Das Volumen eines Einheitswürfels hat den Zahlenwert 1. Die Einheit wählt man je nach Größe des Körpers, z. B. mm^3 oder cm^3.

↗ Umrechnungstabelle für Größen, S. 30

Bei Körpern mit schrägen oder gekrümmten Begrenzungsflächen kann man das Volumen mithilfe von Einheitswürfeln näherungsweise bestimmen.

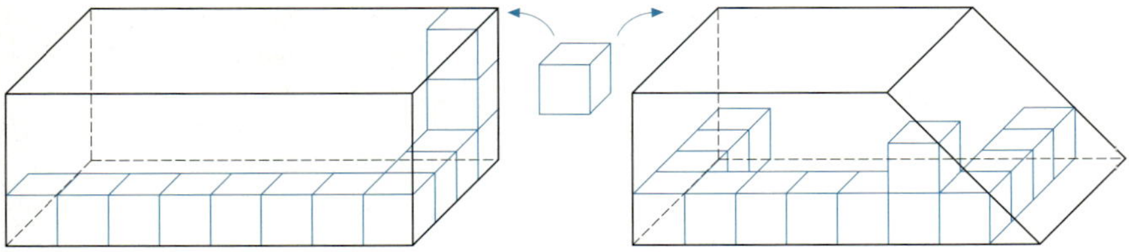

Für das Volumen von Körpern gilt:
- Kongruente Körper haben das gleiche Volumen.
- Zerlegt man einen Körper *K* in Teilkörper, dann ist das Volumen des Körpers *K* gleich der Summe der Volumina seiner Teilkörper.

■ Alle vier Körper im folgenden Bild haben das gleiche Volumen. Sie sind jeweils aus 16 kongruenten Teilkörpern zusammengesetzt.

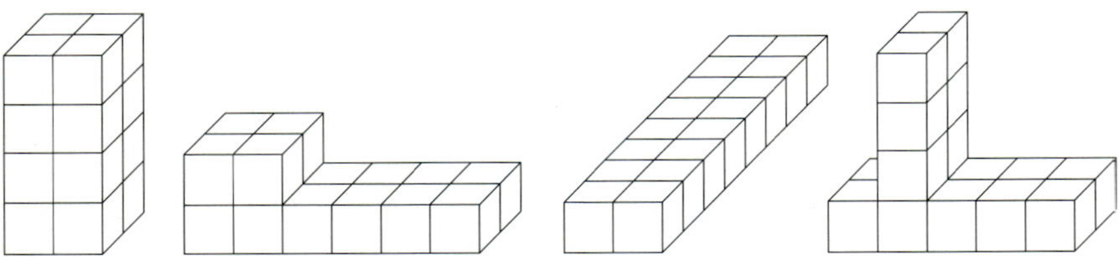

Volumenvergleiche

Zum Vergleich von Volumina verschiedener Körper, aber auch zur Volumenberechnung benutzt man oft den **Satz des Cavalieri:**

Zwei Körper haben das gleiche Volumen,
- wenn man sie zwischen zwei zueinander parallele Ebenen legen kann und
- wenn jede weitere dazu parallele Ebene bei beiden Körpern Schnittfiguren mit gleichem Flächeninhalt erzeugt (↗ Bild).

12

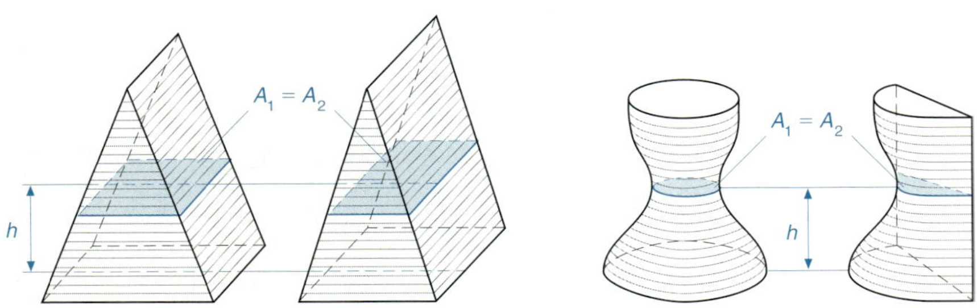

Praktische Verfahren zur Volumenbestimmung

Die Volumina von Körpern kann man auch durch Füllen des Körpers z. B. mit Wasser oder durch Eintauchen des Körpers in Wasser ermitteln.
Die eingefüllte bzw. verdrängte Menge an Wasser wird mit einem Messzylinder bestimmt. Diese Methoden nutzt man bei unregelmäßig geformten Körpern.

Quader und Würfel

Ein Körper heißt **Quader**, wenn er von drei Paaren kongruenter Rechtecke begrenzt wird. Die kongruenten Rechtecke liegen in parallelen Ebenen.
Der **Würfel** ist ein spezieller Quader. Er wird von sechs kongruenten Quadraten begrenzt. Seine Kanten sind alle gleich lang.

Quader $V = a \cdot b \cdot c$ $A_O = 2ab + 2ac + 2bc$ $A_O = 2(ab + ac + bc)$	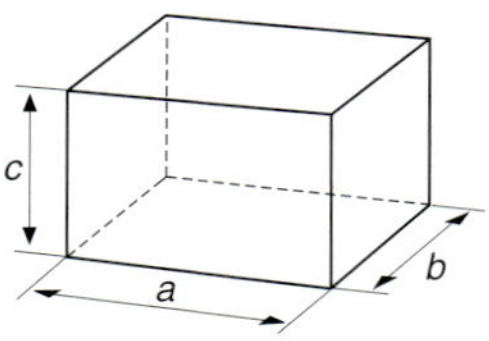	Quadernetz 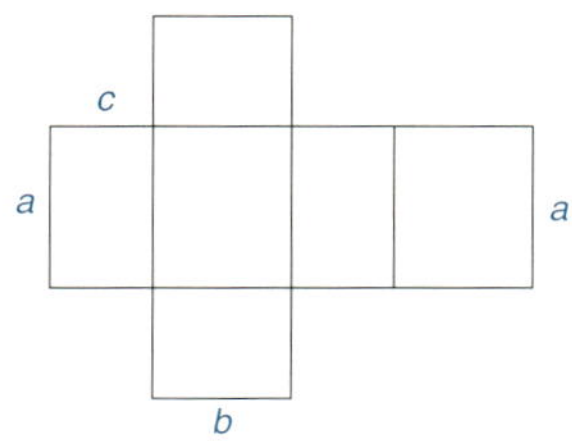
Würfel $V = a^3$ $A_O = 6a^2$	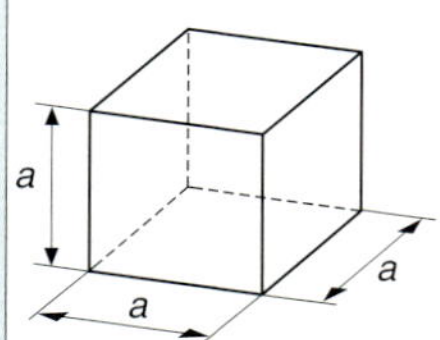	Würfelnetz 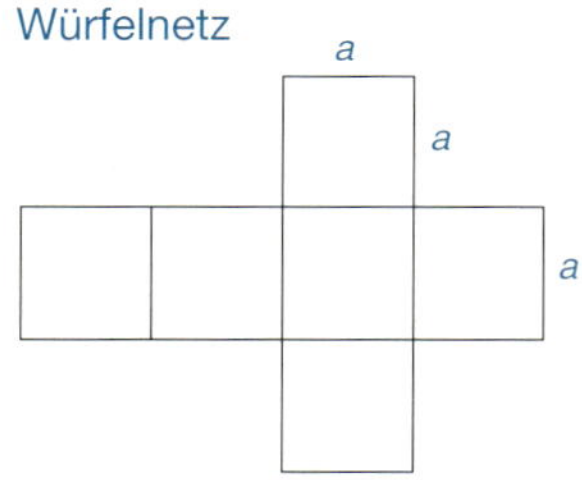

- Ein Ziegelstein im Normalformat hat die Abmessungen:
  7,1 cm × 11,5 cm × 24 cm. Wie groß ist sein Volumen?
  Gegeben: $a = 24$ cm; $b = 11{,}5$ cm; $c = 7{,}1$ cm. *Gesucht:* $V = abc$.
  $V = 24\text{ cm} \cdot 11{,}5\text{ cm} \cdot 7{,}1\text{ cm} = 1\,959{,}6\text{ cm}^3$
  Ergebnis: Das Volumen beträgt rund 1 960 cm^3.

Das **Netz eines Würfels** besteht aus sechs kongruenten zusammenhängenden Quadraten. Es gibt verschiedene Möglichkeiten ihrer Anordnung. Das Bild rechts zeigt drei unterschiedliche Würfelnetze.

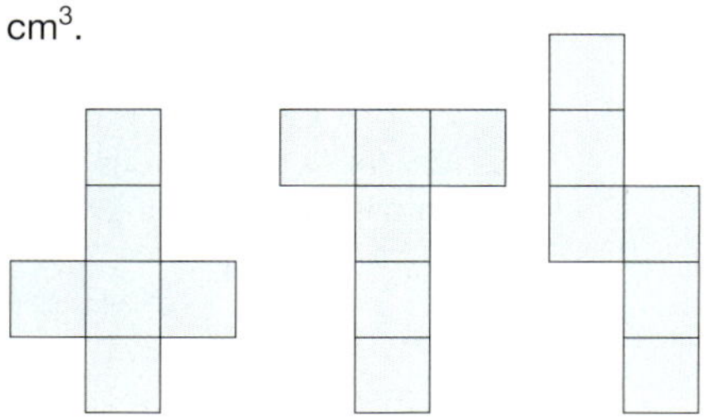

Im folgenden Bild wird gezeigt, wie aus einem Netz ein Würfelmodell entsteht.

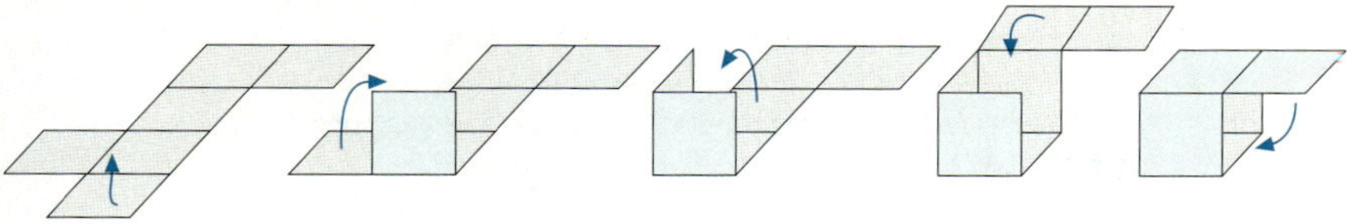

Flächen- und Raumdiagonalen in Quadern oder Würfeln können als Längen von Hypotenusen in rechtwinkligen Dreiecken mithilfe des Satzes von Pythagoras berechnet werden (↗ Bilder unten).

↗ Weitere Anwendungen (Satz des Pythagoras), S. 151

Flächendiagonale *d*	Raumdiagonale *e*
Es gibt 12 verschiedene Flächendiagonalen, von denen jeweils 4 gleich lang sind. 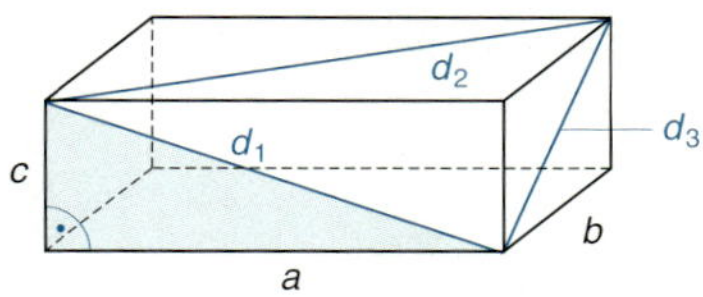	Es gibt 4 verschiedene Raumdiagonalen, die alle gleich lang sind. 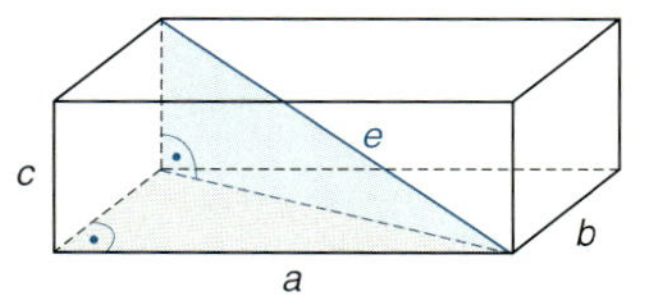

Mit Bezug auf die Bilder oben gilt:

$$\boldsymbol{d_1 = \sqrt{a^2 + c^2}; \quad d_2 = \sqrt{a^2 + b^2}}$$

$$\boldsymbol{d_3 = \sqrt{b^2 + c^2}; \quad e = \sqrt{a^2 + b^2 + c^2}}$$

Für Würfel gilt:

$$\boldsymbol{d = a \cdot \sqrt{2}; \quad e = a \cdot \sqrt{3}}$$

■ Ein quaderförmiges Aquarium aus Glas hat folgende Maße:
Höhe $h = 55$ cm, Länge $a = 1{,}00$ m, Breite $b = 40$ cm.

a) Wie viel Liter Wasser fasst der Behälter maximal?
Bei der Berechnung des Volumens wird die Glasdicke vernachlässigt.
$V = a \cdot b \cdot h$
$V = 1{,}00\ \text{m} \cdot 0{,}40\ \text{m} \cdot 0{,}55\ \text{m} = 0{,}22\ \text{m}^3$
Das mögliche Wasservolumen beträgt $0{,}22\ \text{m}^3$, das sind 220 l.

b) Wie viel Quadratmeter Glas umgibt das Aquarium?
Das Aquarium ist oben offen. Die Deckfläche bleibt also unberücksichtigt.
$A_O = ab + 2bh + 2ah$
$A_O = 1{,}00\ \text{m} \cdot 0{,}40\ \text{m} + 2 \cdot 0{,}40\ \text{m} \cdot 0{,}55\ \text{m} + 2 \cdot 1{,}00\ \text{m} \cdot 0{,}55\ \text{m}$
$A_O \approx 1{,}9\ \text{m}^2$
Das Aquarium ist von einer $1{,}9\ \text{m}^2$ großen Glasfläche umgeben.

Prisma

> Ein Körper heißt **Prisma**, wenn er von 2 kongruenten n-Ecken, die in parallelen Ebenen liegen, und von n Parallelogrammen begrenzt wird.
> Die kongruenten n-Ecke sind Grund- und Deckfläche. Die n Parallelogramme bilden den Mantel.

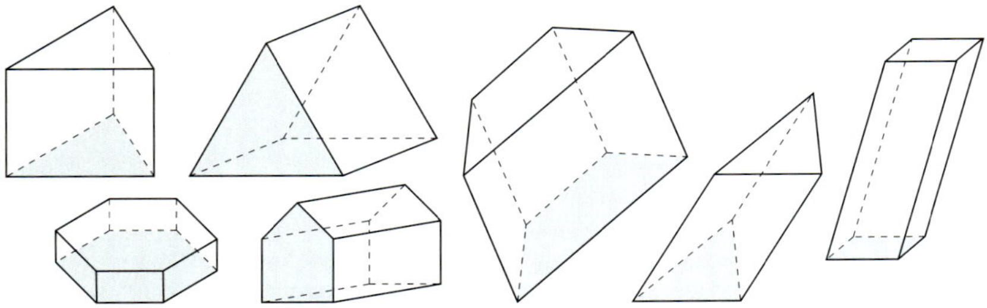

> Ein Körper heißt **gerades Prisma**, wenn sein Mantel aus lauter Rechtecken besteht. Ist das nicht der Fall, spricht man vom **schiefen Prisma**.

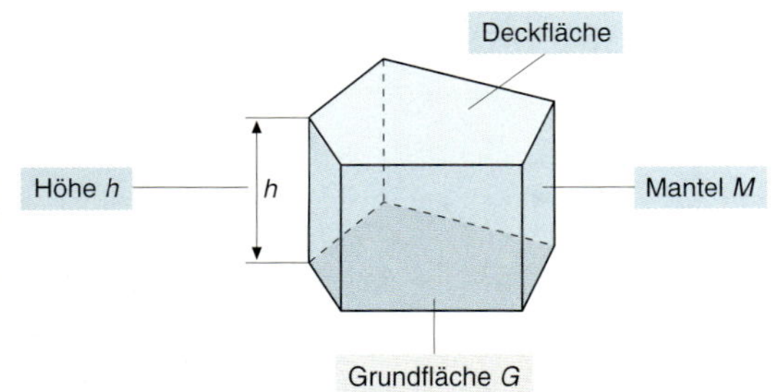

$\boldsymbol{V = A_G \cdot h}$

$\boldsymbol{A_O = 2 \cdot A_G + A_M}$

Diese Formeln gelten für gerade und für schiefe Prismen.

■ Ein sechskantiger unangespitzter Bleistift sei 17,5 cm lang. Die Seitenlänge des regelmäßigen Sechsecks betrage 4 mm. Wie groß ist die Mantelfläche?
Lösung: Der Mantel setzt sich aus sechs Rechtecken mit den Seitenlängen $a = 4$ mm und $b = 17{,}5$ cm zusammen: $A_M = 6 \cdot a \cdot b$.
$A_M = 6 \cdot 0{,}4\text{ cm} \cdot 17{,}5\text{ cm} = 42\text{ cm}^2$

Das Bild zeigt die Netze von zwei Prismen.

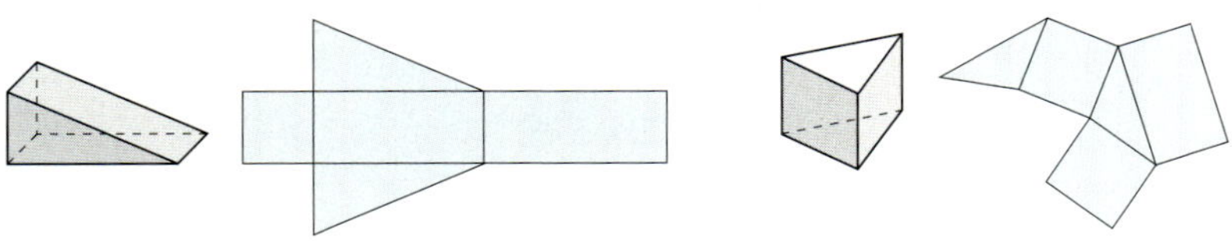

Schiefe Prismen, gerade Prismen und Quader mit gleich großer Grundfläche und gleicher Höhe haben das gleiche Volumen (↗ Satz von Cavalieri, S. 171).

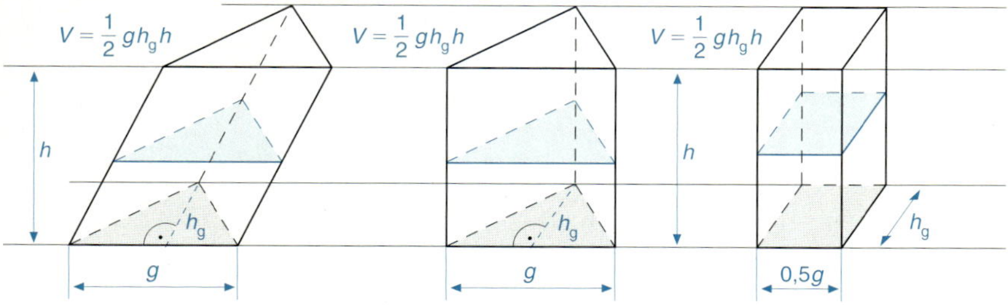

Kreiszylinder

Ein Körper heißt **Kreiszylinder**, wenn er
- von 2 kongruenten Kreisflächen, die in parallelen Ebenen liegen, und
- von einer gekrümmten Fläche, dem Mantel, begrenzt wird.

Statt Kreiszylinder sagt man meist nur Zylinder.

Viele Gegenstände aus Natur, Alltag und Technik haben Zylinderform – z. B. Rohre, Stängel, Münzen, Dosen, Straßenwalzen oder Räder.

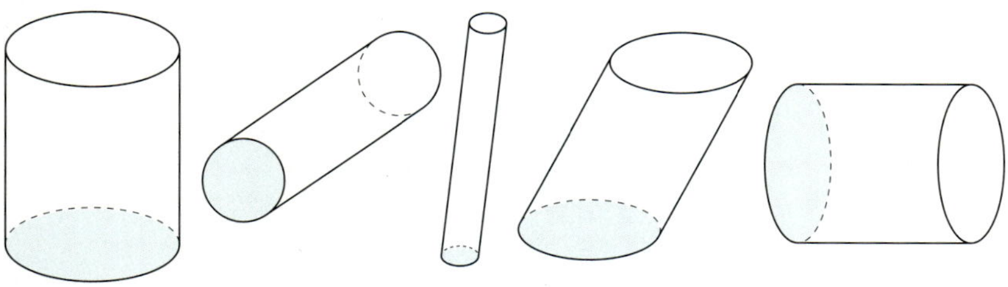

Ein Kreiszylinder heißt **gerader Kreiszylinder**, wenn seine Achse senkrecht auf der Grundfläche steht. Andernfalls heißt er **schiefer Kreiszylinder.**

12

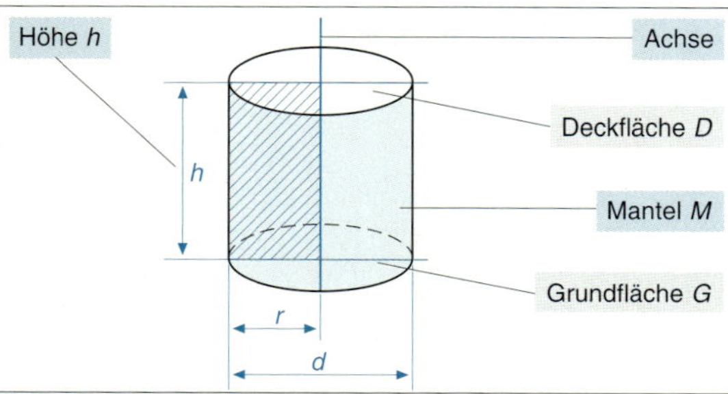

Gerader und schiefer Kreiszylinder:

$$V = \pi r^2 h = \frac{\pi}{4} d^2 h$$

Gerader Kreiszylinder:

$$A_M = 2\pi r h = \pi d h$$
$$A_O = 2\pi r (r + h) = \pi d \left(\frac{d}{2} + h\right)$$

Das **Netz eines geraden Kreiszylinders** besteht aus zwei kongruenten Kreisflächen (das sind die Grund- und Deckfläche) und aus einem Rechteck (dem Mantel des Kreiszylinders).

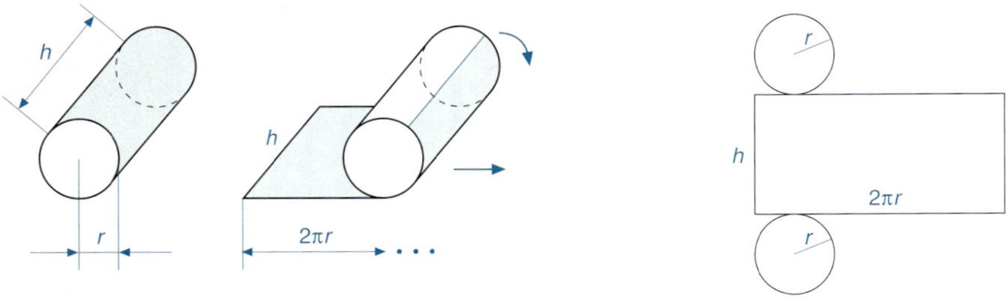

■ Eine Fahrradpumpe hat einen Innendurchmesser von 2,5 cm und einen Kolbenhub von 32,0 cm. Wie groß ist das Hubvolumen?
Gesucht ist also das Volumen eines geraden Kreiszylinders mit d = 2,5 cm und h = 32,0 cm.

Lösung: $V = \frac{\pi}{4} d^2 h$

$= \frac{\pi}{4} \cdot 2{,}5^2 \text{ cm}^2 \cdot 32 \text{ cm} \approx 160 \text{ cm}^3$

Hohlzylinder

Ein Hohlzylinder entsteht, wenn aus einem geraden Kreiszylinder ein kleinerer Kreiszylinder mit derselben Achse herausgebohrt wird.

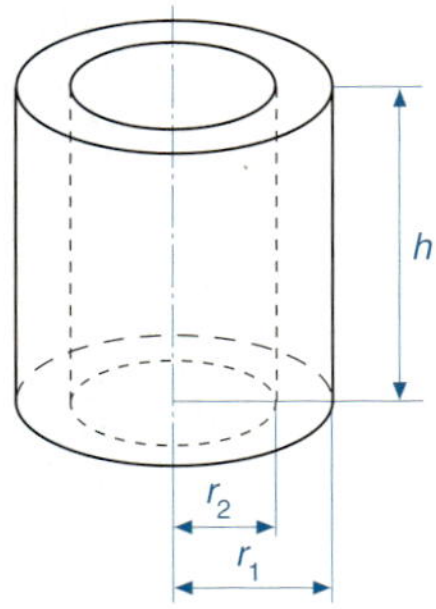

$$\boldsymbol{V = V_1 - V_2 = \pi r_1^2 h - \pi r_2^2 h}$$
$$\boldsymbol{= \pi h \cdot (r_1^2 - r_2^2)}$$

$$\boldsymbol{A_O = 2 \cdot A_G + A_{M_1} + A_{M_2}}$$
$$\boldsymbol{= 2\pi (r_1^2 - r_2^2) + 2\pi r_1 h + 2\pi r_2 h}$$

Pyramide

Ein Körper heißt **Pyramide**, wenn er von folgenden Flächen begrenzt wird:
- von einem n-Eck als Grundfläche und
- von n Dreiecken als Seitenflächen, die einen gemeinsamen Eckpunkt S (die Spitze) haben.

Die Seitenflächen bilden den **Mantel** der Pyramide.

Turmdächer, Zelte, Verpackungen, auch Vorrichtungen zum Schütten von Kies und Sand und andere Geräte haben die Form von Pyramiden.
Natürlich denkt man beim Wort „Pyramide“ vorrangig an die antiken Bauwerke in Ägypten.
Man unterscheidet dreiseitige, vierseitige, fünfseitige, ... Pyramiden.

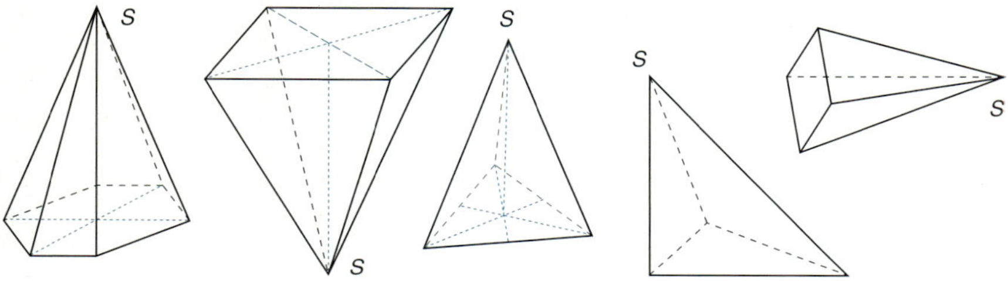

Stellt die Grundfläche einer Pyramide ein regelmäßiges Vieleck dar, dann gibt es einen Mittelpunkt *M* dieses Vielecks und man unterscheidet
gerade Pyramiden – wenn *SM* senkrecht auf der Grundfläche steht von
schiefen Pyramiden – wenn *SM* nicht senkrecht auf der Grundfläche steht.
Die Formeln für den Oberflächeninhalt und das Volumen gelten für alle Pyramiden.
↗ Regelmäßige Vielecke, S. 126

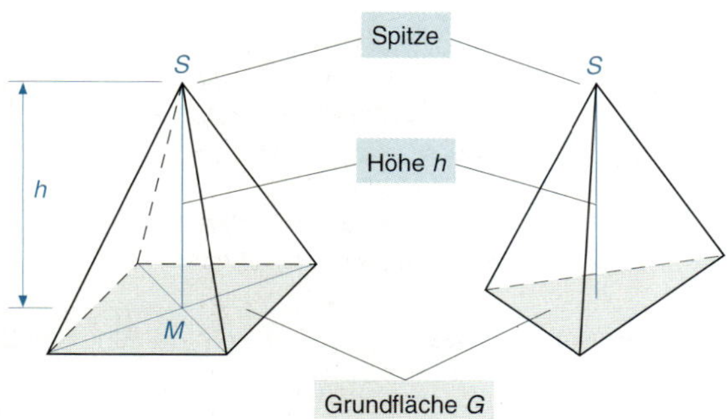

$$V = \frac{1}{3} A_G \cdot h$$

$$A_O = A_G + A_M$$

Diese Formeln gelten für gerade und für schiefe Pyramiden.

12

Das **Netz einer Pyramide** besteht aus einem Vieleck, der Grundfläche, und einer Anzahl von Dreiecken entsprechend der Anzahl der Seiten, die die Grundfläche hat.

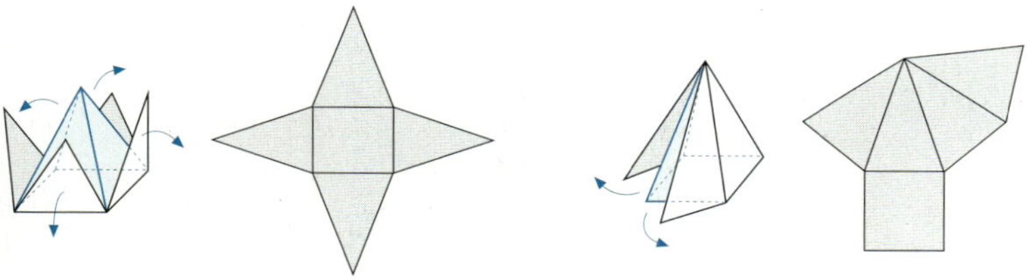

Ein **Tetraeder** ist eine besondere Pyramide. Alle seine Begrenzungsflächen sind kongruente gleichseitige Dreiecke.

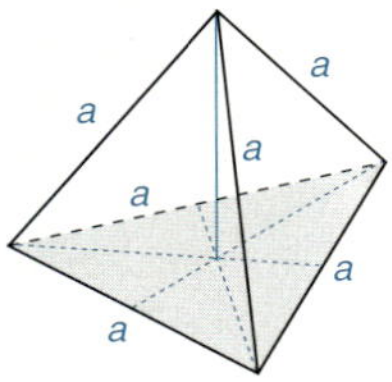

Blick von oben auf eine Spitze

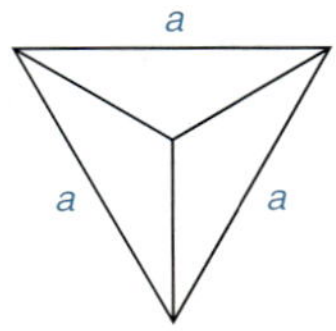

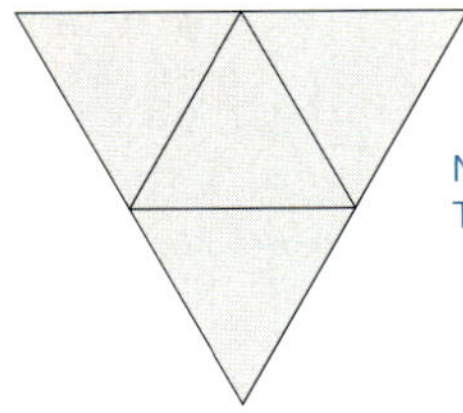

Netz eines Tetraeders

Berechnungen an einer geraden quadratischen Pyramide: Die Seitenhöhe h_s und die Höhe h der Pyramide können mithilfe des Satzes des Pythagoras bestimmt werden, wenn die Längen der Grundkanten a und der Seitenkanten s bekannt sind (↗ die folgenden Bilder).

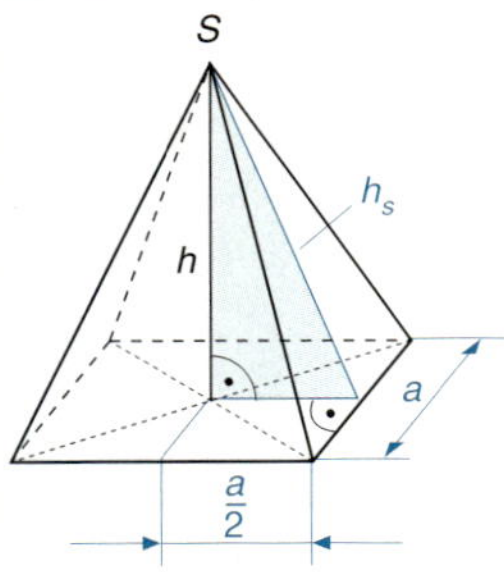

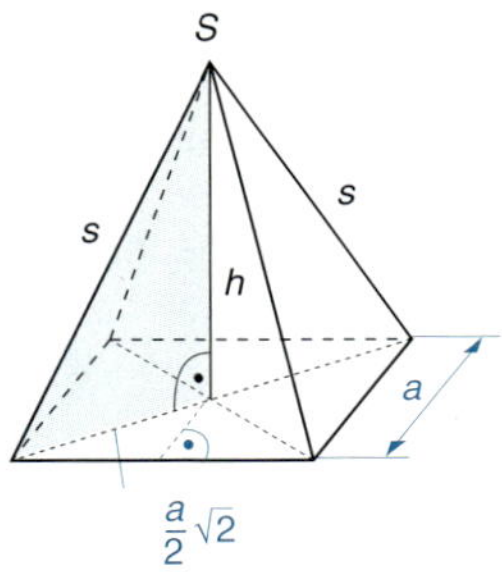

$$h_s = \sqrt{h + \frac{a^2}{4}}$$

$$h = \sqrt{s^2 - \frac{a^2}{2}}$$

$$V = \frac{1}{3}a^2 \cdot h$$

$$A_O = a^2 + 4 \cdot \frac{1}{2}a \cdot h_s$$
$$= a^2 + 2a \cdot h_s$$

Pyramidenstumpf

Ein Pyramidenstumpf entsteht, wenn von einer geraden Pyramide parallel zu ihrer Grundfläche eine Pyramide abgeschnitten wird.

Ein Pyramidenstumpf wird von zwei ähnlichen, aber nicht kongruenten n-Ecken, die in parallelen Ebenen liegen, und von n Trapezen begrenzt.

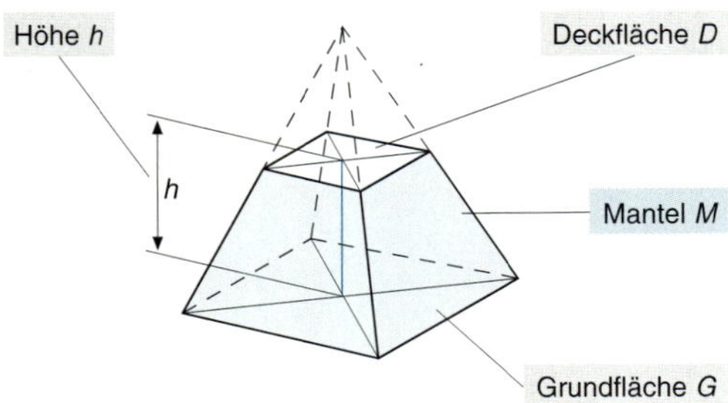

$$V = \frac{1}{3}h\left(A_G + \sqrt{A_G \cdot A_D} + A_D\right)$$

$$A_O = A_G + A_M + A_D$$

Kreiskegel

> Ein Körper heißt **Kreiskegel**, wenn er von einer Kreisfläche als Grundfläche und von einer gekrümmten Fläche, die abgewickelt einen Kreisausschnitt ergibt, begrenzt wird. Befindet sich die Spitze S senkrecht über dem Mittelpunkt der Grundfläche, so handelt es sich um einen **geraden Kreiskegel**. Andernfalls heißt er **schiefer Kreiskegel**.

Kegelformen findet man z. B. bei aufgeschüttetem Sand („Schüttkegel"), an Zementsilos, an Turmspitzen und auch bei angespitzten runden Bleistiften.

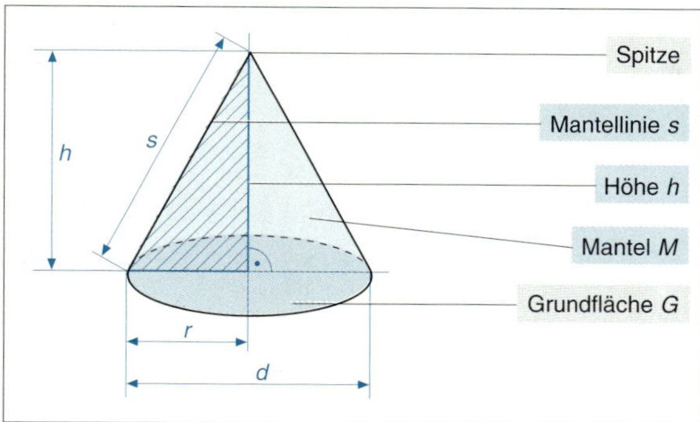

Gerader und schiefer Kreiskegel:

$$V = \frac{1}{3}\pi r^2 h = \frac{1}{12}\pi d^2 h$$

Gerader Kreiskegel:

$$A_M = \pi r s = \frac{1}{2}\pi d s$$

$$A_O = \pi r (r + s)$$

$$s^2 = r^2 + h^2$$

Das Netz eines geraden Kreiskegels besteht aus einer Kreisfläche, der Grundfläche des Kegels, und aus einem Kreisausschnitt, dem Mantel des Kegels.

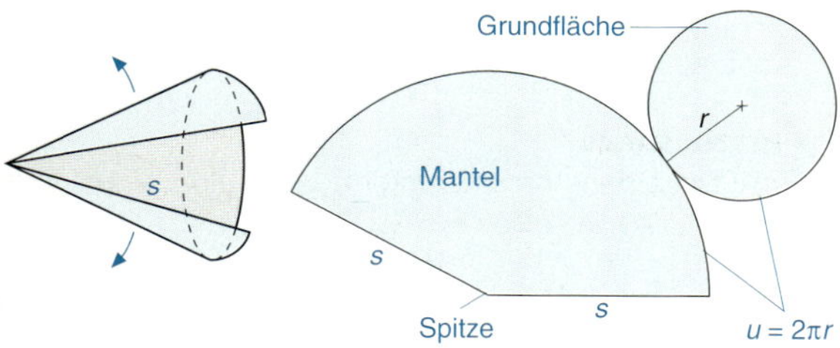

■ Im Kieswerk lagert ein kegelförmiger Kieshaufen. Beim Abschreiten des Umfangs hat man 95 m ermittelt. Die Höhe des Schüttkegels wird mit 10 m angenommen. Wie lange reicht der Vorrat, wenn täglich etwa 270 m³ abgefahren werden?

Lösung: $V = \frac{1}{12}\pi d^2 h$

Da von dem Kegel nur die Höhe h und der Umfang u des Grundkreises bekannt sind, muss in einer Nebenrechnung zunächst der Durchmesser d ermittelt werden.

Nebenrechnung:

$u = \pi \cdot d$

$d = \frac{u}{\pi} = \frac{95\ \text{m}}{3{,}14}$

$\approx 30\ \text{m}$

$V = \frac{1}{12}\pi \cdot 30^2 \cdot 10\ \text{m}^3 \approx 2\,356\ \text{m}^3$

Dann wird durch die Tagesmenge dividiert:
$V : 270\ \text{m}^3 \approx 8{,}7$.

Ergebnis: Der Kies ist nach etwa 9 Tagen abgefahren.

Kreiskegelstumpf

Ein **Kreiskegelstumpf** entsteht, wenn ein Kreiskegel parallel zur Grundfläche durchgeschnitten wird.

Ein Kreiskegelstumpf wird begrenzt von zwei Kreisflächen unterschiedlichen Durchmessers, die in parallelen Ebenen liegen, und von einer gekrümmten Mantelfläche.

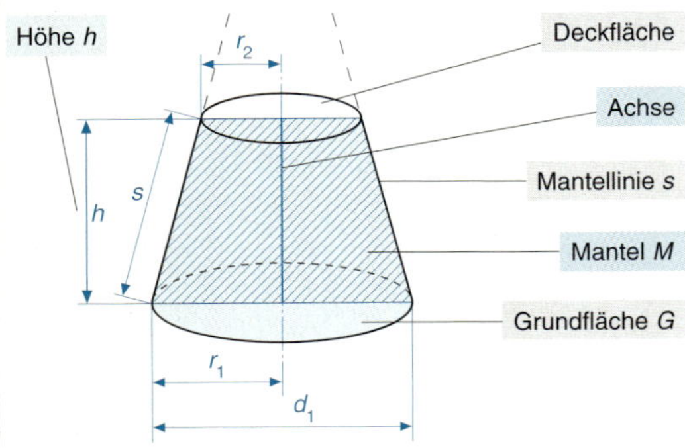

Gerader und schiefer Kreiskegelstumpf:

$$V = \frac{1}{3}\pi \cdot h \cdot (r_1^2 + r_1 r_2 + r_2^2)$$

Gerader Kreiskegelstumpf:

$$A_M = \pi \cdot s \cdot (r_1 + r_2)$$

$$A_O = \pi r_1^2 + \pi r_2^2 + \pi s (r_1 + r_2)$$

Kugel

Eine Kugel entsteht, wenn man einen Kreis um seinen Durchmesser als Achse rotieren lässt. Zur **Kugeloberfläche** gehören alle die Punkte, die vom Mittelpunkt den Abstand r haben. Die Kugeloberfläche lässt sich nicht in die Ebene abwickeln.

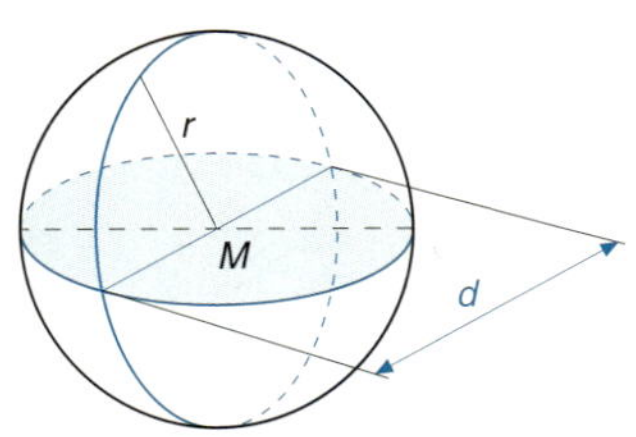

$$V = \frac{4}{3}\pi \cdot r^3 = \frac{1}{6}\pi \cdot d^3$$

$$A_O = 4\pi \cdot r^2 = \pi \cdot d^2$$

12

- Wie viel Kubikmeter Gas sind nötig, um einen kugelförmigen Freiluftballon mit $r = 9{,}0$ m zu füllen? Reichen zur Herstellung der Ballonhülle 2 000 m² Gewebe aus, wenn man mit 20% Verschnitt vom eingesetzten Material rechnet?

Das Volumen des Ballons beträgt: $V = \frac{4}{3}\pi \cdot r^3 = \frac{4}{3}\pi \cdot 9{,}0^3\ \text{m}^3 \approx 3\,054\ \text{m}^3 \approx 3\,100\ \text{m}^3$.

Der Oberflächeninhalt beträgt: $A_O = 4\pi \cdot r^2 = 4\pi \cdot 9{,}0^2\ \text{m}^2 \approx 1018\ \text{m}^2$.

Da bei der Herstellung mit 20% Verschnitt vom eingesetzten Material gerechnet wird, entsprechen der fertigen Ballonhülle 80% des benötigten Gewebes, also

$1018\ m^2 \mathrel{\widehat{=}} 80\%$. Dann gilt

$\frac{1018\ m^2}{80\%} = \frac{x\ m^2}{100\%}$ und weiter $x\ m^2 = \frac{1018\ m^2 \cdot 100\%}{80\%} = 1275{,}5\ m^2$.

Man benötigt bei diesem Verschnitt rund $1300\ m^2$ Gewebe. Der Vorrat reicht aus.

Wird eine Kugel von einer Ebene geschnitten, so entsteht als Schnittfigur stets ein Kreis (↗ Bild links).
Wird eine Kugel von einer Ebene berührt, nennt man die Ebene **Tangentialebene** (↗ Bild rechts).

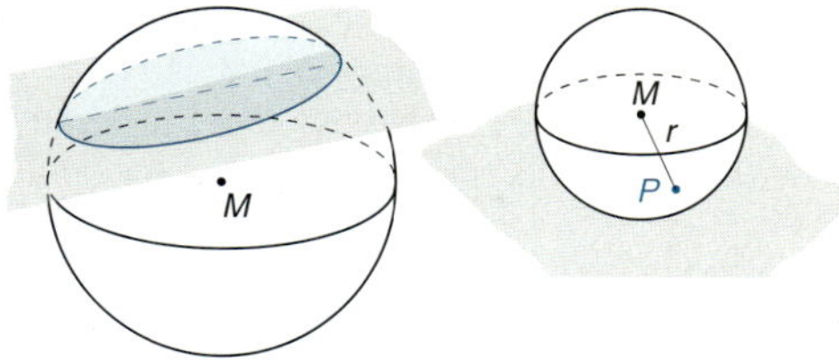

Zusammengesetzte Körper

Die Gegenstände unseres täglichen Lebens haben in der Regel kompliziertere Formen als die geometrischen Grundkörper. Man kann sie sich aber oft aus ihnen zusammengesetzt vorstellen. Dann kann man ihr Volumen oder ihren Oberflächeninhalt mithilfe der bekannten Formeln ermitteln.

- Die Thermoskanne im Bild a kann man sich aus drei einzelnen Körpern, aus zwei Zylindern und einem Kegelstumpf, zusammengesetzt denken.

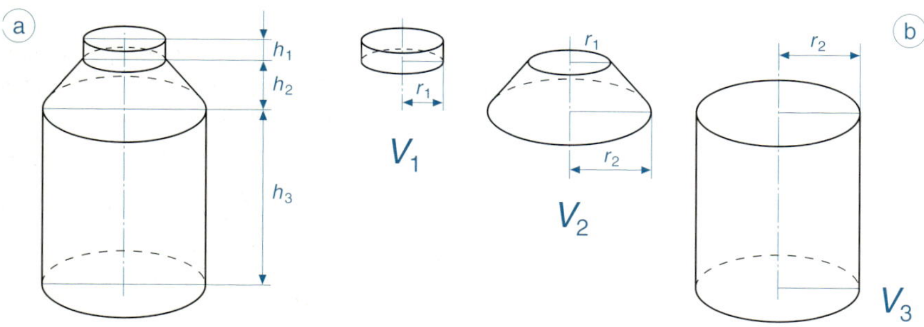

Das Gesamtvolumen der Thermoskanne ergibt sich als Summe der Teilvolumina: $V = V_1 + V_2 + V_3$.

12

- Quarzkristalle haben annähernd eine regelmäßige Form. Man kann sie sich in drei Teilkörper, in zwei Pyramiden und ein Prisma, zerlegt denken.

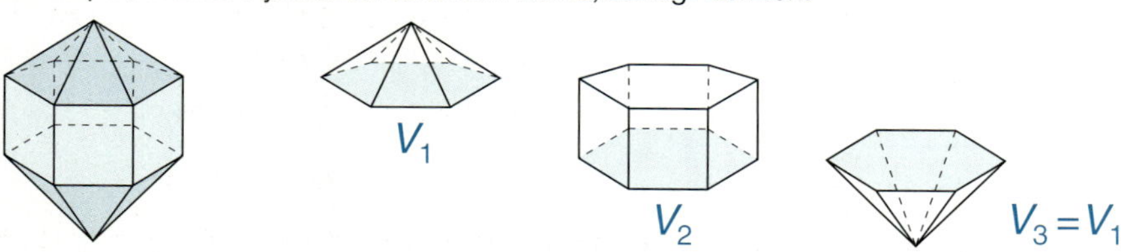

Das Volumen beträgt $V = 2 \cdot V_1 + V_2$, die Gesamtfläche $A_O = 2 \cdot A_{M_1} + A_{M_2}$.

DARSTELLENDE GEOMETRIE

Der Mensch bemüht sich schon seit frühesten Zeiten, das im Bild darzustellen, was er mit seinen Augen sieht. Das machte lange große Schwierigkeiten, denn es geht darum, Körper mit drei Ausdehnungen in einer Zeichenebene mit zwei Ausdehnungen darzustellen.

Die **darstellende Geometrie** untersucht,
- wie räumliche Objekte auf eine Ebene abgebildet werden können und
- wie räumliche Informationen aus ebenen Bildern gewonnen werden können.

Projektion

Abbildungsverfahren, die man in der darstellenden Geometrie verwendet, heißen Projektionen. Man stellt sich dabei vor, dass das Bild des Originals als Schattenwurf von Lichtstrahlen entsteht.

Denkt man sich die Lichtquelle in endlicher Entfernung, spricht man von **Zentralprojektion** (↗ linkes Bild).

Ist die Lichtquelle so weit entfernt (z. B. Sonne), dass ihre Strahlen parallel verlaufen, spricht man von **Parallelprojektion** (↗ mittleres Bild).

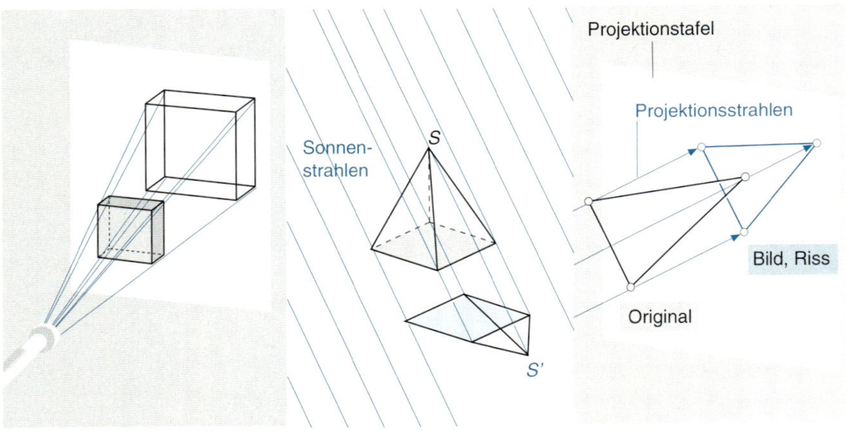

12

Bei Parallelprojektionen gilt:
- Strecken, die parallel zur Bildebene liegen, werden in wahrer Länge abgebildet.
- Flächen, die parallel zur Bildebene liegen, werden in wahrer Größe und Gestalt abgebildet.
- Strecken in Richtung der Projektionsgeraden werden als Punkte abgebildet.
- Strecken und Flächen, die geneigt zur Bildebene liegen, werden verzerrt wiedergegeben.
- Parallele Strecken werden als parallele Strecken abgebildet.

Je nach Einfallswinkel der **Projektionsgeraden (Projektionsstrahlen)** unterscheidet man **schräge** und **senkrechte Parallelprojektionen**.

Schrägbilder

Schrägbilder zeichnet man, um einen räumlichen Eindruck des Körpers zu erzeugen. Sie entstehen bei einer **schrägen Parallelprojektion**. Bei einer solchen Projektion liegen die Projektionsgeraden geneigt (in einem Winkel zwischen 0° und 90°) zur Bildebene.

Konstruktion von Schrägbildern

Als Bildebene wählt man in der Regel eine senkrecht hinter dem Original stehende Ebene. Das Original bringt man in eine Lage, in der möglichst viele Strecken parallel zur Bildebene liegen. Die Richtung der Projektionsstrahlen bestimmt, wie stark verzerrt das Bild erscheint. Die Verzerrung ist durch den **Verzerrungswinkel α** und das **Verzerrungsverhältnis q** festgelegt.

Um das Verzerrungsverhältnis anzugeben, betrachtet man eine Originalstrecke, die senkrecht zur Bildebene liegt und ihre Bildstrecke. Das Verzerrungsverhältnis ist der Quotient aus den Längen von Bildstrecke und Originalstrecke.

Das folgende Bild zeigt die Schrägbilder eines Würfels bei drei unterschiedlichen Parallelprojektionen. Das Original wird normalerweise nicht mitgezeichnet. Die senkrecht zur Bildebene verlaufenden Kanten werden um den Winkel α geneigt, und ihre Länge wird mit dem Faktor q multipliziert.

$\alpha = 15°$; $q = 1{,}2$	$\alpha = 55°$; $q = 1$	$\alpha = 45°$; $q = 0{,}5$
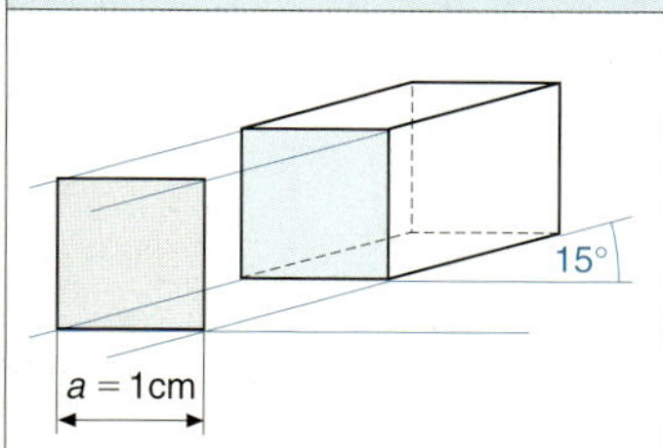	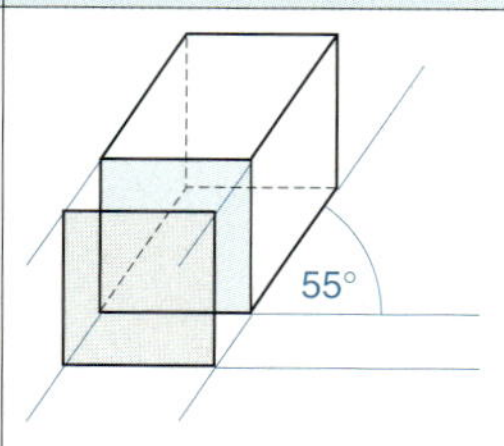	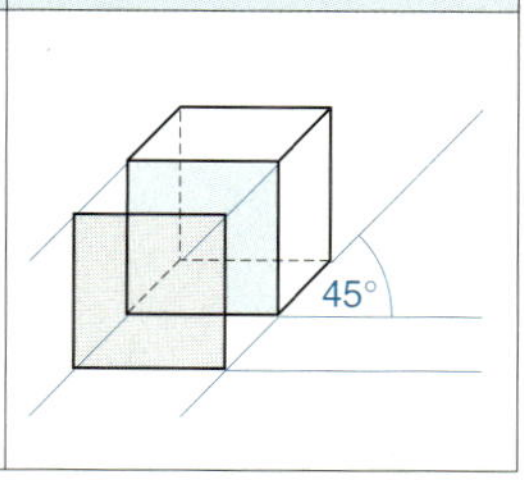

Die Projektion mit dem Verzerrungswinkel $\alpha = 45°$ und dem Verzerrungsverhältnis $q = \frac{1}{2}$ wird auch **Kavalierperspektive** genannt. Diese Projektion wird wegen ihrer großen Anschaulichkeit vor allem bei technischen Zeichnungen benutzt.

■ Werkstücke in Kavaliersperspektive

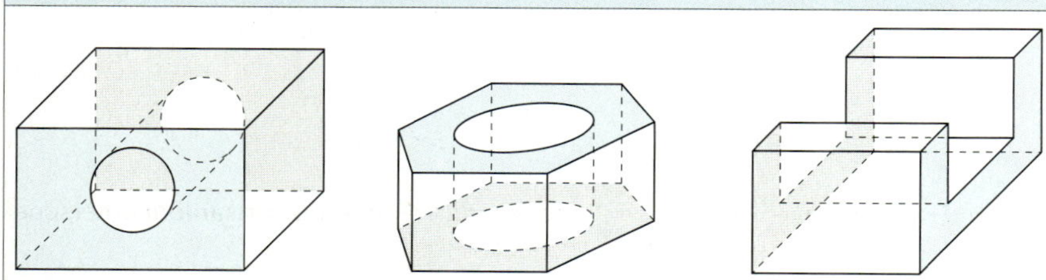

- Es soll das Schrägbild ($\alpha = 45°$; $q = 0{,}5$) eines Quaders konstruiert werden, von dem die Grundfläche mit den Seitenlängen $a = 2{,}0$ cm und $b = 1{,}2$ cm sowie die Höhe $h = 2{,}5$ cm gegeben sind.

① $a = 2{,}0$ cm
$b = 1{,}2$ cm; $1{,}2 \text{ cm} \cdot 0{,}5 = 0{,}6$ cm

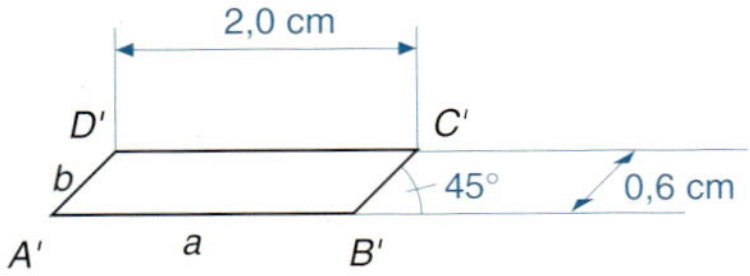

②

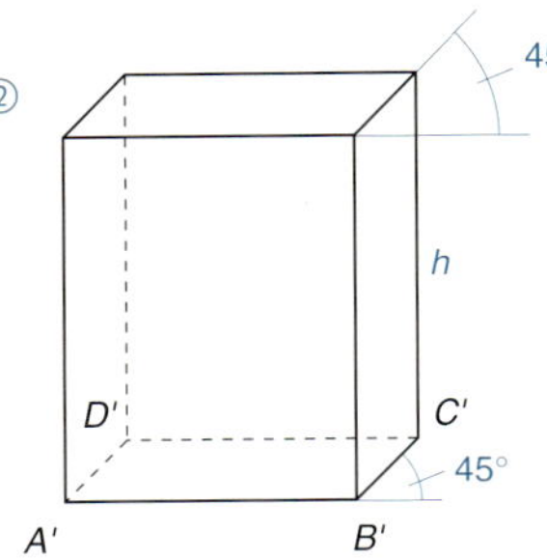

- Es soll das Schrägbild ($\alpha = 45°$ und $q = 0{,}5$) eines dreiseitigen Prismas konstruiert werden.
Die Grundfläche ist ein gleichseitiges Dreieck mit den Seitenlängen 2,0 cm, die Höhe des Prismas beträgt 2,5 cm.
Man zeichnet zunächst das Dreieck der Grundfläche und trägt auch eine Dreieckshöhe $\overline{CG}$ als Hilfslinie ein (↗ Bild ①). Dann wird die Strecke $\overline{CG}$ halbiert ($q = 0{,}5$) und im Winkel von 45° gegen die Seite $\overline{AB}$ geneigt im Punkt G' angetragen (↗ Bild ②). Schließlich werden die Kanten $\overline{A'D'}$, $\overline{B'E'}$ und $\overline{C'F'}$ in wahrer Länge (2,5 cm) und in senkrechter Lage zu $\overline{A'B'}$ eingetragen (↗ Bild ③) und zum Prisma vervollständigt (↗ Bild ④).

①

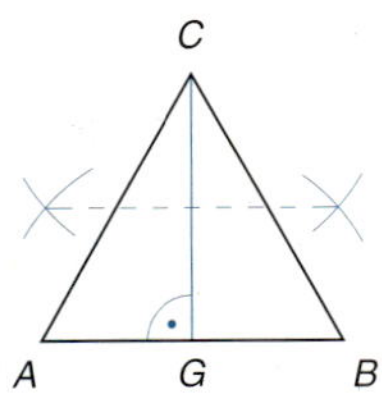

②

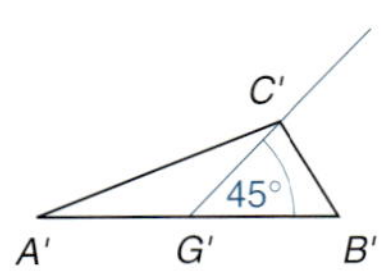

③

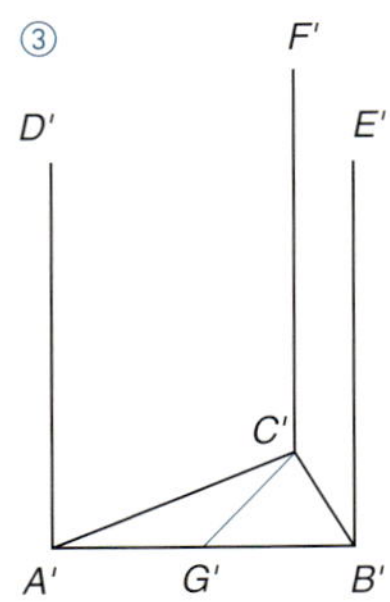

④

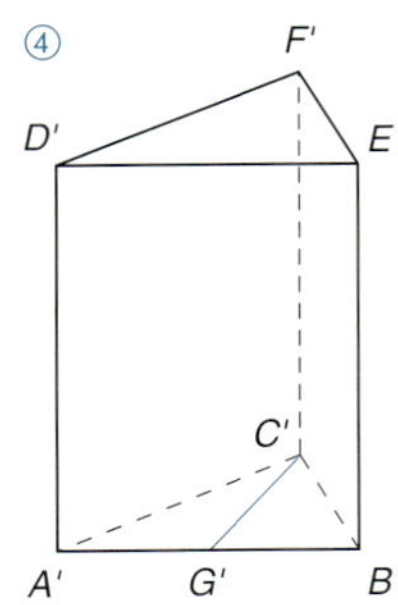

- Es soll das Schrägbild ($\alpha = 45°$ und $q = 0{,}5$) einer quadratischen Pyramide mit $a = 2{,}0$ cm und $h = 2{,}0$ cm konstruiert werden.

①

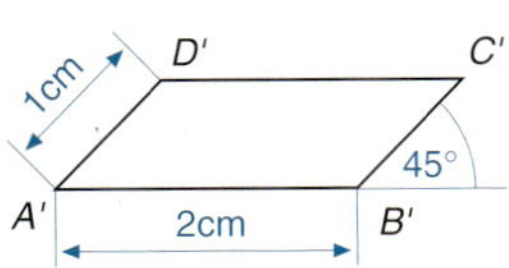

②

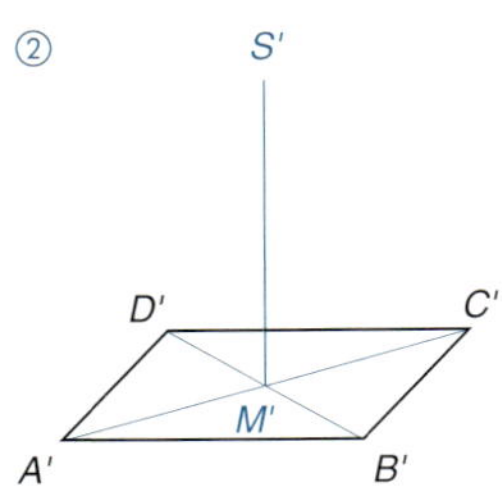

③

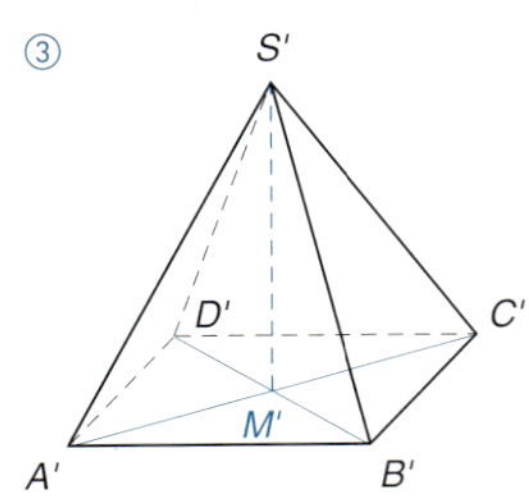

Senkrechte Eintafelprojektion

Bei der senkrechten Eintafelprojektion wird das Original auf *eine Ebene* abgebildet. Die Projektionsstrahlen verlaufen zueinander parallel und senkrecht zur Bildebene.

Bilder von Punkten: Zu jedem Punkt P gibt es genau einen Bildpunkt P'. Man erhält P', indem man das Lot von P auf die Bildebene fällt. Der Punkt P' ist der Fußpunkt des Lotes (↗ Bild rechts).

Höhenmaßstab: Ein Bildpunkt kann verschiedene Punkte P, P_1, P_2, ... als Originale haben. Die senkrechte Eintafelprojektion ist also nicht eineindeutig.
Um einen Originalpunkt eindeutig zu kennzeichnen, gibt man neben seinem Bild auch noch seine Höhe mit einem Höhenmaßstab an (↗ Bild rechts).

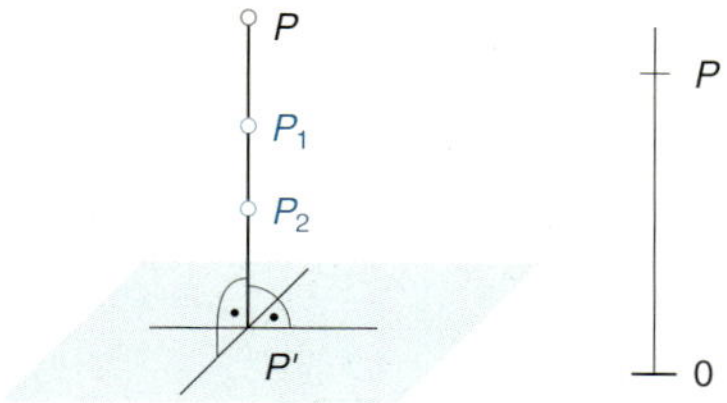

Eintafelprojektion von Geraden und Strecken: Das Bild einer Geraden bzw. einer Strecke hängt von ihrer Lage bezüglich der Bildebene ab.

Gerade parallel zur Bildebene	Gerade geneigt zur Bildebene	Gerade senkrecht zur Bildebene	Gerade in der Bildebene
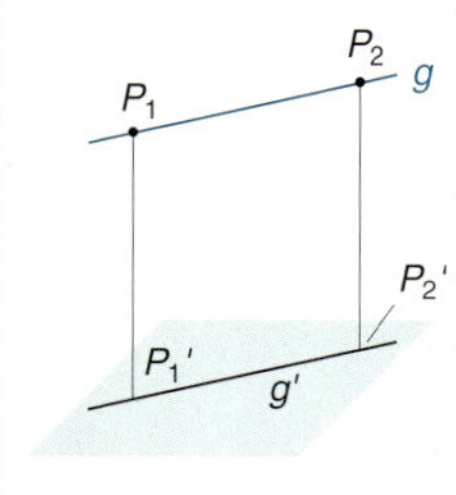	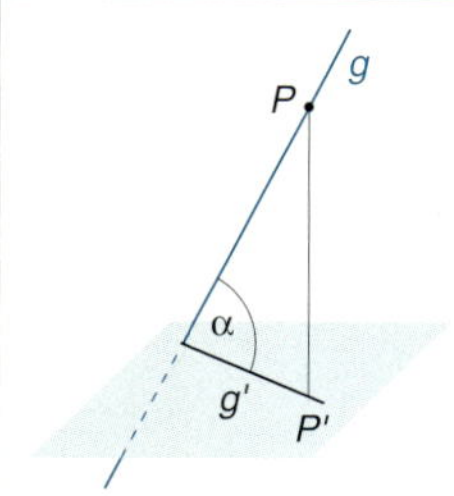	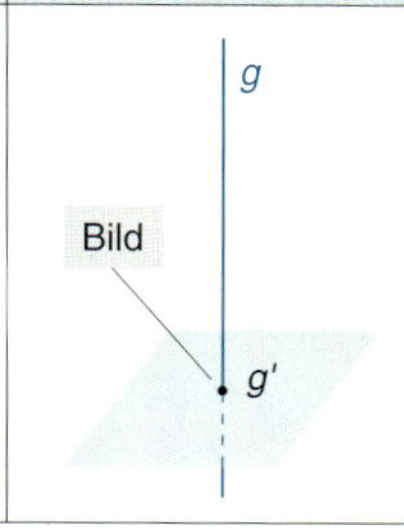	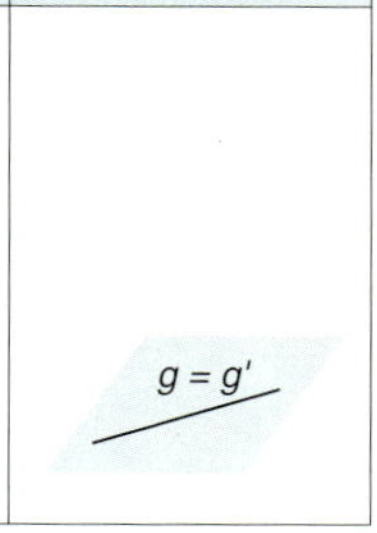

■ Zu konstruieren ist die Eintafelprojektion mit Höhenmaßstab einer Pyramide, von der das Schrägbild ($\alpha = 45°$; $q = 0{,}5$) gegeben ist.
Im Grundriss wurden die Strecken $\overline{A'D'}$ und $\overline{B'C'}$ jeweils in doppelter Länge im Vergleich zu $\overline{AD}$ und $\overline{BC}$ angetragen.

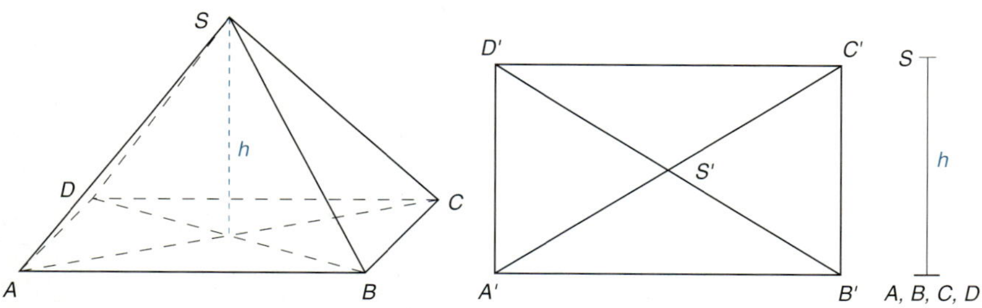

Senkrechte Zweitafelprojektion

Bei der senkrechten Zweitafelprojektion wird das Original auf *zwei* Bildebenen abgebildet, die senkrecht aufeinander stehen.

Die Projektionsstrahlen verlaufen parallel zueinander und senkrecht zu den Bildebenen.

Es entsteht ein **Grundriss** (die Draufsicht) und ein **Aufriss** (die Vorderansicht) des Körpers.

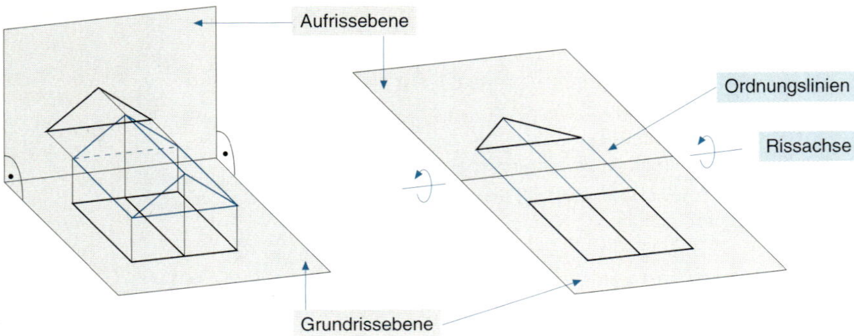

Eigenschaften der senkrechten Zweitafelprojektion:

- Grund- und Aufriss eines Punktes liegen immer auf ein und derselben Ordnungslinie. Der Abstand des Grundrisses *P′* von der Rissachse gibt den Abstand des Punktes *P* von der Aufrissebene an. Der Abstand des Punktes *P″* von der Rissachse gibt den Abstand des Punktes von der Grundrissebene an.
- Wenn eine Strecke parallel zu einer Bildebene liegt, kann man ihre wahre Länge in einem Riss erkennen.
- Ebene Figuren werden nur dann in wahrer Größe und Gestalt abgebildet, wenn sie zur jeweiligen Bildebene parallel liegen.

Zweitafelprojektion		
eines Punktes	einer Strecke (Geraden)	eines Quaders
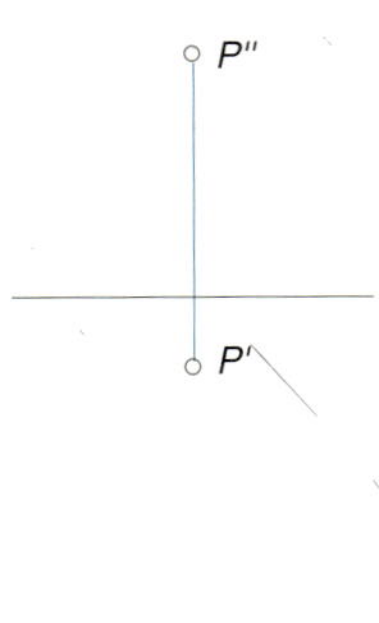	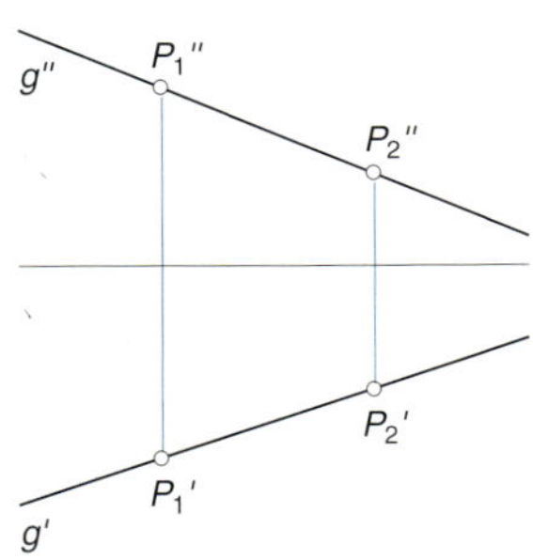	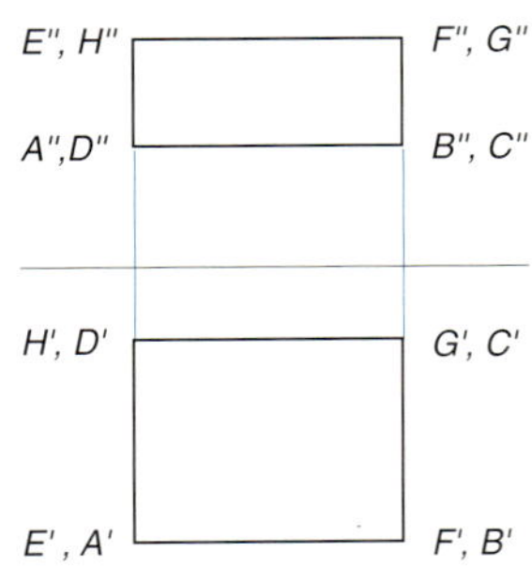

- Das Zweitafelbild einer quadratischen Pyramide wird gezeichnet; Länge der Grundkanten: 2,0 cm, Höhe: 1,8 cm.
  Der Abstand der Grundfläche von der Grund- bzw. der Aufrissebene soll jeweils 0,5 cm betragen.
  ① Man zeichnet zuerst die Rissachse und die Grundfläche der Pyramide im Abstand von 0,5 cm von der Rissachse.
  Man konstruiert die Ordnungslinien von den Grundrisspunkten aus senkrecht zur Rissachse.
  ② Man trägt die Höhe, verlängert um den Abstand von 0,5 cm, von der Rissachse aus ab und erhält so die Pyramidenspitze.

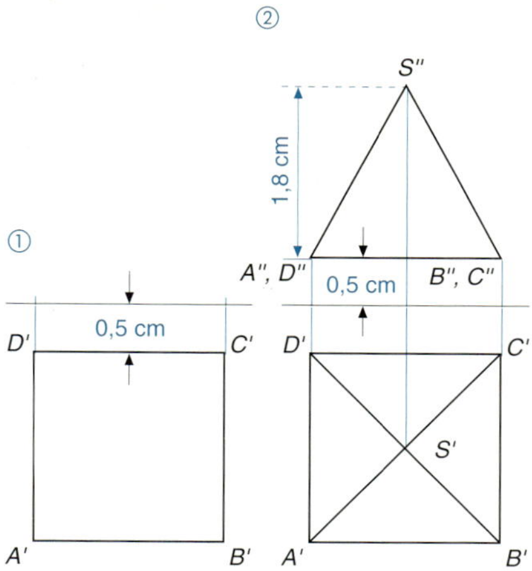

Wahre Länge einer Strecke

- Liegt eine Strecke nicht zu einer der Bildebenen parallel, so ermittelt man ihre Länge durch eine geeignete Drehung oder durch Umklappen einer Stützfigur. Das Bild unten links zeigt, wie die Länge der Kante $\overline{BS}$ der Pyramide, die oben als Zweitafelbild dargestellt wurde, konstruiert wird.
- Die wahre Gestalt von Figuren, z. B. des Dreiecks *BCS* im Bild oben, kann man durch eine geeignete Umklappung ermitteln (↗ Bild unten, rechts).

Die Projektion der Kante $\overline{BS}$ im Grundriss wird in eine parallele Lage zur Rissachse gedreht. Im Aufriss erscheint $\overline{BS}$ dann in wahrer Länge.	$B'C'S'$ wird um die Kante $\overline{B'C'}$ in die Grundrissebene geklappt. Dabei bewegt sich S' auf einer Parallelen zur Rissachse, während S'' einen Kreisbogen um B'',C'' beschreibt.
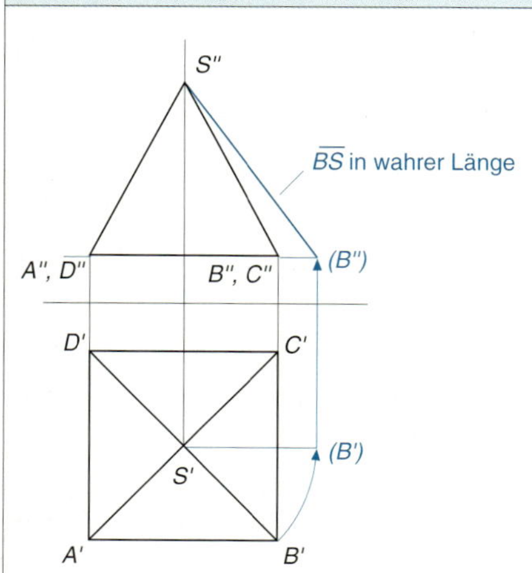	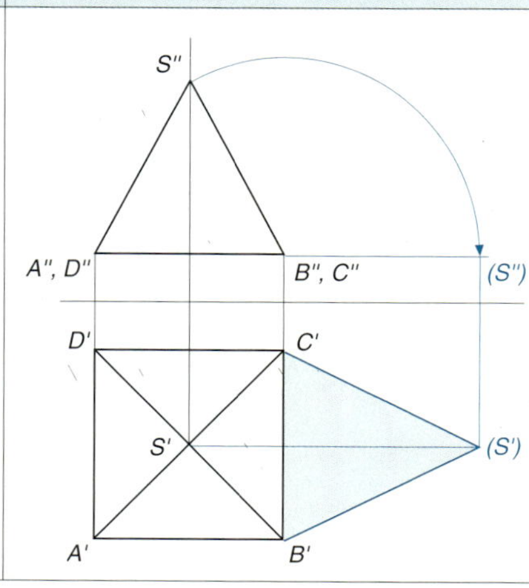

Das folgende Bild zeigt Zweitafelbilder einiger häufiger Dachformen.

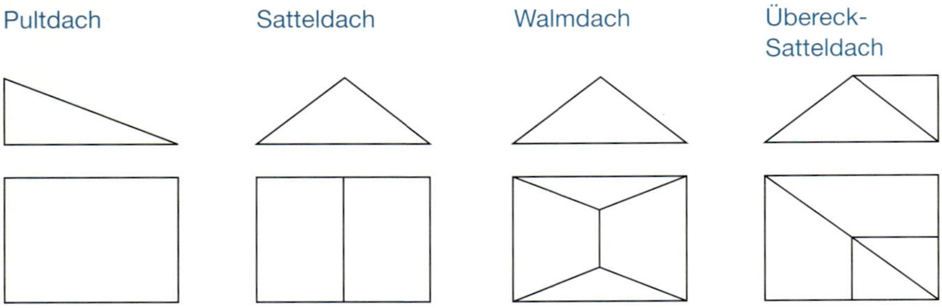

Körper werden durch die Zweitafelprojektion nicht immer eineindeutig wiedergegeben. Es gibt voneinander verschiedene Körper, die aber gleiche Grund- und Aufrisse haben. Das trifft für den Würfel und den Zylinder im folgenden Bild zu.

■ 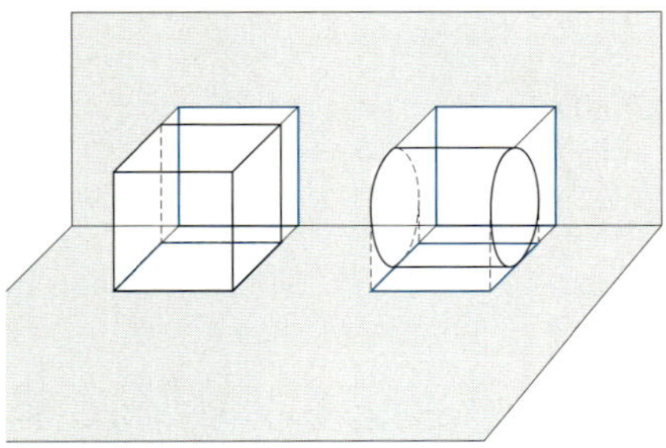

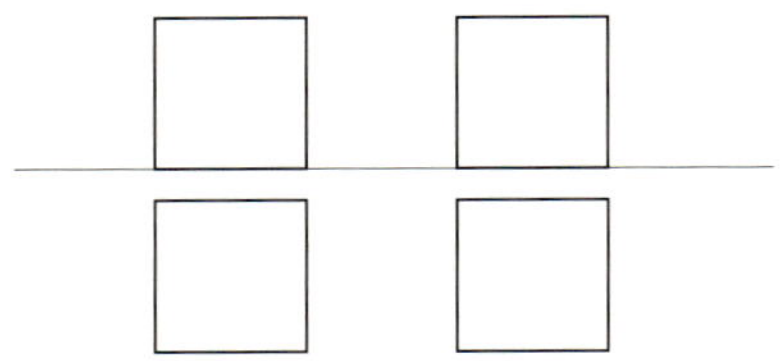

In solchen Fällen wählt man noch eine weitere Rissebene. Steht sie senkrecht auf den beiden anderen, spricht man von **senkrechter Dreitafelprojektion**.

■ Im Bild unten wird ein Werkstück in drei Rissen dargestellt. Dadurch wird auch die seitliche Bohröffnung sichtbar.

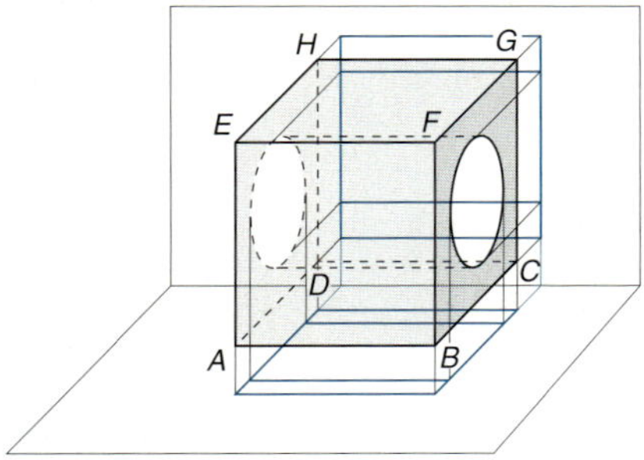

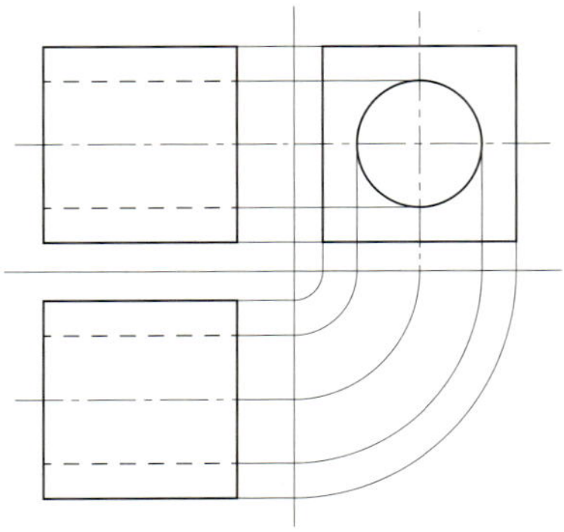

Stochastik

Stochastik

Die **Stochastik** ist ein Teilgebiet der Mathematik, das sich mit der Erfassung, Darstellung und Interpretation von statistischen Daten beschäftigt. Mit ihrer Hilfe können Vorgänge in Natur, Gesellschaft und Technik, in denen der Zufall eine Rolle spielt, modelliert und damit Gesetzmäßigkeiten aufgedeckt werden.
Die **Beschreibende Statistik** (↗ S. 189) beschreibt Merkmale in bestimmten Mengen, um den Zustand dieser Mengen zu charakterisieren.
Die **Wahrscheinlichkeitsrechnung** (↗ S. 199) stellt Methoden zur Analyse von statistischen Daten und zur Modellierung von Vorgängen mit zufälligem Charakter zur Verfügung.

■ Die Auswertung physikalischer Experimente kann helfen, Naturgesetze zu erkennen. Die Auswertung von Wahlumfragen ermöglicht eine Wahlprognose.

BESCHREIBENDE STATISTIK

Merkmal

Ein Merkmal ist eine Eigenschaft einer Sache oder eines Lebewesens. Man kann qualitative und quantitative Merkmale unterscheiden.
Qualitative (artmäßige) Merkmale bezeichnen die Art einer Eigenschaft mithilfe von Worten.
Quantitative (zahlenmäßige) Merkmale bezeichnen die Größe einer Eigenschaft durch Zahlen.

■ Qualitative Merkmale sind z. B. das Geschlecht eines Menschen und seine Haarfarbe, die Gattung eines Tieres, der Name einer Stadt.
Quantitative Merkmale sind z. B. die Körpergröße eines Menschen, das Alter eines Tieres, die Höhe des Familieneinkommens.

Grundgesamtheit

Statistische Untersuchungen beziehen sich immer auf eine Grundgesamtheit, das ist eine Menge von Elementen, die bestimmte Merkmale gemeinsam haben. Die Elemente der Grundgesamtheit werden nach diesen Merkmalen untersucht.

■ a) Zu untersuchen ist der Anteil der Jungen unter den Neugeborenen in einer Region. Die Grundgesamtheit bilden alle Neugeborenen dieser Region.
b) Zu untersuchen ist das Verkehrsverhalten der Autofahrer unter Alkoholeinfluss. Die Grundgesamtheit bilden alle Autofahrer.

Stichprobe

Da es meistens unmöglich ist, alle Elemente der Grundgesamtheit (↗ S. 189) auf das betreffende Merkmal zu untersuchen, betrachtet man nur eine endliche Teilmenge der Grundgesamtheit. Diese Teilmenge wird **Stichprobe** genannt. Die Anzahl ihrer Elemente heißt **Umfang der Stichprobe**.

- Zu untersuchen ist die Qualität von Glühlampen, die in einem Werk produziert werden. Alle Glühlampen dieser Produktion bilden die Grundgesamtheit. Eine Auswahl von 25 Lampen, die getestet werden sollen, bildet eine Stichprobe vom Umfang 25.

Auswahl einer Stichprobe

Aus dem Befund in der Stichprobe werden Aussagen über die Verhältnisse in der Grundgesamtheit abgeleitet. Von der Art und Weise der Auswahl der Stichprobe hängt die Sicherheit der Aussage über die entsprechende Grundgesamtheit ab. Deshalb muss eine Stichprobe aussagekräftig sein. Oft werden zufällige Stichproben erhoben.

Eine Stichprobe heißt **zufällig**, wenn jedes Element der Grundgesamtheit die gleiche Chance hat, in die Stichprobe zu gelangen. Eine Stichprobe ist **aussagekräftig**, wenn sie die Eigenschaften der Grundgesamtheit gut widerspiegelt.

Für die Wahl des **Umfanges der Stichprobe** ist zu beachten, dass der Rückschluss auf die Grundgesamtheit umso besser gezogen werden kann, je größer der Umfang der Stichprobe ist. Andererseits wächst mit dem Umfang der Stichprobe auch der zeitliche und meist auch finanzielle Aufwand, die Stichprobe zu erfassen und auszuwerten.

- Vor einer Wahl werden Wahlumfragen durchgeführt.
  Alle Wahlberechtigten bilden die Grundgesamtheit. Eine beliebige Auswahl von 1000 Wählern, die im Voraus über ihr Wahlverhalten befragt werden sollen, bildet eine Stichprobe vom Umfang 1000. Bei der Auswahl der 1000 Wähler ist zu beachten, dass sie sich aus verschiedenen Altersgruppen, Berufsgruppen, sozialen Schichten usw. zusammensetzen.

Daten

Die Ergebnisse von statistischen Untersuchungen, wie z. B. Befragungen, Experimenten und Zählungen, nennt man Daten. Daten können Zahlenwerte oder Messgrößen sein. Sie machen Aussagen über die Ausprägung von bestimmten qualitativen oder quantitativen Merkmalen (↗ S.189) in einer Stichprobe.

13

Urliste

In einer Urliste werden die Untersuchungs- bzw. Beobachtungsergebnisse in der Reihenfolge ihres Auftretens festgehalten. Die in der Urliste erfassten Daten sind meistens ungeordnet.

- 50 Schüler einer Klassenstufe haben eine Vergleichsarbeit in Biologie geschrieben. Folgende Noten wurden vergeben: 6 1 2 4 1 4 3 6 4 6 3 1 2 2 4 3 1 5 3 2 3 6 3 1 1 4 1 4 4 5 6 4 5 4 1 2 2 2 5 1 1 3 3 3 1 4 4 3 6 2.

- Die Weitsprungergebnisse eines 14-jährigen Mädchens innerhalb eines Jahres wurden ermittelt. Die Urliste enthält folgende Werte (in Meter):

3,79	3,76	3,86	3,83	4,01	3,61	3,77	3,87	3,92	4,00	3,78
3,42	3,82	3,64	3,70	3,72	3,91	3,73	3,82	3,57	3,73	3,67
3,56	3,80	3,59	3,66	3,98	3,62	3,88	3,76			

Strichliste

Die Strichliste ermöglicht eine schnelle Zuordnung von möglichen Beobachtungsergebnissen zur Häufigkeit ihres Auftretens.
Zur Anfertigung einer Strichliste werden zunächst alle möglichen Ergebnisse unter- oder nebeneinander geschrieben. Für jedes beobachtete Ergebnis wird dann an der entsprechenden Stelle ein Strich gezeichnet, wobei der jeweils fünfte Strich die vier vorangehenden Striche kreuzt.

- Für die Biologie-Vergleichsarbeit (↗ S. 190) ergibt sich die folgende Strichliste.

Note	1	2	3	4	5	6
Häufigkeit	𝍸 𝍸 I	𝍸 III	𝍸 𝍸	𝍸 𝍸 I	IIII	𝍸 I

Stängel-Blatt-Diagramm

Eine weitere Methode zur Ordnung der Daten aus der Urliste (↗ S. 190) ist das Stängel-Blatt-Diagramm. Die einzelnen Daten werden in einen Stängel- und einen Blattteil gespalten. Im Folgenden wurden für das Weitsprungbeispiel die einzelnen Zentimeter als Blätter abgespalten, also 3,42 m wurde in 3,4 m und 2 cm aufgespalten (jeweils nur als Zahlenwert geschrieben).

3,4 I 2	oder geordnet:	3,4 I 2
3,5 I 7 6 9		3,5 I 6 7 9
3,6 I 1 4 7 6 2		3,6 I 1 2 4 6 7
3,7 I 9 6 7 8 0 2 3 3 6		3,7 I 0 2 3 3 6 6 7 8 9
3,8 I 6 3 7 2 2 0 8		3,8 I 0 2 2 3 6 7 8
3,9 I 2 1 8		3,9 I 1 2 8
4,0 I 1 0		4,0 I 0 1

Häufigkeitstabelle

In einer Häufigkeitstabelle wird jedem möglichen Beobachtungsergebnis seine Häufigkeit in Form eines Zahlenwertes zugeordnet.

13

- Für das Beispiel „Biologie-Vergleichsarbeit" (↗ S. 190) ergibt sich aus der entsprechenden Strichliste folgende Häufigkeitstabelle:

Note	1	2	3	4	5	6
Häufigkeit	11	8	10	11	4	6

Absolute Häufigkeit

Die in Strichlisten oder Häufigkeitstabellen auftauchenden Häufigkeiten nennt man auch **absolute Häufigkeiten**. Die absolute Häufigkeit eines Ergebnisses *a* gibt an, wie oft das Ergebnis *a* in der untersuchten Stichprobe vom Umfang *n* auftrat.
Man bezeichnet die absolute Häufigkeit eines Ergebnisses *a* mit $\boldsymbol{H_n\,(a)}$.
Die **Summe aller absoluten Häufigkeiten** in einer Stichprobe muss den Umfang der Stichprobe ergeben.

- Im Beispiel „Biologie-Vergleichsarbeit" hat das Ergebnis „Note 1" die absolute Häufigkeit 11, d. h. die Note 1 ist 11-mal vergeben worden. Die Summe aller hier auftretenden absoluten Häufigkeiten ist 11 + 8 + 10 + 11 + 4 + 6 = 50.
  Das stimmt mit der Anzahl der Schüler überein, die die Vergleichsarbeit mitgeschrieben haben.

Relative Häufigkeit

Sollen zwei oder mehr Stichproben mit unterschiedlichem Umfang miteinander verglichen werden, müssen die absoluten Häufigkeiten in Beziehung zum Umfang der jeweiligen Stichprobe gesetzt werden.

Die **relative Häufigkeit** (Bezeichnung: $\boldsymbol{h_n(a)}$) eines Ergebnisses *a* ist der Quotient aus der absoluten Häufigkeit des Ergebnisses $H_n(a)$ und dem Umfang *n* der Stichprobe.

$$h_n\,(a) = \frac{H_n\,(a)}{n}$$

Die relative Häufigkeit wird häufig in Prozent angegeben.
Die **Summe aller in einer Stichprobe auftretenden relativen Häufigkeiten** ist gleich 1 bzw. im Fall von prozentualen Angaben 100% (↗ S. 65).

- Die Tabelle zum Beispiel „Biologie-Vergleichsarbeit" (↗ S.191) kann man durch die relativen Häufigkeiten ergänzen. Dabei ergibt sich der Nenner 50 aus der Summe der absoluten Häufigkeiten 11 + 8 + 10 + 11 + 4 + 6. In Klammern wurde auch noch die relative Häufigkeit in Prozenten angegeben.

Note	1	2	3	4	5	6
absolute Häufigkeit	11	8	10	11	4	6
relative Häufigkeit	$\frac{11}{50} = 0{,}22$ (22%)	$\frac{8}{50} = 0{,}16$ (16%)	$\frac{10}{50} = 0{,}20$ (20%)	$\frac{11}{50} = 0{,}22$ (22%)	$\frac{4}{50} = 0{,}08$ (8%)	$\frac{6}{50} = 0{,}12$ (12%)

Häufigkeitsverteilung

Werden den Beobachtungsergebnissen ihre relativen Häufigkeiten zugeordnet, so entsteht eine Häufigkeitsverteilung. Die Häufigkeitsverteilung ist nicht zu verwechseln mit der Häufigkeitstabelle (↗ S. 191), in der die absoluten Häufigkeiten notiert werden.

- Häufigkeitsverteilung für das Beispiel „Biologie-Vergleichsarbeit" (↗ S. 191):

Note	1	2	3	4	5	6
relative Häufigkeit	0,22	0,16	0,20	0,22	0,08	0,12

Klasseneinteilung

Wenn eine Stichprobe einen sehr großen Umfang hat oder wenn eine Strichliste nicht genug Übersicht über die Daten bringt, kann man mehrere mögliche Ergebnisse zu Gruppen oder **Klassen** zusammenfassen. Bei der **Einteilung der Klassen** ist zu beachten, dass jedes mögliche Ergebnis einer Klasse zuzuordnen ist und kein Ergebnis gleichzeitig zu zwei Klassen gehört.

Anzahl und Größe der Klassen hängen vom Umfang der Stichprobe ab. Werden zu wenig Klassen gewählt, geht zu viel Information des Datenmaterials verloren, werden zu viel Klassen gewählt, werden die Informationen unübersichtlich. Die Klassen haben oft die gleiche Größe, das ist jedoch nicht notwendig. Es kommt vor, dass einzelne Klassen unbegrenzt sind, oft werden Intervalle verwendet. Auch ein Stängel-Blatt-Diagramm (↗ S. 191) stellt eine Klasseneinteilung dar.

↗ Intervalle, S. 220

- Im Beispiel „Weitsprung" (↗ S. 191) wäre eine Strichliste mit allen Sprungweiten zwischen 3,40 m und 4,10 m zu unübersichtlich. Deshalb werden die Sprungweiten in 7 Klassen mit gleicher Breite eingeteilt: [3,40; 3,50); [3,50; 3,60); …; [4,00; 4,10). Dabei bedeutet [3,40; 3,50), dass mit diesem Intervall die Sprungweiten von 3,40 m bis *unter* 3,50 m erfasst werden. Eine Klasse wird durch ihre Klassenmitte repräsentiert. Es ergibt sich die Häufigkeitstabelle:

Klassenmitte (Weite in m)	3,45	3,55	3,65	3,75	3,85	3,95	4,05
Häufigkeit	1	3	5	9	7	3	2

- In einem Monat wurden täglich die Mittagstemperaturen (in °C) gemessen. Der Größe nach ermittelte man: 11,1 12,8 15,2 16,6 17,2 17,6 17,6 17,9 18,2 18,2 18,8 18,8 19,0 19,2 19,3 19,4 19,7 20,1 20,1 20,3 20,7 20,9 20,9 20,9 21,1 21,3 21,4 21,8 21,8 21,8 21,9.

Klasse (in °C)	[11,0; 12,0)	[12,0; 13,0)	[13,0; 14,0)	[14,0; 15,0)	[15,0; 16,0)	[16,0; 17,0)
Häufigkeit	1	1	0	0	1	1

Klasse (in °C)	[17,0; 18,0)	[18,0; 19,0)	[19,0; 20,0)	[20,0; 21,0)	[21,0; 22,0)
Häufigkeit	4	4	5	7	7

Kenngrößen von Häufigkeitsverteilungen

Zur Charakterisierung von Häufigkeitsverteilungen dienen **Mittelwerte** und **Streuungsmaße**.

Mittelwerte sollen die mittlere Größenordnung der beobachteten Werte beschreiben. Sie kennzeichnen die Lage der grafischen Darstellung (↗ S. 197) einer Häufigkeitsverteilung auf der waagerechten Achse.

Wichtige Mittelwerte sind das arithmetische Mittel (Durchschnitt), der Median (Zentralwert) (↗ S. 195) und der Modalwert (häufigster Wert) (↗ S. 195).

Streuungsmaße geben an, wie stark die einzelnen Beobachtungsergebnisse untereinander bzw. vom Mittelwert abweichen. Sie kennzeichnen die Breite der grafischen Darstellung einer Häufigkeitsverteilung. Wichtige Streuungsmaße sind die Spannweite (↗ S. 196), die mittlere Abweichung (↗ S. 196), die Varianz (↗ S. 196) und die Standardabweichung (↗ S. 197).

Arithmetisches Mittel (Durchschnitt)

Das arithmetische Mittel (auch Durchschnitt genannt) $\bar{x}$ ist ein Mittelwert. Es ist der Quotient aus der Summe der beobachteten Werte und der Anzahl der Werte.

Liegt zur Beschreibung der Beobachtungsergebnisse eine Häufigkeitstabelle mit den **absoluten Häufigkeiten** der beobachteten Werte vor, so rechnet man:

$$\bar{x} = \frac{x_1 H(x_1) + x_2 H(x_2) + \ldots + x_k H(x_k)}{n}$$

Liegt eine Häufigkeitsverteilung mit den **relativen Häufigkeiten** (↗ S. 192) der beobachteten Werte vor, so rechnet man:

$$\bar{x} = x_1 h(x_1) + x_2 h(x_2) + \ldots + x_k h(x_k)$$

■ Im Laufe eines Schuljahres erhält ein Schüler im Fach Geografie folgende Noten: 3 6 4 2 2 2 1 3 2 6 4 4.

Häufigkeitstabelle:

Note	1	2	3	4	5	6
absolute Häufigkeit	1	4	2	3	0	2

13

$$\bar{x} = \frac{1 \cdot 1 + 2 \cdot 4 + 3 \cdot 2 + 4 \cdot 3 + 5 \cdot 0 + 6 \cdot 2}{12} = 3{,}25$$

Häufigkeitsverteilung:

Note	1	2	3	4	5	6
relative Häufigkeit	$\frac{1}{12}$	$\frac{4}{12}$	$\frac{2}{12}$	$\frac{3}{12}$	$\frac{0}{12}$	$\frac{2}{12}$

$\bar{x} = 1 \cdot 0{,}083 + 2 \cdot 0{,}333 + 3 \cdot 0{,}167 + 4 \cdot 0{,}25 + 5 \cdot 0 + 6 \cdot 0{,}167 = 3{,}25$

Der Durchschnitt der Noten des Schülers in diesem Fach beträgt 3,25.

Modalwert

Der **Modalwert** ***m*** ist ein Mittelwert. In einer Menge mit Beobachtungsergebnissen ist ein Modalwert derjenige Wert, der am häufigsten auftritt. In einer Versuchsserie bzw. einer Stichprobe können mehrere Modalwerte auftreten.

↗ Kenngrößen von Häufigkeitsverteilungen, S. 194

■ a) Im zuletzt genannten Beispiel „Geografie-Noten" ist der am häufigsten vertretene Wert, also der Modalwert, die Note 2.

b) Im Beispiel „Biologie-Vergleichsarbeit" (↗ S. 192) gibt es zwei Modalwerte, die Note 1 und die Note 4, beide treten 11-mal auf.

Zentralwert (Median)

Der **Zentralwert** (auch **Median**) $\tilde{x}$ ist ein Mittelwert. Es ist derjenige Wert, der in der Mitte aller *der Größe nach geordneten* Beobachtungsergebnisse liegt.
Gibt es eine ungerade Anzahl von Beobachtungsergebnissen, ist auch der Zentralwert ein Beobachtungsergebnis.
Gibt es eine gerade Anzahl von Beobachtungsergebnissen, so findet man zwei Werte, die in der Mitte liegen. Der Zentralwert ist dann das arithmetische Mittel (↗ S. 194) dieser beiden mittleren Beobachtungsergebnisse.
Der Zentralwert halbiert die geordnete Datenmenge. Ein oder mehrere beobachtete Werte können mit dem Zentralwert übereinstimmen.
Es gilt: Mindestens die Hälfte der Daten ist kleiner oder gleich $\tilde{x}$ und mindestens die Hälfte der Daten ist größer oder gleich $\tilde{x}$.
Der Zentralwert ist nicht so empfindlich gegenüber extrem großen oder extrem kleinen Beobachtungswerten (sogenannten Ausreißern) wie das arithmetische Mittel.

■ a) Im Beispiel „Mittagstemperaturen" (↗ S. 193) gibt es 31 Beobachtungswerte, die hier schon in geordneter Reihenfolge vorliegen. Der 16. Wert ist also der Zentralwert: $\tilde{x} = 19{,}4\,°\mathrm{C}$.

b) Im Beispiel „Weitsprung" (↗ S. 191) gibt es 30 Beobachtungswerte. Der Zentralwert liegt zwischen dem 15. und dem 16. Wert in der geordneten Reihe der Beobachtungsergebnisse. Mithilfe des geordneten Stängel-Blatt-Diagramms findet man als 15. Wert in der geordneten Beobachtungsreihe 3,76 und als 16. Wert 3,77. Das arithmetische Mittel dieser beiden Werte ergibt den Zentralwert: $\tilde{x} = 3{,}765$.

Viertelwerte

Der Zentralwert halbiert die geordnete Datenmenge. In gleicher Weise halbieren der untere Viertelwert $x_{\frac{1}{4}}$ und der obere Viertelwert $x_{\frac{3}{4}}$ die untere und die obere Hälfte der geordneten Datenmenge.
Zwischen den beiden Viertelwerten liegt mindestens die mittlere Hälfte aller Beobachtungsergebnisse.

■ Im Beispiel „Weitsprung" (↗ S. 191) gibt es 30 Beobachtungswerte.
Der Zentralwert zerlegt diese Datenmenge in jeweils 15 Werte. Die Viertelwerte zerlegen diese 15 Werte jeweils wieder in zwei Hälften: der untere Viertelwert ist der 8. Wert: 3,66; der obere Viertelwert ist der 8. Wert von „hinten": 3,86.

Spannweite

Die **Spannweite d** ist ein Streuungsmaß (↗ S.194). Sie wird berechnet als Differenz zwischen dem **größten Beobachtungsergebnis x_{max}** und **dem kleinsten Beobachtungsergebnis x_{min}:**

$$d = x_{max} - x_{min}$$

■ Im Beispiel „Weitsprung" (↗ S. 191) ist der kleinste Wert x_{min} = 3,42 m und der größte x_{max} = 4,01 m. Die Differenz ergibt die Spannweite: d = 0,59 m = 59 cm.

Mittlere Abweichung

Die **mittlere Abweichung a** ist ein Streuungsmaß (↗ S. 194). Sie wird berechnet als Quotient aus der Summe der Abstände aller Beobachtungsergebnisse zum arithmetischen Mittel und der Anzahl der Beobachtungsergebnisse.
Liegt eine Häufigkeitsverteilung vor, so rechnet man:

$$a = |x_1 - \bar{x}| \cdot h_n(x_1) + |x_2 - \bar{x}| \cdot h_n(x_2) + \ldots + |x_k - \bar{x}| \cdot h_n(x_k)$$

Zu beachten ist, dass die Beträge der Differenzen der Beobachtungsergebnisse zum Mittelwert summiert werden. Die Summe aller dieser Differenzen ohne Beträge ist stets gleich null.
↗ Arithmetisches Mittel, S. 194
↗ Absoluter Betrag, S. 25

■ Im Beispiel „Geografie-Noten" (↗ S. 194) betrug das arithmetische Mittel 3,25. Somit folgt für die mittlere Abweichung:

$$a = |1 - 3{,}25| \cdot \frac{1}{12} + |2 - 3{,}25| \cdot \frac{4}{12} + |3 - 3{,}25| \cdot \frac{2}{12} + |4 - 3{,}25| \cdot \frac{3}{12} + |5 - 3{,}25| \cdot \frac{0}{12} + |6 - 3{,}25| \cdot \frac{2}{12}$$

$$a = 2{,}25 \cdot \frac{1}{12} + 1{,}25 \cdot \frac{4}{12} + 0{,}25 \cdot \frac{2}{12} + 0{,}75 \cdot \frac{3}{12} + 2{,}75 \cdot \frac{2}{12} = 1{,}29$$

Varianz (mittlere quadratische Abweichung)

13

Die **Varianz** (oder **mittlere quadratische Abweichung**) **s^2** ist ein sehr häufig verwendetes Streuungsmaß (↗ S. 194).
Während bei der Berechnung der *mittleren Abweichung* mit den Beträgen der Differenzen aus den Beobachtungswerten und dem Mittelwert gerechnet wird, verwendet man für die Berechnung der *mittleren quadratischen Abweichung (Varianz)* Quadrate. Sowohl die Beträge als auch Quadrate bewirken, dass sich positive und negative Abweichungen von $\bar{x}$ nicht gegenseitig aufheben.
Liegt eine Häufigkeitsverteilung vor, so rechnet man:

$$s^2 = (x_1 - \bar{x})^2 \cdot h_n(x_1) + (x_2 - \bar{x})^2 \cdot h_n(x_2) + \ldots + (x_k - \bar{x})^2 \cdot h_n(x_k)$$

- Im Beispiel „Geografie-Noten" (↗ S. 194) betrug das arithmetische Mittel 3,25. Aus der Häufigkeitsverteilung ermittelt man:

$$s^2 = 2{,}25^2 \cdot \frac{1}{12} + 1{,}25^2 \cdot \frac{4}{12} + 0{,}25^2 \cdot \frac{2}{12} + 0{,}75^2 \cdot \frac{3}{12} + 2{,}75^2 \cdot \frac{2}{12} = 2{,}35.$$

Die Varianz beträgt in diesem Beispiel 2,35.

Standardabweichung

Die **Standardabweichung *s*** ist ein Streuungsmaß (↗ S. 194).
Da die Einheit der Varianz s^2 nicht mit der Einheit des Mittelwertes bzw. der Beobachtungsergebnisse übereinstimmt, bildet man die Standardabweichung als Wurzel aus der Varianz.

$$s = \sqrt{s^2} = \sqrt{(x_1 - \overline{x})^2 \cdot h_n(x_1) + (x_2 - \overline{x})^2 \cdot h_n(x_2) + \ldots + (x_k - \overline{x})^2 \cdot h_n(x_k)}$$

↗ Kenngrößen von Häufigkeitsverteilungen, S. 194
↗ Arithmetisches Mittel, S. 194; ↗ Varianz, S. 196

- Im Beispiel „Geografie-Noten" (↗ oben) beträgt die Varianz $s^2 = 2{,}35$ und damit die Standardabweichung: $s = \sqrt{s^2} = \sqrt{2{,}35} = 1{,}53$.

Grafische Darstellung von Häufigkeitsverteilungen

Häufigkeitsverteilungen (↗ S. 192) und Häufigkeitstabellen (↗ S. 191) können durch geeignete grafische Darstellungen veranschaulicht werden. Das Wesentliche der Verteilungen kann so besser erfasst werden.
Die gebräuchlichsten grafischen Darstellungen sind Säulendiagramme, Streckendiagramme, Kreisdiagramme, Histogramme, Punkt- oder Polygonzüge und Kastenschaubilder (Boxplots).

Säulendiagramm (auch **Stab-** oder **Balkendiagramm**): Auf der waagerechten Achse werden die beobachteten Werte aufgetragen. Über diesen Werten werden senkrecht nach oben gleich breite Säulen (Balken oder Stäbe) gezeichnet, deren Höhe durch die relative oder auch absolute Häufigkeit der einzelnen Beobachtungswerte bestimmt wird.

- Für das Beispiel „Biologie-Vergleichsarbeit" (↗ S. 192) ist das Säulendiagramm für die absoluten Häufigkeiten im nebenstehenden Bild dargestellt. Der Mittelwert $\overline{x} = 3{,}1$ wurde auf der x-Achse als ▲ markiert. Wenn man die x-Achse im Punkt ▲ unterstützt, dann sind die Säulen im Gleichgewicht.

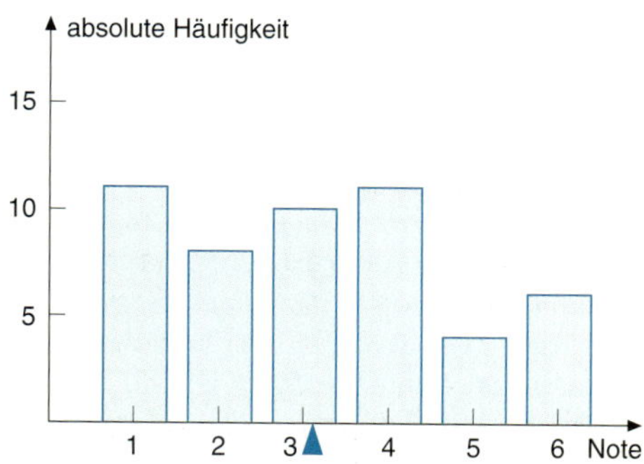

Streckendiagramm: Ein Streckendiagramm ist ein Säulendiagramm, bei dem statt Säulen über den beobachteten Werten Strecken gezeichnet werden.

Kreisdiagramm: Mit einem Kreisdiagramm kann man eine Häufigkeitsverteilung (↗ S. 192) veranschaulichen. Dabei wird die gesamte Kreisfläche (sie entspricht dabei 100%) entsprechend den relativen Häufigkeiten der beobachteten Werte in Kreissektoren aufgeteilt.

■ Das folgende Bild zeigt ein zum Beispiel „Biologie-Vergleichsarbeit" (↗ S. 192) passendes Kreisdiagramm. Dazu mussten zunächst zu den einzelnen relativen Häufigkeiten die zugehörenden Zentriwinkel berechnet werden. (Relative Häufigkeiten und Zentriwinkel sind direkt proportional.)
↗ Direkt proportionale Zuordnungen, S. 73

Note	1	2	3	4	5	6
Relative Häufigkeit	22%	16%	20%	22%	8%	12%
Zentriwinkel	79°	58°	72°	79°	29°	43°

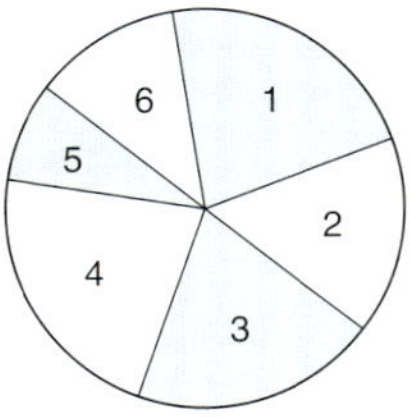

Histogramme: Sie dienen der grafischen Darstellung von Häufigkeitsverteilungen mit Klasseneinteilung (↗ S. 193). Hierbei werden auf der waagerechten Achse die entsprechenden Klassen (oft Intervalle) gekennzeichnet. Über diesen Klassen werden senkrecht stehende Säulen errichtet, deren Höhe durch die relative bzw. absolute Häufigkeit der jeweiligen Klasse bestimmt wird.

■ Das nebenstehende Bild zeigt ein Histogramm, das zum Beispiel „Weitsprung" (↗ S. 193) passt.
Als Repräsentanten für die jeweiligen Klassen wurden die Klassenmitten gewählt.
Der Mittelwert $\bar{x} = 3{,}77$ wurde auf der x-Achse als ▲ markiert.

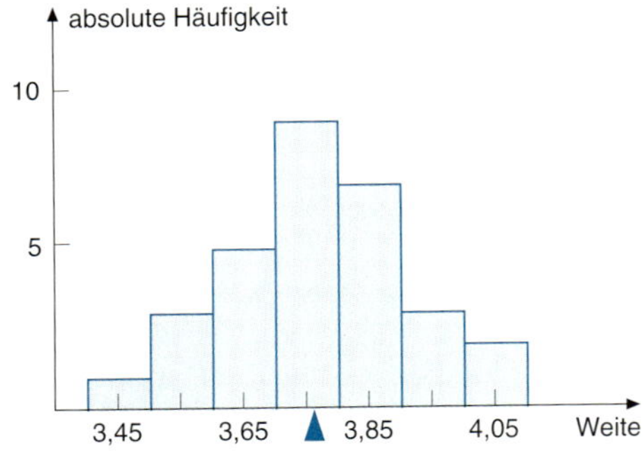

Kastenschaubild (Boxplot): In einem Kastenschaubild werden fünf wesentliche Kenngrößen einer Häufigkeitsverteilung veranschaulicht: *kleinster Wert, unterer Viertelwert, Zentralwert, oberer Viertelwert* und *größter Wert*.
Das gezeichnete Rechteck (↗ Bild S. 199, oben) enthält mindestens die mittlere Hälfte der gesamten Datenmenge. Die beiden Kreuze verdeutlichen die Spannweite der Häufigkeitsverteilung.

■ Das folgende Kastenschaubild gehört zum Beispiel „Weitsprung" (↗ S. 191).
Die fünf blau markierten Werte für die Beobachtungsreihe dieses Beispiels sind:
$x_{min} = 3{,}42$ m; $x_{\frac{1}{4}} = 3{,}66$; $\tilde{x} = 3{,}765$; $x_{\frac{3}{4}} = 3{,}86$; $x_{max} = 4{,}01$ m.

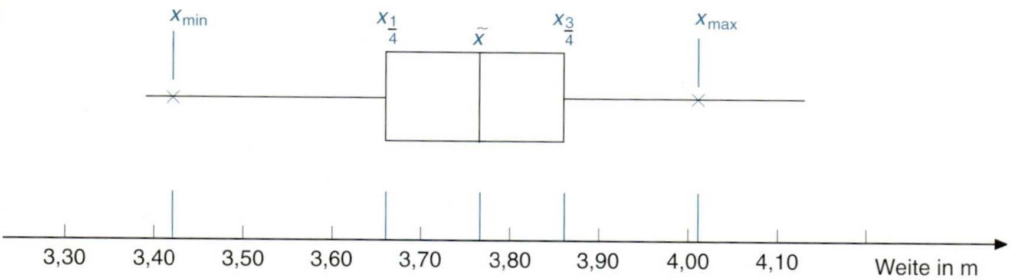

WAHRSCHEINLICHKEITSRECHNUNG

Vorgang mit zufälligem Ergebnis

Ein Vorgang mit zufälligem Ergebnis (auch Zufallsversuch oder Zufallsexperiment) besitzt mehrere mögliche Ergebnisse. Bei jedem Ablauf des Vorgangs tritt genau eines dieser Ergebnisse ein, jedoch kann man nicht vorhersagen, welches. Der Vorgang, dessen zufällige Ergebnisse von Interesse sind, soll im Prinzip unter gleichen Bedingungen beliebig oft wiederholbar sein.

■ Vorgänge mit zufälligem Ergebnis sind beispielsweise: das Werfen eines Spielwürfels; die zufällige Auswahl eines Schülers einer Schule; die Ziehung der Lotto-Zahlen; das Beobachten der Brenndauer einer Glühlampe.

Ergebnismenge

Alle möglichen Ergebnisse, die zu einem Vorgang mit zufälligem Ergebnis gehören, werden zur Ergebnismenge dieses Vorgangs zusammengefasst. Die Ergebnismenge eines Vorgangs wird mit Ω (Omega), die einzelnen Ergebnisse von Vorgängen werden mit ω (klein Omega) bezeichnet.

■ a) Werfen eines Spielwürfels: $\Omega = \{1; 2; 3; 4; 5; 6\}$.
b) Werfen einer Münze: $\Omega = \{\text{Wappen; Zahl}\}$.
c) Ziehung der Lotto-Zahlen 6 aus 49: Ω besteht aus allen möglichen Teilmengen von 6 Zahlen, die aus den Zahlen 1 bis 49 ausgewählt werden können. (Zur Ergebnismenge Ω gehören hier ca. 14 Millionen Ergebnisse.)

Ereignis

Haben einige Ergebnisse eines Vorgangs eine gemeinsame Eigenschaft, so kann man sie zu einem **Ereignis** zusammenfassen. Ereignisse sind also Teilmengen der Ergebnismenge.
Ereignisse werden meistens mit großen Buchstaben bezeichnet, z. B. *A, B, C*.
↗ Beziehungen zwischen Mengen, Operationen mit Mengen, S. 7

Ein Ergebnis ω heißt **günstig** für das Ereignis *A*, wenn ω zu *A* gehört.
Ein Ereignis ***A* tritt ein**, wenn ein für *A* günstiges Ergebnis eintritt.

■ a) Beim Werfen eines Spielwürfels fällt eine gerade Zahl: $A = \{2; 4; 6\}$. Für *A* sind drei Ergebnisse günstig.
b) Beim Lotto 6 aus 49 ist die 1 unter den Gewinnzahlen. Für dieses Ereignis sind 1 712 304 Ergebnisse günstig.

Sicheres Ereignis: Ein Ereignis heißt **sicher**, wenn es immer eintritt, also wenn jedes Element der Ergebnismenge Ω für das Ereignis günstig ist. Da alle Elemente der Ergebnismenge zum sicheren Ereignis gehören, schreibt man für das sichere Ereignis auch Ω.

Unmögliches Ereignis: Ein Ereignis heißt **unmöglich**, wenn es niemals eintreten kann, d. h. wenn kein Element der Ergebnismenge des Vorgangs günstig ist für dieses Ereignis.
Ein unmögliches Ereignis wird durch die leere Menge ∅ (↗ S. 8) dargestellt.

Gegenereignis: Zu jedem Ereignis *A* gibt es ein Gegenereignis $\overline{A}$, zu dem alle diejenigen Ergebnisse gehören, die nicht zu *A* gehören.
Das heißt: $\overline{A}$ tritt genau dann ein, wenn *A* nicht eintritt. Für $\overline{A}$ sind alle die Ergebnisse günstig, die nicht für *A* günstig sind.
↗ Komplementärmenge, S. 8

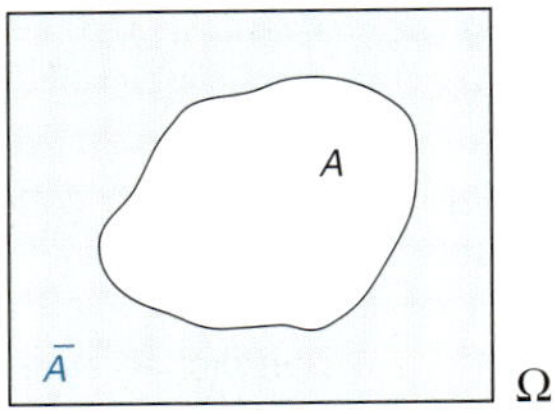

■ a) Vorgang: Werfen eines Spielwürfels.
Ereignis *A*: Beim Würfeln fällt eine gerade Zahl. $A = \{2; 4; 6\}$
Gegenereignis $\overline{A}$: Beim Würfeln fällt eine ungerade Zahl. $\overline{A} = \{1; 3; 5\}$
b) Vorgang: Ermitteln der Anzahl der Brüder einer zufällig ausgewählten Person.
Ereignis *B*: Die Person hat genau einen Bruder.
Gegenereignis $\overline{B}$: Die Person hat keinen Bruder oder mehr als einen Bruder.

Vereinigung von Ereignissen

Die Vereinigung zweier Ereignisse *A* und *B* enthält alle Ergebnisse, die zu Ereignis *A* **oder** zu Ereignis *B* **oder** zu beiden Ereignissen gehören.
Man schreibt: $A \cup B$
und spricht: *A* oder *B*.
↗ Beziehungen zwischen Mengen, Operationen mit Mengen – Vereinigung, S. 8

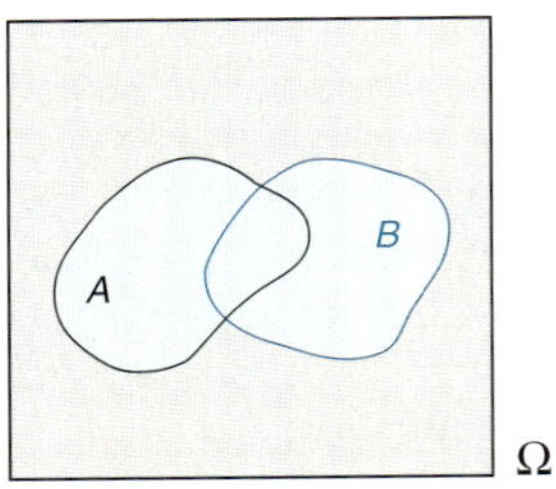

■ Ereignis *A*: Eine Glühlampe brennt weniger als 50 Stunden.
Ereignis *B*: Eine Glühlampe brennt mehr als 100 Stunden.
$A \cup B$: Eine Glühlampe brennt weniger als 50 Stunden oder mehr als 100 Stunden.

Durchschnitt von Ereignissen

Der Durchschnitt (↗ S. 7) der Ereignisse A und B enthält alle Ergebnisse, die zum Ereignis A **und** zum Ereignis B gehören.
Man schreibt: $A \cap B$ und spricht: A und B.

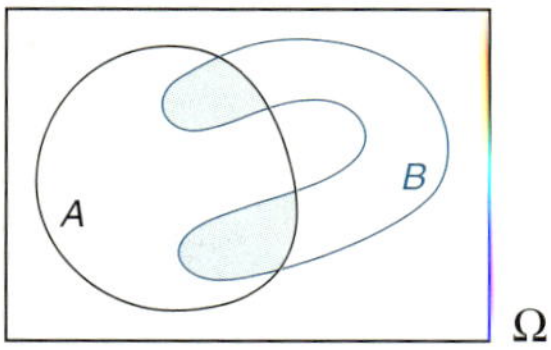

- Ereignis A: Eine Glühlampe brennt weniger als 50 Stunden.
  Ereignis B: Eine Glühlampe brennt mehr als 30 Stunden.
  $A \cap B$: Eine Glühlampe brennt mehr als 30 **und** weniger als 50 Stunden.

Absolute Häufigkeit eines Ereignisses

Wird ein Vorgang unter gleichen Bedingungen n-mal wiederholt, so spricht man von einer Versuchsserie bzw. einer Versuchsreihe vom Umfang n. Die **absolute Häufigkeit $H_n(A)$ eines Ereignisses A in einer Versuchsserie vom Umfang n** ist gleich der Anzahl derjenigen Versuche, Beobachtungen bzw. Experimente, in denen das Ereignis A eintrat. Besteht A aus den Ergebnissen $\omega_1, \omega_2, \ldots, \omega_k$, so ist die absolute Häufigkeit des Ereignisses A gleich der Summe aus den absoluten Häufigkeiten der Ergebnisse $\omega_1, \omega_2, \ldots, \omega_k$:

$$H_n(A) = H_n(\omega_1) + H_n(\omega_2) + \ldots + H_n(\omega_k)$$

- Bei 100 männlichen Neugeborenen wird die Körperlänge gemessen. Die Häufigkeitstabelle zeigt die absoluten Häufigkeiten der einzelnen Ergebnisse:

Körperlänge in cm	45	46	47	48	49	50	51	52	53	54	55	56	57
Absolute Häufigkeit	1	0	3	5	10	14	19	17	13	8	6	3	1

Ereignis A: Das Neugeborene ist mindestens 54 cm lang.
$H_{100}(A) = H_{100}(54) + H_{100}(55) + H_{100}(56) + H_{100}(57) = 8 + 6 + 3 + 1 = 18$
Ereignis B: Das Neugeborene ist höchstens 47 cm lang.
$H_{100}(B) = H_{100}(45) + H_{100}(46) + H_{100}(47) = 1 + 0 + 3 = 4$

Relative Häufigkeit eines Ereignisses

13

Die **relative Häufigkeit $h_n(A)$ eines Ereignisses A in einer Versuchsserie vom Umfang n** ist der Quotient aus der absoluten Häufigkeit $H_n(A)$ von A und dem Umfang n:

$$h_n(A) = \frac{H_n(A)}{n}$$

Besteht A aus den Ergebnissen $\omega_1, \omega_2, \ldots, \omega_k$, so ist die relative Häufigkeit von A gleich der Summe der relativen Häufigkeiten der Ergebnisse $\omega_1, \omega_2, \ldots, \omega_k$:

$$h_n(A) = h_n(\omega_1) + h_n(\omega_2) + \ldots + h_n(\omega_k)$$

- Für das Beispiel „Neugeborene" auf der vorhergehenden Seite kann die Häufigkeitsverteilung aus der folgenden Tabelle entnommen werden.

Länge in cm	45	46	47	48	49	50	51	52	53	54	55	56	57
relative Häufigkeit	0,01	0	0,03	0,05	0,10	0,14	0,19	0,17	0,13	0,08	0,06	0,03	0,01

Die relativen Häufigkeiten für die Ereignisse A und B erhält man aus dieser Tabelle als Summe der relativen Häufigkeiten der für das jeweilige Ereignis günstigen Ergebnisse:

Ereignis A: Das Neugeborene ist mindestens 54 cm lang.

$$h_{100}(A) = h_{100}(54) + h_{100}(55) + h_{100}(56) + h_{100}(57)$$
$$= 0{,}08 + 0{,}06 + 0{,}03 + 0{,}01$$
$$= 0{,}18$$

Ereignis B: Das Neugeborene ist höchstens 47 cm lang.

$$h_{100}(B) = h_{100}(45) + h_{100}(46) + h_{100}(47)$$
$$= 0{,}01 + 0 + 0{,}03 = 0{,}04$$

Stabilwerden der relativen Häufigkeit (Gesetz der großen Zahlen)

Ein Vorgang mit zufälligem Ergebnis wird n-mal *unter den gleichen Bedingungen* wiederholt. Es sei $h_n(A)$ die relative Häufigkeit eines Ereignisses A in diesen n Versuchen.

Das **empirische** (aus der Beobachtung gewonnene) **Gesetz der großen Zahlen** besagt: Diese relative Häufigkeit schwankt mit wachsendem Versuchsumfang in der Regel immer weniger um ein und denselben festen Wert.

Die relative Häufigkeit wird in der Regel für verschiedene Versuchsserien mit gleichem Umfang verschieden groß sein. Sie pegelt sich aber mit wachsendem Umfang immer wieder auf denselben Wert ein.

Man sagt, die **relative Häufigkeit wird stabil**.

Diese vieltausendfach gemachte Erfahrung zeigt, dass auch zufällige Erscheinungen gewissen Gesetzmäßigkeiten unterliegen.

↗ relative Häufigkeit, S. 192

Wahrscheinlichkeit eines Ereignisses

Die Wahrscheinlichkeit $P(A)$ eines Ereignisses A ist eine Zahl. Sie dient als Maß für den Grad der Gewissheit über das Eintreten dieses Ereignisses. Die Skala erstreckt sich von 0 (unmöglich) bis 1 (sicher).

Auf der Grundlage des empirischen Gesetzes der großen Zahlen wird $P(A)$ als der stabile Wert der relativen Häufigkeiten interpretiert, wenn der betrachtete Vorgang zumindest in Gedanken beliebig oft wiederholt werden kann.

Kennt man $P(A)$, so kann man die relative Häufigkeit des Ereignisses A in künftigen Versuchsserien ungefähr voraussagen.

Kennt man $P(A)$ nicht, so kann man die Wahrscheinlichkeit eines Ereignisses A aber mithilfe der relativen Häufigkeit aus Beobachtungen schätzen.

↗ relative Häufigkeit, S. 192

■ Das folgende Diagramm zeigt das Stabilwerden der relativen Häufigkeit für die Geburt eines Jungen. Die in dem Diagramm verwendeten Werte beruhen auf Beobachtungen, die in vier Landkreisen über mehrere Jahre hinweg gesammelt wurden. Dabei wurde mit wachsendem *n* jeweils festgehalten, wie viele Jungen unter den Neugeborenen waren. Die ausgewählten Landkreise sind Eisenhüttenstadt, Plauen, Tangerhütte und Görlitz.
Man kann feststellen, dass sich die bei geringer Zahl von erfassten Geburten noch stark unterschiedlich verhaltenden Werte bei einer größeren Anzahl von Beobachtungen immer mehr einem stabilen Wert annähern. Je größer die Anzahl der statistisch erfassten Daten gewählt wird, um so mehr nähert man sich einem Bereich, der nur wenig um den Wert 0,51 schwankt. Man wählt daher als Schätzwert für die Wahrscheinlichkeit einer Jungengeburt den Wert 0,51.
Oft nimmt man auch *vereinfachend* den Wert 0,5 als Modellwahrscheinlichkeit für eine Jungengeburt an.

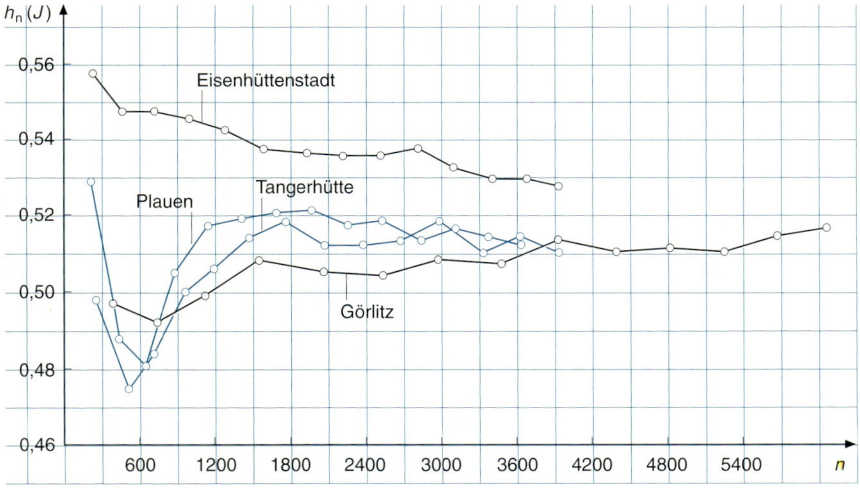

Eigenschaften der Wahrscheinlichkeit

- $P(\Omega) = 1$ (Die Wahrscheinlichkeit des sicheren Ereignisses ist 1.)
- $P(\emptyset) = 0$ (Die Wahrscheinlichkeit des unmöglichen Ereignisses ist 0.)
- $0 \leq P(A) \leq 1$ (Die Wahrscheinlichkeit eines Ereignisses liegt immer zwischen 0 und 1.)
- Ist $A = \{\omega_1, \omega_2, \ldots, \omega_k\}$, so gilt $P(A) = P(\omega_1) + P(\omega_2) + \ldots + P(\omega_k)$.
- $P(\overline{A}) = 1 - P(A)$
- $P(A \cup B) = P(A) + P(B)$, falls A und B keine gemeinsamen Elemente haben, d.h. falls $A \cap B = \emptyset$ ist.
- $P(A \cup B) = P(A) + P(B) - P(A \cap B)$

↗ Vereinigung von Ereignissen, S. 200
↗ Durchschnitt von Ereignissen, S. 201

13

Klassische Wahrscheinlichkeit (Laplace-Wahrscheinlichkeit)

Wenn ein Vorgang k mögliche Ergebnisse $\omega_1, \omega_2, \ldots, \omega_k$ besitzt, die alle die gleiche Chance haben einzutreten, dann ist die Wahrscheinlichkeit jedes einzelnen dieser Ergebnisse gleich $\frac{1}{k}$.

$$\boldsymbol{P(\omega_1) = P(\omega_2) = \ldots = P(\omega_k) = \frac{1}{k}}$$

Gehören zu einem Ereignis A genau r günstige Ergebnisse, so müssen die Wahrscheinlichkeiten dieser Ergebnisse summiert werden, um die Wahrscheinlichkeit von A zu erhalten.

$$\boldsymbol{P(A) = \frac{r}{k}} \qquad P(A) = \frac{\text{Anzahl der günstigen Ergebnisse}}{\text{Anzahl der möglichen Ergebnisse}}$$

Die nach dieser Regel berechnete Wahrscheinlichkeit nennt man **Laplace-Wahrscheinlichkeit** oder **klassische Wahrscheinlichkeit**.
Achtung: Die Regel gilt nur, wenn alle Ergebnisse **gleich wahrscheinlich** sind.

■ Beim Ziehen der Lotto-Zahlen 6 aus 49 hat jede der 49 möglichen Zahlen dieselbe Chance, als erste gezogen zu werden.
Für das Ereignis A: „Die erste Zahl ist kleiner als 10" sind 9 Ergebnisse günstig, nämlich die Zahlen 1, 2, …, 9. Es gilt deshalb wegen $k = 49$ und $r = 9$: $P(A) = \frac{9}{49}$.

Kombinatorik

Um die Wahrscheinlichkeit von Ereignissen mithilfe der Laplace-Regel (nach der klassischen Methode) zu berechnen, müssen Anzahlen bestimmt werden.

Anzahl der Anordnungen einer *n*-elementigen Menge (Permutationen):

Frage: Wie viele Möglichkeiten gibt es, die n verschiedenen Elemente einer Menge verschieden anzuordnen?

Anzahl: $n! = n \cdot (n-1) \cdot (n-2) \cdot \ldots \cdot 2 \cdot 1$ (sprich: n Fakultät); es gilt: $0! = 1$

■ Für die 4 Buchstaben a, b, c und d gibt es $4 \cdot 3 \cdot 2 \cdot 1 = 24$ verschiedene Möglichkeiten der Anordnung:
abcd, abdc, acbd, acdb, adbc, adcb, bacd, badc, bcad, bcda, bdac, bdca, cabd, cadb, cbad, cbda, cdab, cdba, dabc, dacb, dbac, dbca, dcab, dcba.

Anzahl der *k*-elementigen Teilmengen einer *n*-elementigen Menge:

Frage: Wie viele Möglichkeiten gibt es, aus einer n-elementigen Menge k Elemente auszuwählen, die alle voneinander verschieden sind?

Anzahl: $\binom{n}{k} = \frac{n!}{k! \cdot (n-k)!}$ (sprich: n über k); es gilt: $\binom{n}{0} = 1$.

Der Ausdruck $\binom{n}{k}$ heißt **Binomialkoeffizient.**

- Von den vier Kindern Tim, Tom, Fritz und Franz sollen 2 Kinder ausgewählt werden. Die Ausgangsmenge hat 4 Elemente (also: $n = 4$) und die Teilmenge hat 2 Elemente ($k = 2$).
  Es gibt also für diese Auswahl
  $\frac{n!}{k! \cdot (n-k)!} = \frac{4!}{2! \cdot 2!} = \frac{1 \cdot 2 \cdot 3 \cdot 4}{1 \cdot 2 \cdot 1 \cdot 2} = 6$ Möglichkeiten, nämlich
  Tim und Tom *oder* Tim und Fritz *oder* Tim und Franz *oder*
  Tom und Fritz *oder* Tom und Franz *oder* Fritz und Franz.

Anzahl der Anordnungen von *k* verschiedenen Elementen aus einer *n*-elementigen Menge:

Frage: Wie viele Möglichkeiten gibt es, aus einer *n*-elementigen Menge *k* voneinander verschiedene Elemente auszuwählen und in einer Reihe anzuordnen?

Anzahl: $\frac{n!}{(n-k!)} = \binom{n}{k} \cdot k!$

- Aus den 5 Buchstaben a, e, i, o, u ($n = 5$) sollen „zwei-buchstabige Wörter“ gebildet werden, wobei kein Buchstabe doppelt vorkommen soll.

  Dafür gibt es $\frac{n!}{(n-k!)} = \frac{5!}{3!} = 20$ Möglichkeiten:

  ae, ai, ao, au, ea, ei, eo, eu, ia, ie, io, iu, oa, oe, oi, ou, ua, ue, ui, uo.

Anzahl der Anordnungen von *k* Elementen aus einer *n*-elementigen Menge:

Frage: Wie viele Möglichkeiten gibt es, aus einer *n*-elementigen Menge *k* Elemente auszuwählen (die sich wiederholen dürfen) und in einer Reihe anzuordnen?

Anzahl: n^k

- Aus den Ziffern 0, 1, …, 8, 9 ($n = 10$) sind alle möglichen 3-stelligen ($k = 3$) Zahlen zu bilden. Dafür gibt es $10^3 = 1\,000$ Möglichkeiten, nämlich die Zahlen 000, 001, …, 999.

Mehrstufiger Zufallsversuch

Besteht ein Vorgang mit zufälligem Ergebnis aus mehreren Teilvorgängen, so wird er mehrstufiger Zufallsversuch genannt. Die Ziehung der Lottozahlen ist zum Beispiel ein 6-stufiger Vorgang, bei dem die Ziehung der ersten Zahl die erste Stufe darstellt. Die Teilvorgänge eines mehrstufigen Zufallsversuches können zeitlich nacheinander oder nebeneinander ablaufen. Oft ist es nützlich, einen Vorgang *gedanklich* in mehrere Teilvorgänge zu zerlegen.
Mehrstufige Zufallsversuche lassen sich mithilfe von **Baumdiagrammen** gut veranschaulichen.

Baumdiagramm

Baumdiagramme bieten die Möglichkeit, mehrstufige Zufallsversuche darzustellen. Für jeden Teilvorgang verzweigt sich das Diagramm in so viele Äste, wie es Ergebnisse für diesen Teilvorgang gibt.
Für jedes mögliche Ergebnis des Gesamtvorgangs gibt es einen speziellen Weg durch das Baumdiagramm. Diese einzelnen Wege heißen **Pfade**.

■ In einer Kiste befinden sich 5 defekte (d) und 95 intakte (i) Teile. Es werden nacheinander 2 Teile herausgenommen. Das Baumdiagramm stellt den Vorgang dar. Jeder Pfad verdeutlicht ein mögliches Ergebnis des zweistufigen Vorgangs: dd, di, id, ii. An jedem Pfadstück sind die Wahrscheinlichkeiten notiert, mit der ein Teilergebnis in der nächsten Stufe auftritt.

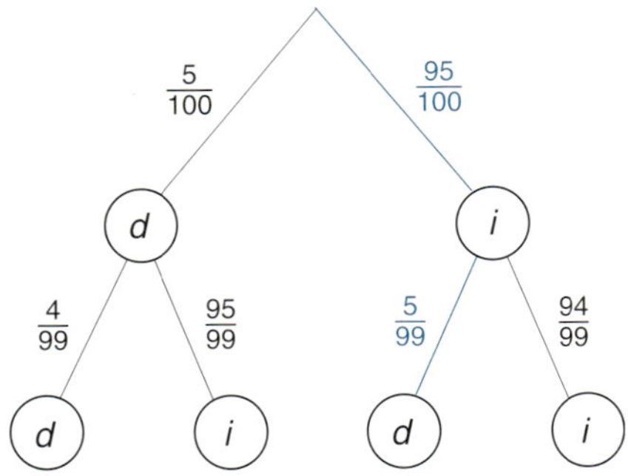

Pfadregeln für mehrstufige Zufallsversuche

Mithilfe der **Pfadregeln** kann die Wahrscheinlichkeit für jedes mögliche Ergebnis eines mehrstufigen Zufallsversuches ausgerechnet werden. Dabei wird die Darstellung durch ein Baumdiagramm zugrunde gelegt.

Produktregel (1. Pfadregel):
Die Wahrscheinlichkeiten entlang eines Pfades in einem Baumdiagramm werden multipliziert. Das Produkt ergibt die Wahrscheinlichkeit des zu diesem Pfad gehörenden Ergebnisses im Gesamtvorgang.

■ Im Beispiel zum Baumdiagramm (↗ oben) wird der blaue Pfad betrachtet. Zuerst wird ein intaktes (i), dann ein defektes (d) Teil gezogen. Der Pfad wird mit id bezeichnet. Die Wahrscheinlichkeit für diesen Pfad ist gleich dem Produkt aus $\frac{95}{100}$ (für das Ziehen des ersten (intakten) Teiles) und $\frac{5}{99}$ (für das Ziehen des zweiten (defekten) Teiles aus den verbleibenden 99 Teilen, von denen 5 defekt sind), also $P(\text{id}) = \frac{95}{100} \cdot \frac{5}{99} = \frac{19}{396} \approx 0{,}048$.

Summenregel (2. Pfadregel):
Die Wahrscheinlichkeit eines Ereignisses A ist gleich der Summe der Wahrscheinlichkeiten aller Pfade, die für A günstig sind.

■ Für das Ereignis A: „Das zuerst gezogene Teil ist defekt" im vorigen Beispiel sind die Ergebnisse „erst defekt, dann intakt" sowie „erst defekt, dann defekt" günstig. Es gilt: $P(A) = \frac{5}{100} \cdot \frac{4}{99} + \frac{5}{100} \cdot \frac{95}{99} = \frac{5}{100}$. Dieselbe Wahrscheinlichkeit besitzt das Ereignis B: „Das als zweites gezogene Teil ist defekt".

13

Unabhängigkeit von Ereignissen

Zwei Ereignisse heißen unabhängig, wenn das Eintreten des einen Ereignisses keinen Einfluss auf die Wahrscheinlichkeit des Eintretens des anderen Ereignisses hat.

Für unabhängige Ereignisse A und B muss gelten: $\boldsymbol{P(A \cap B) = P(A) \cdot P(B)}$.

- Beim Würfeln mit einem roten und einem blauen Würfel sind die Ereignisse
  A: „Der rote Würfel zeigt eine gerade Augenzahl“ und
  B: „Der blaue Würfel zeigt eine 5“ voneinander unabhängig.

  $P(A) = \frac{1}{2}$, $P(B) = \frac{1}{6}$, $P(A \cap B) = \frac{1}{12}$ und damit $P(A \cap B) = P(A) \cdot P(B)$.

Abhängigkeit von Ereignissen

Zwei Ereignisse heißen abhängig, wenn das Eintreten des einen Ereignisses einen Einfluss auf die Wahrscheinlichkeit des Eintretens des anderen hat. Sind zwei Ereignisse A und B abhängig, so gilt $P(A \cap B) \neq P(A) \cdot P(B)$.

- a) Beim Würfeln mit einem roten und einem blauen Würfel sind die Ereignisse
  A: „Der rote Würfel zeigt eine gerade Augenzahl“ und
  B: „Beide Würfel zeigen eine 1“ voneinander abhängig.
  Wenn A eingetreten ist, kann B nicht mehr eintreten und umgekehrt.

  $P(A \cap B) = 0$ und $P(A) \cdot P(B) = \frac{1}{2} \cdot \frac{1}{36} \neq 0$.

  b) Die Ereignisse A: „Das zuerst gezogene Teil ist defekt“ und B: „Das als zweites gezogene Teil ist defekt“ sind abhängig. Es gilt

  $P(A) \cdot P(B) = 0{,}05^2$ und $P(A \cap B) = P(\text{dd}) = \frac{5}{100} \cdot \frac{4}{99} \neq 0{,}05^2$.

  Nach dem Ziehen des ersten defekten Teils ist die Wahrscheinlichkeit für ein weiteres defektes Teil gesunken (↗ Beispiel S. 206).

Eigenschaften unabhängiger Ereignisse

- Das sichere Ereignis Ω ist unabhängig von jedem anderen Ereignis.
- Das unmögliche Ereignis $\emptyset$ ist unabhängig von jedem anderen Ereignis.
- Wenn A und B keine Ergebnisse gemeinsam haben (also $A \cap B = \emptyset$), so sind sie *nicht* unabhängig, es sei denn $P(A) = 0$ oder $P(B) = 0$.
- Wenn zwei Ereignisse A und B unabhängig sind, so sind auch die Gegenereignisse $\overline{A}$ und $\overline{B}$ unabhängig. Auch die Ereignisse A und $\overline{B}$ sowie die Ereignisse B und $\overline{A}$ sind dann unabhängig.

Zufallsgröße

Eine **Zufallsgröße** ist eine Größe, die in Abhängigkeit vom Ergebnis eines Vorgangs mit zufälligem Ergebnis (↗ S. 199) verschiedene Werte annehmen kann. Steht das Ergebnis des Vorgangs fest, so steht auch der Wert der Zufallsgröße fest. Durch Zufallsgrößen werden messbare, also in Zahlen ausdrückbare Eigenschaften (quantitative Merkmale, ↗ S. 189) der Ergebnisse eines Vorgangs erfasst.

13

Diskrete Zufallsgröße: Eine Zufallsgröße heißt diskret, wenn sie nur endlich viele oder höchstens abzählbar unendlich viele Werte annehmen kann, d. h. wenn man alle Werte der Zufallsgröße durchnummerieren kann.

- Augenzahl beim Würfeln, Anzahl der Kinder in einer zufällig ausgewählten Familie, Alter eines zufällig ausgewählten Menschen.

Wahrscheinlichkeitsverteilung

Die Wahrscheinlichkeitsverteilung (kurz: Verteilung) einer Zufallsgröße ordnet jedem möglichen Wert der betrachteten Zufallsgröße eine Zahl zwischen 0 und 1 (seine Wahrscheinlichkeit) zu.
Die Gesamtwahrscheinlichkeit 1 wird auf alle Werte der Zufallsgröße verteilt.

- Ein Glücksrad hat die Form wie im Bild. Die Zufallsgröße X sei gleich dem Quadrat der Zahl, bei der der Zeiger stehen bleibt. Die Wahrscheinlichkeitsverteilung der Zufallsgröße X ist durch die Tabelle gegeben.

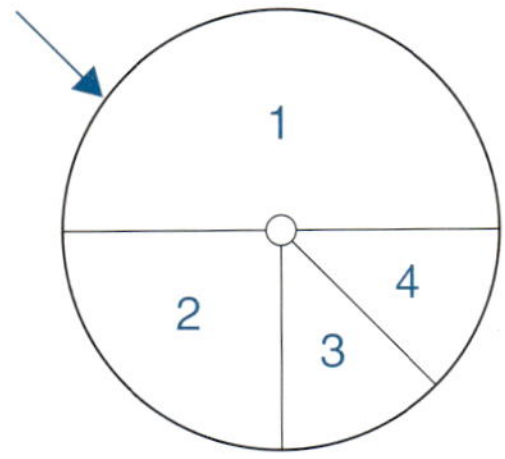

Wert der Zufallsgröße	1	4	9	16
Wahrscheinlichkeit	$\frac{1}{2}$	$\frac{1}{4}$	$\frac{1}{8}$	$\frac{1}{8}$

Die **Wahrscheinlichkeitsverteilungen diskreter Zufallsgrößen** werden häufig in Tabellenform angegeben.

- Zwei Würfel werden geworfen. Die diskrete Zufallsgröße X gebe die Summe der beiden Augenzahlen an. X hat folgende Wahrscheinlichkeitsverteilung:

Wert der Zufallsgröße	2	3	4	5	6	7	8	9	10	11	12
Wahrscheinlichkeit	$\frac{1}{36}$	$\frac{2}{36}$	$\frac{3}{36}$	$\frac{4}{36}$	$\frac{5}{36}$	$\frac{6}{36}$	$\frac{5}{36}$	$\frac{4}{36}$	$\frac{3}{36}$	$\frac{2}{36}$	$\frac{1}{36}$

Erwartungswert einer diskreten Zufallsgröße

Der Erwartungswert ist eine Kenngröße der Lage der Verteilung einer Zufallsgröße. Man erhält den Erwartungswert einer diskreten Zufallsgröße, indem jeder der möglichen Werte mit seiner Wahrscheinlichkeit multipliziert wird und alle diese Produkte addiert werden.
Der Erwartungswert gibt an, welchen Wert man etwa im Durchschnitt erhält, wenn man die Zufallsgröße sehr oft beobachtet. Hat die Zufallsgröße X die in der folgenden Tabelle angegebene Wahrscheinlichkeitsverteilung, so beträgt der Erwartungswert:
$E(X) = x_1 p_1 + x_2 p_2 + \ldots + x_k p_k$.

13

Wert der Zufallsgröße	x_1	x_2	…	x_k
Wahrscheinlichkeit	p_1	p_2	…	p_k

- Für das Beispiel „Augensumme zweier Würfel“ erhält man als Erwartungswert:
$E(X) = 2 \cdot \frac{1}{36} + 3 \cdot \frac{2}{36} + 4 \cdot \frac{3}{36} + \ldots + 11 \cdot \frac{2}{36} + 12 \cdot \frac{1}{36} = \frac{252}{36} = 7.$
Als durchschnittliche Augensumme wird sich bei häufigem Würfeln etwa der Wert 7 ergeben.

Varianz und Standardabweichung einer diskreten Zufallsgröße

Die **Varianz** bzw. die **Standardabweichung** ist eine Kenngröße der Breite der Verteilung einer Zufallsgröße. Hat die Zufallsgröße X die Wahrscheinlichkeitsverteilung, die aus der Tabelle auf der Seite 208 unten ersichtlich ist, so beträgt die Varianz:

$\sigma^2 = (x_1 - E(X))^2 \cdot p_1 + (x_2 - E(X))^2 \cdot p_2 + \dots + (x_k - E(X))^2 \cdot p_k$

und die Standardabweichung: $\boldsymbol{\sigma = \sqrt{\sigma^2}}$.

■ Für das Beispiel „Augensumme zweier Würfel" (↗ S. 208) beträgt die Varianz

$\sigma^2 = (2-7)^2 \cdot \frac{1}{36} + (3-7)^2 \cdot \frac{2}{36} + \dots + (11-7)^2 \cdot \frac{2}{36} + (12-7)^2 \cdot \frac{1}{36} = \frac{210}{36} \approx 5{,}8$

und die Standardabweichung $\sigma = \sqrt{\sigma^2} \approx 2{,}4$.

Binomialverteilung

Die **Binomialverteilung** ist eine spezielle Wahrscheinlichkeitsverteilung.

Ausgangspunkt sind Vorgänge mit genau zwei möglichen Ergebnissen (**Bernoulli-Versuche**). Die beiden möglichen Ergebnisse werden mit 1 und 0 bezeichnet und **Erfolg** bzw. **Misserfolg** genannt. Die Wahrscheinlichkeit p für das Eintreten eines Erfolges nennt man **Erfolgswahrscheinlichkeit**. Die Wahrscheinlichkeit für einen Misserfolg ist dann $1 - p$. Wird der Bernoulli-Versuch n-mal wiederholt, erhält man eine **Bernoulli-Kette der Länge n**.

Die Zufallsgröße X gebe die **Anzahl der Erfolge** in einer Bernoulli-Kette an. Die Wahrscheinlichkeit für genau k Erfolge in einer Bernoulli-Kette der Länge n mit der Erfolgswahrscheinlichkeit p beträgt

$P(X = k) = \binom{n}{k} \cdot p^k \cdot (1-p)^{n-k}$, wobei $0 \le k \le n$.

Man sagt: Es ist eine **Binomialverteilung** mit den Parametern n und p. Die Anzahl X der Erfolge in einer Bernoulli-Kette ist **binomialverteilt**.

Der **Erwartungswert der Anzahl der Erfolge** X in einer Bernoulli-Kette der Länge n mit der Erfolgswahrscheinlichkeit p beträgt $\boldsymbol{E(X) = n \cdot p}$.

■ Die Anzahl X der Wappen bei 5 Würfen mit einer Münze ist binomialverteilt mit $n = 5$ und $p = 0{,}5$ (↗ Bild auf S. 210 unten).

Anzahl der Wappen	0	1	2	3	4	5
Wahrscheinlichkeit	0,031	0,156	0,312	0,312	0,156	0,031

Simulation von Zufallsversuchen

Viele Vorgänge mit zufälligem Ergebnis können praktisch nicht beliebig oft wiederholt werden, so z. B. das Testen von Geräten. Durch Simulation solcher Vorgänge können trotzdem Aussagen über diese Vorgänge gemacht werden. Eine **Simulation** ist das Nachspielen eines Vorgangs mit zufälligem Ergebnis mit **Zufallsgeräten**. Mit einer Simulation kann man den Versuch beliebig oft unter einfachen Bedingungen wiederholen.

Dem Zufallsgerät muss dabei dieselbe Wahrscheinlichkeitsverteilung zugrunde liegen, wie dem Vorgang selbst.

13

- Das Geschlecht einer zufällig ausgewählten Person kann mit einer Münze simuliert werden, *wenn man annimmt*, dass die Wahrscheinlichkeiten für die Ergebnisse „männlich“ und „weiblich“ jeweils 0,5 betragen.

Zufallsgerät: Ein Zufallsgerät liefert bei jedem Versuch eines von mehreren möglichen Ergebnissen. Dabei ist vor dem Versuch noch nicht klar, welches der möglichen Ergebnisse auftritt. Es ist aber die Wahrscheinlichkeitsverteilung der Ergebnisse bekannt, d. h. man weiß, wie groß die Wahrscheinlichkeit des Auftretens eines jeden Ergebnisses ist.
Bei **symmetrischen Zufallsgeräten** treten alle möglichen Ergebnisse mit der gleichen Wahrscheinlichkeit auf (z. B. idealer Würfel, Münze, Zufallsziffern).
Bei **unsymmetrischen Zufallsgeräten** sind die Wahrscheinlichkeiten der möglichen Ergebnisse nicht alle gleich (Glücksrad mit ungleichmäßiger Verteilung der Felder, Urne mit ungleicher Anzahl von blauen und weißen Kugeln, …).

Zufallsziffern

Eine Zufallsziffer ist eine Zufallsgröße, die die Werte 0, 1, …, 9 jeweils mit der gleichen Wahrscheinlichkeit, also mit $\frac{1}{10}$ annimmt. Zufallsziffern werden in Tabellen zusammengestellt (↗ S. 226). Man nutzt sie zur Simulation.

- Ein Zufallsversuch, bei dem ein Ereignis A mit einer Wahrscheinlichkeit von 0,4 auftritt, soll mit Zufallsziffern 5-mal simuliert werden. Eine Ziffer kleiner oder gleich 3 steht dafür, dass das Ereignis A eingetreten ist. Dann gilt nämlich

$$P(A) = P(\{0, 1, 2, 3\}) = \frac{4}{10} = 0{,}4.$$

Man sucht sich auf gut Glück einen Startpunkt in einer Zufallszifferntabelle und schreibt die nächsten 5 Ziffern heraus. Das könnte z. B. so aussehen: 5, 2, 0, 7, 6. Bei diesen Simulationen sind also der Reihe nach folgende Ereignisse eingetreten: $\overline{A}, A, A, \overline{A}, \overline{A}$.

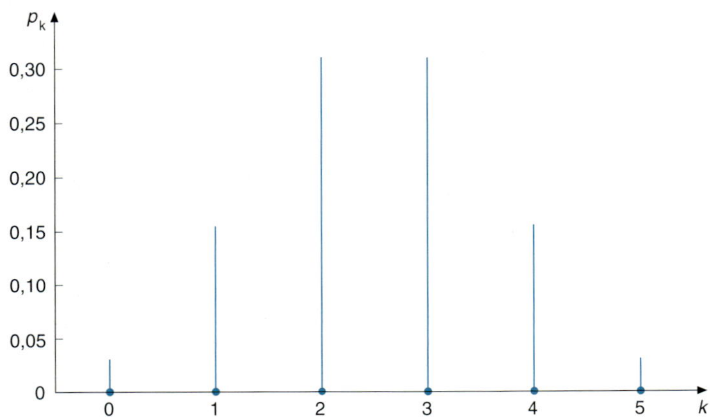

Aus der Geschichte der Mathematik

Die Mathematik und die mit ihr eng verbundene mathematische Astronomie sind die ältesten Wissenschaften. Seit mindestens 2 500 Jahren haben Menschen Behauptungen (Sätze) über Eigenschaften mathematischer Dinge wie Würfel, Dreiecke, Kreise, Geraden und natürliche Zahlen aufgestellt und bewiesen. Sollte jemand die Philosophie für die älteste Wissenschaft halten, so sei gleich gesagt, dass die Philosophen im alten Griechenland wie Thales, Pythagoras, Plato und Aristoteles selbst die Mathematik als wichtigste Wissenschaft ansahen oder sogar selbst Mathematiker waren. In den Sätzen von Thales und Pythagoras, in den fünf existierenden (regelmäßigen) „Platonischen" Körpern (↗ Bild), in den Aristotelischen Syllogismen (Schlussweisen) der Logik lebt diese enge Beziehung von Mathematik und Philosophie fort.

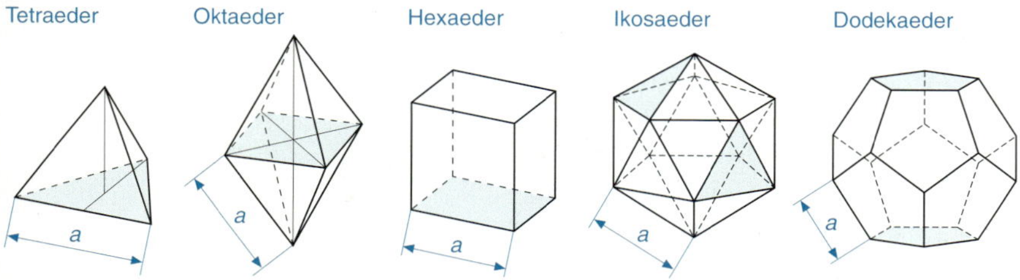

Die fünf regulären Polyeder, die platonischen Weltkörper

Viele Erkenntnisse jener Philosophen aber auch Ergebnisse in anderen Wissenschaften gelten heute als überholt oder zumindest umstritten. Dagegen sind die Sätze und Beweise der klassischen griechischen Mathematik heute noch unverändert wahr. Manche Behauptung in anderen Wissenschaften kann überhaupt nur mithilfe der Mathematik formuliert werden. Um beispielsweise ausdrücken zu können, wie schnell sich ein Fahrzeug zu einem bestimmten Zeitpunkt bewegt, benötigt man eine Mathematik, die erst im 17. Jh. von Isaac Newton und Gottfried Wilhelm Leibniz geschaffen wurde („Differenzial- und Integralrechnung") und die auch heute erst in den höheren Schulklassen (ab 11. Klasse) gelehrt wird.
Bisher haben wir „Mathematik" weitgehend mit „exaktem Beweisen" gleichgesetzt. Aber die Mathematik besteht nicht nur aus Beweisen, insofern ist sie noch viel älter als zweieinhalbtausend Jahre. Und sie hat sich auch nicht unabhängig von Naturbeobachtungen entwickelt. Zählen und Messen bilden den Anfang der Mathematik. Bereits bevor die Menschen schreiben konnten, wurden mathematische Hilfsmittel wie Zahlsteine, Knotenschnüre und Kerbhölzer (daher der Ausdruck „etwas auf dem Kerbholz", also Schulden haben) als Abkürzungsmittel oder Merkhilfen verwendet. Es wurde also im Grunde genau dasselbe getan, was die Mathematik noch heute tut. Dabei bildeten sich dann schrittweise Zahlensysteme oder geometrische Figuren wie Kreise heraus. Zwar spielt in

diesen mathematischen Begriffen die Realität immer noch eine Rolle, etwa die Zahl der Finger in den auf der Zehn aufbauenden Zahlensystemen. Aber sind sie einmal von der Wirklichkeit „abstrahiert“ (das bedeutet „abgezogen“), so existieren die Begriffe eigentlich nur noch im Kopf des Menschen, sind also abstrakt und können gerade dadurch erst richtig zum Gegenstand wissenschaftlichen Denkens werden.
Die alten Ägypter beispielsweise, die im zweiten Jahrtausend v. Chr. lebten, benötigten Messungen beim Pyramidenbau. Sie wandten dabei mit sicherem Gefühl Ähnlichkeitssätze in Dreiecken an, um etwa die Höhe von Pyramiden durch vergleichende Schattenmessung zu berechnen. Sie hatten auch ein Zehnersystem zur buchhalterischen Erfassung von großen Mengen (Getreide, Menschen usw.). Auf einem ihrer Papyri, dem gepressten Schilfmaterial, von dem sich unser Wort Papier herleitet, ist sogar die Formel für die Berechnung des Volumens eines Pyramidenstumpfes angegeben, freilich ohne einen Beweis im heutigen Sinne (↗ Bild).

Altägyptischer Papyrus mit Pyramidenstumpf

Da die schriftlichen Quellen über die Geschichte der frühen Mathematik und über ihre Schöpfer sehr lückenhaft sind, weiß man bisher nicht genau, ob die alte Kultur der Babylonier, die etwa zur selben Zeit wie die der Ägypter völlig unabhängig von dieser existierte, schon so etwas wie einen mathematischen Beweis kannte.
Aus der babylonischen Mathematik und Astronomie stammt ein Sechzigersystem (Sexagesimalsystem), das in der Mathematik in der Gradeinteilung, im Alltag in der Uhrzeit nachlebt.
Einige alte Tontafeln zeigen uns, dass die Babylonier sich schon mit mathematischen Gegenständen beschäftigt haben, die wir heute unter der Bezeichnung Algebra kennen. Sie haben also Gleichungen mit Unbekannten gelöst. Auf anderen Tontafeln fanden Forscher sogenannte pythagoräische Tripel von natürlichen Zahlen, wie 3, 4, 5 oder 5, 12 und 13, die nach dem „Satz des Pythagoras“ Seitenlängen von rechtwinkligen Dreiecken bilden können (↗ S. 152). Es ist also durchaus möglich, dass schon die Babylonier etwa 1 000 Jahre vor Pythagoras diesen Satz kannten.

Keilschrifttext mit mathematischem Inhalt auf einer babylonischen Tontafel

Die sagenumwobene Gestalt des Griechen Pythagoras, des Leiters eines Geheimbundes auf der Insel Samos im 6. Jh. v. Chr., liegt ziemlich im Dunkeln. Die historisch am sichersten feststellbare Beziehung des pythagoräischen Geheimbundes zur Mathematik ist die Zahlenmystik, eine Vorform moderner Zahlentheorie. In ihr spielten sogenannte „befreundete“ Zahlen und „vollkommene“ Zahlen (die die Summe ihrer echten Teiler sind, z. B. $6 = 1 + 2 + 3$) sowie die „heilige Zehnzahl“ eine besondere Rolle.
Aber auch hier fehlte der Realitätsbezug nicht völlig. Die Musiktheorie der Pythagoräer ging von der Beobachtung aus, dass man harmonisch klingende Intervalle (Quarten, Quinten, Oktaven usw.) erzeugt, wenn man ein „Monochord“, d. h. eine einzelne gespannte Saite, so verkürzt, dass ihre Teile im ganzzahligen Verhältnis zueinander stehen. Dies führte die Griechen nun wieder zu der übertriebenen Schlussfolgerung, dass dem Verhältnis von natürlichen Zahlen eine Art weltumspannende Bedeutung zukommt, ja dass zum Beispiel auch die Kanten- und Diagonalenlängen geometrischer Figuren zueinander im Verhältnis von natürlichen Zahlen stehen müssten.
Überlegen wir einmal kurz, was das für Konsequenzen haben müsste: Wenn man zu zwei natürlichen Zahlen die größte natürliche Zahl sucht, die beide teilt (den größten gemeinsamen Teiler), so erhält man diese z. B. dadurch, dass man die kleinere von der größeren

so oft wie möglich abzieht und das zuletzt erhaltene Ergebnis (eine positive Zahl) umgekehrt so oft wie möglich von der kleineren Zahl abzieht und so weiter, bis das Ergebnis eine Null ist. Die letzte zuvor abgezogene Zahl ist dann der größte gemeinsame Teiler. Diese Methode kannten die Griechen schon und benannten sie mit dem griechischen Wort für „Wechselwegnahme". Nach der erwähnten Überzeugung der Pythagoräer müsste also für zwei beliebige geometrische Längen der Prozess der Wechselwegnahme stets zu einem Ende führen, es müsste ein gemeinsames „Maß" geben, das beide Längen misst (Kommensurabilität).
Die logische Entdeckung, dass dies keineswegs immer der Fall ist (Inkommensurabilität), soll ein Schock für die Pythagoräer gewesen sein und zu ihrem Niedergang beigetragen haben. Dies umso mehr, als sie diese Entdeckung an ihrem Firmenlogo, dem Pentagramm, der Diagonalenfigur des regelmäßigen Fünfecks, gemacht haben sollen.

Tatsächlich kann man die Inkommensurabilität zwischen Diagonale und Seite des Ausgangsfünfecks durch „Wechselwegnahme" recht leicht feststellen. Man zieht zunächst im Ausgangsfünfeck von der Diagonale die Seite ab, was aus geometrischen Symmetriegründen die Diagonale des inneren, auf der Spitze stehenden Fünfecks ergibt. Zieht man nun umgekehrt von der zuletzt abgezogenen Seite des Ausgangsfünfecks die gerade ermittelte Differenz, also die nächstkleinere Diagonale ab, so ist das (wiederum aus Symmetriegründen) die Seite des inneren regelmäßigen Fünfecks. Setzt man mit den beiden erhaltenen Größen (Diagonale und Seite des kleineren Fünfecks) diese wechselseitige Wegnahme immer weiter fort, so kommt man offensichtlich zu beliebig klein werdenden Diagonalen und Seiten, nie jedoch zu einem Ende, einem Aufgehen ohne Rest.

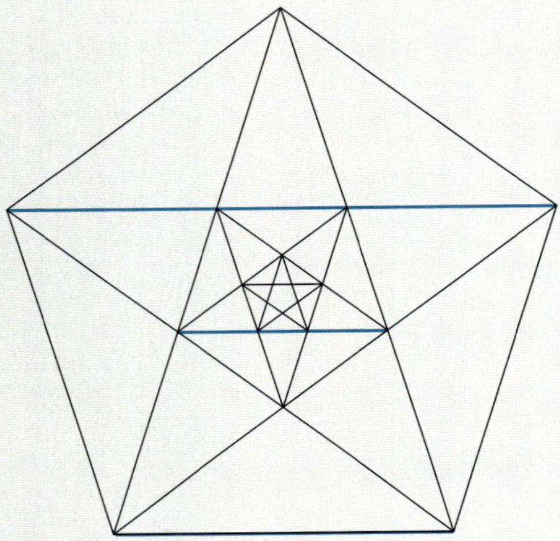

Wechselwegnahme am Pentagramm

Die Entdeckung der „Inkommensurabilität" und die Methode der Wechselwegnahme sind bewahrt in den berühmten „Elementen", den 13 Büchern des Euklid, eines anderen griechischen Mathematikers. Über Euklids Biografie weiß man fast nichts außer seiner ungefähren Lebenszeit, dem 3. Jh. v. Chr. Euklid hat zum Beispiel „logisch indirekt" bewiesen, dass es unendlich viele Primzahlen (also nur durch sich selbst und die 1 teilbare natürliche Zahlen) gibt: Man nimmt an, es gäbe eine größte Primzahl und führt dann diese Annahme zum Widerspruch, indem man aus jener Primzahl eine neue, noch größere konstruiert. Euklids Bücher, die in Wirklichkeit eher Kapitel sind, widerspiegeln die Begrenztheit der damaligen Mathematik, indem sie auf eine formelmäßige Darstellung der Verhältnisse zwischen inkommensurablen Größen verzichten müssen.

Eine Formel für die Zahl π beispielsweise existierte für die Euklidische Mathematik noch nicht. (Es gab nur Näherungswerte wie den Näherungswert von Archimedes, einem anderen griechischen Mathematiker, der π zu etwa $3\frac{1}{7}$ annahm.) Euklid behalf sich dadurch, dass er beispielsweise keine Formel für die Kreisfläche angab, sondern vielmehr bewies, dass sich zwei verschiedene Kreisflächen zueinander wie die Quadrate ihrer Durchmesser verhalten. Die „Elemente“ des Euklid haben die mathematische Forschung bis in das 19. Jh. hinein beeinflusst. Schon bei Euklid steht das berühmte Parallelenpostulat, wonach es zu einer vorgegebenen Geraden in der Ebene nur eine Parallele durch einen außerhalb der Geraden liegenden Punkt gibt. Erst Mathematiker des 19. Jh., der Deutsche Carl Friedrich Gauß, der Russe Nikolaj Lobačevskij und der Ungar János Bólyai, haben zeigen können, dass es auch Geometrien gibt, in denen das Parallelenpostulat nicht gilt und die deshalb als „nichteuklidisch“ bezeichnet werden müssen. Doch keine Angst, in der Schule wird auch in den höheren Klassen nur die Euklidische Geometrie unterrichtet! Euklids „Elemente“ sind „geometrieorientiert“ und verkleiden auch manche algebraische und zahlentheoretische Erkenntnis geometrisch. Schriftliches Rechnen, wie wir es ständig benutzen, wird in ihnen aber nicht gelehrt, weil die gesellschaftlichen Bedürfnisse damals keine über die Verwendung von Rechenbrettern (Abaci) hinausreichenden Rechenmethoden verlangten. Erst über eintausend Jahre später, im Mittelalter, kamen die indischen Zahlzeichen und das dezimale Positionssystem nach Europa. Vermittler waren dabei Mathematiker aus dem arabischen Sprachraum, die selbst Bedeutendes in der Algebra leisteten. (Die Worte „Algebra“ und „Algorithmus“ sind arabischen Ursprungs.)

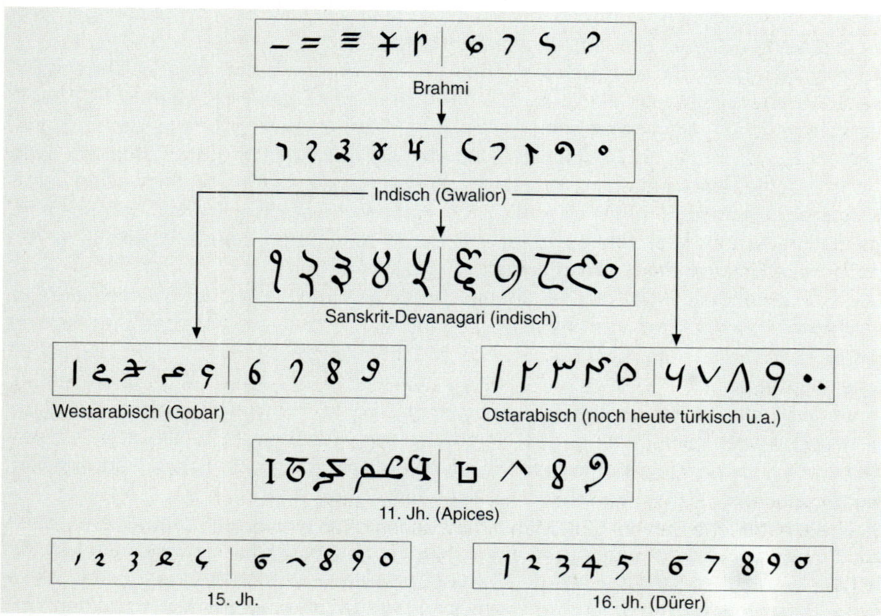

Stammbaum unserer heutigen Zahlzeichen nach H. Wußing

Die Entwicklung des Handels, die Notwendigkeiten der Buchführung, die allmähliche Herausbildung von negativen Zahlen (z. B. als Schulden vorstellbar) trugen zum Aufschwung der Arithmetik bei. Das Ziffernrechnen setzte sich in Rechenbüchern zunächst in Italien, später in deutschen Ländern und anderen Gebieten durch. Die Erfindung des Buchdrucks mit beweglichen Lettern um die Mitte des 15. Jh. förderte seine Verbreitung.
Der Rechenmeister Adam Ries im erzgebirgischen Annaberg, der selbst einige Rechenbücher verfasste, tat um 1530 viel für die Durchsetzung des Berufs des Rechners. Es konnten ja die wenigsten Menschen schreiben, geschweige denn schriftlich rechnen.
Zur selben Zeit erhielt auch die Geometrie neue, praktische Anstöße, insbesondere aus der Kunst der Renaissance. Maler wie Leonardo da Vinci und Albrecht Dürer trugen um 1500 zur Entwicklung der Lehre von der Perspektive bei. Sie waren, wie auch Ries, in ihrem Hauptwirken keine Wissenschaftler. Ihre Anregungen und die anderer Künstler und Handwerker der Renaissance wurden aber von akademisch gebildeten Wissenschaftlern wenig später aufgegriffen. Der Franzose François Viète (lateinisch Vieta) führte um 1600 die Buchstabenrechnung zu neuer Höhe.
Seine Landsleute René Descartes und Pierre Fermat entwickelten wenig später die sogenannte Analytische Geometrie, indem sie geometrische Örter (loci) auf Gleichungen zurückführten und so neue Möglichkeiten für die Lösung geometrischer Aufgaben eröffneten.
Das nach Descartes benannte Kartesische Koordinatensystem wurde eingeführt, die darin dargestellten Kurven können als Vorformen des mathematischen Begriffs der Funktion gelten. Darüber hinaus hat der Funktionsbegriff aber auch noch andere, frühere Wurzeln, so zum Beispiel in den Arbeiten von Nicole Oresme im 14. Jh. In der Algebra war insbesondere die von dem Italiener Niccolo Tartaglia stammende, aber von seinem Konkurrenten Geronimo Cardano 1545 publizierte Lösungsformel für Gleichungen dritten und vierten Grades ein beachtlicher Fortschritt.
Die lateinische Sprache war bis in das späte 18. Jh. hinein internationale Gelehrtensprache in Europa (daher auch die lateinischen Namensformen Vieta und Cartesius). Aber in den bürgerlichen Nationalstaaten (italienische Stadtstaaten, Niederlande, England, Frankreich, erst im 19. Jh. Deutschland) bildeten sich auch leistungsstarke kleinere Wissenschaftlergemeinschaften heraus, die in den Landessprachen diskutierten und veröffentlichten. Beginnende internationale Konkurrenz auf Gebieten wie Handel, Seefahrt, Navigation, Astronomie, nicht zuletzt aber in der Kriegsführung, war ein wesentlicher Antrieb für die Entwicklung der Mathematik.
Bereits in der ersten Hälfte des 16. Jh. beschrieb und untersuchte der Italiener Tartaglia ballistische Kurven. Das Rechnen mit Logarithmen erhielt ein knappes Jahrhundert später durch die Astronomie Aufschwung, unter anderem durch den Deutschen Johannes Kepler.
Johannes Kepler wurde darüber hinaus bekannt durch die Entwicklung einer Formel zur näherungsweisen Berechnung des Volumens von Fässern. In zahlreichen „Visierbüchern" wurden Regeln für die Berechnung des Rauminhaltes von Fässern angegeben, wie sie dann auch Kepler entwickeln sollte (↗ Bild S. 217).
Ein Höhepunkt und neuer Startpunkt für die Mathematik als selbständige Wissenschaft war die Begründung der Differenzial- und Integralrechnung durch den Engländer Newton und den Deutschen Leibniz Ende des 17. Jh. Diese neue Rechenmethode gestattete es zum Beispiel, die Bewegungen der Himmelskörper (darunter der Planeten) aus den zwischen ihnen wirkenden Kräften (Massen und Beschleunigungen) zu berechnen. Dies war

Aus einem Visierbüchlein von J. Frey, Nürnberg (15. Jh.)

ein wesentlicher Schritt von der reinen Beobachtung hin zu Aussagen über noch nicht Beobachtetes, aber mathematisch Ableitbares. Damit wurde die Bedeutung der Mathematik für die Naturwissenschaften endgültig offenbar. Die auf die Differenzial- und Integralrechnung gegründete mathematische Analysis wurde zu einem Hauptzweig der Mathematik und bestimmte einen großen Teil der Forschungsarbeit von großen Mathematikern des 18. und 19. Jh. wie von Leonhard Euler, Augustin-Louis Cauchy, Bernhard Riemann, Henri Poincaré. Um die Wende zum 20. Jh. brachten die Theorie unendlicher Mengen von Georg Cantor und die an den strengen Aufbau der Euklidischen Geometrie anknüpfende sogenannte axiomatische Methode des Göttinger Mathematikers David Hilbert der Mathematik neue Impulse. Ausgehend von der Algebra wurde die

Axiomatik von Hilberts Kollegin Emmy Noether in den 20er-Jahren des 20. Jh. zur Entwicklung der Theorie mathematischer Strukturen verwendet. Im weiteren Verlauf des 20. Jh. erlebten mathematische Disziplinen wie Wahrscheinlichkeitstheorie, Statistik, später Optimierung und Informatik einen wesentlichen Aufschwung.
Von den zahlreichen bedeutenden Mathematikern des 20. Jh., deren Herkunft von einer zunehmenden Internationalisierung dieser Wissenschaft zeugt, seien nur der Ungar Janos (John) von Neumann, der Russe Andrej Kolmogorov und der US-Amerikaner Claude Shannon genannt.

John von Neumann und J. Robert Oppenheimer vor dem IAS Computer, 1953

Anhang

Mathematische Zeichen

Zeichen	Sprechweise; Erläuterung
$+$	plus
$-$	minus
$\cdot$	mal (auf dem Taschenrechner: $\times$)
$:$	geteilt durch (auf dem Taschenrechner: $\div$)
——	Bruchstrich (durch)
...	und so weiter bis ■ $1, 2, \ldots, k$
$=$	gleich
$\neq$	ungleich
$\approx$	rund, angenähert ■ $27\,675 \approx 28\,000$ (↗ S. 32)
$\widehat{=}$	entspricht
$<, >$	kleiner als, größer als ■ $27\,675 < 27\,775$ (↗ S. 9)
$\leq$	kleiner gleich (kleiner oder gleich)
$\geq$	größer gleich (größer oder gleich)
$\sim$	proportional, ähnlich ■ $m \sim V$ (↗ S. 74) ■ $\triangle ABC \sim \triangle A'B'C'$ (↗ S. 142)
$\mid, \nmid$	teilt, teilt nicht ■ $5 \mid 20$, $3 \nmid 20$ (↗ S. 9)
%	Prozent ■ 5 % von 300 € sind 15 €. (↗ S. 65)
$\lvert a \rvert$	Betrag von *a* ■ $\lvert -5 \rvert = 5$ (↗ S. 25)
π	Kreiszahl, $\pi \approx 3{,}141592653$ (↗ S. 138)
$\overline{AB}$	Strecke *AB* (auch: Länge der Strecke *AB*)
AB	Gerade *AB*
$\overset{\vdash}{h}$, $\overset{\vdash}{AB}$	Strahl *h*, Strahl *AB* (↗ S. 102)
$\overset{\frown}{AB}$	Bogen *AB* (Länge eines Kreisbogens, ↗ S. 140)
$\parallel$	parallel ■ $g \parallel h$ (*g* ist parallel zu *h*) (↗ S. 102)
$\perp$	senkrecht ■ $g \perp h$ (*g* ist *senkrecht* zu *h*) (↗ S. 102)
h_a, m_a	h_a (Höhe zur Seite *a* im Dreieck *ABC*), ↗ S. 123 m_a (Mittelsenkrechte der Seite a), ↗ S. 122 ■ $h_a = 3$ cm; $m_b = 2{,}1$ cm
w_α	*w* alpha (Winkelhalbierende des Winkels α im Dreieck) ■ $w_\alpha = 3$ cm (↗ S. 122)
$\overrightarrow{AB}$	Verschiebung mit dem Pfeil *AB* (↗ S. 110)
$F \cong G$	*F* ist kongruent zu *G* (↗ S. 115)
$F \sim G$	*F* ist ähnlich zu *G* (↗ S. 142)
$\sphericalangle ABC$ $\sphericalangle(\overset{\vdash}{a}, \overset{\vdash}{b})$	Winkel *ABC* (*B* ist Scheitelpunkt), Winkel *a b* ($\overset{\vdash}{a}$ und $\overset{\vdash}{b}$ sind Strahlen mit gemeinsamem Anfangspunkt) ■ $\sphericalangle(\overset{\vdash}{a}, \overset{\vdash}{b}) = 35°$ (↗ S. 104)
arc α	Bogenmaß des Winkels α ■ $\text{arc}\ \alpha = \frac{\pi}{2}$; $\alpha = 90°$ (↗ S. 155)

Die Tabelle wird auf der Seite 220 fortgesetzt.

Zeichen	Sprechweise; Erläuterung
	Zeichen für Funktionen
f; $f(x)$ oder y	Funktion f; f von x (Wert der Funktion f an der Stelle x) ■ $y = 5x$; $f(x) = 5x$ (↗ S. 81)
$D_f\,(D)$, $W_f\,(W)$	Definitionsbereich bzw. Wertebereich der Funktion f
f^{-1} oder $\bar{f}$	Umkehrfunktion zu f ■ $y = f(x) = x^3$; $y = f^{-1}(x) = \sqrt[3]{x}$ für $x \geq 0$ (↗ S. 99)
$\sqrt{}$	Wurzel aus ■ $\sqrt{5} \approx 2{,}236\,068$ (↗ S. 37)
lg, ln	dekadischer Logarithmus, natürlicher Logarithmus (↗ S. 100)
sin, cos	Sinus, Kosinus (↗ S. 156, 158)
tan, cot	Tangens, Kotangens (↗ S. 157, 160)
	Zeichen für Intervalle
$[a; b]$ oder $\langle a; b\rangle$	Abgeschlossenes Intervall; es umfasst alle Zahlen x, für die gilt: $a \leq x \leq b$. Andere Schreibweise: $[a; b] = \{x \mid x \in \mathbb{R}, a \leq x \leq b\}$.
$(a; b)$ oder $]a; b[$	Offenes Intervall; es umfasst alle Zahlen x, für die gilt: $a < x < b$.
$[a; b)$ oder $[a; b[$	Halboffenes Intervall; es umfasst alle Zahlen x, für die gilt: $a \leq x < b$.
$[a; \infty)$	Halboffenes Intervall; es umfasst alle Zahlen x, für die gilt: $a \leq x < \infty$.
$(-\infty; b)$	Offenes Intervall; es umfasst alle Zahlen x, für die gilt: $-\infty < x < b$.
	Zeichen für Zahlenbereiche
$\mathbb{N}$	Natürliche Zahlen $\{0, 1, 2, \ldots\}$ (↗ S. 9)
$\mathbb{Z}$	Ganze Zahlen $\{\ldots, -2, -1, 0, 1, 2, \ldots\}$ (↗ S. 25)
$\mathbb{Q}^+$	Nichtnegative rationale Zahlen; Bruchzahlen ■ $0; \frac{3}{4}; \frac{15}{20}; 2; 5{,}3$ (↗ S. 15, 24)
$\mathbb{Q}$	Rationale Zahlen ■ $-3{,}5; -2{,}25; -\frac{5}{12}; 0; \frac{3}{4}; \frac{15}{20}; 2; 5{,}3$ (↗ S. 24)
$\mathbb{R}$	Reelle Zahlen ■ $-3{,}5; -\sqrt{5}; -\frac{5}{12}; 0; \sqrt{2}; \frac{15}{20}; 2; 5{,}3; \pi$ (↗ S. 28)
$\mathbb{R}^+$	Nichtnegative reelle Zahlen
	Zeichen für Mengen und Mengenoperationen
$a \in A$; $a \notin A$	a ist Element der Menge A; a ist nicht Element der Menge A (↗ S. 7)
$\{x \mid x \ldots\}$	Menge aller x, für die gilt … (↗ S. 46) ■ Für die Beschreibung der Menge aller reellen Zahlen, die größer oder gleich 3 sind, können die folgenden Schreibweisen angewandt werden: $\{x \in \mathbb{R} \mid x \geq 3\}$ oder $\{x \in \mathbb{R} : x \geq 3\}$ oder $\{x \mid x \in \mathbb{R}, x \geq 3\}$ oder $\{x : x \in \mathbb{R}, x \geq 3\}$

Die Tabelle wird auf der Seite 221 fortgesetzt.

Zeichen	Sprechweise; Erläuterung
$\{a_1, a_2, \ldots, a_k\}$	Menge aus den Elementen $a_1, a_2, \ldots, a_k$ (↗ S. 203)
$(a \mid b)$	geordnetes Zahlenpaar; neben der Schreibweise $(a \mid b)$ trifft man auch die Schreibweise $(a; b)$ an. ■ $(2 \mid -5)$ im x-y- Koordinatensystem bedeutet, dass $x = 2$ und $y = -5$ gilt. Der Wert für x steht in $(2 \mid -5)$ an erster Stelle (↗ S. 82)
$A \subset B$	A ist echte Teilmenge von B (↗ S. 7).
$A \subseteq B$	A ist Teilmenge von B (↗ S. 7)
$A \cap B$	Schnittmenge, Durchschnitt von A und B (↗ S. 7)
$A \cup B$	Vereinigung von A und B (↗ S. 8)
$\overline{A}$	Komplementärmenge (↗ S. 8)
$\emptyset$	leere Menge (↗ S. 8), unmögliches Ereignis (↗ S. 200)
	Zeichen für Größen der Stochastik
$H_n(a)$, $H_n(A)$	Häufigkeit des Ergebnisses a, Häufigkeit des Ereignisses A
$h_n(a)$, $h_n(A)$	relative Häufigkeit des Ergebnisses a bzw. des Ereignisses A (↗ S. 192)
Ω	Ergebnismenge eines Vorgangs mit zufälligem Ergebnis, sicheres Ereignis (↗ S. 200)
$\emptyset$	unmögliches Ereignis (↗ S. 200)
$\overline{A}$	Gegenereignis von A (↗ S. 200)
$\overline{x}$, $\widetilde{x}$, $x_{\frac{1}{4}}$, $x_{\frac{3}{4}}$	x quer (arithmetisches Mittel); x Schlange (Zentralwert, Median) (↗ S. 194 bzw. S. 195), Viertelwerte (↗ S. 195)
s^2, s	mittlere quadratische Abweichung, Standardabweichung
$P(A)$	P von A (Wahrscheinlichkeit des Ereignisses A) (↗ S. 202)
$P(\omega)$	P von Omega (Wahrscheinlichkeit des Ergebnisses ω)
$n!$	n Fakultät (Anzahl der Anordnungen einer n-elementigen Menge (↗ S. 204)
$\binom{n}{k}$	n über k (Anzahl der k-elementigen Teilmengen einer n-elementigen Menge) (↗ S. 204)
$E(X)$	E von X (Erwartungswert der Zufallsgröße X) (↗ S. 208)
σ^2	Sigma Quadrat (Varianz) (↗ S. 209)
σ	Sigma (Standardabweichung einer Zufallsgröße)

Bezeichnung der Zehnerpotenzen im dekadischen System

$10^3 =$	1 000	1 Tausend	
$10^6 =$	1 000 000	1 Million	Abkürzung: **Mill.** (Mio.)
$10^9 =$	1 000 000 000	1 Milliarde	Abkürzung: **Md.** (Mrd.)
$10^{12} =$	1 000 000 000 000	1 Billion	
$10^{18} =$	1 000 000 000 000 000 000	1 Trillion	
$10^{24} =$	1 000 000 000 000 000 000 000 000	1 Quadrillion	

In den **USA** gibt es von 10^9 ab die folgende Abweichung:

$10^9 =$	1 000 000 000	1 billion
$10^{12} =$	1 000 000 000 000	1 trillion
$10^{15} =$	1 000 000 000 000 000	1 quadrillion

Griechisches Alphabet

A	α	Alpha	I	ι	Jota	P	ϱ	Rho
B	β	Beta	K	κ	Kappa	Σ	σ	Sigma
Γ	γ	Gamma	Λ	λ	Lambda	T	τ	Tau
Δ	δ	Delta	M	μ	My	Y	υ	Ypsilon
E	ε	Epsilon	N	ν	Ny	Φ	φ	Phi
Z	ζ	Zeta	Ξ	ξ	Xi	X	χ	Chi
H	η	Eta	O	o	Omikron	Ψ	ψ	Psi
Θ	θ	Theta	Π	π	Pi	Ω	ω	Omega

Das Koordinatensystem

Ein rechtwinkliges Koordinatensystem wird durch zwei einander rechtwinklig schneidende Zahlengeraden gebildet. Diese Zahlengeraden nennt man **Koordinatenachsen**.

Dem Schnittpunkt entspricht auf beiden Zahlengeraden die Zahl Null. Man nennt den Schnittpunkt den **Ursprung des Koordinatensystems *O*** (Zahlenpaar $(0|0)$).

Das Koordinatensystem zerlegt die Ebene in vier Teile, die vier **Quadranten**. Die Quadranten werden entgegen dem Uhrzeigersinn, beginnend rechts oben, nummeriert. Man nennt diesen Drehsinn den **mathematisch positiven Drehsinn.** Die horizontale Zahlengerade wird häufig als x-Achse, die vertikale als y-Achse bezeichnet. Jedem geordneten Zahlenpaar $(x|y)$ wird genau ein Punkt der Ebene zugeordnet. Umgekehrt gehört zu jedem Punkt der Ebene genau ein geordnetes Zahlenpaar $(x|y)$.

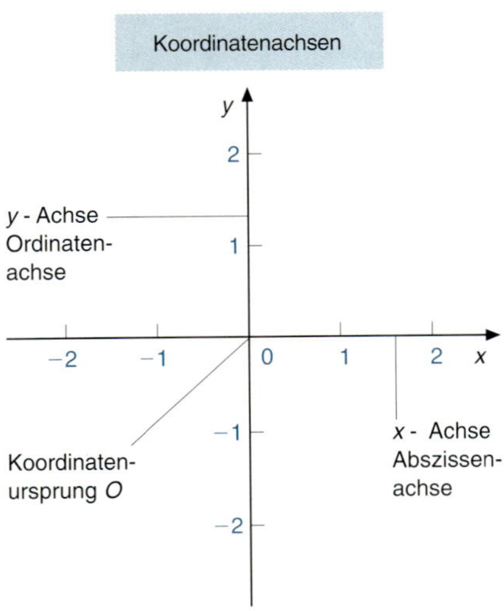

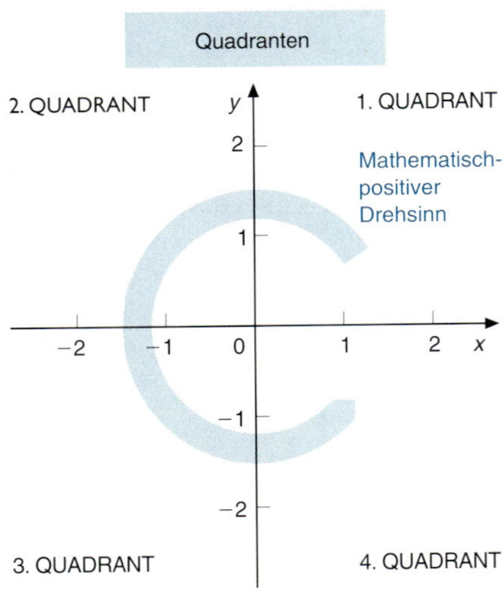

Hilfen für den Taschenrechnereinsatz

Vorbemerkung: Da bei der Vielzahl der im Angebot befindlichen Taschenrechner für manche Rechenoperationen mitunter unterschiedliche Arbeitsschritte zu vollziehen sind, sollte man das eigene Gerät daraufhin prüfen, ob die hier empfohlenen Rechenschritte tatsächlich das richtige Ergebnis liefern. Hierzu kann man die angeführte Musteraufgabe mit dem eigenen Gerät durchtasten.

Prozentrechnung: Die Musteraufgabe bezieht sich auf $G = 290$ kg, $W = 9{,}28$ kg, $p = 3{,}2$. (Bei einer Warenladung von 290 kg wurden bei 3,2 % für die Verpackung 9,28 kg ermittelt.) Bei manchen Rechnertypen braucht die Taste [=] nicht betätigt zu werden.

Gesucht:	Prozentwert	Prozentsatz	Grundwert
Formel Taschenrechner	$W = \frac{p \cdot G}{100}$ **p** [x] **G** [%] [=]	$p = \frac{W \cdot 100}{G}$ **W** [÷] **G** [%] [=]	$G = \frac{W \cdot 100}{p}$ **W** [÷] **p** [%] [=]
Musteraufgabe	3,2 [x] 290 [%] [=] [9,28]	9,28 [÷] 290 [%] [=] [3,2]	9,28 [÷] 3,2 [%] [=] [290]

Quadrieren, Quadratwurzelziehen:

Taschenrechner	Quadrieren n^2: **n** [x^2]	Quadratwurzelziehen $\sqrt{n}$: Je nach Rechnertyp **n** [√] oder [√] **n**
Musteraufgabe	$3{,}2^2$ 3,2 [x^2] [10,24] Ergebnis: $3{,}2^2 = 10{,}24$	$\sqrt{3{,}2}$ 3,2 [√] [1,788854382] oder bei anderen Typen [√] 3,2 [1,788854382] Ergebnis: $\sqrt{3{,}2} \approx 1{,}79$

Potenzieren, Wurzelziehen: Das Umschalten in die zweite Tastenbelegung (z. B. bei $\sin^{-1}$) wird bei den verschiedenen Rechnertypen unterschiedlich angezeigt. Üblich sind: [SHIFT], [F], [2nd].

	Potenzieren: x^y (y positiv)		Potenzieren: x^y (y negativ)
Taschenrechner	Falls x positiv: **x** [x^y] **y** [=]	Falls x negativ: **x** [+/–] [x^y] **y** [=]	**x** [x^y] **y** [+/–] [=]
Musteraufgabe	$3{,}2^3$ 3,2 [x^y] 3 [=] [32,768]	$(-3{,}2)^3$ 3,2 [+/–] [x^y] 3 [=] [–32,768]	$3{,}2^{-3}$ 3,2 [x^y] 3 [+/–] [=] [0,030 517 578]

	Wurzelziehen: $\sqrt[y]{x}$	Falls keine Doppelbelegung für die Potenztaste vorhanden ist:
Taschen-rechner	Je nach Rechnertyp: *x* **SHIFT** **x^y** *y* **=** oder *y* **SHIFT** **x^y** *x* **=**	*x* **x^y** *y* **1/x** **=**
Muster-aufgabe	$\sqrt[3]{3{,}2}$ Je nach Rechnertyp: 3,2 SHIFT x^y 3 = [1,473 612 599] oder 3 SHIFT x^y 3,2 = [1,473 612 599]	$\sqrt[3]{3{,}2}$ 3,2 x^y 3 1/x = [1,473 612 599]

Winkelfunktionswerte: Grundsätzlich erst DEG bzw. RAD einschalten.

	Aufsuchen von Funktionswerten *y* zu gegebenen Winkelgrößen *x* am Beispiel des Sinus: sin *x* = *y*.	Aufsuchen der Winkelgröße *x* zu gegebenen Funktionswerten *y*: sin *x* = *y*.
Taschen-rechner	Je nach Rechnertyp: DEG *x* **sin** oder DEG **sin** *x* **=**	Je nach Rechnertyp: DEG *y* **SHIFT** **sin** oder DEG **SHIFT** **sin** *y* **=**
Muster-aufgabe	(1) sin 25° Winkelangabe in Grad, also DEG DEG 25 sin [0,422 618 261] Ergebnis: sin 25° = 0,422 6 Beim zweiten Rechnertyp gilt: DEG sin 25 = [0,422 618 261] (2) $\cos\left(-\frac{2\pi}{3}\right)$ Winkelangabe im Bogenmaß, also RAD RAD 2 x π ÷ 3 = +/– cos [–0,5]	(1) sin *x* = –0,889 4 (*x* in Grad) DEG 0,889 4 +/– SHIFT sin [–62,797 947 73] Ergebnis: $x \approx -62{,}8°$ [Wegen sin (180° – *x*) = sin *x* gilt auch: $x \approx 242{,}8$ (↗ S. 158, Eigenschaft 7)] (2) cos *x* = 0,445 5 (*x* in rad) RAD 0,445 5 SHIFT cos [1,109 063 66] Ergebnis: $x \approx 1{,}1$ rad

Primzahlen

2	211	487	797	1103	1453	1787	2141	2521	2857
3	223	491	809	1109	1459	1789	2143	2531	2861
5	227	499	811	1117	1471	1801	2153	2539	2879
7	229	503	821	1123	1481	1811	2161	2543	2887
11	233	509	823	1129	1483	1823	2179	2549	2897
13	239	521	827	1151	1487	1831	2203	2551	2903
17	241	523	829	1153	1489	1847	2207	2557	2909
19	251	541	839	1163	1493	1861	2213	2579	2917
23	257	547	853	1171	1499	1867	2221	2591	2927
29	263	557	857	1181	1511	1871	2237	2593	2939
31	269	563	859	1187	1523	1873	2239	2609	2953
37	271	569	863	1193	1531	1877	2243	2617	2957
41	277	571	877	1201	1543	1879	2251	2621	2963
43	281	577	881	1213	1549	1889	2267	2633	2969
47	283	587	883	1217	1553	1901	2269	2647	2971
53	293	593	887	1223	1559	1907	2273	2657	2999
59	307	599	907	1229	1567	1913	2281	2659	3001
61	311	601	911	1231	1571	1931	2287	2663	3011
67	313	607	919	1237	1579	1933	2293	2671	3019
71	317	613	929	1249	1583	1949	2297	2677	3023
73	331	617	937	1259	1597	1951	2309	2683	3037
79	337	619	941	1277	1601	1973	2311	2687	3041
83	347	631	947	1279	1607	1979	2333	2689	3049
89	349	641	953	1283	1609	1987	2339	2693	3061
97	353	643	967	1289	1613	1993	2341	2699	3067
101	359	647	971	1291	1619	1997	2347	2707	3079
103	367	653	977	1297	1621	1999	2351	2711	3083
107	373	659	983	1301	1627	2003	2357	2713	3089
109	379	661	991	1303	1637	2011	2371	2719	3109
113	383	673	997	1307	1657	2017	2377	2729	3119
127	389	677	1009	1319	1663	2027	2381	2731	3121
131	397	683	1013	1321	1667	2029	2383	2741	3137
137	401	691	1019	1327	1669	2039	2389	2749	3163
139	409	701	1021	1361	1693	2053	2393	2753	3167
149	419	709	1031	1367	1697	2063	2399	2767	3169
151	421	719	1033	1373	1699	2069	2411	2777	3181
157	431	727	1039	1381	1709	2081	2417	2789	3187
163	433	733	1049	1399	1721	2083	2423	2791	3191
167	439	739	1051	1409	1723	2087	2437	2797	3203
173	443	743	1061	1423	1733	2089	2441	2801	3209
179	449	751	1063	1427	1741	2099	2447	2803	3217
181	457	757	1069	1429	1747	2111	2459	2819	3221
191	461	761	1087	1433	1753	2113	2467	2833	3229
193	463	769	1091	1439	1759	2129	2473	2837	3251
197	467	773	1093	1447	1777	2131	2477	2843	3253
199	479	787	1097	1451	1783	2137	2503	2851	3257

Zufallsziffern

	1…5	6…10	11…15	16…20	21…25	26…30	31…35	36…40	41…45	46…50
1	64053	82715	29835	27852	32191	08941	50090	61628	65483	68626
	20388	02169	45693	90569	04706	17889	05236	26044	69228	97623
	57375	04758	13200	06366	26794	80210	12428	97669	38347	14644
	29285	35386	06306	17756	01889	46567	63690	63322	01017	61988
	83962	35849	08903	05793	96942	95658	46987	27525	65613	52743
6	66069	77855	15735	32548	10974	45251	05650	48448	07123	91208
	88181	96842	04303	54328	24074	47946	86171	07035	01102	13039
	95048	96876	80669	11018	41785	59413	13462	77991	67173	67110
	54896	29949	98441	20674	21872	37943	19470	94930	49602	60368
	67330	86909	12329	30622	48336	40615	89047	01519	28522	10795
11	46523	20927	02553	56011	73696	58072	52382	93454	68062	04286
	02349	65756	96906	12472	63225	76378	70719	86979	79069	87335
	41171	30721	67419	01523	62544	902ß6	01661	40897	04276	12350
	47476	71046	59731	53044	38860	51080	25567	28590	42538	24039
	80949	37558	59607	86281	78195	34547	64538	55686	17243	14952
16	42544	61262	61917	67009	02129	53738	78084	39678	11714	75672
	78525	59155	17681	27377	53521	87219	21689	38698	36575	38855
	85123	05896	67580	83757	16462	97117	80214	35832	22654	97535
	55625	54556	34184	37696	49685	52220	12043	43907	34623	09100
	32886	56880	00664	92270	95370	68380	40080	88305	32970	27418
21	90245	78149	75928	56698	30673	17850	90999	83915	83790	51120
	95852	27875	23509	08221	78018	33343	78167	44176	43353	20759
	58523	59268	46692	65717	46108	43848	44345	02564	98770	04382
	02091	44328	69638	24757	07074	53044	55039	29285	06272	65713
	45386	46823	39271	56819	57679	82300	44452	38678	08782	40501
26	63403	45072	53838	64968	38927	58665	82977	45721	47508	16489
	91764	22041	14681	13412	90484	32597	61926	62937	70314	09562
	84775	96110	74931	78038	45171	77311	39051	50771	24411	05340
	00684	72931	20561	98505	85582	88178	13299	85881	93058	82880
	74419	83717	02176	91077	22202	26631	62100	41765	24536	24967
31	61317	29832	55744	31002	94051	95486	38471	01157	24471	78669
	41977	67597	56282	17431	57695	67395	68436	90916	09096	93813
	10214	70778	62085	37554	69699	89270	67972	60884	69308	57300
	59174	66491	35653	17796	86621	07090	80557	82156	68647	67575
	40972	92317	37287	92170	45520	85312	15886	00166	91310	20742
36	50859	98860	73847	93671	75457	84486	17553	24646	70496	92346
	80182	46662	49420	21032	31032	95462	29379	28618	60379	87240
	44530	85870	07606	76299	65612	23594	28940	64327	34674	12644

Register

T

U

V

Bildnachweis

S. 212 aus: Wußing, Hans: Vorlesung zur Geschichte der Mathematik. – 2. Auflage – Thun/ Frankfurt am Main. – 1989. – S. 33

S. 213; 217: Bilderarchiv Volk und Wissen Verlag, Berlin

S. 218 aus: Goldstine, H. H.: The Computer from Pascal to von Neumann. – Princeton University Press. – 1972. – S. 121